普通高等教育土木工程专业“十四五”规划教材

土 力 学

（第 2 版）

主　编　董建华
副主编　陈栋梁　王冰霞　庄　宇

武汉理工大学出版社
·武　汉·

内容提要

本书结合《建筑地基基础设计规范》(GB 50007—2011)、《建筑桩基技术规范》(JGJ 94—2008)、《建筑抗震设计规范》(GB 50011—2010)等编写而成,系统阐述土的基本特性、土力学的基本原理、土体变形及稳定的主要分析方法,以及理论在工程实践中的应用;适当介绍学科的最新成就和发展。

全书共分九章,内容包括绪论、土的物理性质和工程分类,土的渗透性和渗流问题,土体中应力计算和有效应力原理,土的压缩和变形理论,土的抗剪强度理论及地基承载力,土压力理论和土坡稳定的分析方法,土的动力特性,以及地基勘察与测试。

本书可作为高等院校土木工程专业及其相关专业的教材,也可供从事相关专业实际工作的勘察、设计、施工和参加相关国家注册职业资格考试的人员参考。

图书在版编目(CIP)数据

土力学/董建华主编.—2 版.—武汉:武汉理工大学出版社,2023.6
ISBN 978-7-5629-6467-4

Ⅰ.①土… Ⅱ.①董… Ⅲ.①土力学 Ⅳ.①TU43

中国国家版本馆 CIP 数据核字(2023)第 093841 号

项目负责人:高 英 汪浪涛 戴皓华
责任编辑:高 英
责任校对:夏冬琴
装帧设计:牛 力
出版发行:武汉理工大学出版社
社　　址:武汉市洪山区珞狮路 122 号
邮　　编:430070
网　　址:http://www.wutp.com.cn
经　　销:各地新华书店
印　　刷:武汉市洪林印务有限公司
开　　本:787×1092 1/16
印　　张:17.5
字　　数:448 千字
版　　次:2023 年 6 月第 2 版
印　　次:2023 年 6 月第 1 次印刷
定　　价:40.00 元

凡购本书,如有缺页、倒页、脱页等印装质量问题,请向出版社发行部调换。
本社购书热线电话:027— 87391631 87664138 87523148

第2版前言

“土力学”课程是土木工程本科教学过程中十分重要且必修的科目之一。近年来，随着现代土力学知识、信息科学技术的快速发展，土工试验方法、试验设备等的不断改进，岩土工程领域的学科问题已经从单纯的工程建设基础问题，向集环境、灾害、生态、资源等多因素共同作用下的岩土工程问题发展，学科交叉与融合程度不断提升。基于土力学基础理论，在岩土工程问题的研究以及工程实践中形成了许多突破性成果与理论新知，相关的岩土工程技术以及施工规范也及时对相关理论和试验方法等进行了更新。基于此，本书第2版在原版的基础上，就相关规范已更新的内容进行了修订，增补了部分近年来主要的土力学试验研究手段与分析方法的介绍。

土力学作为一门理论与实践并重的学科，涉及土木工程建设过程的各个方面，既要求有扎实的理论基础，又需要灵活地解决岩土工程问题。本书仍以土力学基本理论为主，兼顾实践知识，反映成熟观点，深入浅出。在本版修订过程中，引入了思政元素，让学生在掌握专业基础知识的同时，了解当代土力学的前沿理论、先进的土木工程技术、失败的工程案例与教训，激发学生的专业兴趣，增强学生的职业责任感，实现全过程育人、全方位育人。

全书内容共分九章，由兰州理工大学董建华主编。其中，绪论、第5章、第7章、第8章由董建华编写，第1章、第2章由陕西理工学院陈栋梁编写，第3章由兰州理工大学王冰霞编写，第4章、第6章由佳木斯大学庄宇编写。本次修订主要由兰州理工大学王英(1～5章)以及黄艳(6～8章)完成。

限于编者水平，书中仍有不足之处，敬请读者批评指正。

编　者

2023年3月

目　　录

绪 论

0.1 土力学的概念及学科特点

由土所构成的广袤大地是人类居住的场所，万物生长之地，土也是人类工程经济活动的基地、建筑物和构筑物的地基、地下空间开发的围岩、土工构筑物的填筑材料等。因此，土是人类赖以居住和生存的必备条件之一。

土是地壳表层的岩石经风化、剥蚀、搬运、沉积等地质作用所形成的各种松散堆积物的总称。在土木工程中，天然土层常被作为各种建筑物的地基，如在土层上建造房屋、桥梁、涵洞、堤坝等；或利用土作为建筑物周围的环境，如在土层中修筑地下建筑、地下管道、渠道、隧道等；还可利用土作为土工建筑物的材料，如修建土堤、土坝等。因此，土是土木工程中应用最广泛的建筑材料或介质。

土中固体颗粒是岩石风化后的碎屑物质，简称土粒。土粒集合体构成土的骨架，土骨架的孔隙中存在液态水和气体。因此，土是由土颗粒（固相）、土中的孔隙水（液相）和孔隙气（气相）所组成的三相物质；当土中孔隙被水充满时，则是由土粒和土中水组成的二相体。土体具有与一般连续固体材料（如钢、木、混凝土及砌体等建筑材料）不同的孔隙特性，它不是刚性的多孔介质，而是大变形的孔隙性物质。在孔隙中水的流动显示土的渗透性（透水性）；土孔隙体积的变化显示土的压缩性、胀缩性；在孔隙中土粒的错位显示土内摩擦和黏聚的抗剪强度特性。土的密度、孔隙率和含水量是影响土的力学性质的重要因素。土粒大小悬殊，有粒径大于60 mm的巨粒粒组，有粒径小于0.075 mm的细粒粒组，粒径介于0.075～60 mm的则为粗粒粒组。

工程用土总体上分为一般土和特殊土。广泛分布的一般土又可以分为无机土和有机土。原始沉积的无机土大致可分为碎石类土、砂类土、粉性土和黏性土四大类。当土中巨粒、粗粒粒组的含量超过全重的50%时，则此土属于碎石类土或砂类土；反之，属于粉性土或黏性土。碎石类土和砂类土总称为无黏性土，一般特征是透水性大，无黏性，其中砂类土具有可液化性；黏性土的透水性小，具有可塑性、湿陷性、胀缩性和冻胀性；而粉性土兼有砂类土的可液化性和黏性土的可塑性等。特殊土有遇水沉陷的湿陷性土（如常见的湿陷性黄土）、湿胀干缩的胀缩性土（膨胀土）、冻胀性土（冻土）、红黏土、软土、填土、混合土、盐渍土、污染土、风化岩与残积土等。

土力学是研究土体的一门力学，它是通过研究土的物理、化学和力学性质及微观结构，进一步认识土和土体在荷载、水、温度等外界因素作用下的反应特性，即研究土的压缩性、剪切性、渗透性及动力特性等的一门学科。土力学也是一门实用的学科，它是土木工程的一个分支，主要研究土的工程性质，解决工程问题。

土力学学科需研究和解决工程中的三大类问题。一是土体强度问题，主要研究土体中的应力和强度，例如地基的强度与稳定、地基地震液化以及土坡的稳定等。当土体的强度不足时，将导致上部建筑物或影响范围内建筑物的失稳或破坏。二是土体变形问题，即使土体具有足够的强度保证自身稳定。土体的变形尤其是沉降与不均匀沉降不应超过建筑物的设计允许值，否则，轻者导致建筑物的倾斜、开裂，降低或失去使用价值，重者将会酿成重大事故。三是水的渗流对土体变形和稳定的影响。对于土工建筑物（如土坝、土堤、岸坡）、水工建筑物地基，或其他挡土挡水结构，在荷载作用下要使上体满足前述的强度和变形要求，此外还要研究水的渗流对土体变形和稳定的影响。为了解决上述工程问题，则需要研究土的物理性质及变形特性、强度特性和渗透特性等，弄清其内在规律，作为解决土体稳定和变形问题的基本依据。

在土木工程中，没有地基的安全稳定，一般的建筑物也难以建成，更不用说高楼大厦、大桥、高塔；基础是建筑物的一个实体部分，基础的安全稳定是上部结构（或桥梁的上、下部结构）安全屹立的保证；而整个场地的稳定，又是建筑物地基基础稳定的根本保证。因此，地基基础与场地稳定性是密切相关的。要对场地稳定性进行评价，进行建筑群选址或道路选线的可行性方案论证，对建筑物地基基础或路基进行经济合理的设计，还须具备工程地质学、岩体力学等学科的基本知识，这也是土力学学科的一个特点。

0.2 本学科的发展简史

土力学是土木工程学科的基础课程，是一门既古老又年轻的应用基础学科。我国古代劳动人民创造了灿烂的文化，留下了令今人叹为观止的工程遗址，例如都江堰水利工程、万里长城、隋朝南北大运河、黄河大堤、赵州石拱桥，以及许许多多遍及全国各地的宏伟壮丽的宫殿寺院、巍然挺立的高塔等。这些工程无不体现出能工巧匠的高超技艺和创新智慧。然而，受当时生产力水平的限制，这时未能形成系统的土力学和工程建设理论。

18 世纪欧美国家在产业革命推动下，社会生产力有了快速发展，大型建筑、桥梁、铁路、公路的兴建，促使人们对地基土和路基土的一系列技术问题进行研究。1773 年法国科学家库仑(Coulomb)发表了《极大极小准则在若干静力学问题中的应用》，介绍了运用刚滑楔理论计算挡土墙墙背粒料侧压力的计算方法。

1840 年，彭思莱特(Poncelet)进一步完善了线性滑动土楔理论。法国学者达西(Darcy，1855)创立了土的层流渗透定律；英国学者朗肯(Rankine，1857)发表了土压力塑性平衡理论；法国学者布辛奈斯克(Boussinesq，1885)求导了弹性半空间(半无限体)表面竖向集中力作用时土中应力、变形的理论解。这些古典理论对土力学的发展起了很大的推动作用，一直沿用至今。

20 世纪 20 年代开始，通过许多研究者的不懈努力，土力学的研究有了迅速的发展。瑞典学者彼得森(Peterson，1915)首先提出，后由瑞典学者费伦纽斯(Fellenius)及美国学者泰勒(Taylor)进一步发展而提出了土坡稳定分析的整体圆弧滑动面法；法国学者普朗德尔(Prandtl，1920)发表了地基剪切破坏时的滑动面形状和极限承载力公式；到 1925 年，美国的太沙基(Terzaghi)在系统地归纳和总结以往成就的基础上，发表了第一本土力学专著，提出了饱和土的有效应力原理。在这本书中他阐明了土工试验和力学计算之间的关系，其中用于计算沉降的方法一直沿用至今，被认为是一种有效的计算方法。这本系统完整的科学著作的出现，带动了各国学者对本学科各个方面的探索。从此，土力学开始作为一门独立的学科而取得不断的进展。因此，太沙基被公认为土力学的奠基人。

有关土力学论著和教材，也像雨后春笋般地蓬勃发展起来。例如苏联学者格尔谢万诺夫

(FepceBaHoB,1931)出版了《土体动力学原理》专著；苏联学者崔托维奇(UbITnoBHv,1935)写出了《土力学》教材；太沙基(Terzaghi,1948)又出版了《工程实用土力学》教材；苏联学者索科洛夫斯基(CoKoJIoBCKHH,1954)出版了《松散介质静力学》一书；美籍华人吴天行于1966年写了《土力学》专著；美国的温特科恩(Winterkorn,1975)和方晓阳主编的《基础工程手册》，由7个国家的27位岩土工程著名专家编写而成，该书共25章内容，包括地基勘察、土力学、基础工程三大部分，取材新颖，成为当时比较系统论述土力学与基础工程的一本有影响力的著作；1993年弗雷德隆德(Fredrund)和拉哈尔佐(Rahardio)出版了《非饱和土力学》一书，引起了国内外土力学界的关注。

我国学者陈宗基教授早在20世纪50年代，对土的流变学(该学科研究物质或材料的流变性质，即土具有由弹性、塑性和黏滞性构成的黏弹塑性)和黏土结构进行了研究。黄文熙院士对土的液化进行了探讨并提出考虑土侧向变形的基础沉降计算方法，他在1983年主编了一本理论性较强的土力学专著《土的工程性质》，书中系统地介绍了国内外有关的各种土的应力应变本构模型的理论和研究成果。钱家欢、殷宗泽教授主编的《土工原理与计算》，较全面地总结了土力学的新发展。沈珠江院士在土体本构模型、土体静动力数值分析、非饱和土理论等方面取得了突出的成就，2000年出版了《理论土力学》一书，全面总结了近70年来国内外学者的研究成果。

近年来，我国在工程地质勘查，室内及现场土工试验，地基处理，新设备、新材料、新工艺的研究和应用方面，取得了很大的进展。随着电子技术及各种数值计算方法对各学科的逐步渗透，土力学的各个领域都发生了深刻的变化，许多复杂的工程问题相应得到了解决，试验技术也日益提高。在大量理论研究与实践经验积累的基础上，有关基础工程的各种设计与施工规范或规程等也相应问世或日臻完善。这些为我国基础工程设计与施工做到技术先进、经济合理、安全适用、确保质量等提供了充分的理论与实践依据。我们相信，随着我国社会主义建设的向前发展，对基础工程要求的日益提高，我国土力学学科也必将得到新的更大的发展。

0.3　本课程的内容、要求和学习方法

土力学是土木工程专业的一门主干课程。其涉及工程地质学、结构设计和施工等几个学科领域，内容广泛，综合性、理论性和实践性很强。从土木工程专业的要求出发，学习该课程时应重视工程地质学的基本知识，培养阅读和使用工程地质勘查资料的能力，牢固掌握土的应力、变形、强度和地基计算等土力学基本原理，并能应用这些基本概念和原理，结合有关结构理论和施工知识，分析和解决地基基础问题。

全书共有9章内容。绪论介绍了土力学的相关知识。第1章为土的物理性质和分类，介绍土的基本物理和化学等性质，如颗粒矿物成分、颗粒形状及结构，土的三相关系等。第2章为土的渗透性和渗流，阐明了土的渗透性是土的重要力学性质之一，介绍了土的层流渗透理论、渗透性指标的测定方法及影响因素。第3章为地基中的应力，研究不再引起和会引起土体(或地基)变形的各种应力。第4章为土的压缩性和地基变形，研究在荷载作用下土中应力的分布规律以及土的压缩、变形规律，用以预测工程结构在修建和使用阶段土体的沉降量。第5章为土的抗剪强度和地基承载力，研究土在外力作用下的破坏形态和规律，从而推导地基承受荷载的能力，即地基承载力问题。第6章为土压力和土坡稳定，介绍土坡等在重力及其他外力

作用下的滑动稳定问题。第 7 章为土的动力特性，主要介绍在不同动力条件下，土的强度和变形性质的变化规律。第 8 章为地基勘察和测试。

本课程是土木工程专业的必修课，属于技术基础课。它所包含的知识是本专业学生必须掌握的专业知识，又是后续课程学习所必备的基础知识。本课程内容广泛，与材料力学、结构力学、弹性理论、建筑材料、建筑结构及工程地质等有着密切的关系，本书在涉及这些学科的有关内容时仅引述其结论，要求理解其意义及应用条件，而不把注意力放在公式的推导上。此外，应重视室内土工试验和现场原位测试测定土的物理力学性质指标，加深对土力学的理解。通过本课程的学习，要求掌握土的基本物理、力学性质和分类方法，掌握浅基础的地基承载力、地基变形、挡土墙侧土压力和土坡稳定的计算方法，熟悉常规土工试验方法，能识别各类天然土样，熟悉土的压实度对工程的评定标准、地基液化判别与防治。在学习时必须注意理论联系实际，能应用土力学的基本原理和方法分析问题和解决问题。

1 土的物理性质和分类

【思政元素】

本章提要

土是地壳表层的岩石经风化、剥蚀、搬运、沉积等地质作用所形成的各种松散堆积物的总称。土体一般是由固体的土颗粒(固相)、土中的孔隙水(液相)和孔隙气(气相)三部分组成。土中颗粒大小、成分及三相之间的比例关系,反映出土的不同物理性质,决定着土的分类和鉴别,同时土的物理性质又与力学性质相互联系,并在一定程度上反映土的工程性质。如湿软、松散的土强度低,压缩性大;土颗粒大则渗透性强;土粒大小不均匀则在动荷载作用下易于压实等。因此,要研究土的工程性质就必须先了解土的物理性质和分类。

本章主要介绍土的形成,土的三相组成、结构与构造,土的物理特性及工程分类,最后介绍土的压实性。

1.1 概　　述

土是由地壳表层的岩石长期受到自然界的风化作用,使岩石崩解、破碎,然后经水、风、冰川等动力搬运作用,在各种自然环境下沉积而成的松散堆积物的总称。作为建筑地基的土,有的土层上可以建高楼,有的土层未经处理不能建造任何建筑。土的性质之所以有这样大的差异,主要是由其组成成分和结构不同所致。土主要由作为土骨架的固体的土颗粒、土中的孔隙水以及孔隙气(即土的三相)组成,各种土的土粒大小和矿物成分都有很大差别。土粒的大小及颗粒级配反映土粒均匀程度对土的物理力学性质的影响;土粒与其周围的土中水又发生了复杂的物理化学作用,对土的性质影响很大,土中封闭气体对土的性质亦有较大影响。土中三相组成的比例指标不同,必然在土的轻重、松密、干湿、软硬等一系列物理性质上有不同的反映。土的这些物理性质又在一定程度上决定了它的工程性质,所以要研究土的工程性质就必须先认识土的三相组成物质的性质以及三相组成的比例指标。

1.2 土的形成

土是地壳表层的岩石,经风化、剥蚀、搬运、沉积等地质作用所形成的各种松散堆积物的总称。自然界的风化作用主要包括物理风化、化学风化和生物风化三种类型。物理风化是指岩石经受风、霜、雨、雪的侵蚀,温度、湿度的变化,不均匀膨胀与收缩,使岩石产生裂隙,崩解为碎块。这种风化作用,只改变颗粒的大小与形状,不改变原来的矿物成分。化学风化指岩石的碎屑与水、氧气和二氧化碳等物质相接触,使得岩石碎屑逐渐发生化学变化,改变了原来组成矿物的成分,形成了次生矿物。生物风化是指由植物、动物和人类活动对岩体造成破坏从而形成的土,其矿物成分没有发生变化。

自然界中的土，由于形成条件、搬运方式和沉积环境的不同，其成因类型也不同，常见的成因类型有：

(1) 残积土

残积土是由基岩风化而成，未经搬运留于原地的土体。它处于岩石风化壳的上部，其工程特性受气候条件和母岩岩性的影响。一般来说，随着环境从干旱、半干旱至潮湿的变化，土的颗粒组成由粗变细，土的类型从砾石类土过渡到砂类土、黏土。

(2) 坡积土

坡积土是残积土经雨水或融化了的雪水的搬运作用，顺坡移动堆积而成的，所以其物质成分与斜坡上的残积土一致。坡积土与残积土往往呈过渡状态，其工程地质特征也很相似。

(3) 洪积土

洪积土是由暂时性、周期性的地面水流——山洪带来的碎屑物质，在山沟的出口处堆积而成。洪积土多发育在干旱、半干旱地区，如我国的华北、西北地区。其特征为：距山口越近颗粒越粗，多为块石、碎石、砾石和粗砂，分选差，磨圆度低，强度高，压缩性低；距山口越远颗粒越细，分选好，磨圆度高，强度低，压缩性高。此外，洪积土具有比较明显的层理(交替层理、夹层、透镜体等)。

(4) 冲积土

冲积土是由于河流的流水作用，将碎屑物质搬运堆积在它侵蚀成的河谷内而形成的。冲积土主要发育在河谷内以及山区外的冲积平原中，这类土常具有层理性，在垂直剖面上土粒由下到上，由粗到细，成分较复杂，但磨圆度较好。

(5) 湖积土

湖积土是指在湖泊及沼泽等极为缓慢的水流或静水条件下沉积下来的土，或称淤积土。湖积土在内陆分布广泛，土体含大量细微颗粒和有机质，土体中含水量和孔隙比很大，是具有特殊性质的淤泥或淤泥质土。

(6) 海积土

海积土是由河流流水搬运到海洋环境中沉积下来的土。

(7) 风积土

风积土是由风力带动土粒经过一段搬运距离后再沉积下来形成的土层。常形成于干旱、半干旱地区，如我国西北地区广泛分布的黄土就是典型的风积土，其含水量小，干燥时由于土粒间有胶结作用，能直立开挖到很大的高差，但遇水后其强度大为削弱并伴随产生很大的变形。

(8) 冰积土

冰川在流动过程中将岩块压碎或碾碎并挟带在冰川之中，待冰川溶解后其所挟带的石块和土就沉积下来，形成冰积土。它的特点是分选性差，颗粒粗细变化大，土质不均匀。

1.3 土的三相组成、结构及构造

天然状态下的土体一般由固体的土颗粒(固相)、土中的孔隙水(液相)和孔隙气(气相)三部分组成，如图 1.1 所示，这称为土的三相体系。随着这三相物质的质量和体积的比例不同，土的工程性质也不同。因此，研究土的工程性质，首先应了解土的三相组成。

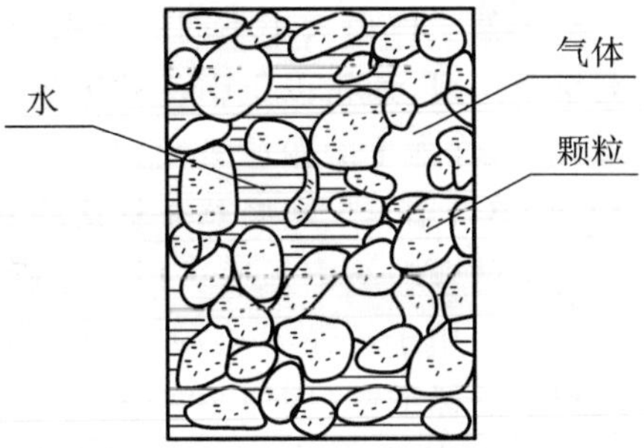

图 1.1　土的三相组成示意图

1.3.1　土的固体颗粒

1.3.1.1　土粒的矿物成分

土中固体颗粒的成分，绝大部分是矿物质，另外或多或少有一些有机质。土中矿物可分为原生矿物和次生矿物两种。原生矿物是由岩石经物理风化而成，其成分与母岩相同。如常见的石英、长石、云母、角闪石与辉石等。一般砂土、碎石土都是由原生矿物组成，这类矿物与水的作用能力较弱，工程性质比较稳定，若土的级配好，则土体的强度高，压缩性低。次生矿物是岩屑经化学风化而成，其成分与母岩不同，为一种新矿物(例如黏土矿物)，它们颗粒细小，与水的作用能力强。如组成黏土的蒙脱石、伊利石和高岭石等黏土矿物，亲水性强，对工程性质影响较大。

1.3.1.2　土粒的粒度与粒组

天然土是由大小不同的颗粒组成的，土颗粒的大小称为粒度，通常以粒径表示。随着组成土的颗粒大小及含量不同，土可以具有不同的性质。工程上常把不同大小的土粒按其粒径范围合并为组，称为粒组。划分粒组的分界尺寸称为界限粒径。

对于粒组的划分方法各个国家甚至各个行业还很不一致，目前我国广泛应用的粒组划分依据是《土的工程分类标准》(GB/T 50145—2007)。如表 1.1 所示，表中根据界限粒径 200 mm、60 mm、2 mm、0.075 mm 和 0.005 mm 将粒径由大至小划分为六个粒组：漂石或块石组、卵石或碎石组、圆砾或角砾组、砂粒组、粉粒组及黏粒组。

表 1.1　土粒粒组的划分(GB/T 50145—2007)

<table>
<tr><th>粒组统称</th><th colspan="2">粒组名称</th><th>粒径(d)的范围(mm)</th><th>一般特征</th></tr>
<tr><td rowspan="2">巨粒组</td><td colspan="2">漂石(块石)组</td><td>$d>200$</td><td rowspan="2">透水性很大，无黏性，无毛细水</td></tr>
<tr><td colspan="2">卵石(碎石)组</td><td>$200\geq d>60$</td></tr>
<tr><td rowspan="6">粗粒组</td><td rowspan="3">圆砾(角砾)组</td><td>粗砾</td><td>$60\geq d>20$</td><td rowspan="3">透水性大，无黏性，毛细水上升高度不超过粒径大小</td></tr>
<tr><td>中砾</td><td>$20\geq d>5$</td></tr>
<tr><td>细砾</td><td>$5\geq d>2$</td></tr>
<tr><td rowspan="3">砂粒组</td><td>粗砂</td><td>$2\geq d>0.5$</td><td rowspan="3">易透水，当混入云母等杂质时透水性减小，而压缩性增加；无黏性，遇水不膨胀，干燥时松散；毛细水上升高度不大，随粒径变小而增大</td></tr>
<tr><td>中砂</td><td>$0.5\geq d>0.25$</td></tr>
<tr><td>细砂</td><td>$0.25\geq d>0.075$</td></tr>
<tr><td rowspan="2">细粒组</td><td colspan="2">粉粒组</td><td>$0.075\geq d>0.005$</td><td>透水性小，湿时稍有黏性，遇水膨胀小，干时稍有收缩；毛细水上升高度较大，速度较快，极易出现冻胀现象</td></tr>
<tr><td colspan="2">黏粒组</td><td>$d\leq 0.005$</td><td>透水性很小，湿时有黏性、可塑性，遇水膨胀大，干时收缩显著；毛细水上升高度大，但速度较慢</td></tr>
</table>

注：① 漂石、卵石和圆砾颗粒均呈一定的磨圆性状(圆形或亚圆形)，块石、碎石和角砾颗粒都带棱角；

② 粉粒可称为粉土粒，粉粒的粒径上限 0.075 mm 相当于 200 号标准筛的孔径；

③ 黏粒可称为黏土粒，黏粒的粒径上限也有采用 0.002 mm 为标准的。

天然土体由大小不同的土颗粒组成，一种土中往往包含许多个粒组，为了表示土中土粒的大小及组成，通常以土中各粒组的相对含量(即土样中各粒组的质量占土粒总质量的百分数)来表示，称为土的颗粒级配。

1.3.1.3　土的颗粒分析试验及颗粒级配曲线

土的颗粒级配是通过颗粒分析试验测定的，常用的分析方法有筛分法和沉降分析法两种。筛析法适用于粒径为0.075～60 mm的砾石类土与砂类土。它是利用一套自上而下孔径由大到小的标准筛(例如20 mm、2 mm、0.5 mm、0.25 mm、0.075 mm)，从风干、松散的土样中，用四分法按下列规定取出代表性试样：①粒径小于2 mm的土取100～300 g；②最大粒径小于10 mm的土取300～1000 g；③最大粒径小于20 mm的土取1000～2000 g；④最大粒径小于40 mm的土取2000～4000 g。将烘干土样过筛，依次称出留在各个筛子上的干土重，即可求得土样中各个粒组的相对含量。通过计算可得到小于某一粒径的土粒质量占总质量的百分比。

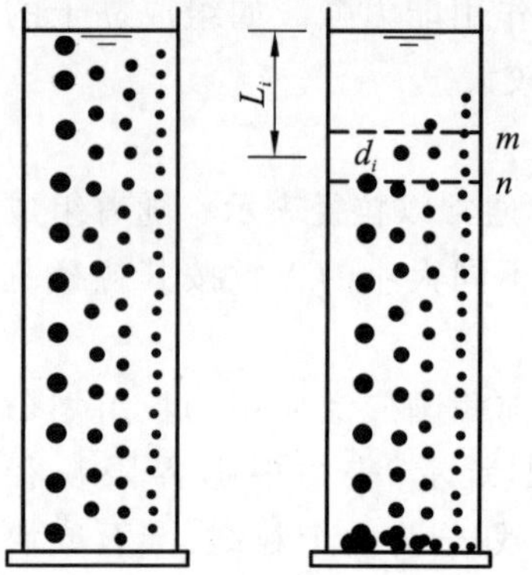

图1.2　土粒在悬浮液中的沉降

沉降分析法适用于分析粒级小于0.075 mm的细粒土。该方法根据球状的细颗粒在水中的下沉速度与颗粒直径的平方成正比的原理(斯托克定理)，把颗粒按下沉速度进行粗细分组。如图1.2所示，将定量的土样与水混合注入量筒中并充分搅拌。在刚停止搅拌的瞬间，各种粒径的土粒在悬液中是均匀分布的，但静置一段时间后，较粗的土粒下沉较快，图中L_i处只含有小于d_i粒径的土粒。实验室常用密度计法或移管法测定沉降距离L_i处的悬液密度，并由此计算出小于该粒径d_i的累计百分含量。采用不同的测试时间t，即可测得细颗粒各粒组的相对含量。密度计法测量时，试样中易溶盐含量大于总质量的0.5%时，应洗盐。

根据颗粒分析试验结果，可绘制图1.3所示的颗粒级配曲线。图中纵坐标表示小于某粒径的土粒重量百分比，横坐标表示土粒的粒径，以mm计。由于土粒粒径的值域很宽，故采用对数坐标表示。由级配曲线的坡度可大致判断土粒均匀程度或级配是否良好。如果曲线较陡(图1.3中曲线A)，表示粒径大小差不多，土粒较均匀，级配不良；反之，若曲线平缓(图1.3中曲线B)，则表示粒径大小悬殊，土粒不均匀，级配良好。级配曲线在一定程度上可以反映土的某些性质。对于级配良好的土，较粗颗粒间的孔隙被较细的颗粒所填充，使得土的密实度较好。故工程中用级配好的土作为路堤、坝堤或填土地基时，比较容易获得较大的密实度。

为了定量评价土的颗粒级配好坏，工程中常用不均匀系数C_u和曲率系数C_c两个指标来反映土颗粒级配的不均匀程度。两者定义的表达式如下：

不均匀系数C_u为：

$$C_u=\frac{d_{60}}{d_{10}} \tag{1.1}$$

曲率系数C_c为：

$$C_c=\frac{d_{30}^2}{d_{60}\cdot d_{10}} \tag{1.2}$$

式中　d_{60}——小于某粒径的土粒质量累计百分比为60%时所对应的粒径，称为限制粒径；

d_{30}——小于某粒径的土粒质量累计百分比为30%时所对应的粒径，称为中值粒径；

d_{10}——小于某粒径的土粒质量累计百分比为10%时所对应的粒径，称为有效粒径。

不均匀系数C_u反映大小不同粒组的分布情况，即土粒的均匀程度。C_u越大，表示粒径的

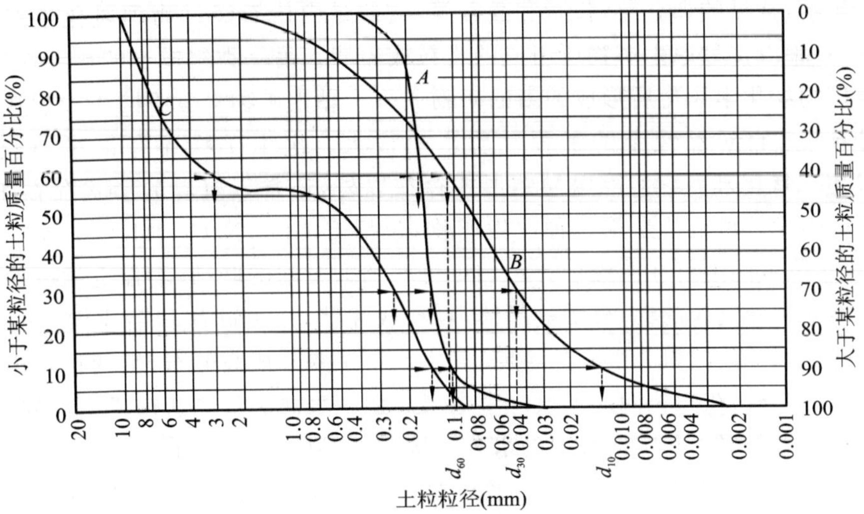

图 1.3　土的颗粒级配曲线

分布范围越大，土粒愈不均匀，其级配愈好。曲率系数 C_c 描述的是级配曲线分布的整体形态，反映了限制粒径 d_{60} 与有效粒径 d_{10} 之间各粒组含量的分布情况。一般情况下，工程上把同时满足 $C_u \geqslant 5$ 和 $C_c = 1 \sim 3$ 两个条件的砾类土和砂类土看作级配良好的砾或级配良好的砂。如表 1.2 列举了某三个土样的颗粒级配分析试验结果，同时绘制其各自的级配曲线如图 1.3 所示。

表 1.2　三个土样的颗粒分析试验成果表

土样编号	各粒径范围土粒组成(%)				d_{60}	d_{30}	d_{10}	C_u	C_c
	2～10 mm	0.05～2 mm	0.005～0.05 mm	<0.005 mm					
A	0	99	1	0	0.165	0.11	0.15	1.5	1.24
B	0	66	30	4	0.115	0.012	0.044	9.6	1.40
C	44	56	0	0	3.00	0.15	0.25	20	0.14

结合三个土样的级配曲线(图 1.3)、表 1.2 中计算得到的三个土样的不均匀系数 C_u 和曲率系数 C_c 指标可以看出：土样 B 的级配曲线坡度平缓，并且同时满足 $C_u \geqslant 5$ 和 $C_c = 1 \sim 3$ 两个条件，说明土样 B 的级配良好；土样 A 的级配曲线坡度较陡，并且不均匀系数 $C_u = 1.5$，不能满足 $C_u \geqslant 5$ 的条件，说明该土样土粒较均匀，级配不良；土样 C 的级配曲线坡度同样平缓，但中间呈台阶状，并且曲率系数 $C_c = 0.14$，不满足 $C_c = 1 \sim 3$ 的条件，说明该土样缺少中间粒径，级配不良。

在岩土的填方工程中，选用级配良好的土，经压实后可以获得较高的干密度和较好的力学特性。在一些排水结构和反滤层中，采用级配较为均匀的土，可以获得较好的渗透性。

1.3.2　土粒成分

土中固体部分的成分如图 1.4 所示，主要分为矿物质和有机质两部分。颗粒的矿物成分主要有原生矿物，常见的如石英、长石和云母等，它们是由岩石经过物理风化生成的粗的土颗粒，通常是由一种或多种原生矿物所组成的岩粒或岩屑。另一类组成土的矿物是次生矿物，它们是由原生矿物经化学风化后形成的新的矿物成分。黏土矿物具有不同于原生矿物的复合层状的硅酸盐矿物，它对黏性土的工程性质影响很大。次生矿物还有倍半氧化物（Fe_2O_3，Al_2O_3）和次生二氧化硅。它们除以晶体形式存在以外，还常以凝胶的形式存在于土体之间，增加土的抗剪强度。可溶盐是第三种次生矿物，包括 $CaCO_3$，NaCl，$MgCO_3$ 等。它们可能以固体形式存在，也可能溶解在溶液中。它们也可增加颗粒间的联结，增强土的抗剪强度。

黏土矿物是一种复合的铝-硅酸盐晶体，颗粒成片状，是由硅片和铝片构成的晶包所组叠而成。根据硅片和铝片的组叠形式的不同，黏土矿物主要分成高岭石、伊利石和蒙脱石三种类型。黏土表面带电荷，在颗粒四周形成一个电场。颗粒表面的负电荷构成电场的内层，水中被吸引在颗粒表面的阳离子和定向排列的水分子构成电场的外层，从而形成双电层。黏土矿物的表面性质直接影响土中水的性质，从而使黏性土具有许多无黏性土所没有的特性。

1.3.3 土中水

土中水即土的液相，其含量对土的性质(尤其是黏性土的性质)影响很大。存在于土中的液态水可分为结合水和自由水两大类。

1.3.3.1 结合水

结合水是指受电分子吸引力吸附在土粒表面呈薄膜状的水。这种电分子吸引力高达几千到几万个大气压，使水分子和土粒表面牢固地黏结在一起，受土粒表面引力控制而不服从静水力学规律。根据水分子所受吸引力的大小及距离土粒表面的远近，结合水又可分为强结合水和弱结合水两类，如图 1.4 所示。

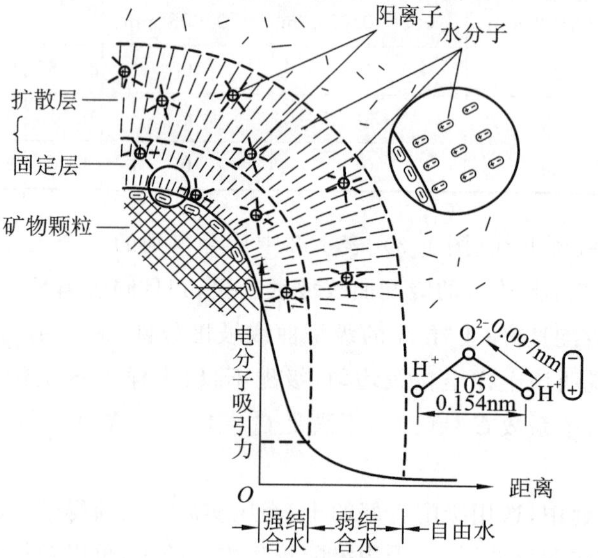

图 1.4 结合水示意图

强结合水是指紧靠土粒表面的结合水膜，其所受的电分子吸引力很大，性质接近于固体，密度约为 1.2～2.4 g/cm^3，冰点可降至－78 ℃，在温度达 105 ℃以上时才可被蒸发。黏性土中只有强结合水时，呈固体状态。

弱结合水是紧靠于强结合水的外围，电场作用范围内的结合水膜，它不能传递静水压力，但较厚的弱结合水能向邻近较薄的水膜缓慢转移，发生变形，但不能在自身重力作用下流动。当土中含有较多的弱结合水时，土具有一定的可塑性。弱结合水距离土粒表面越远，其受到的电分子吸引力越弱，并逐渐过渡到自由水。弱结合水的厚度，对黏性土的工程性质有很大影响。

1.3.3.2　自由水

自由水是存在于土粒表面电场影响范围以外的水。它的性质和正常水一样，能传递静水压力，冰点为 0 ℃，有溶解能力。自由水按其移动所受作用力的不同，可分为重力水和毛细水两大类。

重力水是存在于地下水位以下的透水层中的地下水，它是在重力或压力差作用下运动的自由水，对土粒有浮力作用。重力水对土中的应力状态和开挖基槽、基坑以及修筑地下构筑物时所应采取的排水、防水措施有重要的影响。

毛细水是存在于地下水位以上，受到水与空气交界面处表面张力作用的自由水。可以将土颗粒内部分布的贯通孔隙看作大小、形状不一的相互连通的弯曲通道（毛细管），由于水和空气分界处弯液面上产生的表面张力作用，土中自由水从地下水位面通过土中的细小通道逐渐上升，在地下水位面以上形成一定高度的毛细水带，这个上升高度称为毛细水上升高度 h_c，如图 1.5 所示。一般毛细管直径越小，毛细水上升高度越大。在密实砂土中，毛细水上升高度取决于土粒粒度，一般不超过 3.5 m；在粉土中，由于其粒度较小，毛细水上升高度较大，在密实状态下往往超过 2.5 m；黏性土的粒度虽然较粉土更小，但由于黏性土颗粒表面可能被结合水包裹，阻碍了毛细通道，因此黏性土中毛细水的上升高度不能简单地通过水柱的静力平衡条件获得。

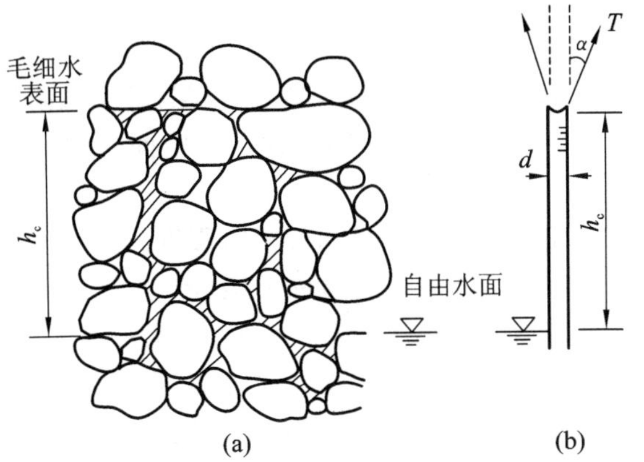

图 1.5　土中的毛细水

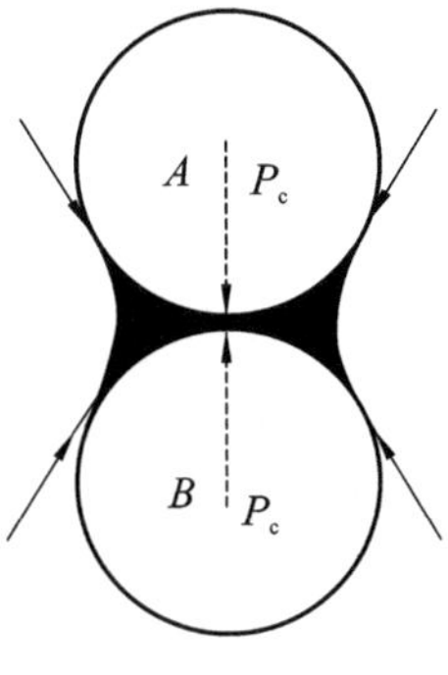

图 1.6　毛细压力示意图

毛细水存在于毛细水上升带内，也存在于非饱和土的较大孔隙中。在水、气界面上，由于弯液面表面张力的存在，以及水与土粒表面的浸润作用，孔隙水的压力亦将小于孔隙内的大气压力。于是，沿着毛细弯液面的切线方向，将产生迫使相邻土粒挤紧的压力，这种压力称为毛细压力（呈倒三角形分布），在弯液面处最大，自由水面处为零，如图 1.6 所示。毛细压力的存在，增加了粒间错动的阻力，使得湿砂具有一定的可塑性，并称之为“假黏聚力”现象。如湿砂可以捏成团，在湿砂中短期内挖成直立的坑壁不会坍塌，这些都说明“假黏聚力”的存在。而在完全浸没或完全干燥的条件下，弯液面消失，毛细压力变为零，湿砂的这种“假黏聚力”随之消失。

在工程中，毛细水的上升高度和速度对于建筑物地下部分的防潮措施和地基土的浸湿、冻胀等有重要影响。此外，在干旱地区，地下水中的可溶盐随毛细水上升后不断蒸发，盐分便积聚于靠近地表处而形成盐渍土。

1.3.4 土中气

土中气是指充填在土的孔隙中的气体，可分为两种基本类型：一种是与大气连通的气体；另一种是与大气不连通的以气泡形式存在的封闭气体。

与大气连通的气体对土的工程性质没有多大的影响，它的成分与空气相似，当土受到外力作用时，这种气体很快从孔隙中挤出。封闭的气体对土的工程性质有很大的影响，密闭气体的成分可能是空气、水汽或天然气，在压力作用下这种气体可被压缩或溶解于土中，当压力减小时，气泡会恢复原状或重新游离出来。含气体的土称为非饱和土，非饱和土的工程性质研究已成为土力学的一个重要分支。

1.3.5 土的结构和构造

土的结构包含微观结构和宏观结构两层概念。土的微观结构即为土的结构，是指土粒的相互排列及土粒间的联结关系。土的宏观结构称之为土的构造，是指同一土层中土颗粒之间相互关系的特征，是指土层的层理、裂隙及大孔隙等宏观特征。

1.3.5.1 土的结构

土的结构与组成土的颗粒大小、矿物成分和沉积条件有关，一般可分为单粒结构、蜂窝结构和絮状结构三种基本类型。

(1) 单粒结构

单粒结构是由粗大土粒在水或空气中下沉形成的，由于其颗粒比较粗大，土粒间的分子引力相对较小，粒间几乎没有联结，或者联结很弱，土颗粒相互间有稳定的空间位置。砂土和碎石土往往为单粒结构。

具有这类结构的土的工程性质主要取决于土粒大小和排列的松密程度。根据土颗粒排列的松密程度不同，单粒结构还可以分为松散结构和紧密结构两种类型(图 1.7)。呈紧密状态的单粒结构的土，由于其土粒排列紧密，在动、静荷载作用下都不会产生较大的沉降，所以强度较大，压缩性小，一般是良好的天然地基。呈疏松状态的单粒结构的土，其骨架是不稳定的，当受到震动及其他外力时，土粒易发生移动，土中孔隙剧烈减少，引起土体较大的变形。因此，这种土层如未经处理不宜作为建筑物的地基或路基。

(2) 蜂窝结构

蜂窝结构主要是由粉粒或细砂组成的土的结构形式。据研究，粒径为 0.075～0.005 mm 的土粒在水中沉积时，基本上是以单个土粒下沉，当碰上已沉积的土粒时，由于它们之间的相互引力大于其重力，土粒就停留在最初的接触点上不再下沉，逐渐形成土粒链。土粒链组成弓架结构，形成具有很大孔隙的蜂窝状结构，如图 1.8 所示。

(a) (b)

图 1.7 土的单粒结构

(a) 疏松的;(b) 紧密的

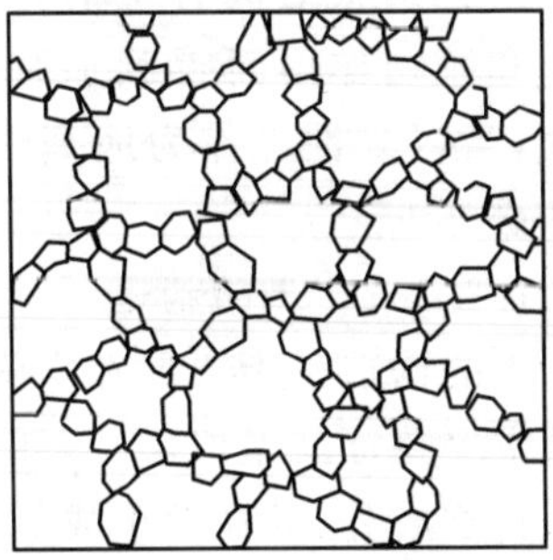

图 1.8 土的蜂窝结构

具有蜂窝结构的土有很大孔隙,但由于弓架作用和一定程度的粒间联结,使其可承担一般水平的静力荷载。但是当其承受高应力水平的荷载或动力荷载时,其结构将被破坏,并可导致严重的地基变形。如饱和松散粉细砂土地基在地震作用下会产生振陷、液化破坏现象,引起地基较大变形甚至失效。

(3) 絮状结构

絮状结构是黏土颗粒特有的结构。细微的黏粒大都呈针状或片状,质量极轻,在水中长期悬浮并在水中运动时,受粒间作用力和悬浊液介质的影响,土粒相互聚合,以边-边、面-边的接触方式形成絮状物下沉,从而形成大孔隙的絮状结构。

黏土颗粒与水之间会形成粒间作用力,其大小随着颗粒距离的减小而增大。粒间作用力主要有粒间排斥力和粒间吸引力两种,其中,粒间排斥力主要指土粒离子层间孔隙水渗透压力产生的渗透斥力,其大小与土颗粒的双电层厚度有关,且受水溶液的离子浓度和离子类型影响显著。粒间吸引力主要指范德华力,主要受颗粒形状、矿物成分以及表面电荷等的影响。范德华力是细粒土黏结在一起的主要原因。

如图 1.9 所示,在不同的沉积环境中,黏土粒会形成不同形态絮状结构。图 1.9(a)所示为盐液中的絮凝结构,如浑浊的河水流入海中,由于海水的高盐度,很容易形成絮凝并沉积为淤泥;而在某些非盐液中,由于黏土粒的电分子吸引力和布朗运动的作用,也可能形成如图 1.9(b)所示的絮凝结构。絮凝结构具有较大的孔隙,对扰动比较敏感,性质均匀,各向同性。当土粒间电分子力表现为斥力时,土粒将在分散状态下缓慢沉积,形成面对面的片状堆积,即分散型结构,如图 1.9(c)所示。分散性黏土结构密度大,土在平行于定向排列的方向和垂直于定向排列的方向的性质差异较大,各向异性。

(a) (b) (c)

图 1.9 黏土颗粒的絮状结构

(a) 盐液中的絮凝;(b) 非盐液中的絮凝;(c) 分散型

具有絮状结构的黏性土，其土粒之间的联结强度（结构强度），往往由于长时期的固结作用和胶结作用而得到加强，如果受到施工的扰动造成其结构破坏，其强度会大大降低。因此，当以黏性土作为地基时，在基坑开挖和基础施工过程中应避免对坑底原状土体的扰动和破坏。

1.3.5.2　土的构造

土的构造是指土层在空间的赋存状态，是土层的层理、裂隙及大孔隙等宏观特征。土的构造最主要特征就是成层性，即层理构造（图 1.10）。它是在土的形成过程中，由于不同阶段沉积的物质成分、颗粒大小或颜色不同，而沿竖向呈现的成层特征。土的构造的另一特征是土的裂隙性，如黄土的柱状裂隙、膨胀土的收缩裂隙等。裂隙的存在大大降低土体的强度和稳定性，增大透水性，对工程不利。此外，也应注意到土中有无包裹物（如腐殖物、贝壳、结核体等）以及天然或人为孔洞存在。这些构造特征都会造成土的不均匀性。

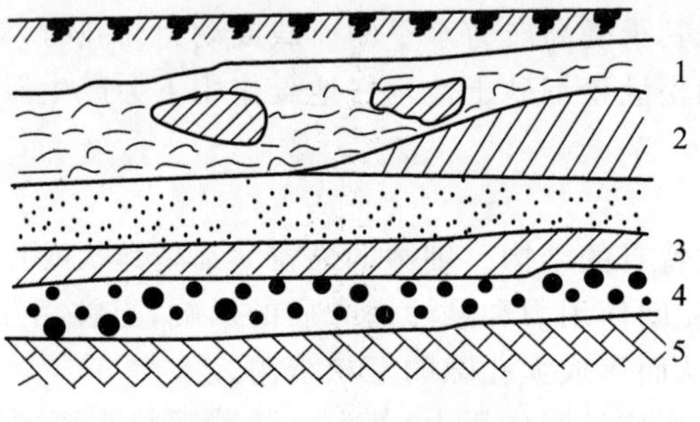

图 1.10　土的层理构造

1—淤泥夹黏土透镜体；2—黏土尖灭层；3—砂土夹黏土层；4—砾石层；5—基岩

1.4　土的物理特性

1.4.1　土的三相比例指标

土是由固相的土颗粒、液相的孔隙水和气相的孔隙气所组成的松散堆积物。土中的这三相在重量和体积上的比例关系决定着土体的干湿、软硬、松密等。因此，工程上利用组成土的三相物质在体积和质量上的比例关系反映土的物理性质，称为土的三相比例指标或物理性质指标，它们对于评价土的工程性质具有重要意义。

为了更方便地说明土的三相比例指标，常把自然界中土的三相混合分布的情况分别集中起来：固相集中于下部，液相居中部，气相集中于上部，图左边标出各相的质量，图右边标明各相的体积，如图 1.11 所示。

图 1.11 中各符号的含义如下：

V_a——土中气体所占的体积；

V_w——土中水所占的体积；

V_s——土中土颗粒所占的体积；

V_v——土中孔隙所占的体积，$V_v = V_a + V_w$；

V ——土的体积，$V = V_a + V_w + V_s$；

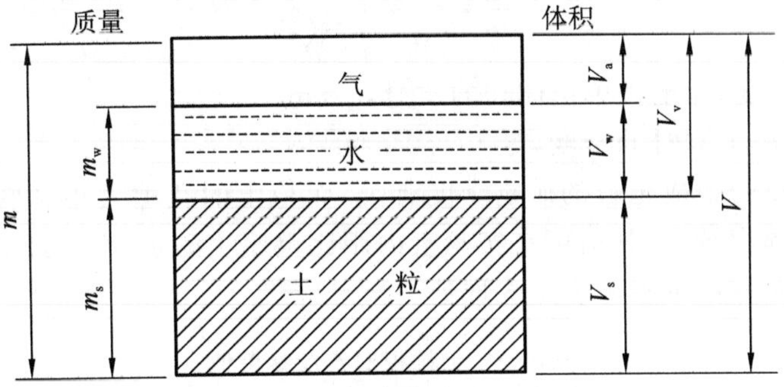

图 1.11 土的三相比例关系图

m_w——土中水的质量；

m_s——土中土颗粒的质量；

m——土的总质量，$m = m_w + m_s$。

上述物理量中，由于土中气体的质量相对很小，可忽略不计，土中水的相对密度等于 1.0。当已知 V_a，V_w，V_s，m_w，m_s 中的任意三个独立的量时，可以利用该三相图确定其余的物理量及其比例关系。

1.4.1.1 三个基本的试验指标

图 1.11 中所示的土的含水量 w、密度 ρ 和土粒相对密度 d_s 必须通过实验室直接测定。

(1) 土的含水量 w

土的含水量是指土中水的质量与固体的土颗粒质量的比值，用百分比表示。由下式表示：

$$w=\frac{m_w}{m_s}\times 100\% \tag{1.3}$$

土的含水量是表示土的干湿程度的指标。在天然状态下，一般砂土含水量都不超过 40%，以 10%～30%最为常见；一般黏土大多在 10%～80%之间，常见值为 20%～50%；而饱和的淤泥其含水量可高达 100%～300%。土的含水量一般用“烘干法”测定。先称小块原状土样的湿土质量，然后将其置于烘箱内维持 105 ℃烘至恒重，再称干土质量，湿、干土质量之差与干土质量比值的百分数，就是土的含水量。

(2) 土的密度 ρ

土的密度是指单位体积内土的质量，单位为 g/cm^3。由下式表示：

$$\rho=\frac{m}{V} \tag{1.4}$$

一般天然状态下土的密度为 1.60～2.20 g/cm^3。土的密度一般用“环刀法”测定。用一个一定规格的圆环刀(刃口向下)放在削平的原状土样上，徐徐削去环刀外围的土，边削边压，使保持天然状态的土样压满环刀，称得环刀内土样质量，求得它与环刀容积之比值即为土的密度 ρ。

(3) 土粒相对密度 d_s

土粒相对密度 d_s 是指土中固体土颗粒的质量与同体积 4 ℃时的纯水质量的比值，由下式表示：

$$d_s=\frac{m_s}{V_s\rho_{w1}}=\frac{\rho_s}{\rho_{w1}} \tag{1.5}$$

式中 ρ_s——土粒密度，即土粒单位体积的质量，g/cm³；

ρ_{w1}——纯水在 4 ℃时的密度，等于 1.0 g/cm³。

土粒相对密度仅与组成土粒的矿物密度有关，而与土的孔隙大小和含水量多少无关。土粒的相对密度变化幅度较小，其值可在实验室内用比重瓶法测定，在有经验的地区可按经验值选用。一般土粒相对密度可参考表 1.3 取值。

表 1.3 土粒相对密度参考值

土的名称	砂土	粉土	粉质黏土	黏土
土粒相对密度	2.65～2.69	2.70～2.71	2.72～2.73	2.74～2.76

1.4.1.2 特殊条件下土的密度

(1) 土的干密度 ρ_d

土单位体积中固体颗粒部分的质量，称为土的干密度 ρ_d，单位为 g/cm³，可由下式表示：

$$\rho_d=\frac{m_s}{V} \tag{1.6}$$

在工程上，土的干密度 ρ_d 通常用作填土工程(包括土坝、路基和人工压实地基等)的土体压实质量控制的标准。土的干密度 ρ_d 越大，表明土体越密实，强度越高，土的工程质量越好。

(2) 土的饱和密度 ρ_{sat}

土的饱和密度 ρ_{sat} 是指土的孔隙中全部充满水时，土单位体积的质量，单位为 g/cm³，可由下式表示：

$$\rho_{sat}=\frac{m_s+V_v\rho_w}{V} \tag{1.7}$$

常见的土的饱和密度 ρ_{sat}=(1.8～2.3) g/cm³。

(3) 土的浮密度 ρ'

土的浮密度 ρ' 是指当土体浸没在地下水位以下时，扣除了土的固相受到水的浮力作用后土体的密度，也称土的有效密度，单位为 g/cm³，可由下式表示：

$$\rho'=\frac{m_s-V_s\rho_w}{V} \tag{1.8}$$

值得注意的是，在土的三相比例指标中质量密度指标共有 4 个，即土的密度 ρ、土的干密度 ρ_d、土的饱和密度 ρ_{sat} 和土的浮密度 ρ'，其单位为 g/cm³。与之相对应，土单位体积的重力称为土的重力密度，简称重度 γ，单位为 kN/m³。土的重度指标也有 4 个，即土的重度 γ、土的干重度 γ_d、土的饱和重度 γ_{sat} 和土的浮重度 γ'，其值均为相应的密度与重力加速度 g 的乘积，其中 g=9.81 m/s²，实用时可近似取 10.0 m/s²。各密度和重度指标，在数值上有如下关系：$\rho_{sat}\geqslant\rho\geqslant\rho_d>\rho'$ 或 $\gamma_{sat}\geqslant\gamma\geqslant\gamma_d>\gamma'$。

1.4.1.3 反映土的孔隙特征、含水程度的指标

(1) 土的孔隙比 e

土的孔隙比是指土中孔隙体积与固体土颗粒体积之比，用小数表示，其表达式为：

$$e=\frac{V_v}{V_s} \tag{1.9}$$

（2）土的孔隙率 n

土的孔隙率是指土中孔隙所占体积与土体总体积之比，用百分比表示，其表达式为：

$$n=\frac{V_v}{V}\times 100\% \tag{1.10}$$

土的孔隙比 e 和孔隙率 n 均可以用来评价天然土层的密实程度，一般来说，砂土 $e=0.5\sim1.0$，$e<0.6$ 的土是密实的低压缩性土；黏性土 $e=0.5\sim1.2$，$e>1.0$ 的土是疏松的高压缩性土。

（3）土的饱和度 S_r

土中水的体积与土中孔隙体积之比称为土的饱和度，用百分比表示，含义为土中孔隙被水充满的程度。其表达式为：

$$S_r=\frac{V_w}{V_v}\times 100\% \tag{1.11}$$

土的饱和度 S_r 与土的含水量 w 均为描述土中含水程度的三相比例指标。通常根据土的饱和度 S_r，砂土和粉土的湿度可分为三种状态：稍湿（$S_r\leqslant50\%$）、很湿（$50\%<S_r\leqslant80\%$）和饱和（$S_r>80\%$）。

1.4.2 三相比例指标的换算

通过土工试验直接测定土的含水量 w、密度 ρ 和土粒相对密度 d_s 后，可以根据三相图求得其余六种指标与实验室测定的三种指标的关系式。

根据图 1.12 所示的土的三相比例指标换算图，设 $\rho_{w1}=\rho_w$，并令土颗粒的体积 $V_s=1$，则由孔隙比定义 $V_v=e$，土的总体积 $V=V_s+V_v=1+e$，推导过程如下：

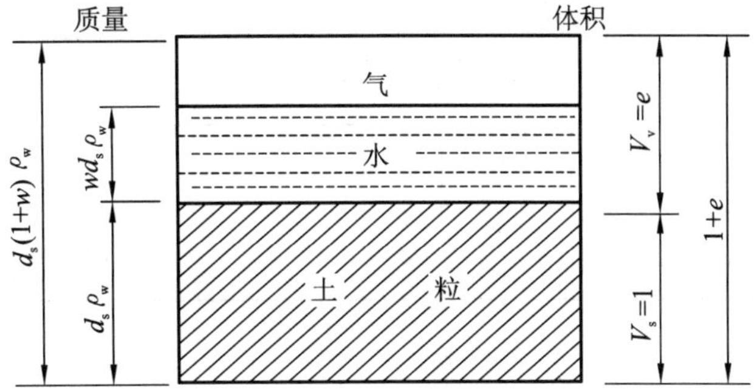

图 1.12 土的三相比例指标换算图

根据土粒相对密度 d_s 的定义，土颗粒的质量 $m_s=\rho_s\times1=d_s\rho_w$；

根据含水量 w 定义，可得水的质量 $m_w=w\times m_s=wd_s\rho_w$；

则土的总质量 $m=m_s+m_w=(1+w)d_s\rho_w$；

由密度 ρ 的定义知土的总体积 $V=\dfrac{m}{\rho}=\dfrac{(1+w)d_s\rho_w}{\rho}$；

则土中孔隙的体积 $V_v=V-V_s=\dfrac{(1+w)d_s\rho_w}{\rho}-1$；

土中水的体积 $V_w=\dfrac{m_w}{\rho_w}=wd_s$。

根据以上推导得出土的三相组成的质量及体积，再由其余各指标的定义得其余六种指标与实验室测定的三种指标的关系式如下：

孔隙比：
$$e=\frac{V_v}{V_s}=\frac{d_s(1+w)\rho_w}{\rho}-1 \tag{1.12}$$

孔隙率：
$$n=\frac{V_v}{V}=1-\frac{\rho}{d_s(1+w)\rho_w}=\frac{e}{1+e} \tag{1.13}$$

饱和度：
$$S_r=\frac{V_w}{V_v}=\frac{wd_s}{e} \tag{1.14}$$

干密度：
$$\rho_d=\frac{m_s}{V}=\frac{\rho}{1+w} \tag{1.15}$$

饱和密度：
$$\rho_{sat}=\frac{m_s+V_v\rho_w}{V}=\frac{(d_s-1)\rho}{d_s(1+w)}+1=\frac{(d_s+e)\rho_w}{1+e} \tag{1.16}$$

浮密度：
$$\rho'=\frac{m_s-V_s\rho_w}{V}=\frac{(d_s-1)\rho}{d_s(1+w)}=\frac{(d_s-1)\rho_w}{1+e} \tag{1.17}$$

表 1.4 列出了常用土的三相比例指标换算公式。

表 1.4　土的三相比例指标换算公式

指标	符号	表达式	常用换算公式
孔隙比	e	$e=\frac{V_v}{V_s}$	$e=\frac{d_s\gamma_w(1+w)}{\gamma}-1$
干重度	γ_d	$\gamma_d=\frac{m_s g}{V}$	$\gamma_d=\frac{\gamma}{1+w}$
饱和重度	γ_{sat}	$\gamma_{sat}=\frac{m_s g+V_v\gamma_w}{V}$	$\gamma_{sat}=\frac{(d_s-1)\gamma}{d_s(1+w)}+\gamma_w$
浮重度	γ'	$\gamma'=\frac{m_s g+V_v\gamma_w-V\gamma_w}{V}$	$\gamma'=\frac{(d_s-1)\gamma}{d_s(1+w)}$
饱和度	S_r	$S_r=\frac{V_w}{V_v}$	$S_r=\frac{wd_s\gamma}{d_s\gamma_w(1+w)-\gamma}$
孔隙率	n	$n=\frac{V_v}{V}\times 100\%$	$n=\left[1-\frac{\gamma}{d_s\gamma_w(1+w)}\right]\times 100\%$

【例 1.1】 某原状土样，试验测得基本指标如下：土的天然密度 $\rho=1.67\ \text{g/cm}^3$，含水量 $w=12.9\%$，土粒相对密度 $d_s=2.67$。试求其他指标。

【解】 直接利用换算公式

(1) 土的孔隙比

$$e=\frac{d_s\gamma_w(1+w)}{\gamma}-1=\frac{2.67\times 1.0\times 10\times(1+0.129)}{1.67\times 10}-1=0.80$$

(2) 孔隙率

$$n=\left[1-\frac{\gamma}{d_s\gamma_w(1+w)}\right]\times 100\%=\left[1-\frac{1.67\times 10}{2.67\times 1.0\times 10\times(1+0.129)}\right]\times 100\%=44.6\%$$

(3) 饱和度

$$S_r=\frac{wd_s\gamma}{d_s\gamma_w(1+w)-\gamma}\times 100\%=\frac{0.129\times 2.67\times 1.67\times 10}{2.67\times 10\times(1+0.129)-1.67\times 10}\times 100\%=42.8\%$$

(4) 饱和重度和饱和密度

$$\gamma_{sat}=\frac{(d_s-1)\gamma}{d_s(1+w)}+\gamma_w=\frac{(2.67-1)\times1.67\times10}{2.67\times(1+0.129)}+10=19.25\ \text{kN/m}^3$$

$$\rho_{sat}=\frac{\gamma_{sat}}{g}=\frac{19.25}{10}=1.93\ \text{g/cm}^3$$

(5) 干重度和干密度

$$\gamma_d=\frac{\gamma}{1+w}=\frac{1.67\times10}{1+0.129}=14.80\ \text{kN/m}^3$$

$$\rho_d=\frac{\gamma_d}{g}=\frac{14.80}{10}=1.48\ \text{g/cm}^3$$

(6) 浮重度和浮密度

$$\gamma'=\frac{(d_s-1)\gamma}{d_s(1+w)}=\frac{(2.67-1)\times1.67\times10}{2.67\times(1+0.129)}=9.25\ \text{kN/m}^3$$

$$\rho'=\frac{\gamma'}{g}=\frac{9.25}{10}=0.93\ \text{g/cm}^3$$

【例 1.2】 有一块体积为 60 cm^3 的原状土样，重量为 1.05 N，烘干后重量为 0.85 N。已知土粒相对密度 $d_s=2.67$。求该土样的天然重度 γ、天然含水量 w、干重度 γ_d、饱和重度 γ_{sat}、浮重度 γ'、孔隙比 e 及饱和度 S_r。

【解】 分析：由湿土重 W 和土样体积 V 可算得该土样天然重度 γ，由干土重 W_s 和 V 可算得干重度 γ_d，且已知 d_s，3 个基本指标均可得到，故题目可解。

$$\gamma=\frac{W}{V}=\frac{1.05\times10^{-3}}{60\times10^{-6}}=17.5\ \text{kN/m}^3$$

$$\gamma_d=\frac{W_s}{V}=\frac{0.85\times10^{-3}}{60\times10^{-6}}=14.2\ \text{kN/m}^3$$

$$d_s=\frac{\gamma_s}{\gamma_w}\quad \text{则，}\quad \gamma_s=d_s\gamma_w=2.67\times10=26.7\ \text{kN/m}^3$$

$$w=\frac{W_w}{W_s}\times100\%=\frac{1.05-0.85}{0.85}\times100\%=23.5\%$$

$$e=\frac{\gamma_s(1+w)}{\gamma}-1=\frac{26.7(1+0.235)}{17.5}-1=0.884$$

$$S_r=\frac{w\cdot d_s}{e}=\frac{0.235\times2.67}{0.884}=71\%$$

【例 1.3】 某土样的含水量为 12%，密度为 1.87 g/cm^3，若假设该土样的孔隙比保持恒量，为使含水量增加到 22%，试问 1 m^3 的土需要加入多少水？

【解】 已知 $w_1=12\%$，$\rho_1=1.87\ \text{g/cm}^3$，$w_2=22\%$，$e_1=e_2$

解法一：由式 $\gamma_d=\dfrac{\gamma}{1+w}$ 可知，原来土的干密度 $\rho_{d1}=\dfrac{\rho_1}{1+w_1}$，加水后土的干密度为 $\rho_{d2}=\dfrac{\rho_2}{1+w_2}$。且由于 $e_1=e_2$，故得：

$$\frac{\rho_1}{1+w_1}=\frac{\rho_2}{1+w_2}$$

从而得到加水后土的密度为：

$$\rho_2=\frac{1+w_2}{1+w_1}\rho_1=\frac{1+0.22}{1+0.12}\times1.87=2.037\ \text{g/cm}^3$$

1 m³ 土所需增加的水量为：

$$\Delta m_w=(\rho_2-\rho_1)\times1000=(2.037-1.87)\times1000=167\ \text{kg}$$

解法二：设土体的总体积 $V=1.0$，则土粒的质量 $m_s=\rho_d$，水的质量 $m_w=w\rho_d$

加水前土样的干密度为：$\rho_{d1}=\dfrac{\rho_1}{1+w_1}=\dfrac{1.87}{1+0.12}=1.67\ \text{g/cm}^3$

则 1 m³ 原土样中的水量为：

$$m_{w1}=w_1\rho_{d1}\times1000=0.12\times1.67\times1000=200\ \text{kg}$$

根据题意 $e_1=e_2$，且 $\rho_{d1}=\rho_{d2}=1.67\ \text{g/cm}^3$，故含水量增加到 22% 时，1 m³ 土中的水量为：

$$m_{w2}=w_2\rho_{d2}\times1000=0.22\times1.67\times1000=367\ \text{kg}$$

每 1 m³ 土所需增加的水量为：

$$\Delta m_w=m_{w2}-m_{w1}=367-200=167\ \text{kg}$$

1.4.3 黏性土的物理特性

1.4.3.1 黏性土的界限含水量

黏性土的含水量对其工程性质影响很大。对于同一种黏性土，当其含水量很小时，土中水主要以强结合水的形式包裹在土粒外层，土体处于坚硬的固态或半固态，强度很大；随着含水量增大，土就逐渐过渡到可塑成任何形状而不发生裂纹的可塑状态，其强度也相应降低；若含水量继续增大，土颗粒周围的水膜厚度增加，出现弱结合水。弱结合水的黏滞特点使得土体呈现可塑状态，当含水量继续增加，土中出现自由水时，土体呈流动状态，力学强度也大大降低。可见，黏性土随其含水量的不同，而分别处于固态、半固态、可塑状态及流动状态。黏性土从一种状态转变到另一种状态的分界含水量称为界限含水量。

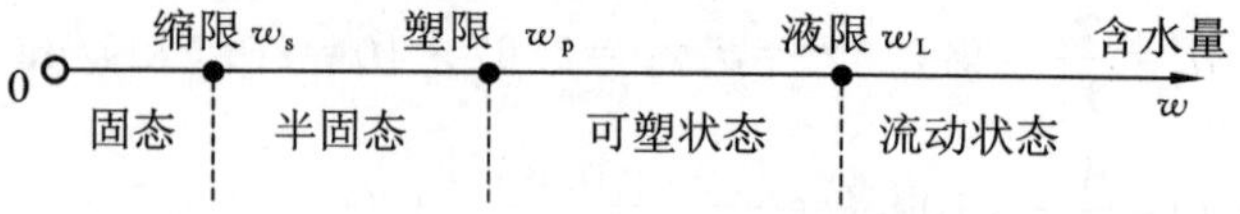

图 1.13 黏性土的界限含水量

如图 1.13 所示，土由可塑状态转到流动状态的界限含水量称为液限，用 w_L 表示；土由半固体状态转变为塑性状态时的界限含水量称为塑限，用 w_p 表示；土由半固体状态不断蒸发水分，体积逐渐缩小，直到体积不再缩小时的含水量称为缩限，用 w_s 表示。界限含水量都以百分比表示，省去%符号。界限含水量首先由瑞典科学家阿特堡（Aterberg，1911）提出，故又称阿特堡界限（Aterberg limits），它对黏性土的分类及工程性质的评价有重要意义。

我国采用锥式液限仪（图 1.14）来测定黏性土的液限 w_L。将调成均匀的浓糊状试样装满试杯并刮平杯口表面，将 76 g 重的圆锥体轻放在试样表面，使其在自重作用下沉入试样，若圆锥体经过 5 s 时恰好沉入 17 mm 深度，这时杯内土样的含水量就是 w_L 值。

美国、日本等国家使用碟式液限仪来测定黏性土的液限。取过 0.5 mm 筛的土样（天然含水率的土样或风干土样均可）约 100 g，放在调土皿中，加纯水反复拌匀。取部分试样平铺于土碟的前半部，以蜗形轮为中心，用划刀自后至前沿土碟中央将试样划成槽缝清晰的两半。以 2 r/s 的速率转动摇柄，使土碟反复起落，直到试样两边在槽底的合拢长度为 13 mm 为止，记录击数。在槽的两边取 10 g 试样测定其含水率。此步骤至少重复两次。两次土的稠度应使合拢长度为 13 mm 时所需击数为 15～35 次，其中 25 次以上及以下各 1 次。然后测定各击次下试样的相应含水率。此时试样的含水量就是液限 w_L。

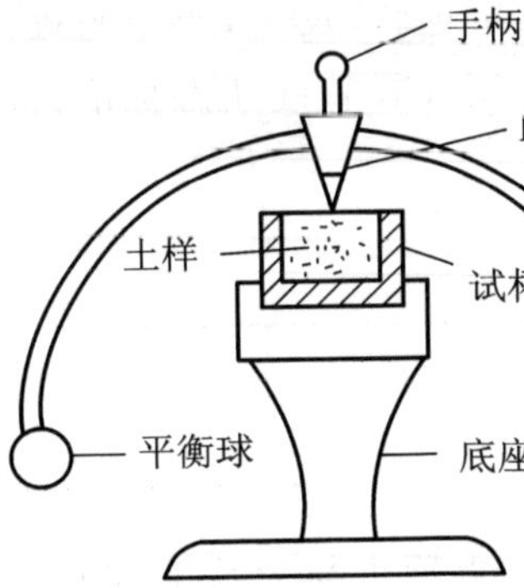

图 1.14　锥式液限仪

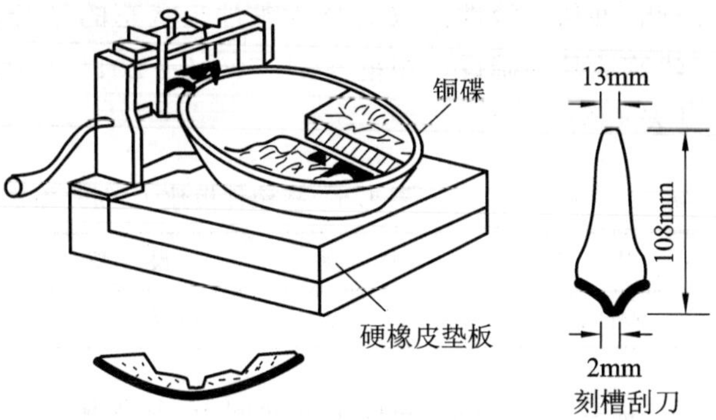

图 1.15　碟式液限仪

塑限 w_p 多用"搓条法"测定。即先将天然湿度的土样搓成小圆球，然后放在毛玻璃板上再用手掌慢慢搓滚成小土条，若土条搓到直径为 3 mm 时恰好开始断裂，这时土条的含水量就是塑限 w_p 值。

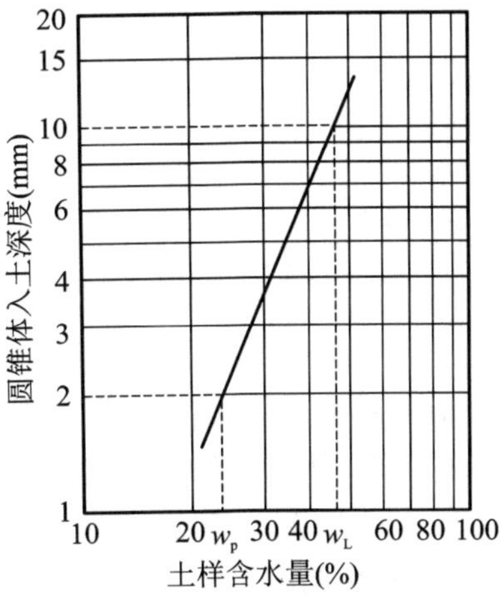

图 1.16　圆锥体入土深度与含水量的关系

由于搓条法受人为因素影响较大，测试结果不稳定，现多用锥式液限仪联合测定液限、塑限。它以电磁放锥法对黏性土试样以不同的含水量进行若干次试验（一般为 3 组），并按测定结果在双对数坐标纸上作出 76 g 圆锥体的入土深度与含水量的关系曲线（大量试验表明其接近于一条直线，如图 1.16 所示），则对应于圆锥体入土深度为 10 mm 和 2 mm 时土样的含水量分别为该土的液限 w_L 和塑限 w_p 值。

1.4.3.2　黏性土的塑性指数 I_p 和液性指数 I_L

为了表征土体天然含水量与界限含水量之间的相对关系，工程上还常用液性指数 I_L 和塑性指数 I_p 两个指标判别土体的物理状态。

塑性指数 I_p 是指液限和塑限的差值（省去%符号），即土处在可塑状态的含水量变化范围，其表达式为：

$$I_p = w_L - w_p \tag{1.18}$$

式中　w_L——液限；

w_p——塑限。

塑性指数越大，表明土中结合水的含量可能越高，黏性越强。工程中常根据塑性指数 I_p 的大小对黏性土进行分类（见 1.5 节）。

液性指数 I_L 是指黏性土的天然含水量和塑限的差值与塑性指数之比，无量纲，其表达式为：

$$I_L = \frac{w - w_p}{w_L - w_p} = \frac{w - w_p}{I_p} \tag{1.19}$$

式中　w——土的天然含水量。

由上式可见，当土的天然含水量 $w<w_p$ 时，$I_L<0$，天然土体处于坚硬状态；当 $w>w_L$ 时，$I_L>1$，天然土体处于流动状态；当 $w_p<w<w_L$ 时，I_L 在 0～1 之间，天然土体处于可塑状态。因此，可利用液性指数 I_L 作为黏性土状态的划分指标。I_L 值越大，土质越软，反之，土质越硬。《建筑地基基础设计规范》(GB 50007—2011)根据黏性土液性指数 I_L 划分其软硬状态标准，详见表 1.5。

表 1.5　按液性指数 I_L 划分黏性土的状态(GB 50007—2011)

状　态	坚　硬	硬　塑	可　塑	软　塑	流　塑
液性指数	$I_L\leqslant 0$	$0<I_L\leqslant 0.25$	$0.25<I_L\leqslant 0.75$	$0.75<I_L\leqslant 1.0$	$I_L>1.0$

需要强调的是，黏性土的液限 w_L 和塑限 w_p 均采用重塑土测定。重塑土与天然结构的原状土存在差异，因此，w_L、w_p 只能反映黏土颗粒与水的相互作用，并不能完全反映黏性土与水的实际关系以及相应的物理状态。

【例 1.4】　从某地基取原状土样，测得土的液限为 37.4%，塑限为 23.0%，天然含水量为 26.0%，问地基土处于何种状态？

【解】　根据已知条件计算该土样的塑性指数 I_p 和液性指数 I_L

$$I_p=w_L-w_p=37.4-23=14.4$$

$$I_L=\frac{w-w_p}{I_p}=\frac{26-23}{14.4}=0.21$$

由于 $0<I_L\leqslant 0.25$，根据表 1.5 可知，该地基土处于硬塑状态。

1.4.3.3　黏性土的灵敏度(s_t)和触变性

(1) 黏性土的灵敏度(s_t)

天然状态下的黏性土通常都有一定的结构性，当受到外来因素的扰动后，土粒间的胶结物质以及土粒、离子、水分子所组成的平衡体系被破坏，土的强度降低，压缩性增大。土的这种结构性对强度影响的强弱，通常用灵敏度反映。它是以原状土的强度与该土经过重塑(土的结构性完全破坏)后的强度之比来表示，重塑土试样具有与原状土试样相同的尺寸、密度和含水量。土的灵敏度的表达式如下：

$$s_t=\frac{q_u}{q_0} \tag{1.20}$$

式中　s_t——黏性土的灵敏度；

q_u——原状土试样的无侧限抗压强度，kPa；

q_0——重塑土试样的无侧限抗压强度，kPa。

根据灵敏度可将饱和黏性土分为低灵敏($1<s_t\leqslant 2$)、中灵敏($2<s_t\leqslant 4$)和高灵敏($s_t>4$)三类。灵敏度高的土，其结构性愈强，受扰动后土的强度降低就愈多，因此在基础施工时应特别注意保护基槽，使土体结构不受扰动，避免降低地基强度。

(2) 黏性土的触变性

当黏性土结构受扰动时，土的强度降低。但静置一段时间，土的强度又逐渐增长，这种性质称为土的触变性。这是由于土粒、离子和水分子体系随时间而趋于新的平衡状态。例如，在黏性土中打桩时，往往利用振扰的方法，破坏桩侧土和桩尖土的结构，以降低打桩的阻力，但在打桩完成后，土的强度可随时间部分恢复，使桩的承载力逐渐增加，这就是利用了土的触变性机理。

1.4.4 无黏性土的密实度

无黏性土一般是指碎石(类)土和砂(类)土。无黏性土的密实度对其工程性质具有重要的影响，密实的无黏性土具有较高的强度和较低的压缩性，是良好的建筑物地基。但松散的无黏性土，尤其是饱和的松散砂土，不仅强度低，且水稳性差，容易产生流砂、液化等工程事故。因此对于无黏性土评价的主要问题是正确划分其密实度。

(1) 砂土的相对密实度 D_r

相对密实度 D_r 是指砂土的密实程度。孔隙比 e、干重度 γ_d 在一定程度上也可以反映土的密实程度，但这两个指标没有考虑粒径级配对土的密实程度的影响。不难验证，不同级配的砂土，可以具有相同的孔隙比 e，若土颗粒的大小、形状和级配不同，则土的密实程度也明显不同。如均匀颗粒的土与包含大颗粒和小颗粒的土，相同孔隙比时其密实程度是不同的。因此，为了合理地判定砂土的密实度状态，在实际工程中，一般用相对密实度 D_r 来表征砂土的密实程度。其表达式为：

$$D_r = \frac{e_{max} - e}{e_{max} - e_{min}} \tag{1.21}$$

式中 e——砂土的天然孔隙比；

e_{max}——砂土在最松散状态时的孔隙比，即最大孔隙比；

e_{min}——砂土在最密实状态时的孔隙比，即最小孔隙比。

最大孔隙比和最小孔隙比可直接由试验测定。当 $D_r = 0$ 时，表示土处于最松散状态；当 $D_r = 1$ 时，表示土处于最密实状态。在工程中，用相对密实度 D_r 将砂土划分为密实、中密和松散三种密实度，见表 1.6。

表 1.6 按相对密实度 D_r 划分砂土密实度

相对密实度	松散	中密	密实
D_r	$0 < D_r \leqslant 0.33$	$0.33 < D_r \leqslant 0.67$	$0.67 < D_r \leqslant 1$

(2) 按标准贯入试验划分砂土密实度

在实际工程中，由于很难在地下水位以下的砂层中取到原状砂土样，砂土的天然孔隙比很难准确地测定，这就使相对密实度的应用受到限制。因此，按现行国家标准《建筑地基基础设计规范》(GB 50007—2011)，在工程中通常用标准贯入击数 N 来划分砂土的密实度，见表 1.7。

表 1.7 按标准贯入击数 N 划分砂土密实度(GB 50007—2011)

密实度	密实	中密	稍密	松散
标贯击数 N	$N > 30$	$15 < N \leqslant 30$	$10 < N \leqslant 15$	$N \leqslant 10$

(3) 按重型圆锥动力触探试验划分碎石土密实度

现行国家标准《建筑地基基础设计规范》(GB 50007—2011)中，碎石土的密实度可按重型圆锥动力触探试验锤击数 $N_{63.5}$ 划分，见表 1.8。

表 1.8 按重型圆锥动力触探试验锤击数 $N_{63.5}$ 划分碎石土密实度(GB 50007—2011)

密实度	密实	中密	稍密	松散
锤击数 $N_{63.5}$	$N_{63.5}>20$	$10<N_{63.5}\leqslant 20$	$5<N_{63.5}\leqslant 10$	$N_{63.5}\leqslant 5$

注：本表适用于平均粒径小于或等于 50 mm 且最大粒径不超过 100 mm 的卵石、碎石、圆砾、角砾，对于平均粒径大于 50 mm 或最大粒径大于 100 mm 的碎石土，可按《建筑地基基础设计规范》(GB 50007—2011)附录 B 鉴别。

1.5 土的工程分类

自然界中土的种类不同，其工程性质也必然不相同。从直观上，可以粗略地把土分成无黏性土(粗粒土)和黏性土。在实际工程中，这种粗略的分类远远不能满足工程的要求，还必须用更能反映土的工程特性的指标来系统分类。前面已介绍过，影响土的工程性质的主要因素是土的三相组成和土的物理状态，其中最主要的因素是三相组成中土的固体颗粒。如颗粒的粗细、颗粒的级配等。目前，国际、国内土的工程分类法并不统一。即使同一国家的各个行业、各个部门，土的分类体系也都是结合本专业的特点而制定的。本节主要介绍我国《土的工程分类标准》(GB/T 50145—2007)和《建筑地基基础设计规范》(GB 50007—2011)中关于土的分类原则和标准。

1.5.1 土的工程分类标准

为了统一工程用土的鉴别、定名和描述，同时也便于对土的性状作出一般定性评价，我国于 1990 年制定了《土的分类标准》(GBJ 145—90)，2007 年修订为《土的工程分类标准》(GB/T 50145—2007)。这一分类体系与一些欧美国家土的分类体系原则相近，仅根据我国的实际情况作了适当修正。按《土的工程分类标准》(GB/T 50145—2007)，首先根据土粒粒径范围将土划分为巨粒类土、粗粒类土、细粒类土三大类，其中粗粒类土又包含砾类土和砂类土，然后再根据各粒组含量进一步细分，其分类标准如下：

(1) 巨粒类土和粗粒类土的分类标准

巨粒类土和粗粒类土(含砾类土和砂类土)根据土中粒组含量、级配指标(不均匀系数 C_u 和曲率系数 C_c)以及所含细粒多少，划分为 16 种土类，详见表 1.9、表 1.10 和表 1.11。

表 1.9 巨粒类土的分类(GB/T 50145—2007)

土　类	粒组含量		土类代号	土类名称
巨粒土	巨粒含量 75%～100%	漂石含量大于卵石含量	B	漂石(块石)
		漂石含量不大于卵石含量	Cb	卵石(碎石)
混合巨粒土	巨粒含量 50%～75%	漂石含量大于卵石含量	BSl	混合土漂石(块石)
		漂石含量不大于卵石含量	CbSl	混合土卵石(碎石)

续表 1.9

土　类	粒组含量		土类代号	土类名称
巨粒混合土	巨粒含量 15%～50%	漂石含量大于卵石含量	SIB	漂石(块石)混合土
		漂石含量不大于卵石含量	SICb	卵石(碎石)混合土

注:定名时,应根据颗粒级配由大到小以最先符合者确定。

表 1.10　砾类土的分类(2 mm$<d\leqslant$60 mm **砾粒组含量**>50%)(GB/T 50145—2007)

土　类	粒组含量		土代号	土名称
砾	细粒含量<5%	级配 $C_u\geqslant5$,$C_c=1\sim3$	GW	级配良好砾
		级配不同时满足上述要求	GP	级配不良砾
含细粒土砾	细粒含量 5%～15%		GF	含细粒土砾
细粒土质砾	细粒含量 15%～50%	细粒组中粉粒含量不大于 50%	GC	黏土质砾
		细粒组中粉粒含量大于 50%	GM	粉土质砾

表 1.11　砂类土的分类(0.075 mm$<d\leqslant$2 mm **砂粒组含量**>50%)(GB/T 50145—2007)

土　类	粒组含量		土代号	土名称
砂	细粒含量<5%	级配 $C_u\geqslant5$,$C_c=1\sim3$	SW	级配良好砂
		级配不同时满足上述要求	SP	级配不良砂
含细粒土砂	细粒含量 5%～15%		SF	含细粒土砂
细粒土质砂	细粒含量 15%～50%	细粒组中粉粒含量不大于 50%	SC	黏土质砂
		细粒组中粉粒含量大于 50%	SM	粉土质砂

(2) 细粒土的分类标准

细粒土是指粗粒组(0.075 mm$<d\leqslant$60 mm)含量不大于 25%的土,参照塑性图可进一步细分。根据规范(GB/T 50145—2007)规定,当采用76 g、锥角 30°的液限仪,以锥尖入土17 mm对应的含水量为液限时,可用图 1.17 塑性图和表 1.12 对细粒土进行分类。

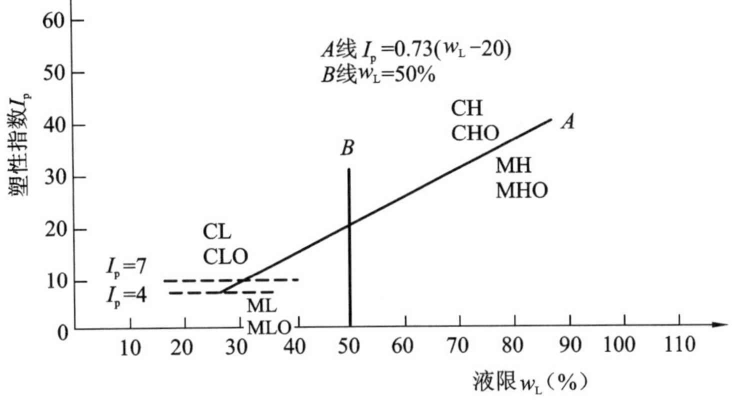

图 1.17　细粒土分类的塑性图(GB/T 50145—2007)

表 1.12 细粒土的分类(GB/T 50145—2007)

土的塑性指标在塑性图中的位置		土代号	土名称
塑性指数 I_p	液限 w_L		
$I_p \geqslant 0.73(w_L-20)$ 和 $I_p \geqslant 7$	$\geqslant 50\%$	CH	高液限黏土
	$<50\%$	CL	低液限黏土
$I_p<0.73(w_L-20)$ 和 $I_p<4$	$\geqslant 50\%$	MH	高液限粉土
	$<50\%$	ML	低液限粉土

注:黏土～粉土过渡区(CL—ML)的土可按相邻土层的类别细分。

若细粒土内粗粒含量为25%～50%,则该土属于含粗粒的细粒土。这类土的分类仍按上述塑性图进行划分,并根据所含粗粒类型进行如下分类:

① 当粗粒中砾粒占优势,称为含砾细粒土,在细粒土代号后缀以代号G,例如含砾低液限黏土,代号CLG;

② 当粗粒中砂粒占优势,称为含砂细粒土,在细粒土代号后缀以代号S,例如含砂高液限黏土,代号CHS。

若细粒土内含部分有机质,则土名前加"有机质",在有机质细粒土的代号后缀以代号O。例如低液限有机质粉土,代号MLO。

1.5.2 建筑地基土的分类

《建筑地基基础设计规范》(GB 50007—2011)和《岩土工程勘察规范》(GB 50021—2001)中土的分类方法的体系比较简单,按照土颗粒的大小、粒组的土颗粒含量把地基土分成碎石土、砂土、粉土、黏性土和人工填土。

(1) 碎石土

碎石土为粒径大于2 mm的颗粒含量超过总质量50%的土。根据粒组含量及颗粒形状,可细分为漂石、块石、卵石、碎石、圆砾、角砾。具体见表1.13。

表 1.13 碎石土分类(GB 50007—2011)

土的名称	颗粒形状	粒组含量
漂　石	圆形及亚圆形为主	粒径大于200 mm的颗粒含量超过总质量50%
块　石	棱角形为主	
卵　石	圆形及亚圆形为主	粒径大于20 mm的颗粒含量超过总质量50%
碎　石	棱角形为主	
圆　砾	圆形及亚圆形为主	粒径大于2 mm的颗粒含量超过总质量50%
角　砾	棱角形为主	

注:分类时应根据粒组含量栏从上到下以最先符合者确定。

(2) 砂土

砂土为粒径大于2 mm的颗粒含量不超过总质量50%、粒径大于0.075 mm的颗粒含量超过总质量 50%的土。砂土根据粒组含量不同又分为砾砂、粗砂、中砂、细砂和粉砂五类。具体见表 1.14。

表 1.14 砂土的分类(GB 50007—2011)

土的名称	粒组含量
砾 砂	粒径大于 2 mm 的颗粒含量占总质量 25%～50%
粗 砂	粒径大于 0.5 mm 的颗粒含量超过总质量 50%
中 砂	粒径大于 0.25 mm 的颗粒含量超过总质量 50%
细 砂	粒径大于 0.075 mm 的颗粒含量超过总质量 85%
粉 砂	粒径大于 0.075 mm 的颗粒含量超过总质量 50%

注:分类时应根据粒组含量栏从上到下以最先符合者确定。

(3) 粉土

粉土为介于砂土与黏性土之间,塑性指数 I_p 小于或等于 10 且粒径大于 0.075 mm 的颗粒含量不超过总质量 50%的土。

(4) 黏性土

黏性土为塑性指数 I_p 大于 10 的土,根据塑性指数的大小可细分为黏土和粉质黏土,具体见表 1.15。

表 1.15 黏性土的分类(GB 50007—2011)

塑性指数 I_p	土的名称
$I_p>17$	黏土
$10< I_p\leqslant17$	粉质黏土

(5) 人工填土

人工填土根据其组成和成因,可分为素填土、压实填土、杂填土、冲填土。素填土为由碎石土、砂土、粉土和黏性土等组成的填土。经过压实或夯实的素填土为压实填土。杂填土为含有建筑垃圾、工业废料、生活垃圾等杂物的填土。冲填土为由水力冲填泥砂形成的填土。

上述的土类除外,还有一些特殊土,具有特殊的工程性质,包括淤泥、淤泥质土、膨胀土、湿陷性黄土、红黏土等。

1.6 土的压实性

土的压实是在动荷载作用下,使土颗粒克服粒间阻力而重新排列,土中孔隙减小、密度增加,进而在短时间内得到土体新的结构强度。实践表明,土的压实性受含水量、土的类别及级配、压实功等多种因素的影响,十分复杂,通常通过在室内进行击实试验进行研究。

1.6.1 击实试验及土的压实特性

在实验室内进行击实试验,是研究土压实性的基本方法。所用的主要设备是击实仪,它分轻型和重型两种。轻型击实试验适用于粒径小于 5 mm 的黏性土，而重型击实试验采用大击实筒，适用于粒径不大于 20 mm 的土。击实仪由击实筒、击锤及导筒等组成。图 1.18 所示为两种不同规格的击实筒。试验时，将击实仪平稳置于刚性基础上，在击实筒内壁和底板涂一薄层润滑油，连接好击实筒与底板，安装好护筒。将含水量 w 为一定值的扰动土样分层（共分 3～5 层）装入击实筒中，每铺一层土后均用击锤按规定的落距和击数锤击土样，最后被压实的土样充满击实筒。手工击实时应保证击锤自由铅直下落，锤击点必须均匀分布于土面上；机械击实时，可将定数器拨到所需的击数处，按动电钮进行击实。击实后的每层试样高度应大致相等，两层交接面的土面应刨毛。击实完成后，超出击实筒顶的试样高度应小于 6 mm。用推土器从击实筒内推出试样，从试样中心处取 2 个一定量的土料（细粒土为 15～30 g，含粗粒土为 50～100 g），平行测定土的含水率，称量准确至 0.01 g，两个含水率的最大允许差值为±1%。最后由击实筒的体积和筒内被压实土的总质量计算出土的密度 ρ，同时按烘干法测定土样的含水量 w，则可算出击实后土的干密度 $\rho_d = \rho/(1+w)$。

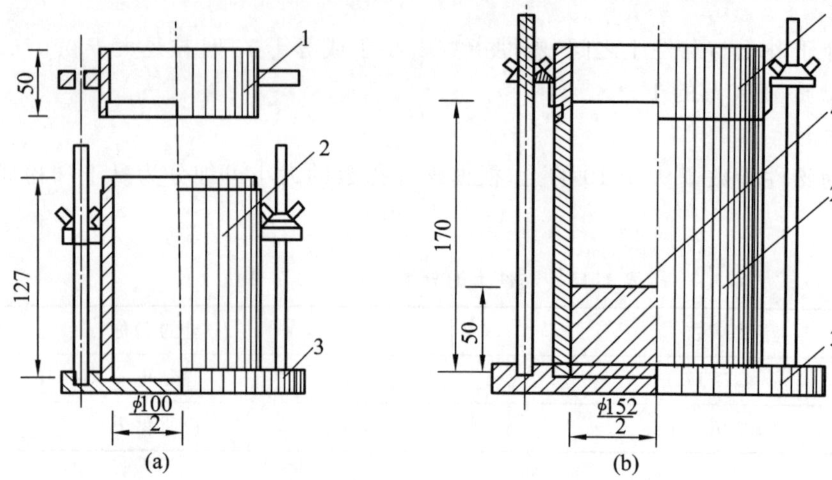

图 1.18　击实筒示意图

(a) 轻型击实筒；(b) 重型击实筒

1—套筒；2—击实筒；3—底板；4—垫块

由一组几个不同含水量（通常为 5 个）的同一种土样分别按上述方法进行试验，可绘制出一条击实曲线（图 1.19），击实曲线反映的土的压实特性如下：

(1) 曲线具有峰值。对于某一土样，在一定的击实功作用下，只有当土的含水量为某一适宜值时，土样才能达到密实，因此在击实曲线上必然会出现一峰值，峰点所对应的纵坐标值为最大干密度 ρ_{dmax}，对应的横坐标值为最优含水量 w_{op}。

(2) 击实曲线位于饱和曲线的左下方，而不会与饱和曲线相切或相交。这是因为当土样含水量大于最优含水量后，土孔隙中的气体越来越处于与大气不连通的状态，击实作用已不能将其排出土体。

(3) 击实曲线的左段（低于最优含水量）的坡度比右段要陡。这是因为当含水量低于最优含水量时，干密度受含水量变化的影响较大，即含水量变化对干密度的影响在偏干时比偏湿时更加明显。

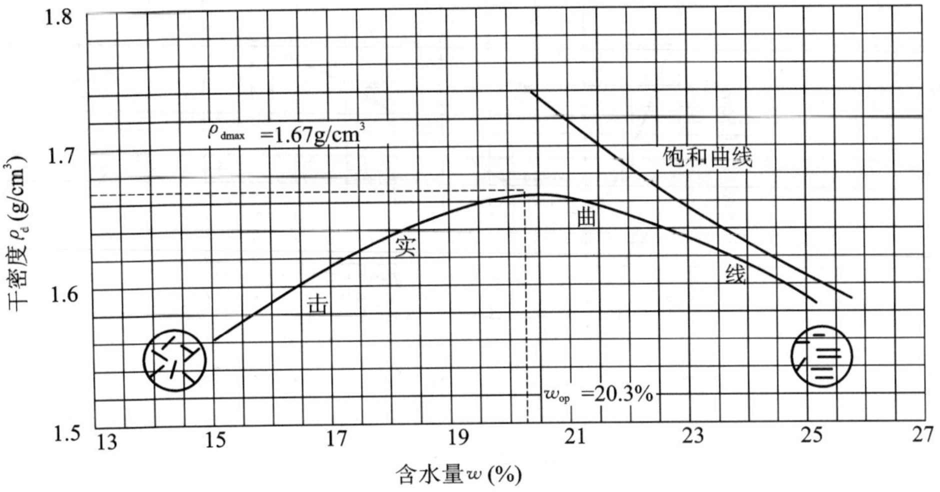

图 1.19 击实曲线

1.6.2 土的压实机理及影响土压实的因素

土的压实机理,可以用结合水膜润滑及电化学性质等理论来解释。一般认为,在黏性土中含水量较低时,由于土粒表面的结合水膜较薄,土粒间距较小,粒间电作用力就以引力占优势,土粒的相对位移阻力大,在击实功作用下,比较难以克服这种阻力,因此压实效果差。随着土中含水量增加,结合水膜增厚,土粒间距也逐渐增加,这时土粒间斥力增大而引力相对减小,击实功比较容易克服粒间引力而使土粒相互移位,趋于密实,压实效果较好。但当土中含水量继续增大时,虽能使粒间引力减小,但土中会出现自由水,击实时孔隙中过多的水分不易立刻排出,势必阻止土粒的靠拢,同时排不出去的气体以封闭气泡的形式存在于土体内部,击实时气泡暂时减小,很大一部分击实功由孔隙中气体承担,转化为孔隙压力,粒间所受的力减小,击实仅能导致土粒更高程度地定向排列,而土体几乎不发生体积变化,所以压实效果反而下降。试验证明,黏性土的最优含水量w_{op}与其塑限含水量w_p十分接近,大致为$w_{op}=w_p+2(\%)$。

砂土和碎石土等无黏性土的压实性也与含水量有关,不过一般不进行室内击实试验,也不存在最优含水量问题。一般砂性土在完全干燥或者充分洒水饱和的情况下容易压实到较大的干密度,潮湿状态下,由于毛细压力增加了粒间阻力,压实干密度显著降低。粗砂在含水量为4%～5%,中砂在含水量为7%左右时,其压实干密度最小,如图1.20所示。所以,在压实砂砾石时要充分洒水使土料饱和才能取得更好的压实效果。

影响土压实效果的因素很多,其中最主要的是土的含水量、击实功和土类及级配的影响。

(1) 含水量的影响。如前所述,对较干(含水量较小)土进行夯实或碾压,不能使土充分压实;对较湿(含水量较大)土进行夯实或碾压,非但不能使土得到充分压实,还极易使土体出现软弹现象,俗称“橡皮土”;只有当含水量控制为某一适宜值,即最优含水量时,土才能得到充分压实,达到最大干密度。

(2) 土类及级配的影响。在相同击实功条件下,不同的土类及级配其压实性是不一样的。图1.21(a)所示为五种不同土料的级配曲线,图1.21(b)是其在同一标准的击实试验中所得到

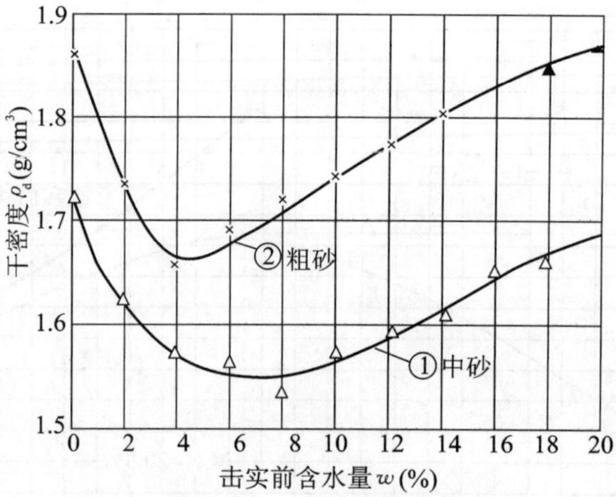

图 1.20 粗粒土的击实曲线

的五条击实曲线。图中可见，含粗粒越多的土样其最大干密度越大，而最优含水量越小，即随着粗粒土增多，曲线形态不变但朝左上方移动。另外，在同一土类中，土的级配对它的压实性影响也很大。级配不良的土（土粒较均匀），压实后其干密度要低于级配良好的土（土粒不均匀），这是因为级配不良的土体内，较粗土粒形成的孔隙很少有较细土粒去填充，而级配良好的土有足够的细土粒去填充孔隙，因而可获得较高的干密度。

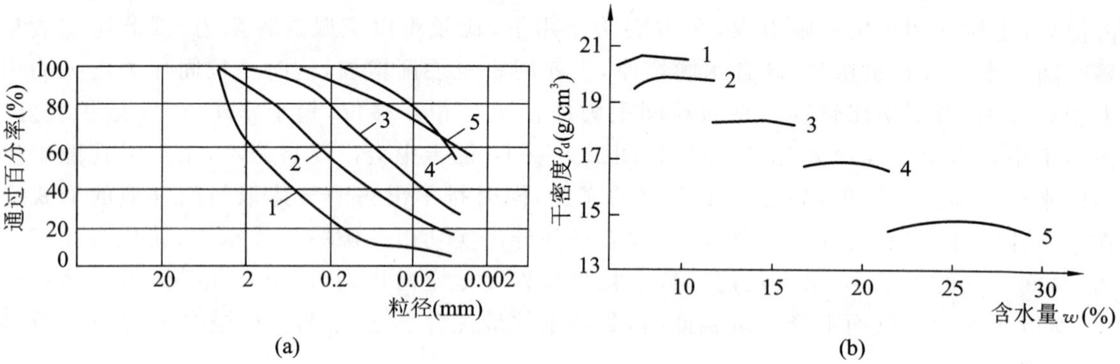

图 1.21 五种土的击实曲线

(a) 级配曲线；(b) 击实曲线

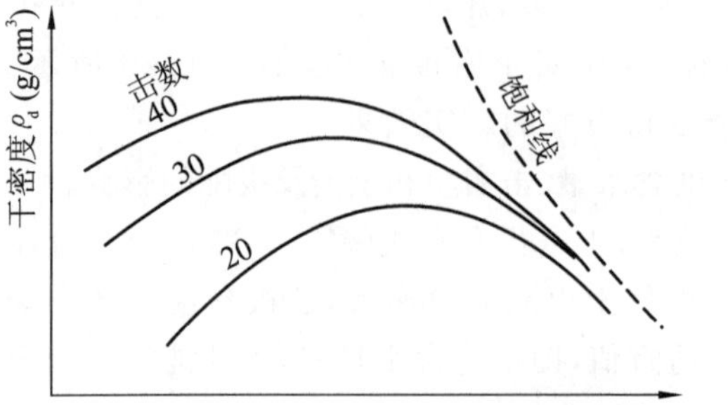

图 1.22 不同击数下的击实曲线

(3) 击实功的影响。夯击的击实功与夯锤的质量、落高、夯击次数以及被夯击土的厚度有关；碾压的击实功与碾压机具的质量、接触面积、碾压遍数以及土层的厚度等有关。对于同一土料，加大击实功，能克服较大的粒间阻力，会使土的最大干密度增加，而最优含水量减小，如图 1.22 所示。同时，当含水量较低时，击数（能量）的影响较为显著；当含水量较高时，含水量与干密度的关系曲线趋近于饱和曲线，也就是说，这时靠加大击实功来提高土的密实度是无效的。

1.6.3　压实系数及其工程应用

在工程实践中，常用土的压实度或压实系数来控制填土工程的质量。土的压实系数 λ_c 定义为现场土质材料压实后的干密度 ρ_d 与室内试验标准最大干密度 ρ_{dmax} 之比值，即：

$$\lambda_c = \frac{\rho_d}{\rho_{dmax}} \tag{1.22}$$

可见，压实系数 λ_c 值越大，表示对压实质量的要求越高。在工地上，一般根据实际情况来用环刀法、灌砂(或水)法、湿度密度仪法或核子密度仪法来测量土的密度和含水量，以计算现场压实后的土体干密度。必须指出，现场填土的压实，无论是在压实能量、压实方法还是在土的变形条件方面，都与室内击实试验存在着一定差异。因此，室内击实试验用来模拟工地压实仅是一种半经验的方法。

在工程应用中，根据工程性质及填土的受力状况，对压实系数的要求也不同。《建筑地基基础设计规范》(GB 50007—2011)中规定对压实填土的质量以压实系数 λ_c 控制，并应根据结构类型、压实填土所在部位按表 1.16 确定。

表 1.16　压实填土地基压实系数控制值(GB 50007—2011)

结构类型	填土部位	压实系数 λ_c	控制含水量(%)
砌体承重及框架结构	在地基主要受力层范围内	≥0.97	$w_{op}\pm2$
	在地基主要受力层范围以下	≥0.95	
排架结构	在地基主要受力层范围内	≥0.96	
	在地基主要受力层范围以下	≥0.94	

注：① 压实系数为填土的实际干密度(ρ_d)与最大干密度(ρ_{dmax})之比，w_{op} 为最优含水量；

② 地坪垫层以下及基础底面标高以上的压实填土，压实系数不应小于 0.94。

思考与练习题

1.1　土由哪几部分组成？土中水分为哪几类？其特征如何？对土的工程性质影响如何？

1.2　何谓土的粒组？土粒六大粒组划分标准是什么？

1.3　土的不均匀系数 C_u 及曲率系数 C_c 的定义是什么？如何从土的颗粒级配曲线形态以及 C_u、C_c 数值上评价土的工程性质？

1.4　土的三相指标有哪些？哪些可以直接测定？哪些通过换算求得？比较各指标的物理意义与单位有何不同。

1.5　反映无黏性土密实度状态的指标有哪些？

1.6　下列物理性质指标中，哪一项对无黏性土有意义？

① 塑性指数；② 液性指数；③ 相对密实度；④ 粒径级配。

1.7　何谓最优含水量？影响填土压实效果的主要因素有哪些？

1.8　地基土分几大类？各类划分的依据是什么？

1.9　某土样颗粒分析试验结果如表 1.17 所示，试绘出颗粒级配曲线，确定该土的 C_u 及 C_c，并评价该土的级配情况。

表 1.17 某土样颗粒分析试验结果

粒径(mm)	>2	2～0.5	0.5～0.25	0.25～0.1	0.1～0.05	<0.05
粒组含量(%)	9	27	28	19	8	9

（答案：$C_u=8.04$，$C_c=1.59$，属级配良好）

1.10 在土的三相组成示意图中，取土粒体积 $V_s=1$。已知某土样的土粒相对密度 $d_s=2.70$，含水量 $w=32.2\%$，土的天然密度 $\rho=1.91\ g/cm^3$，水的密度 $\rho_w=1.0\ g/cm^3$。按各三相比例指标的定义，计算图 1.23 中 6 个括号内的数值及饱和度 S_r 和浮重度 γ'。

（答案：$m_s=2.7\ g$；$m_w=0.87\ g$；$m=3.57\ g$；$V=1.87\ cm^3$；$V_v=0.87\ cm^3$；$V_w=0.87\ cm^3$；$S_r=100\%$；$\gamma'=9.1\ kN/m^3$）

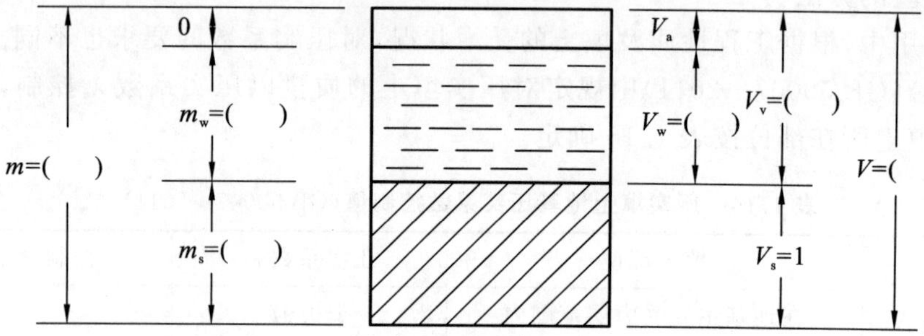

图 1.23 习题 1.10 图

1.11 某工程在岩土勘察中，取不扰动土样 50 cm³，土样质量为 95.15 g，烘干后质量为 75.05 g，土粒相对密度为 2.67。求此土样的天然重度、干重度、饱和重度、天然含水量、孔隙比、孔隙率和饱和度。

（答案：$\gamma=19.0\ kN/m^3$；$\gamma_d=15.0\ kN/m^3$；$\gamma_{sat}=19.57\ kN/m^3$；$w=26.8\%$；$e=0.782$；$n=43.9\%$；$S_r=91.5\%$）

1.12 某土样干重度 $\gamma_d=15.4\ kN/m^3$，含水量 $w=19.3\%$，土粒相对密度 $d_s=2.73$。求饱和度 S_r。

（答案：$S_r=68.4\%$）

1.13 已知一土样天然重度为 18 kN/m³，干重度为 13 kN/m³，饱和重度为 20 kN/m³，试问在 100 kN 天然状态土中，水和干土的重量分别为多少？若使这些土改变成饱和状态，则需加多少水？

（答案：水的重量为 27.8 kN，干土的重量为 72.2 kN；需加水 11.1 kN）

1.14 已知填土料的天然重度为 17 kN/m³，干重度为 14 kN/m³，土粒相对密度为 2.68，含水量为 21.4%，塑性指数 $I_p=14$，液限 $w_L=33\%$。若要求填土干重度达到 15 kN/m³，最优含水量达到塑限，则填土的孔隙比应为多少？

（答案：$e=0.786$）

1.15 某地基土试验中，测得土的干重度 $\gamma_d=15.7\ kN/m^3$，含水量 $w=19.3\%$，土粒相对密度 $d_s=2.71$，液限 $w_L=28.3\%$，塑限 $w_p=16.7\%$。

求：(1) 该土的孔隙比 e、孔隙率 n 及饱和度 S_r；

(2) 该土的塑性指数 I_p、液性指数 I_L，并定出该土的名称及状态。

[答案:(1) $e=0.726, n=42.0\%, S_r=72.0\%$;(2) $I_p=11.6, I_L=0.224$,硬塑状粉质黏土]

1.16 某砂土的天然密度 $\rho=1.70\ g/cm^3$,含水量 $w=8.6\%$,土粒相对密度 $d_s=2.65$。其最大孔隙比和最小孔隙比分别为 0.842 和 0.562,求该砂土的天然孔隙比 e 及相对密实度 D_r,并按规范定其密实状态。

(答案:$e=0.693$;$D_r=0.532$;中等密实状态)

1.17 某黏性土土样的击实试验结果列于表 1.18,试绘制出土样的击实曲线,确定其最优含水量和最大干密度。

表 1.18 某黏性土土样击实试验结果表

$w(\%)$	14.4	16.6	18.6	20.0	22.2
$\rho(g/cm^3)$	1.71	1.88	1.98	1.95	1.88

(答案:最优含水量为 18.6,$\rho_{dmax}=1.670$)

1.18 某无黏性土样的颗粒分析结果列于表 1.19,试定出该土的名称。

表 1.19 某无黏性土样的颗粒分析结果

粒径(mm)	10～2	2～0.5	0.5～0.25	0.25～0.075	<0.075
相对含量(%)	4.5	12.4	35.5	33.5	14.1

(答案:大于 0.25 mm 粒径的土粒含量超过了全重的 50%,该土样为中砂。)

2 土的渗透性

【思政元素】

本章提要

饱和土体中的自由水，在势能差的作用下，在土中的孔隙内发生流动的现象称为渗流，土被水等液体透过的性质称为土的渗透性。土中发生渗流，一方面会引起水量渗透流失；另一方面，渗透水流会在土颗粒上作用一个与渗流方向相同的渗流力。当土中渗流力超过一定限值时，渗透水流会将土颗粒全部或部分冲出、带走，导致土体移位和变形，发生渗透破坏，如管涌和流土破坏。在工程中，当渗流量或渗透变形不满足设计要求时，就要采取适当的工程措施进行渗流控制。因此，研究土的渗透性、渗流规律及其与工程的关系具有重要意义。

本章首先介绍研究土中渗流的达西定律及渗透系数的确定，然后介绍渗流流网及其工程应用，最后介绍工程中常见的渗透破坏与控制措施。

2.1 概　　述

土是由固相的土颗粒、液相的孔隙水和孔隙气组成的多孔松散介质，土中的孔隙大部分是相互连通的。饱和土体中的自由水，在势能差的作用下，在土中的孔隙内发生流动，这种现象称为渗透，土体具有被水等液体透过的性质称为土的渗透性或透水性。

土的渗透性同土的强度、变形特性一起，是土力学中的几个重要问题之一。土木工程领域内的许多工程问题都与土的渗透性密切相关，总体而言，水在土体中渗透将会引起两个方面的问题：

(1) 渗透量的问题：如深基坑开挖或施工围堰时渗透引起的基坑积水，土堤的坝身、坝基渗漏[图 2.1(a)]造成的水量损失，效益降低等。

(2) 渗流稳定的问题：土中渗流将引起土体内部应力状态的变化，即渗流的水会对土颗粒施加一个渗流力，当该作用力过大时就会引起局部区域土颗粒的移动或土体的宏观可见的移动，产生渗透变形，甚至渗透破坏。如在隧洞开挖时，地下水的渗流引起的洞室侧壁土体的坍塌[图 2.1(b)]，地下水渗流引起的基坑失稳、坑底隆起、边坡破坏、堤坝失稳等现象，直接影响工程安全。

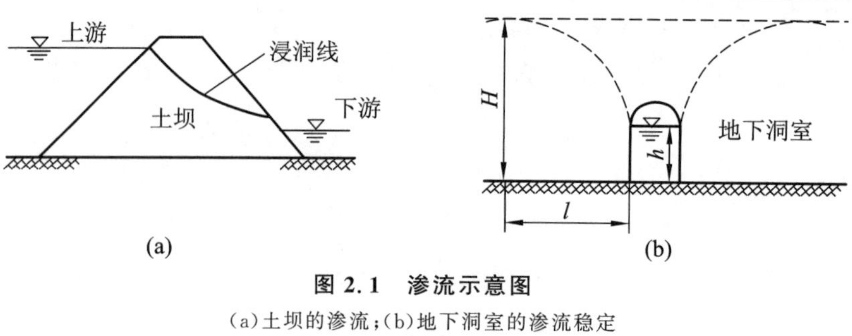

图 2.1　渗流示意图

(a)土坝的渗流；(b)地下洞室的渗流稳定

当渗流量或渗透变形不满足设计要求时，就要采取适当的工程措施进行渗流控制。因此，研究土的渗透性、渗流规律及其与工程的关系具有重要意义。

2.2 土的渗透性及测定

2.2.1 土的渗透定律

能量是水体发生流动的动力，根据伯努利方程，单位重量的水体所具有的能量可以用水头（位置水头、压力水头和流速水头）表示。由于土中水的渗流阻力很大，流速在一般情况下都很小，因此可以将流速水头近似看作零，即土中仅考虑位置水头和压力水头的作用。实际应用中，常将位置水头和压力水头之和称为测管水头，表示土中该点的单位重量水体所具有的总势能。土体中的孔隙一般很小且很曲折，水在土体中流动时流速十分缓慢，大多数情况下其流动状态属于层流，即相邻两个水分子运动的轨迹相互平行而不混掺。

法国工程师达西（Darcy，1855）利用图 2.2 所示的试验装置对均匀砂土进行了大量的渗透试验，得出了在层流条件下，土中水渗流速度与能量（水头）损失之间的渗流规律，即达西定律。

达西渗透试验装置的主要部分是一个上端开口的直立圆筒（图 2.2），下部放碎石，碎石上放一块多孔滤板 c，滤板上面放置颗粒均匀的砂土样，其断面面积为 A，长度为 L。筒的侧壁装有两支测压管，分别设置在土样上下两端的过水断面 1、2 处。水由上端进水管 a 注入圆筒，并以溢水管 b 保持筒内水位恒定。透过土样的水从装有控制阀门 d 的弯管流入量水杯中。

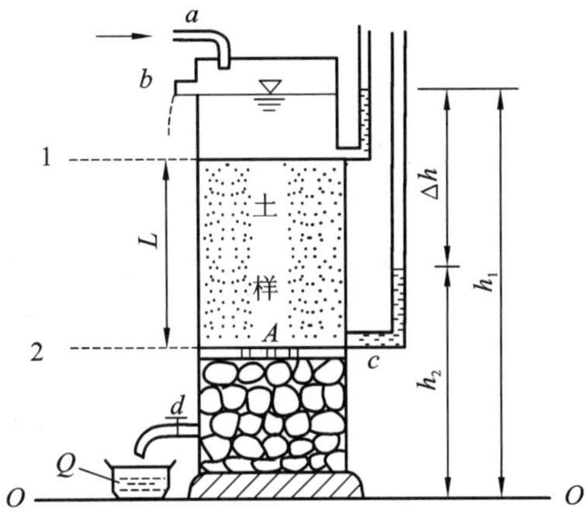

图 2.2 达西渗透试验装置

由于筒上部水面保持恒定，通过砂土的渗流是恒定流，测压管中的水位将保持不变。如果设 t 时间内流入量水杯的水量为 Q，则单位时间内的渗流量 $q=Q/t$；断面 1、2 处的测压管水头为 h_1、h_2，两断面间的水头损失为 $\Delta h=h_1-h_2$；1、2 断面间的水力梯度为 $i=\Delta h/L$。

达西根据对不同尺寸的圆筒和不同类型及长度的土样所进行的试验发现，单位时间内的渗出水量 q 与圆筒断面面积 A 和水力梯度 i 成正比，且与土的透水性质有关，即：

$$q=\frac{Q}{t}=kA\frac{\Delta h}{L}=kiA \tag{2.1}$$

或

$$v=\frac{q}{A}=ki \tag{2.2}$$

式中 v ——断面平均渗流速度，cm/s；

k ——反映土的透水性强弱的比例系数，称为土的渗透系数，它相当于水力梯度 $i=1$ 时的渗流速度，其量纲与渗流速度相同，cm/s；

i ——水力梯度（坡降），表示单位渗流长度上的水头损失，$i=\Delta h/L$。

式(2.1)或式(2.2)即为达西定律表达式。应该注意的是，由于土中孔隙水的渗流仅是通过土样截面内土粒间的孔隙，而不是通过整个截面面积 A，故土中孔隙水的实际流速 v_0 要比式(2.2)计算的断面平均渗流速度 v 大，但由于孔隙水的实际流速 v_0 难以确定，在工程应用中，仍按式(2.2)计算渗流速度。平均渗流速度也称为达西渗流速度，它是一个概化到总体土体断面积的假想渗流速度。

达西定律表明在层流状态的渗流中，渗流速度 v 与水力坡降的一次方成正比，并与土的性质有关[图 2.3(a)]。对于密实的黏土，由于结合水具有较大的黏滞阻力，因此，只有当水力坡降达到某一数值，克服了结合水的黏滞阻力以后，才能发生渗透。我们将这一开始渗透时的水力梯度称为黏性土的起始水力梯度，用 i_b 表示。一些试验资料还表明，密实的黏土不但存在起始水力梯度，而且当水力梯度超过起始水力梯度后，渗透速度与水力梯度的规律偏离达西定律，呈非线性关系，如图 2.3(b)中的实线所示。为了应用方便，常用图中的虚直线来描述密实黏土的渗流速度与水力梯度的关系，并以下式表示：

$$v=k(i-i_b) \tag{2.3}$$

式中 i_b——密实黏土的起始水力梯度。

此外，试验也表明，在粗颗粒土中(如砾石、卵石)，只有在小的水力梯度下，渗透速度与水力梯度才能呈线性关系，而在较大的水力梯度下，水在土中的流动即进入紊流状态，渗透速度与水力梯度呈非线性关系，此时达西定律同样不能适用[图 2.3(c)]。

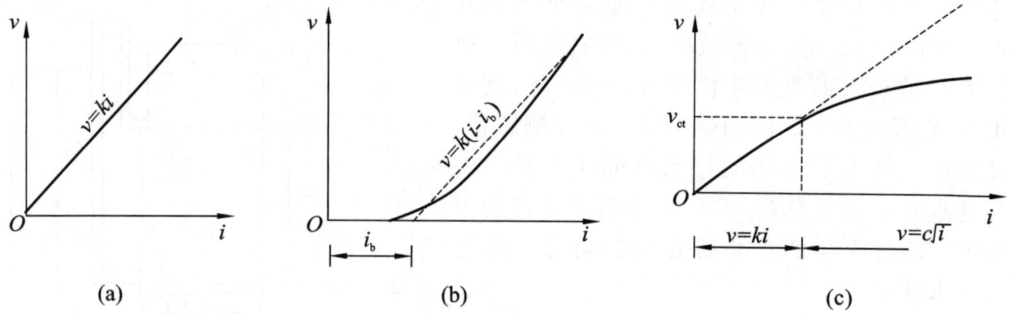

图 2.3 土的渗透速度与水力梯度的关系

(a) 砂土；(b) 密实黏土；(c) 砾土

2.2.2 土的渗透系数测定

土的渗透系数 k 既是反映土的渗透性强弱的定量指标，也是渗流计算时必须用到的一个基本参数。不同类型的土，k 值相差较大，表 2.1 列出了渗透系数参考值。

表 2.1 土的渗透系数参考值

土类	k(m/s)	土类	k(m/s)	土类	k(m/s)
黏土	$<5\times10^{-9}$	粉砂	$10^{-6}\sim10^{-5}$	粗砂	$2\times10^{-4}\sim5\times10^{-4}$
粉质黏土	$5\times10^{-9}\sim10^{-8}$	细砂	$10^{-5}\sim5\times10^{-5}$	砾石	$5\times10^{-4}\sim10^{-3}$
粉土	$5\times10^{-8}\sim10^{-6}$	中砂	$5\times10^{-5}\sim2\times10^{-4}$	卵石	$10^{-3}\sim5\times10^{-3}$

在实际工程中，准确测定土的渗透系数 k 是一项十分重要的工作，测定方法可分为室内渗透试验和现场试验两大类。

2.2.2.1 室内渗透试验测定渗透系数

室内测定土的渗透系数的仪器和方法很多，从试验原理上大体可分为常水头法和变水头法两种。

常水头法是在整个试验过程中，水头保持不变，其试验装置如图 2.4 所示。它与达西渗透试验装置相似，设试样高度为 L，断面面积为 A，试验时的水位差为 Δh，这三者在试验前直接量测。试验中只要用量筒和秒表测得在某一时段 t 内经过试样的渗水量 Q，即可求出该时段内通过土体的单位渗水量 $q=Q/t$，代入式(2.1)中，便可得到土的渗透系数：

$$k=\frac{QL}{A\Delta ht} \tag{2.4}$$

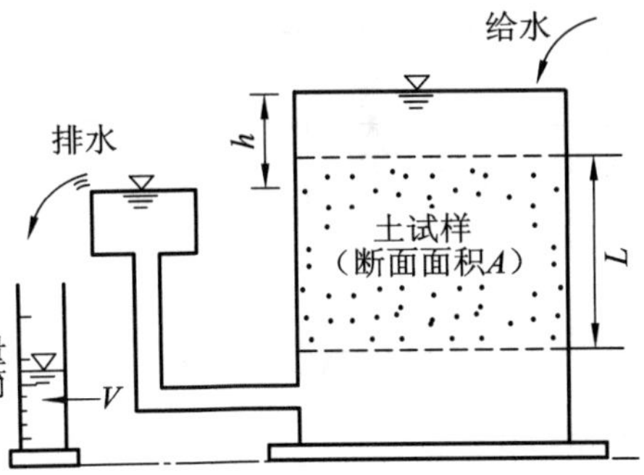

图 2.4　常水头试验装置示意图

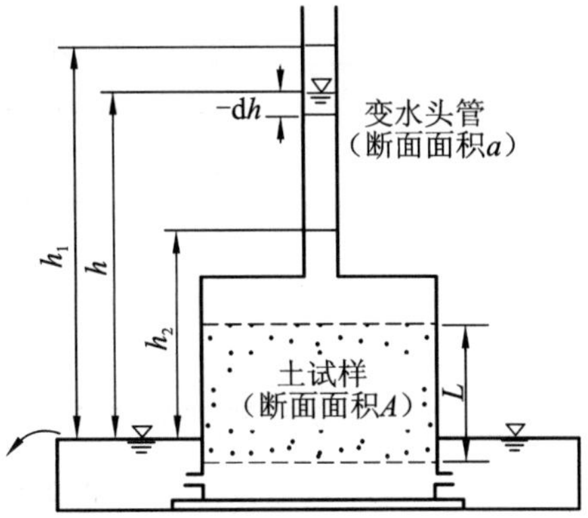

图 2.5　变水头试验装置示意图

对于黏性土而言，由于其渗透系数很小，流经试样的水量很少，难以直接准确量测，通常采用变水头法，即在试验过程中，水头是随着时间而变化的，其试验装置如图 2.5 所示。试样的一端与细玻璃管相接，玻璃管截面面积为 a，土试样的断面面积为 A，高度为 L。试验开始时，细玻璃管的水头为 h_1，经过时间 t 后降为 h_2，令在时间段 $\mathrm{d}t$ 内水头降低了 $\mathrm{d}h$，则在 $\mathrm{d}t$ 时段内流过土样的水量为：

$$\mathrm{d}Q=-a\mathrm{d}h$$

由达西定律，在 $\mathrm{d}t$ 时段内流经试样的水量又可表示为：

$$\mathrm{d}Q=k\frac{h}{L}A\mathrm{d}t$$

由以上两式可得：

$$-a\mathrm{d}h=k\frac{h}{L}A\mathrm{d}t$$

对上式两边取积分并整理后可得：

$$\int_{t_1}^{t_2}\mathrm{d}t=-\int_{h_1}^{h_2}\frac{aL}{kA}\frac{\mathrm{d}h}{h}$$

即可得到土的渗透系数：

$$k=\frac{aL}{A(t_2-t_1)}\ln\frac{h_1}{h_2} \tag{2.5a}$$

如用常用对数表示，则上式可写成：

$$k=2.3\frac{aL}{A(t_2-t_1)}\lg\frac{h_1}{h_2} \tag{2.5b}$$

式(2.5)中的 a、L、A 为已知，试验时只要量测与时刻 t_1、t_2 对应的水位 h_1、h_2，就可求出渗透系数 k。室内测定土体渗透系数 k 的设备简单，也比较经济。但在实际地层中，土的结构各向异性往往导致土体的渗透性在水平方向和垂直方向差异较大，加之室内土样为重塑土样，与原状土样的结构差异较大，尤其是砂土。因此，室内渗透试验获得的渗透系数往往无法反映现场土层的实际渗透性质，还需要在现场进行原位测定来测得现场土层的实际渗透性质。

2.2.2.2 现场试验测定渗透系数

对于粗颗粒土或是成层土，不易取得原状土样进行室内试验，或者土样不能反映天然土层的层次或土颗粒排列情况时，常用现场井孔抽水试验或注水试验的方法来量测土层的渗透系数 k。这时得到的渗透系数往往要比室内试验得到的更可靠。

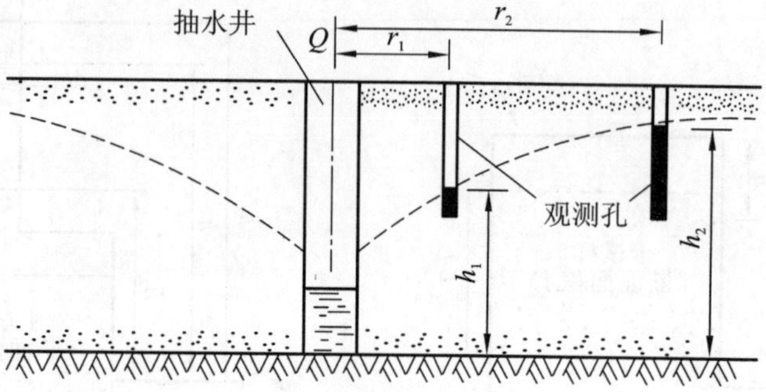

图 2.6 现场井孔抽水试验

图 2.6 为一现场井孔抽水试验示意图。在现场打一口试验井，贯穿要测定的砂土层，并在距井中心不同距离处设置两个观测孔。自井中以恒定的速率连续抽水。抽水造成井周围的地下水位逐渐下降，形成一个以井孔为轴心的降落漏斗状的地下水面。假定水流是水平流向时，则流向水井的渗流过水断面应是一系列的同心圆柱面。待出水量和井中的动水位稳定一段时间后，若测得的抽水量为 q，观测孔距井轴线的距离分别为 r_1、r_2，孔内的水位高度为 h_1、h_2。现围绕井轴取一过水断面，该断面距井中心距离为 r，水面高度为 h，则过水断面面积为 $A=2\pi rh$；假设该过水断面上各处水力梯度 i 为常数，且等于地下水位线在该处的坡度时，则 $i=\frac{\mathrm{d}h}{\mathrm{d}r}$。根据达西定律，单位时间自井内抽出的水量即单位渗水量 q 为：

$$q=Aki=2\pi rhk\frac{\mathrm{d}h}{\mathrm{d}r}$$

得：

$$q\frac{\mathrm{d}r}{r}=2\pi kh\mathrm{d}h$$

等式两边进行积分，则有：

$$q\int_{r_1}^{r_2}\frac{\mathrm{d}r}{r}=2\pi k\int_{h_1}^{h_2}h\mathrm{d}h$$

得：

$$q\ln\frac{r_2}{r_1}=\pi k(h_2^2-h_1^2)$$

从而得到土的渗透系数：

$$k=\frac{q}{\pi}\frac{\ln(r_2/r_1)}{(h_2^2-h_1^2)} \tag{2.6a}$$

或用常用对数表示为：

$$k=2.3\frac{q}{\pi}\frac{\lg(r_2/r_1)}{(h_2^2-h_1^2)} \tag{2.6b}$$

2.2.3 成层土的等效渗透系数

天然沉积的土层往往由渗透性不同的土层所组成，宏观上具有非均质性。对于与土层层面平行和垂直的简单渗流情况，当各土层的渗透系数和厚度为已知时，即可求出整个土层与层面平行和垂直的平均渗透系数，作为进行渗流计算的依据。

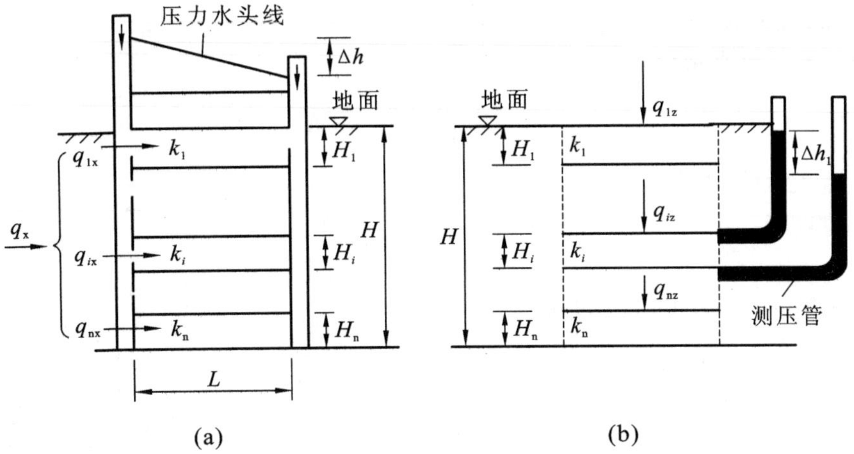

图 2.7 成层土的渗流情况

首先来考虑与层面平行时的渗流情况。各土层的水力梯度相同，各层土的水平向渗透系数分别为 $k_{1x}, k_{2x}, \cdots, k_{nx}$，厚度为 $H_1, H_2, \cdots, H_n$，土层总厚度为 H。若通过各土层的单位渗水量为 $q_{1x}, q_{2x}, \cdots, q_{nx}$[图 2.7(a)]，则通过整个土层的总单位渗水量 q_x 应为各土层单位渗水量的总和，即：

$$q_x = q_{1x} + q_{2x} + \cdots + q_{nx} = \sum_{i=1}^{n} q_{ix} \tag{a}$$

根据达西定律，总的单位渗水量又可表示为：

$$q_x = k_x i H \tag{b}$$

式中 k_x——与层面平行的土层平均渗透系数；

i——土层的平均水力梯度。

对于这种条件下的渗流，通过各土层相同距离的水头损失均相等。因此，各土层的水力梯度与整个土层的平均水力梯度亦相等。于是任一土层的单位渗水量为：

$$q_{ix} = k_{ix} i H_i \tag{c}$$

将式(a)和式(b)代入式(c)，可得到整个土层与层面平行的平均渗透系数为：

$$k_x = \frac{1}{H}\sum_{i=1}^{n} k_{ix} H_i \tag{2.7}$$

可见，与土层平行向渗流时平均渗透系数的大小受渗透系数最大的土层控制。

对于与层面垂直的渗流情况[图 2.7(b)]，设通过各土层的单位渗水量为 $q_{1z}, q_{2z}, \cdots, q_{nz}$，根据水流连续定理，通过整个土层的单位渗水量 q_z 必等于通过各土层的渗流量，即：

$$q_z = q_{1z} = q_{2z} = \cdots = q_{nz} \tag{a}$$

设渗流通过任一土层的水头损失为 Δh_i，水力梯度 i_i 为 $\Delta h_i / H_i$，则通过整个土层的总水

头损失为 $\sum \Delta h_i$，平均水力梯度 i 应为 $\sum \Delta h_i / H$。由达西定律可得通过整个土层的总单位渗水量为：

$$q_z = k_z \frac{\sum \Delta h_i}{H} A \tag{b}$$

式中 k_z——与层面垂直的土层平均渗透系数；

A——渗流断面面积。

通过任一土层渗水量为：

$$q_{iz} = k_{iz} \frac{\Delta h_i}{H_i} A = k_{iz} i_i A \tag{c}$$

将式(b)、式(c)代入式(a)，消去 A 后可得：

$$k_z \frac{\sum \Delta h_i}{H} = k_{iz} i_i \tag{d}$$

而整个土层的总水头损失又可表示为：

$$\sum \Delta h_i = i_1 H_1 + i_2 H_2 + \cdots + i_n H_n = \sum_{i=1}^{n} i_i H_i \tag{e}$$

将式(e)代入式(d)并整理后，即可得到整个土层与层面垂直的平均渗透系数：

$$k_z = \frac{H}{\frac{H_1}{k_{1z}} + \frac{H_2}{k_{2z}} + \cdots + \frac{H_n}{k_{nz}}} = \frac{H}{\sum_{i=1}^{n} \left(\frac{H_i}{k_{iz}} \right)} \tag{2.8}$$

可见，与土层垂直向渗流时平均渗透系数的大小受渗透系数最小的土层控制。

2.2.4 影响渗透系数的主要因素

影响渗透系数的主要因素有：

(1) 土的粒度成分和矿物成分。一般土粒越粗，形状越圆滑，大小越均匀时，渗透系数越大。砂土中含有较多粉土或黏土颗粒时，其渗透系数就大大降低。土中含有亲水性较大的黏土矿物或有机质时，也大大降低土的渗透性。

(2) 孔隙比。孔隙比是土中孔隙体积的直接量化参数。对于砂性土，渗透系数与孔隙比之间具有较好的相关性。而黏性土，受颗粒表面力的影响，通常采用孔隙比和塑性指数两个参数构建渗透系数的表达式。

(3) 土的结构构造。细粒土在天然状态下具有复杂结构，结构一旦扰动，原有的过水通道的形状、大小及其分布就会全都改变，因而 k 值也就不同。天然土层通常不是各向同性的，在渗透性方面往往也是如此。如黄土，特别是具湿陷性的黄土，竖直方向的渗透系数要比水平方向的大得多。层状黏土常夹有薄的粉砂层，它在水平方向的渗透系数往往要比竖直方向的大得多。当孔隙比相同时，絮状结构较分散结构的透水性更强。

(4) 结合水膜厚度。黏性土中当土粒的结合水膜较厚时，会阻塞土的孔隙，降低土的渗透性。因此，黏性土的渗透系数远低于无黏性土的渗透系数。

(5) 土中气体。当土孔隙中存在密闭气泡时，会阻塞水的渗流，从而降低土的渗透性。这种密闭气泡有时是由溶解于水中的气体分离而形成的，在某些特定环境下存在。例如，淤泥和泥炭土，常含有沼气，因此渗透性很低。

(6) 水的温度。试验表明,渗透系数 k 与渗透液体的重度 γ 及黏滞系数 η 有关。水温不同,重度 γ 相差不大,但黏滞系数 η 变化较大。水温升高,黏滞系数 η 降低,渗透系数 k 增大。

2.3 土的渗流和流网

上述渗流属简单边界条件下的单向渗流,只要渗透介质的渗透系数和厚度以及两端的水头或水头差为已知,介质内的流动特征均可根据达西定律确定。然而,在实际工程中遇到的渗流问题,渗流的轨迹通常是弯曲的,并且边界条件要复杂得多,水流形态往往是二维甚至是三维的,如土坡、坝(路)基、闸基、带挡墙(或板桩)的基坑等的渗流问题。此时,介质内水分的流动通常在不同的方向存在显著差异,只能以微分方程的形式表示,然后根据边界条件进行求解。

2.3.1 二维渗流微分方程

当渗流场中水头及流速等渗流要素不随时间改变时,这种渗流称为稳定渗流。现从稳定渗流场中任意点 A 处取一微元体,面积为 $\mathrm{d}x \cdot \mathrm{d}z$,厚度 $\mathrm{d}y=1$,在 x 和 z 方向各有流速 v_x、v_z,如图 2.8 所示。

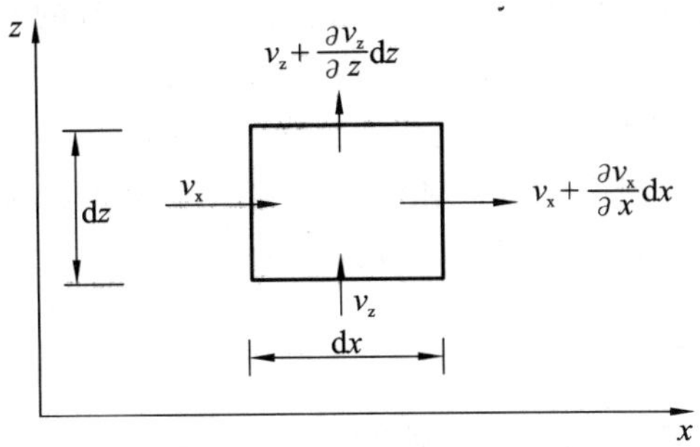

图 2.8 二维渗流场中的微元体

单位时间内流入这个微元体的水量为 $\mathrm{d}q_e$,则:

$$\mathrm{d}q_e = v_x \mathrm{d}z \cdot 1 + v_z \mathrm{d}x \cdot 1$$

单位时间内流出这个微元体的水量为 $\mathrm{d}q_o$,则:

$$\mathrm{d}q_o = \left(v_x + \frac{\partial v_x}{\partial x}\mathrm{d}x\right)\mathrm{d}z \cdot 1 + \left(v_z + \frac{\partial v_z}{\partial z}\mathrm{d}z\right)\mathrm{d}x \cdot 1$$

假定水体不可压缩,则根据水流连续性原理,单位时间内流入和流出微元体的水量应相等,即:

$$\mathrm{d}q_e = \mathrm{d}q_o$$

从而得出:

$$\frac{\partial v_x}{\partial x} + \frac{\partial v_z}{\partial z} = 0 \tag{2.9}$$

上式即为二维渗流连续微分方程。

再根据达西定律,对于各向异性土:

$$\left.\begin{aligned} v_x &= k_x i_x = k_x \frac{\partial h}{\partial x} \\ v_z &= k_z i_z = k_z \frac{\partial h}{\partial z} \end{aligned}\right\}$$

式中　k_x,k_z——x 和 z 方向的渗透系数；

　　h——测压管水头。

将上式代入式(2.9)可得：

$$k_x \frac{\partial^2 h}{\partial x^2}+k_z \frac{\partial^2 h}{\partial z^2}=0 \tag{2.10}$$

式(2.10)即为用水头表示的各向异性土在稳定渗流时的连续微分方程。

当土体为各向同性的，则 $k_x=k_z$，此时式(2.10)可改写为：

$$\frac{\partial^2 h}{\partial x^2}+\frac{\partial^2 h}{\partial z^2}=0 \tag{2.11}$$

式(2.11)即为著名的拉普拉斯(Laplace)方程，也是平面稳定渗流的基本方程式。根据不同边界条件解此方程，便可得到该边界条件下的渗流场，从而计算出相应的渗流流速、流量、渗流力和孔隙水压力等。

目前，对于二维稳定渗流问题的求解方法主要有近似解析法、计算机数值解法、试验法以及图解法四大类。近似解析法适用于一些渗流域相对规则和边界条件简单的渗流问题。试验法则是采用一定比例的模型模拟真实渗流场，通过试验手段测定渗流场中的一些物理要素，例如电比拟法，借助电场中相应的物理量分布进而获得渗流参数的数值。随着计算机和数值计算技术的发展，可采用各种数值方法（如有限差分法、有限元法等）进行各类渗流问题的模拟计算，该方法可以求解二维、三维以及各种复杂边界条件下的渗流问题，因此其应用越来越广泛。图解法是基于平面势流理论，利用势函数和流函数两者互为共轭的调和函数的特点，绘制势函数和流函数的等值线图，由等势线和流线构成的流网求解渗流场的渗流要素。

2.3.2　流网特征与绘制

利用图解法求解渗流参数具有简便迅速的特点，并且适用于一些渗流场边界较为复杂的情况。其求解的精度与流网的绘制精度相关。因而在工程应用中，常用作图法近似求解。

(1) 流网及其特征

流网是由一组流线和一组等势线互相正交组成的网格。在稳定渗流场中，流线表示水质点的流动路线，流线上任一点的切线方向就是流速矢量的方向。等势线是渗流场中势能或水头的等值线。图 2.9 为平面流网示意图。

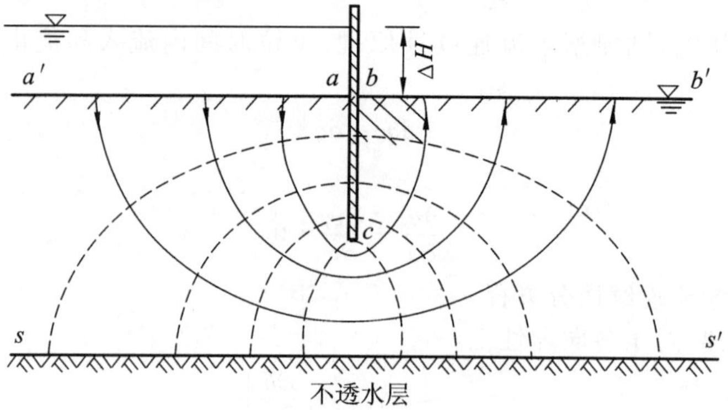

图 2.9　平面流网示意图

图 2.9 中实线为流线,虚线为等势线。对于各向同性渗流介质,由流体力学可知,流网具有下列特征:

① 流线与等势线互相正交。

② 流线与等势线构成的各个网格的长宽比为常数。当长宽比为 1 时,网格为曲边正方形,这是最常见的一种流网。

③ 相邻等势线之间的水头损失相等。

④ 各个流槽(相邻流线间的渗流区域)的单位渗流量相等,每个流槽的单位渗流量与总水头 h、土的渗透系数 k 及等势线间隔数有关,与流槽位置无关。

由这些特征可以得到,流网中等势线越密的部位,水力梯度越大;流线越密的部位,流速越大。

(2) 流网的绘制

流网绘制步骤如下:

① 按一定比例绘出结构物和土层的剖面图;

② 判定边界条件,如图 2.9 中 aa' 和 bb' 为等势线,acb 和 ss' 为流线;

③ 先试绘若干条流线(应相互平行,不交叉且是缓和曲线),流线应与进水面、出水面(等势线 aa' 和 bb')正交,并与不透水面(流线 ss')接近平行,不交叉;

④ 加绘等势线,须与流线正交,且每个渗流区的形状接近"方块"。

上述过程不可能一次就合适,需经过反复修改等势线和流线,直到满足上述条件为止。

2.3.3 流网的工程应用

流网绘出以后,根据流网就可以直观地获得渗流特性的总体轮廓,并可定量求得渗流场中各点的水头、孔隙水压力、水力梯度、渗流速度和渗流量等参数。下面以图 2.10 所示的混凝土坝下渗流流网为例,来说明流网的应用。

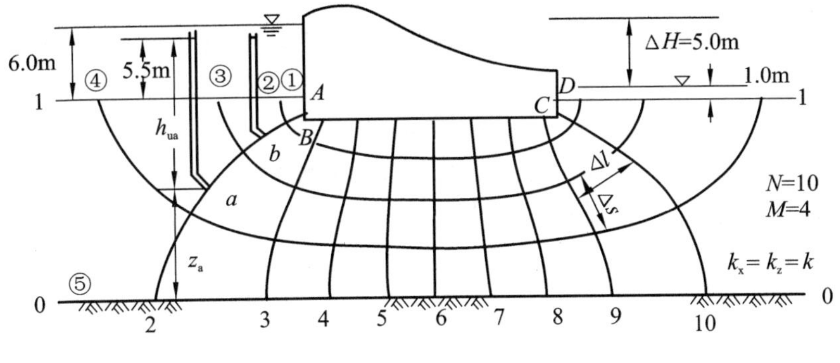

图 2.10　混凝土坝下渗流流网

首先根据上述流网的特征和绘制方法,绘出混凝土坝下渗流流网如图 2.10 所示。本例所绘流网中流线共有 5 条,将流场分割出 4 条流槽($M=4$);等势线共有 11 条,分为 10 个间隔数($N=10$)。由流网特征可知,任意两相邻等势线的水头损失相等,若总水头损失为 ΔH,则相邻等势线间的水头损失:

$$\Delta h=\frac{\Delta H}{N} \tag{2.12}$$

有了 Δh 便可求出渗流速度、渗流量等参数。

(1) 渗流速度计算

由上述可知，任意两等势线间的水头差 $\Delta h=\frac{\Delta H}{N}$，则根据达西定律，所求网格内的渗透速度为：

$$v=k\cdot i=k\cdot\frac{\Delta h}{\Delta l} \tag{2.13}$$

(2) 渗流量计算

由流网特征可知，每个流槽的单位渗流量 Δq 是相等的，则：

$$\Delta q=v\Delta A=k\cdot i\cdot\Delta s\cdot 1.0=k\frac{\Delta h}{\Delta l}\Delta s \tag{2.14}$$

当流网网格为曲边正方形时，$\Delta l=\Delta s$，上式即为 $\Delta q=k\cdot\Delta h$。

则通过坝下的单宽渗流量：

$$q=\sum\Delta q=M\cdot\Delta q=Mk\Delta h \tag{2.15}$$

(3) 任意点的测压管水头计算

流场中一点的测压管水头 h 为该点的位置高度 z 与该点的压力水头 h_u 之和。以图 2.10 中所示 a 点为例，其测压管水头为：

$$h_a=z_a+h_{ua} \tag{2.16}$$

其中 z_a 为已知值，而 a 点位于第 2 条等势线上，所以其测压管水位应比上游水位低一个 Δh，本例中 $\Delta h=0.5$ m，则 a 点的测压管水位应在上游水位以下 0.5 m 处(图 2.10)。压力水头的高度 h_{ua} 可自图中直接量出。

(4) 孔隙水压力计算

流场中一点的孔隙水压力 u 等于该点测压管水柱高度 h_{ua} 与水的重度 γ_w 的乘积。如 a 点的孔隙水压力为：

$$u_a=h_{ua}\cdot\gamma_w \tag{2.17}$$

总之，可应用流网确定渗流场内各点的水头差、渗流速度、渗流量及孔隙水压力等。在高层建筑深基坑设计与施工中，常需计算这些参数。

【例 2.1】 图 2.11 为一板桩打入透水土层后形成的流网。已知透水土层厚度为 18.0 m，渗透系数 $k=5\times10^{-7}$ m/s，板桩打入土层表面以下 9.0 m，板桩前后水深如图 2.11 所示。

试求：(1) 地基的单宽渗流量；

(2) 图 2.11 中 a、b、c、d、e 各点的孔隙水压力。

【解】 (1) 根据图 2.11 所绘流网可知，共有 5 条流线，将流场分割为 4 条流槽($M=4$)；共有 9 条等势线，分为 8 个间隔数($N=8$)。相邻两等势线间的水头差 Δh 为：

$$\Delta h=\frac{\Delta H}{N}=\frac{9-1}{8}=1.0\ \text{m}$$

则地基单宽渗流量：

$$q=\sum\Delta q=M\cdot\Delta q=Mk\Delta h=4\times5\times10^{-7}\times1.0=20\times10^{-7}\ \text{m}^3/\text{s}=0.173\ \text{m}^3/\text{d}$$

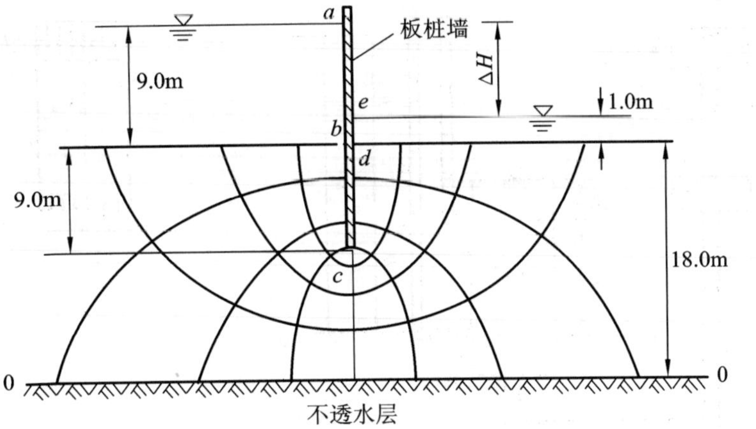

图 2.11 例 2.1 图

(2) 根据相邻两等势线间的水头差 $\Delta h=1.0$ m，列表计算 a、b、c、d、e 各点的孔隙水压力，见表 2.2(水的重度 γ_w 取 9.8 kN/m³)。

表 2.2 a、b、c、d、e 各点的孔隙水压力计算

位置	位置高度 z(m)	测压管水头 h(m)	压力水头 h_u(m)	孔隙水压力 u(kN/m²)
a	27.0	27.0	0	0
b	18.0	27.0	9.0	88.2
c	9.0	23.0	14.0	137.2
d	18.0	19.0	1.0	9.8
e	19.0	19.0	0	0

2.4 渗透破坏与控制

渗流引起的渗透破坏问题主要有两类：一是由于渗流力的作用，使土体颗粒流失或局部土体产生移动，导致土体变形甚至失稳，如深基坑中流砂和管涌现象；二是由于渗流作用，使水压力或浮力发生变化，导致土体或结构物失稳，如岸坡滑动或挡土墙等构筑物整体失稳。本章仅介绍第一类问题，关于渗流对土坡稳定的影响在第 6 章中介绍。

2.4.1 渗流力

水在土体中流动时，将会引起水头的损失，而这种损失是由于水在土体孔隙中流动时，力图拖曳土粒时而消耗能量的结果。这时，渗透水流在土颗粒上作用了一个与渗流方向相同的体积力，使土骨架应力相应地增大或减小。我们将渗透水流作用在单位土体内土粒上的体积力称为单位渗流力，用 J 表示，单位为 kN/m³。

在图 2.12 的渗透破坏试验中，分别对土骨架和水取隔离体，则对假想水柱隔离体[图 2.12(b)]来说，作用在其上的力有：

(1) 水柱重力 G_w，为土中水重力和土粒浮力的反力(等于土粒同体积的水重)之和，即：

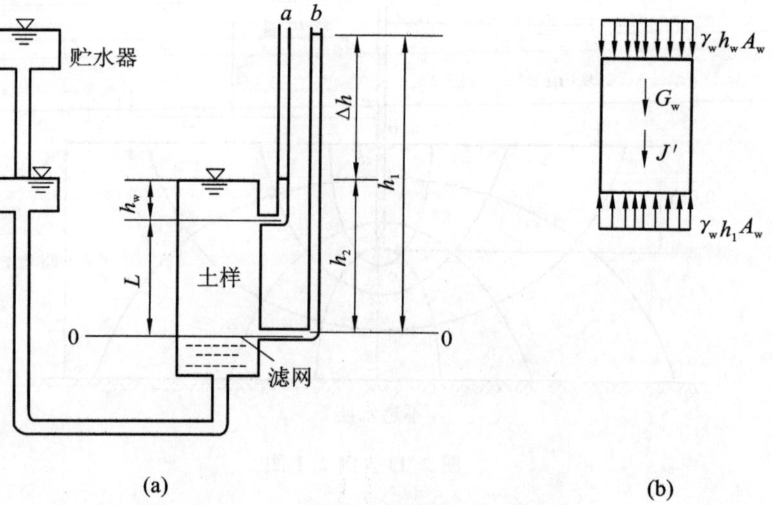

图 2.12　饱和土体中的渗流力计算

(a) 渗透破坏试验示意；(b) 假想水柱隔离体

h_1、h_2—管 b、管 a 内的水位高度；L—土样高度；Δh—管 a 与管 b 内的水位差；G_w—水柱重力

$$G_w=V_v\gamma_w+V_s\gamma_w=V\gamma_w=LA_w\gamma_w$$

(2)水柱上下两端面的边界水压力为 $\gamma_w h_w$ 和 $\gamma_w h_1$。

(3)土体内土粒对水流的阻力，其大小应与渗流力相等，方向相反。设单位土体内的渗流力和土粒对水流阻力分别为 J 和 T，则总阻力为 $T'=TLA_w$，方向竖直向下，而渗流力 $J=T$，方向竖直向上。

现考虑假想水柱隔离体[图 2.12(b)]的平衡条件，可得：

$$A_w\gamma_w h_w+G_w+T'=A_w\gamma_w h_1$$

$$T=\frac{\gamma_w(h_1-h_w-L)}{L}=\frac{\gamma_w\Delta h}{L}=\gamma_w i$$

得到：

$$J=T=\gamma_w i \tag{2.18}$$

从式(2.18)可知，渗透力是一种体积力，量纲与 γ_w 相同。渗透力的大小和水力梯度成正比，其方向与渗透方向一致。

2.4.2　流砂(或流土)破坏及其防治

地下水流动过程中，当水的渗流方向是自上而下时，渗流力方向与土体重力方向一致，这样将增加土颗粒间的压力，使土粒压得更紧密，对工程无害；反之，当水的渗流方向是自下而上时，渗流力的方向与土体重力方向相反，将减小土颗粒间的压力，特别是当渗流力 J 大于土的浮重度 γ' 时，土体发生浮起、悬浮并随水流移动的现象称为流砂(或流土)现象，它是最常见的渗透破坏形式之一。

使土开始发生流砂现象时的水力梯度称为临界水力梯度 i_{cr}。显然，当渗流力 $\gamma_w i$ 等于土的浮重度 γ' 时，土处于产生流砂的临界状态，因此临界水力梯度为：

$$i_{cr}=\frac{\gamma'}{\gamma_w}=\frac{\gamma_{sat}}{\gamma_w}-1=(d_s-1)(1-n) \tag{2.19}$$

流砂或流土的临界水力梯度取决于土的物理性质。流砂或流土现象多发生在颗粒级配均匀的饱和粉砂、细砂和粉土层中，而在粗粒土及黏土中则不易发生。因此，在地下水位以下开挖基坑时，若地基土为易产生流砂现象的土层，此时从基坑中直接抽水，若水力梯度大于或等于临界水力梯度 i_{cr}，就会出现流砂现象，基坑底土随水涌入基坑，使坑底土的结构遭到破坏，强度降低，进而危及基坑支护结构和临近建筑物的安全。图 2.13(a)所示为一桥墩基础因流砂破坏，土粒随水流走，支撑滑落，支护结构移位。图 2.13(b)所示为一房屋附近集水井抽吸地下水，在渗流力作用下，房屋基础下砂土颗粒流失，地面产生不均匀下沉，使得临近房屋产生裂缝，地下管线遭到破坏，甚至造成灾难性事故的发生，因此，必须对可能发生流土或流砂破坏的情况进行判别，并保证一定的安全系数，防止发生流砂或流土事故。

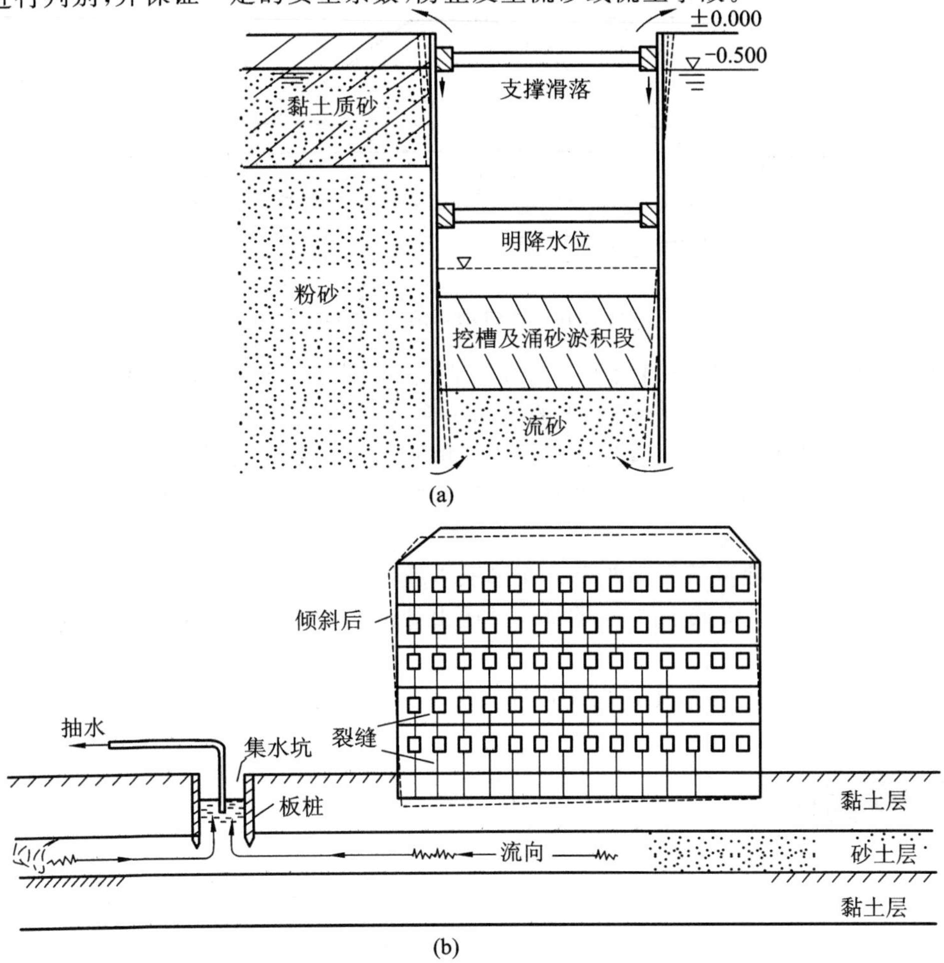

图 2.13　流砂现象引起破坏示例

(a) 桥墩基础因流砂破坏；(b) 流砂涌向基坑引起房屋不均匀下沉

防治流砂现象的原则是：

(1) 减小或消除水头差，如采取基坑外的井点降水法降低地下水位，或采取水下挖掘；

(2) 加长渗流路径，减小渗流的水力梯度，如打板桩；

(3) 在向上渗流出口处地表用透水材料覆盖压重以平衡渗流力；

(4) 土层加固处理，减小土的渗透系数。

2.4.3 管涌破坏及其防治

水在砂性土中渗流时，土中的细颗粒在渗流力作用下，可能通过粗颗粒形成的孔隙被水流带走以致流失，随着土的孔隙不断扩大，渗流速度不断增加，较粗的颗粒也相继被水流逐渐带走，最终导致土体内形成贯通的渗流管道，如图 2.14 所示，造成土体塌陷，这种现象称为管涌。可见，管涌破坏一般有个发展过程，是一种渐进性的破坏。汛期江河堤防受洪水河槽高水位作用，在背河堤脚处发生管涌，是汛期常见的险情。

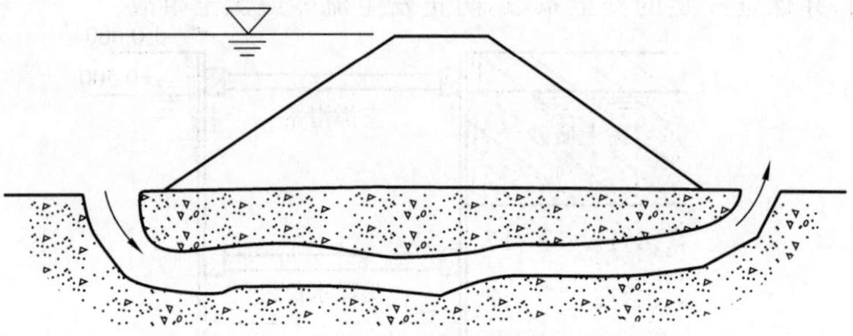

图 2.14 通过坝基的管涌破坏

发生管涌的条件与土颗粒的大小及其级配情况有关。黏性土(分散性土除外)通常只发生流土，为非管涌性土。对于无黏性土，土的不均匀系数 C_u 越大，越容易发生管涌现象。一般不均匀系数 $C_u>10$ 的土才会发生管涌。渗流力能够带动细颗粒在孔隙间滚动或移动是发生管涌的水力条件，可用管涌的水力梯度来表示。但管涌的临界水力梯度的计算仍不成熟，对于重大工程，应尽量由试验确定。

防治管涌现象，一般可从下列两个方面采取措施：

(1) 改变水力条件，降低土层内部和渗流逸出处的水力梯度。如在上游做防渗铺盖或打板桩等。

(2) 改变几何条件。在渗流逸出部位铺设层间关系满足要求的反滤层是防止管涌破坏的有效措施。

思考与练习题

2.1 什么是渗流的达西定律？其表达式中各参数的含义是什么？

2.2 渗透系数 k 如何测定？成层土的平均渗透系数与各土层渗透系数有何关系？

2.3 常用的室内渗透试验的方法有哪些？它们各自的适用性如何？为什么室内渗透试验与现场测试得出的渗透系数有较大差别？

2.4 流网具有什么特征？如何绘制流网和计算渗流参数？

2.5 渗流力会引起哪些渗透破坏？防治这些渗透破坏的措施有哪些？

2.6 某土样在常水头法渗透试验中，已知渗透仪直径 $D=75$ mm，在 $L=200$ mm 渗流途径上的水头损失 $h=83$ mm，在 60 s 时间内的渗流量 $Q=71.6$ cm^3，求该土样的渗透系数 k。

(答案：$k=6.5\times10^{-2}$ cm/s)

2.7 设做变水头渗透试验的黏土试样的截面面积为 30 cm^2，厚度为 4 cm，渗透仪细玻璃管的内径为 0.4 cm，试验开始时的水位差为 145 cm，经过 7 min 25 s 后观察的水位差为 100 cm，试验时水温为 20 ℃，试求该土样的渗透系数 k。

（答案：$k=1.40\times10^{-5}$ cm/s）

2.8　如图 2.15 所示，观测孔 a、b 的水位标高分别为 23.50 m 和 23.20 m，两孔的水平距离为 20 m。

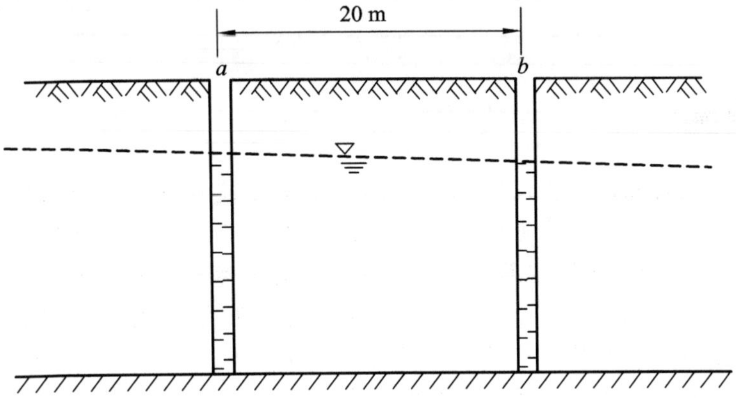

图 2.15　习题 2.8 图

求：(1) ab 段的平均水力梯度 i；

(2) 若该土层为细砂，渗透系数 $k=5\times10^{-2}$ mm/s，试确定 ab 段的地下水流速度 v。

[答案：(1) $i=0.015$；(2) $v=7.5\times10^{-4}$ mm/s]

2.9　如图 2.16 所示，板桩的入土深度是 5 m，上游水位 $H_1=11$ m，下游水位 $H_2=2$ m，地基土的渗透系数 $k=5\times10^{-4}$ cm/s。

求：(1) 图中 A、B 两点的孔隙水压力 u_A、u_B（水的重度 γ_w 取 9.8 kN/m³）；

(2) 每 1 m 板桩宽的透水量。

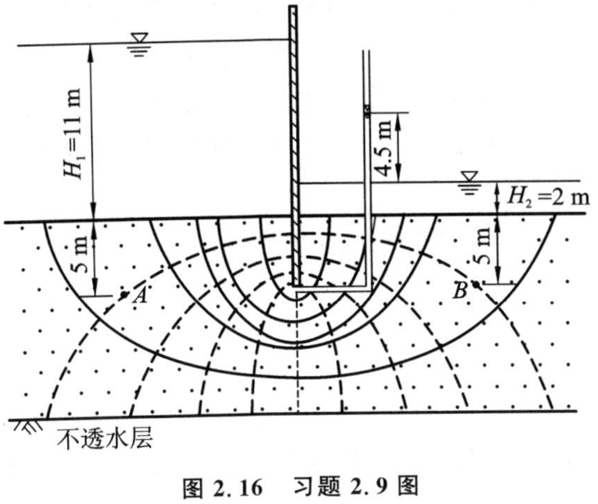

图 2.16　习题 2.9 图

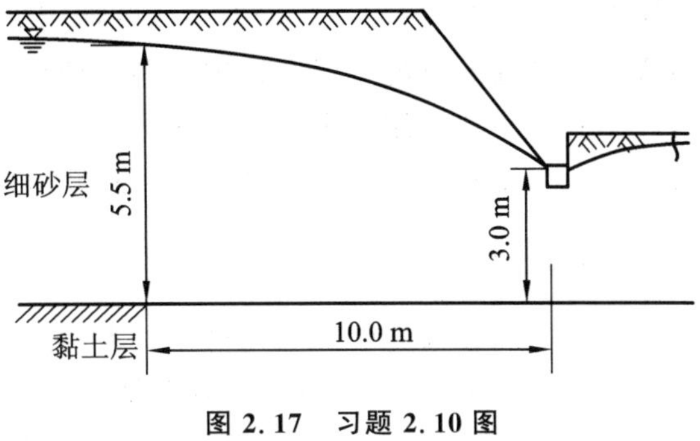

图 2.17　习题 2.10 图

[答案：(1) $u_A=148.0$ kN/m²，$u_B=77.4$ kN/m²；(2) $Q=2.3$ m³/d]

2.10　某基坑在细砂层中开挖，经施工抽水，待水位稳定后实测水位情况如图 2.17 所示。根据场地勘察报告提供：细砂层饱和重度 $\gamma_{sat}=18.7$ kN/m³，渗透系数 $k=4.5\times10^{-2}$ mm/s。

求：(1) 渗透水流的平均流速 v；

(2) 水流的单位渗流力 J，并判别是否会产生流砂现象。

[答案：(1) $v=1.125\times10^{-2}$ mm/s；(2) $J=2.5$ kN/m³，不会产生流砂现象]

3　地基中的应力

【思政元素】

本章提要

为了对建筑物地基基础进行沉降(变形)、承载力与稳定性分析,必须掌握建筑前后土中应力的分布和变化情况。目前计算土中应力的方法,主要是采用弹性理论公式,也就是把地基土视为均匀的、各向同性的半无限空间弹性体。这种假定虽然与土体的实际情况有出入,但因弹性理论方法计算简单,且实践证明,当基底压力在一定范围内时(即一般建筑物荷载作用下地基中的变化范围还不是很大时),采用弹性理论的计算结果能满足实际工程的要求。所以,可认为地基土符合半无限体的假定而引用弹性理论公式。

因此,学习本章应重点掌握以下几个问题:

(1) 土的自重应力与附加应力的概念、计算方法及其分布规律;

(2) 基础底面压力的简化计算;

(3) 矩形和条形均布荷载作用下角点附加应力的计算、附加应力的分布规律。

3.1　概　　述

土像其他材料一样受力后也要产生应力和变形。在地基土层上建造建筑物,基础将建筑物的荷载传给地基,使地基中原有的应力状态发生变化,引起地基变形,从而使建筑物产生一定的沉降量和沉降差。如果应力变化引起的变形量在容许范围以内,就不致对建筑物的使用和安全造成危害,但当外荷载在土中引起的应力过大时,则不仅会使建筑物发生不能容许的过量沉降,而且还可以使土体发生整体破坏而失去稳定。因此,研究土中应力计算和分布规律是研究地基和建筑物的变形和稳定问题的依据。

本章将主要介绍自重应力和附加应力的计算方法、反映土中应力特点的有效应力原理,以及土中应力变化的描述方法,即应力路径等内容。

3.1.1　土中应力

土中应力按其起因可分为自重应力和附加应力两种。土中自重应力是指土体受到自身重力作用而产生的应力,又可分为两种情况:一种是成土年代长久,土体在自重作用下已经完成压缩固结,这种自重应力不再引起土体或地基的变形;另一种是成土年代不久,例如新近沉积土(第四纪全新世近期沉积的土)、近期人工填土(包括路堤、土坝、填土垫层等),土体在自身重力作用下尚未完成固结,因而它将引起土体或地基的变形。此外,地下水的升降,将会引起土中自重应力大小的变化,使土体发生变形(如压缩、膨胀或湿陷等)。土中附加应力是指土体受外荷载(包括建筑物荷载、交通荷载、堤坝荷载)以及地下水渗流、地震等作用下附加产生的应力增量,它是引起土体变形或地基变形的主要原因,也是导致土体强度破坏和失稳的重要原因。土中自重应力和附加应力的产生原因不同,因而两者计算方法不同,分布规律及对工程的影响也不同。土中竖向自重应力和竖向附加应力也称为土中自重压力和附加压力。土中某点的自重应力与附加应力之和为土体受外荷载作用时总的应力。

土中应力按其作用原理或传递方式可分为有效应力和孔隙应力两种。土中有效应力是指土粒之间所传递的粒间应力，有效应力控制土体的变形和强度两者的变化。土中孔隙应力是指土中水和土中气所传递的应力，土中水所传递的应力称为孔隙水压力；土中气传递的应力即孔隙气压力。在研究土体或地基变形以及土的抗剪强度问题时，计算地基沉降和承载力时，都必须掌握反映土中应力传递方式的有效应力原理。

3.1.2 土体的应力-应变关系

土体中的应力分布，主要取决于土的应力-应变关系特征。由于土是自然历史产物，具有分散性、多相性等特点，真实土体应力-应变关系是非常复杂的，使用中多对其进行简化处理。

(1) 土的连续性假定

土是由三相物质组成的碎散颗粒集合体，不是连续介质。因此在研究土体内部微观受力情况时(例如颗粒之间的接触力和颗粒的相对位移)，必须把土当成散粒状的三相体来看待。但当我们研究宏观土体的受力问题时(例如建筑物地基的沉降问题)，土体的尺寸远远大于土颗粒的尺寸，就可以把土颗粒和孔隙混在一起，把土体当作连续体来对待。从平均应力的概念出发，用一般材料力学的方法来定义土中的应力。

(2) 土的线弹性假定

理想的弹性体的应力与应变成正比，且应力卸除后变形可以完全恢复。土则不是纯弹性材料而是弹塑性材料，它的应力与应变的关系是非线性的和弹塑性的。图 3.1 表明：当应力很小时，土的应力-应变关系就表现出了曲线特性，而且在应力卸除后，应变也不能完全恢复。但是考虑到一般建筑物在荷载作用下地基中应力的变化范围(应力增量 $\Delta\sigma$)还不是很大，可以用一条直线来近似代替相应的曲线段，就可以把土看成是一个线性变形体，从而简化计算。但要注意：对于一些十分重要、对沉降有特殊要求的建筑物，用弹性理论进行分析可能精度不够，这时，必须借助土的弹塑性理论才能得到比较符合实际的应力与变形的关系。

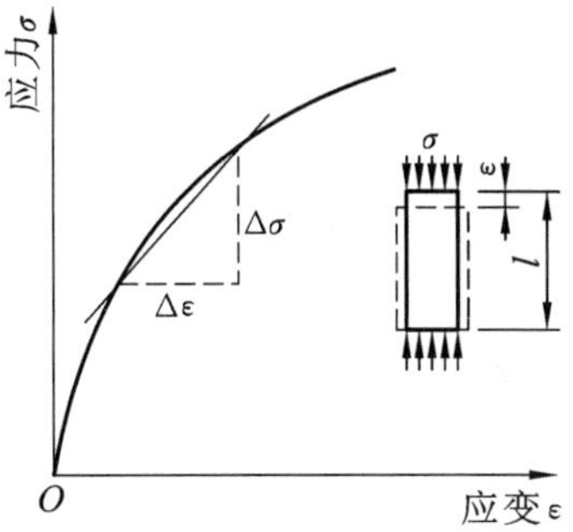

图 3.1 土的应力-应变曲线

(3) 土体的各向同性假定

天然地基往往是由成层土所组成的非均质或各向异性体，但当土层性质变化不大时，视土体为均质各向同性的假定对竖向应力分布引起的误差通常在允许范围之内。当然，如果土层性质变化较大，就要考虑非均质或各向异性的影响，进行必要的修正。

局部荷载作用下地基中的应力状态均属三维应力状态(图 3.2)。三维应力状态是建筑物地基中最普遍的一种应力状态。例如单独柱基础下，地基中各点应力就是典型的三维空间应力状态。这时每一点的应力都是三个坐标 x、y、z 的函数，每一点的应力状态都可用 9 个应力分量(其中独立的有 6 个)来表示。具体的矩阵形式为：

$$\boldsymbol{\sigma}_{ij} = \begin{bmatrix} \sigma_x & \tau_{xy} & \tau_{xz} \\ \tau_{yx} & \sigma_y & \tau_{yz} \\ \tau_{zx} & \tau_{zy} & \sigma_z \end{bmatrix}$$

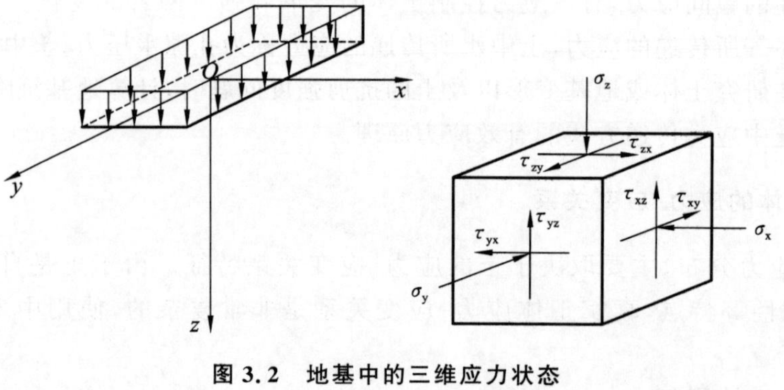

图 3.2 地基中的三维应力状态

当建筑物基础一个方向的尺寸远大于另一个方向的尺寸，且每个横截面上的应力大小和分布形式均一样时，其在地基中引起的应力状态即可简化为二维平面应力状态(图 3.3)。堤坝或长挡土墙下地基中的应力状态就属于这一类。这时沿着长度的垂直方向切出的任意 xOz 截面都可以认为其是对称面，应力分量只是 x、z 两个坐标的函数，并且沿 y 方向的应变 $\varepsilon_y = 0$。由对称性可知，$\tau_{yx} = \tau_{yz} = 0$。这种应力状态的应力矩阵可表示为：

$$\boldsymbol{\sigma}_{ij} = \begin{bmatrix} \sigma_x & 0 & \tau_{xz} \\ 0 & \sigma_y & 0 \\ \tau_{zx} & 0 & \sigma_z \end{bmatrix}$$

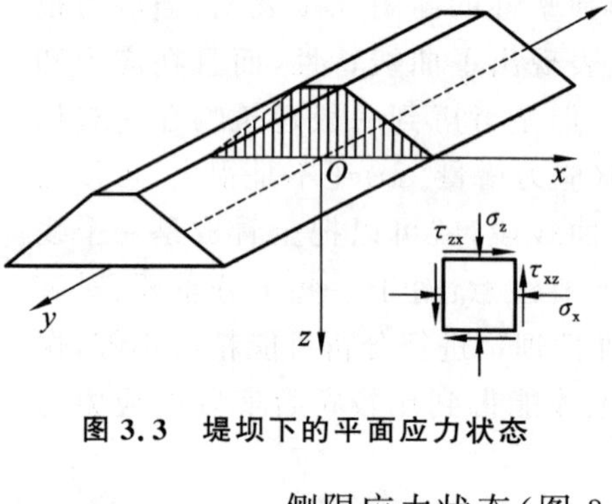

图 3.3 堤坝下的平面应力状态

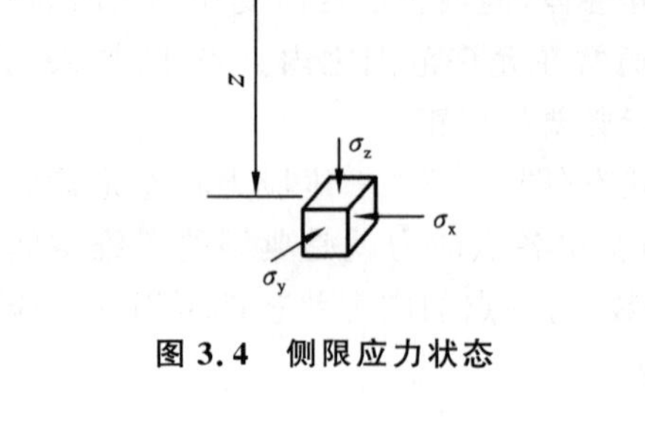

图 3.4 侧限应力状态

侧限应力状态(图 3.4)是地基的另一种应力状态，即侧向两个方向的应变为零的一种应力状态。侧限应力状态亦称一维应力状态。在半无限地基中土的自重应力状态就是侧限应力状态。这时，同一深度 z 处的土单元受力条件均相同，土体不可能发生侧向变形，只能发生竖向的变形。又由于任何竖直面都是对称面，故在任何竖直面和水平面上都不会有剪应力存在，即 $\tau_{xy} = \tau_{yz} = \tau_{zx} = 0$，应力矩阵变为：

$$\boldsymbol{\sigma}_{ij}=\begin{bmatrix}\sigma_x & 0 & 0\\ 0 & \sigma_y & 0\\ 0 & 0 & \sigma_z\end{bmatrix}$$

在应用弹性理论进行土中应力计算时，应力符号的规定与弹性力学相同，但正负与弹性力学相反。亦即当某一个截面上的外法线是沿着坐标轴的正方向，这个截面就称为正面，正面上的应力分量以沿坐标轴正方向为正，沿坐标轴的反方向为负，包括正应力和剪应力。为方便研究地基问题，常设轴方向向下为正。

3.2　地基中的自重应力

在没有修建建筑物之前，地基中由于土体本身的有效重量而产生的应力叫自重应力。所谓有效重量就是地下水位以上用自然容重，地下水位以下用浮容重。研究地基自重应力的目的是为了确定土体的初始应力状态。如果把地基假定为半无限弹性体，则地基中的自重应力状态属于侧限应力状态，地基中的竖直自重应力和水平自重应力计算就变得十分简单。

3.2.1　均质土的自重应力

在深度 z 处平面上，土体因自身重力产生的竖向应力 σ_{cz}（以后简称自重应力）就等于单位面积上土柱体的重力 $rz\times1$，如图 3.5 所示。对于均匀土（土的重度为常数），在地表以下深度 z 处自重应力为：

$$\sigma_{cz}=\gamma z \tag{3.1}$$

式中　γ ——土的天然重度，kN/m^3。

可见，自重应力 σ_{cz} 沿水平面均匀分布，且与深度 z 成正比，即随深度呈线性增加，如图 3.5 所示。

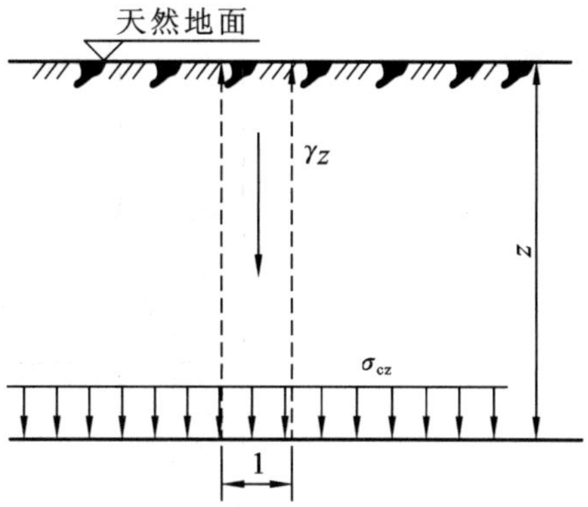

图 3.5　均质土中的竖向自重应力

地基土在重力作用下，承受作用于水平面上的竖向自重应力除外，在竖直面上还作用有水平的侧向自重应力。由于土柱体在重力作用下无侧向变形和剪切变形，则侧向自重应力 σ_{cx} 和 σ_{cy} 与 σ_{cz} 成正比，剪应力均为零，即：

$$\sigma_{cx}=\sigma_{cy}=K_0\sigma_{cz} \tag{3.2}$$

$$\tau_{xy}=\tau_{yz}=\tau_{zx}=0 \tag{3.3}$$

式中　K_0 ——土的侧压力系数或静止土压力系数，它是在侧限应力状态下水平应力与竖向应力之比，K_0 与土的种类、状态和应力历史等因素有关，可由实验测得。

3.2.2　成层土的自重应力

一般情况下，天然地基由具有不同重度的成层土所组成，如地下水位位于同一土层中，在计算自重应力时，地下水位面应作为分层的界面。设各土层的厚度为 h_i，重度为 γ_i，则深度 z 处土的自重应力可通过对各层土自重应力求和得到，即：

$$\sigma_{cz}=\gamma_1h_1+\gamma_2h_2+\gamma_3h_3+\cdots=\sum_{i=1}^{n}\gamma_ih_i \tag{3.4}$$

式中 n——自天然地面至深度 z 处土的总层数；

h_i——第 i 层土的厚度，m；

γ_i——第 i 层土的天然重度，kN/m^3，地下水位以上用天然容重 γ，地下水位以下用浮重度 γ' 或 γ_{sat}。

在地下水位以下，若埋藏有不透水层（如岩层或只含结合水的坚硬黏土层），由于不透水层中不存在水的浮力，故层面及层面以下的自重应力应按上覆土层的水土总重计算。这样，紧靠上覆层与不透水层界面上下的自重应力有突变，使层面处具有两个自重应力值。

【例 3.1】 试计算图 3.6 所示土层的自重应力及作用在基岩顶面的土自重应力和静水压力之和，并绘制自重应力分布图。

【解】 $\sigma_{cz1}=\gamma_1 h_1=19\times 2.0=38\ kPa$

$\sigma_{cz2}=r_1 h_1+r_1' h_2=38+(19.4-10)\times 2.5=61.5\ kPa$

$\sigma_{cz3}=r_1 h_1+r_1' h_2+r_2' h_3=61.5+(17.4-10)\times 4.5=94.8\ kPa$

$\sigma_w=\gamma_w(h_2+h_3)=10\times 7.0=70\ kPa$

作用在基岩顶面处土的自重应力为 94.8 kPa，静水压力为 70 kPa，总应力为 94.8+70=164.8 kPa。

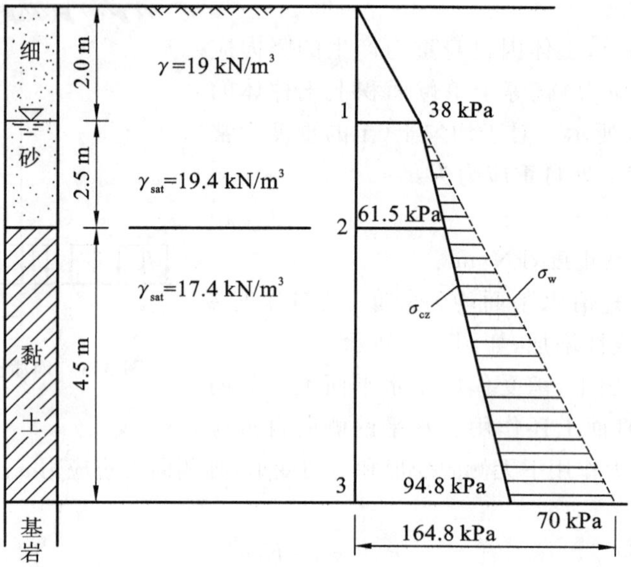

图 3.6 土的自重应力计算及其分布图

3.2.3 地下水升降时的自重应力

地下水位升降，使地基土中的自重应力也相应发生变化。图 3.7 为地下水下降对土中自重应力的影响。

在图 3.7 中：

0-1-2 线为原来自重应力的分布；0-1′-2′线为地下水位变动后自重应力的分布，尚须注意：

① 在此所讨论的自重应力是指土颗粒之间接触点传递的粒间应力，故又称为有效自重

应力；

② 一般土层形成地质年代较长，在自重作用下变形早已稳定，故自重应力不再引起建筑物基础沉降，但对于近期沉积或堆积的土层以及地下水位升降等情况，尚应考虑自重应力作用下的变形，这是因为地下水位的变动，引起土的重度改变，如图3.7所示。在深基坑开挖中，需大量抽取地下水，以致地下水位大幅度下降，引起土的重度改变，因 $r>r'$，故自重应力增加，从而造成地表大面积下沉。反之，若地下水位长期上升，如大量工业废水渗入地下或人工抬高蓄水水位，则水位上升会引起地基承载力的减小、湿陷性土的陷塌现象等，必须引起注意。

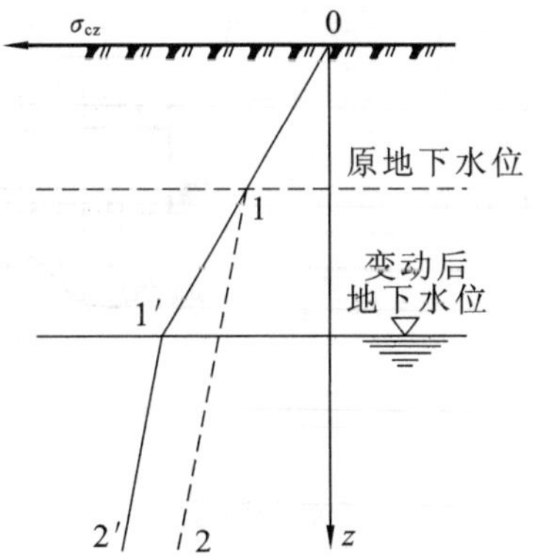

图3.7 地下水位下降对土中自重应力的影响

3.3 基底压力

前面已经指出土中的附加应力是由于建筑物荷载等作用所引起的应力增量，而建筑物荷载是通过基础传给地基的，在基础底面与地基之间产生的接触压力通常称为基底压力，也称为基底接触压力。它既是计算地基中附加应力的外荷载，也是计算基础结构内力的外荷载，因此，在计算地基附加应力和基础内力时，应首先研究基底压力的大小与分布情况。

3.3.1 基底压力分布

精确确定基底压力数值大小与分布形态，是一个很复杂的问题。因为基础与地基不是一种材料、一个整体，两者的刚度相差很大，变形不能协调。此外，基底压力还与荷载的大小和分布、基础的刚度、基础的埋置深度以及地基土的性质等多种因素有关。目前，在弹性理论中主要是研究不同刚度的基础与弹性半空间表面间的接触压力分布问题。

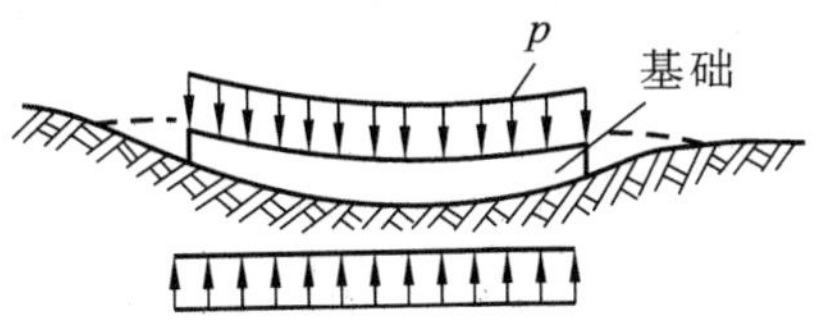

图3.8 柔性基础基底压力分布图

(1) 柔性基础(如土坝、路基及油罐薄板)的刚度很小，就像放在地上的柔软薄膜，在垂直荷载作用下没有抵抗弯曲变形的能力，基础随着地基一起变形。因此，柔性基础接触压力分布与其上部荷载分布情况相同。在中心受压时，为均匀分布，在半无限弹性地基表面上引起的沉降为中间大 、两端小的锅底形凹曲线。(图3.8)。

(2) 刚性基础(如块式整体基础、素混凝土基础)本身刚度较大，受荷后基础不出现挠曲变形，只能保持整体平面下沉，由此导致基础变形与地基变形不相协调，基底中部将会与地面脱开。由于地基与基础的变形必须协调一致，基底压力重分布，在调整基底沉降使之趋于均匀的同时，基底压力发生了转移。通常在中心荷载下，基底压力呈马鞍形分布，中间小而边缘大，如图3.9(a)所示；当基础上的荷载较大时，基础边缘由于应力很大，使土产生塑性变形，边缘应力不再增加，而使中央部分继续增大，基底压力重新分布而呈抛物线形，如图3.9(b)所示；当作用在基础上的荷载继续增大，接近于地基的破坏荷载时，应力图形又变成中部突出的钟形，如图3.9(c)所示。

另外，为了实测基底压力的分布规律，可在基底不同部位预埋压力传感器“土压力计

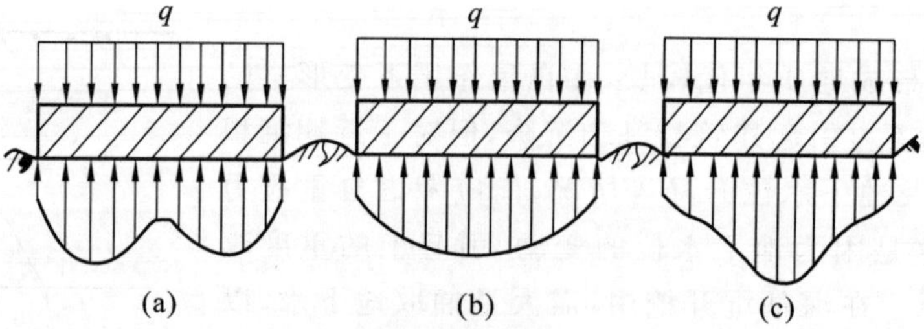

图 3.9 刚性基础基底压力分布图

(盒)”。当基础埋置一定深度时，由于基础周围土体约束，基础边缘土粒难以挤出，塑性区减小，边缘反力增加，使基础压力趋于均匀分布。当基础置于砂土上时，基底边缘砂粒易于侧向挤出，塑性区随荷载增加迅速开展，反力趋于抛物线形分布；而硬黏土上的基础，由于硬黏土具有较大的黏结力，基底边缘可以承担一定的压力，故反力呈马鞍形分布。

3.3.2 基底压力的简化计算

对于桥梁墩台基础以及工业与民用建筑中的柱下独立基础、墙下条形基础等扩展基础，均可视为刚性基础。这些基础，因为受地基容(允)许承载力的限制，加上基础还有一定的埋置深度，其基底压力呈马鞍形分布，而且其发展趋向于均匀，故可近似简化为基底反力均匀分布。另外，根据弹性理论中圣维南原理可以证明，在基础底面下一定深度所引起的地基附加应力与基底荷载分布形态无关，而只与其合力的大小和作用点位置有关。由此，在工程应用中，对于具有一定刚度以及尺寸较小的扩展基础，其基底压力近似直线分布，按材料力学公式进行简化计算。而对于较复杂的基础，如柱下条形基础、片筏基础和箱形基础，基底压力的细微变化，往往对基础内力和结构计算有明显的影响，因此一般需考虑上部结构、基础的刚度以及地基土力学性质的影响，用弹性地基梁板的方法计算。下面介绍简化计算方法。

3.3.2.1 中心荷载作用下的基底压力

中心荷载作用下的基底压力是作用在基底上的荷载合力通过基底形心，基底压力假定为均匀分布(图 3.10)，平均压力设计值 p(kPa)可按下式计算：

$$p=\frac{F+G}{A} \tag{3.5}$$

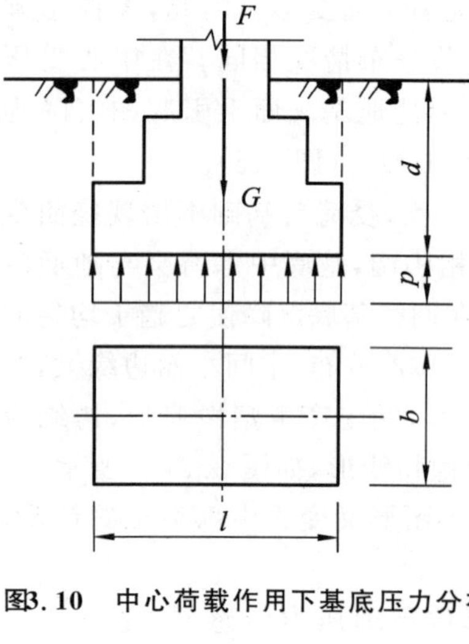

图3.10 中心荷载作用下基底压力分布

式中 F——基础顶面的竖向力值，kN；

G——基础自重及其上回填土重之和，kN，$G=\gamma_G Ad$，其中 γ_G 为基础及回填土之平均重度，一般取 20 kN/m³，地下水位以下部分应扣除 10 kN/m³ 的浮重度；

d——基础埋深一般从室外设计地面或室内外平均设计地面算起；

A——基底面积，m²，矩形基础 $A=l\times b$，l 和 b 分别为矩形基底的长度和宽度，m，对于条形基础，可沿长度方向取 1 m 计算。

3.3.2.2　偏心荷载作用下的基底压力

单向偏心荷载作用下的矩形基础如图 3.11 所示。设计时,可将基底长边方向取与偏心方向一致,此时两短边边缘最大压力 p_{max} 与最小压力 p_{min} 设计值可按材料力学短柱偏心受压公式计算:

$$\left.\begin{matrix} p_{max} \\ p_{min} \end{matrix}\right\} = \frac{F+G}{A} \pm \frac{M}{W} = \frac{F+G}{lb}\left(1 \pm \frac{6e}{l}\right) \tag{3.6}$$

式中　M——作用在基底形心上的力矩值,kN·m,$M=(F+G)e$;

e——荷载偏心距;

W——基础底面的抵抗矩,m^3,对矩形基础 $W=bl^2/6$。

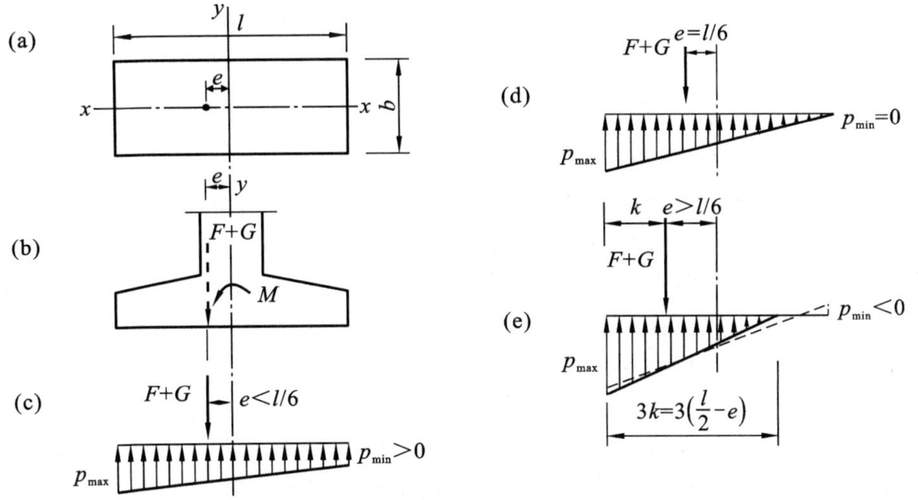

图 3.11　单向偏心荷载作用下的基底压力分布图

从式(3.6)可知,按荷载偏心距 e 的大小,基底压力的分布可能出现下述三种情况:

① 当 $e<l/6$ 时,由式(3.6)知 $p_{min}>0$,基底压力呈梯形分布,如图 3.11(c)所示;

② 当 $e=l/6$ 时,$p_{min}=0$,基底压力呈三角形分布,如图 3.11(d)所示;

③ 当 $e>l/6$ 时,$p_{min}<0$,也即距偏心荷载较远的基底边缘反力为负值,如图 3.11(e)中虚线所示,由于基底与地基之间不能承受拉应力,此时产生拉应力部分的基底将与地基土局部脱开,致使基底压力重新分布。根据偏心荷载与基底反力平衡的条件,荷载合力 $F+G$ 应通过三角形反力分布图的形心,如图 3.11(e)所示,由此可得基底边缘最大压力 p_{max} 为:

$$p_{max} = \frac{2(F+G)}{3bk} \tag{3.7}$$

式中　k——单向偏心作用点至具有最大压力的基底边缘的距离,m。

3.3.3　基底附加压力

综上所述,土的自重应力一般不引起地基变形,只有新增的建筑物荷载(即作用于地基表面的附加压力)才是使地基产生压缩变形的主要原因。实际上,一般基础都埋置于地面下一定深度,该处原有自重应力因基坑开挖而卸除。因此,在计算由建筑物造成的基底附加压力时,应扣除基底标高处土中原有的(建筑前的)自重应力 σ_{cd} 后,才是基底平面处新增加于地基的基底附加压力,基底平均附加压力 p_0 值按下式计算(图 3.12):

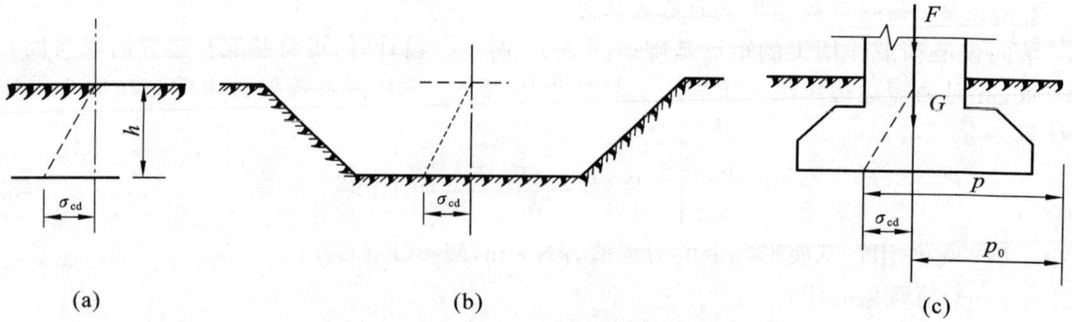

图 3.12 基底平均附加压力的计算

(a) 施工前;(b) 基坑开挖;(c) 施工结束后

$$p_0 = p - \sigma_{cd} = p - \gamma_0 d \tag{3.8}$$

式中 p——基底平均压力,kPa;

σ_{cd}——基底处土的自重应力标准值,kPa,$\sigma_{cd}=\gamma_0 d$;

γ_0——基底标高以上天然土层的加权平均重度,其中地下水位以下取有效重度,kN/m^3;

d——基础埋置深度,m,必须从天然地面算起,$d=h_1+h_2+h_3+\cdots$。

必须指出,实际上,基底附加压力一般作用在地表下一定深度(指浅基础的埋深)处。因此,假设它作用在半空间表面上,而运用弹性力学解答所得的结果只是近似的,不过,对于一般浅基础来说,这种假设所造成的误差可以忽略不计。

另外,当基坑的平面尺寸和深度较大时,坑底回弹较明显,且基坑中点的回弹大于边缘点。在沉降计算中,为了适当考虑这种坑底的回弹和再压缩而增加沉降,改取 $p_0=p-\alpha\sigma_{cd}$,其中 α 为 0～1 的系数。此外,式(3.8)尚应保证坑底土质不发生浸水膨胀。

3.4 地基附加应力

地基中附加应力是由建(构)筑物荷载引起的应力增量,目前采用的附加应力计算方法是根据弹性理论推导出来的。本节首先讨论在竖向集中力作用下地基附加应力的计算,然后应用竖向集中力的解答,通过叠加原理或者积分的方法可以得到各种分布荷载作用下土中应力的计算公式。

3.4.1 竖向集中力作用下的地基附加应力

3.4.1.1 单个竖向集中力作用

在半无限空间表面上作用一竖向集中力 F 时(图 3.13),半空间内任一点 $M(x,y,z)$ 的应力和位移的弹性力学解,是由法国的布辛奈斯克(Boussinesq,1885 年)首先提出。他根据弹性理论导得的应力及位移表达式分别为:

$$\sigma_z = \frac{3F}{2\pi}\frac{z^3}{R^5} = \frac{3F}{2\pi R^2}\cos^3\theta \tag{3.9}$$

$$\sigma_x = \frac{3F}{2\pi}\left\{\frac{x^2 z}{R^5} + \frac{1-2\mu}{3}\left[\frac{R^2-Rz-z^2}{R^3(R+z)} - \frac{x^2(2R+z)}{R^3(R+z)^2}\right]\right\} \tag{3.10}$$

$$\sigma_y = \frac{3F}{2\pi}\left\{\frac{y^2 z}{R^5} + \frac{1-2\mu}{3}\left[\frac{R^2-Rz-z^2}{R^3(R+z)} - \frac{y^2(2R+z)}{R^3(R+z)^2}\right]\right\} \tag{3.11}$$

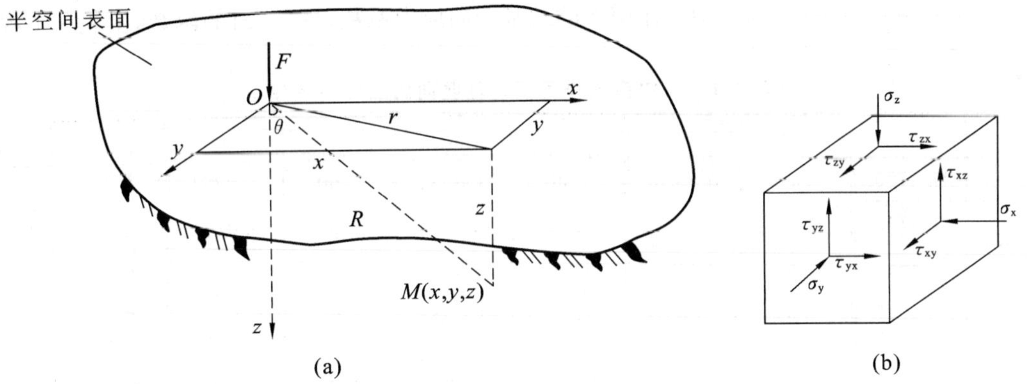

图 3.13 竖向集中力作用下的附加应力

(a) 半空间中任意点 $M(x,y,z)$；(b) M 点处的微单元体

$$\tau_{xy}=\tau_{yx}=-\frac{3F}{2\pi}\left[\frac{xyz}{R^5}-\frac{1-2\mu xy(2R+z)}{3R^3(R+z)^2}\right] \tag{3.12}$$

$$\tau_{yz}=\tau_{zy}=-\frac{3Fyz^2}{2\pi R^5} \tag{3.13}$$

$$\tau_{zx}=\tau_{xz}=-\frac{3Fxz^2}{2\pi R^5} \tag{3.14}$$

$$u=\frac{F(1+\mu)}{2\pi E}\left[\frac{xz}{R^3}-(1-2\mu)\frac{x}{R(R+z)}\right] \tag{3.15}$$

$$v=\frac{F(1+\mu)}{2\pi E}\left[\frac{yz}{R^3}-(1-2\mu)\frac{y}{R(R+z)}\right] \tag{3.16}$$

$$w=\frac{F(1+\mu)}{2\pi E}\left[\frac{z^2}{R^3}+2(1-\mu)\frac{1}{R}\right] \tag{3.17}$$

式中 $\sigma_x,\sigma_y,\sigma_z$——$M$ 点平行于 x、y、z 轴的正应力；

$\tau_{xy},\tau_{yz},\tau_{zx}$——剪应力，其中前一个脚标表示与它作用的微面的法线方向平行的坐标轴，后一脚标表示与它作用方向平行的坐标轴；

u,v,w——M 点沿 x、y、z 轴方向的位移；

R——集中力作用点至 M 点的距离，$R=\sqrt{x^2+y^2+z^2}=\sqrt{r^2+z^2}=z/\cos\theta$；

θ——R 线与 z 轴的夹角；

r——集中力作用点与 M 点的水平距离；

E——土的弹性模量(或土力学中专用的地基变形模量 E_0)；

μ——土的泊松比。

在上述应力及位移计算公式中，若 $R=0$(集中力作用点)，则其结果将趋于无穷大，即地基土已发生了塑性变形，按弹性理论解已不适用。因此，所选择的计算点不应过于接近集中力的作用点。

在工程实践中应用最多的是竖向法向应力 σ_z 及竖向位移 w，下面着重讨论 σ_z 的计算。为了应用方便，可利用图 3.10 中的几何关系，即 $R=\sqrt{r^2+z^2}$，则式(3.9)可以改写为：

$$\sigma_z=\frac{3F}{2\pi}\frac{z^3}{R^5}=\frac{3F}{2\pi z^2}\frac{1}{\left[1+\left(\frac{r}{z}\right)^2\right]^{5/2}}=\alpha\frac{F}{z^2} \tag{3.18}$$

其中 $\alpha=\frac{3}{2\pi}\frac{1}{[(r/z)^2+1]^{5/2}}$ 为集中力作用下的地基竖向应力系数，是 (r/z) 的函数，由表 3.1 查取。

表 3.1 集中荷载作用下地基竖向附加应力系数 α

r/z	α	r/z	α	r/z	α	r/z	α	r/z	α
0.00	0.4775	0.50	0.2733	1.00	0.0884	1.50	0.0251	2.00	0.0085
0.05	0.4745	0.55	0.2466	1.05	0.0745	1.55	0.0224	2.20	0.0058
0.10	0.4657	0.60	0.2214	1.10	0.0658	1.60	0.0200	2.40	0.0040
0.15	0.4516	0.65	0.1978	1.15	0.0581	1.65	0.0179	2.60	0.0028
0.20	0.4329	0.70	0.1762	1.20	0.0513	1.70	0.0160	2.80	0.0021
0.25	0.4103	0.75	0.1565	1.25	0.0454	1.75	0.0144	3.00	0.0015
0.30	0.3849	0.80	0.1386	1.30	0.0402	1.80	0.0129	3.50	0.0007
0.35	0.3577	0.85	0.1226	1.35	0.0357	1.85	0.0116	4.00	0.0004
0.40	0.3295	0.90	0.1083	1.40	0.0317	1.90	0.0105	4.50	0.0002
0.45	0.3011	0.95	0.0956	1.45	0.0282	1.95	0.0094	5.00	0.0001

【例 3.2】 在地表面作用集中力 $F=200$ kN，计算地面下深度 $z=3$ m 处水平面上的附加应力 σ_z 分布，以及距 F 的作用点 $r=1$ m 处竖直面上的附加应力 σ_z 分布。

【解】 各点的附加应力 σ_z 可按式(3.18)计算，并列于表 3.2 及表 3.3 中，同时可绘出 σ_z 的分布图，如图 3.14 所示。

表 3.2 深度 $z=3$ m 处水平面上附加应力 σ_z 计算

r(m)	r/z	α	σ_z(kPa)
0	0.00	0.478	10.6
1	0.33	0.369	8.2
2	0.67	0.189	4.2
3	1.00	0.084	1.9
4	1.33	0.038	0.8
5	1.67	0.017	0.4

表 3.3 $r=1$ m 处竖直面上附加应力 σ_z 计算

z(m)	r/z	α	σ_z(kPa)
0	∞	0	0
1	1.00	0.084	16.8
2	0.50	0.273	13.7
3	0.33	0.369	8.2
4	0.25	0.410	5.1
5	0.20	0.433	3.5
6	0.17	0.444	2.5

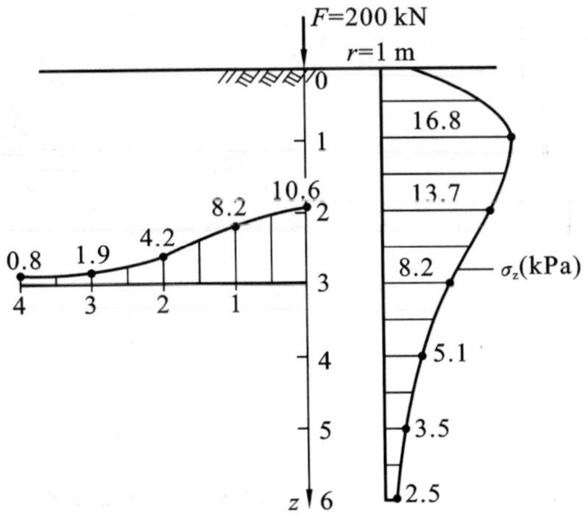

图 3.14 竖向集中力作用下土中 σ_z 分布

3.4.1.2 多个集中力及不规则分布荷载作用

如图 3.15 所示,当半无限体表面(地面)有几个集中力作用时,则地基中任意点 M 处的附加应力 σ_z,可利用式(3.18)分别求出各集中力对该点引起的附加应力,然后进行叠加得到。即:

$$\sigma_z = \alpha_1 \frac{F_1}{z^2} + \alpha_2 \frac{F_2}{z^2} + \cdots + \alpha_n \frac{F_n}{z^2} = \frac{1}{z^2}\sum_{i=1}^{n}\alpha_i F_i \tag{3.19}$$

式中 α_i——第 i 个集中应力系数,在计算中 r_i 是第 i 个集中荷载作用点到 M 点的水平距离。

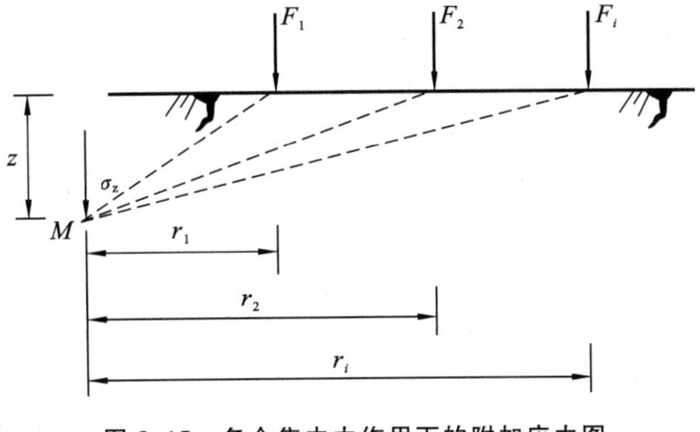

图 3.15 多个集中力作用下的附加应力图

当局部分布荷载的平面形状或分布规律不规则时,可将荷载面(或基础底面)分成若干形状规则(如矩形)的面积单元,如图 3.16 所示,将每个单元上的分布荷载视为集中力,再以式(3.19)计算地基中某点 M 的附加应力。这种方法称为等代荷载法,该法的计算精度取决于划分的单元面积的大小。有经验指出,当矩形单元面积的长边小于面积形心到计算点距离的 1/2、1/3 或 1/4 时,所算得的附加应力的误差一般不大于 6%、3%或 2%。

3.4.2 分布荷载作用下的地基附加应力

在实践中荷载很少是以集中力的形式作用在地基土上,而往往是通过基础分布在一定面积上。当基础底面的形状或基底下的荷载分布不规则时,可用等代荷载法求出地基中附加应力;反之,当基础底面的形状及分布荷载都有规律时,则可应用积分的方法求得地基土中的附加应力。

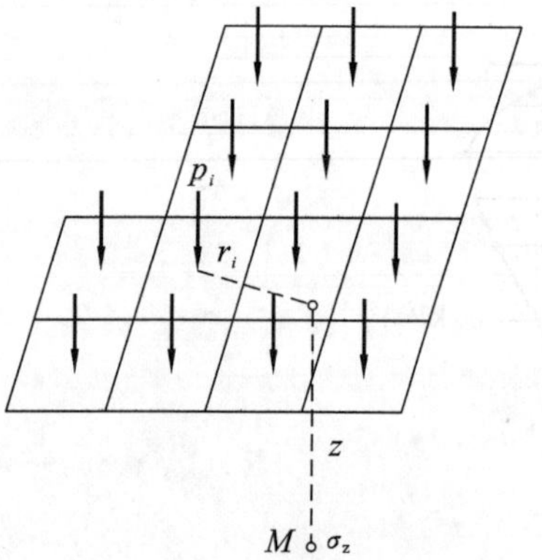

图 3.16　等代荷载法计算 σ_z

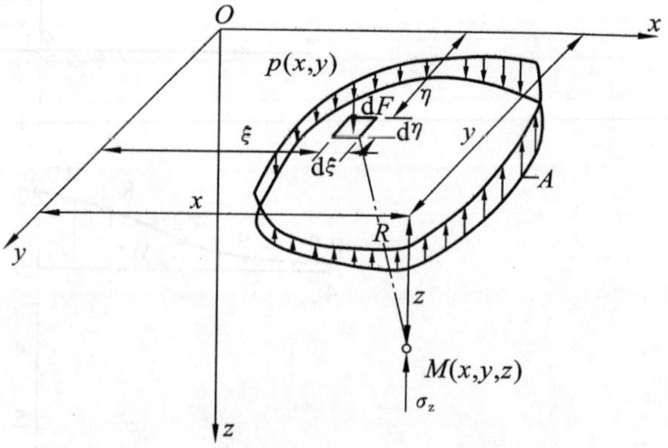

图 3.17　分布荷载作用下土中应力计算

首先讨论一般情况：设半无限土体表面作用一分布荷载 $p(x,y)$，如图 3.17 所示，若求地基土中某点 $M(x,y,z)$ 的竖向应力 σ_z，可以先在荷载面积范围内取一微元面积 $\mathrm{d}A=\mathrm{d}\xi\mathrm{d}\eta$，则作用在微元面积上的分布荷载可用集中力 $\mathrm{d}F=p(x,y)\mathrm{d}\xi\mathrm{d}\eta$ 表示，用式(3.9)在荷载面积 A 范围内积分可得 σ_z。即：

$$\sigma_z=\iint_A \mathrm{d}\sigma_z=\frac{3z^3}{2\pi}\iint_A\frac{p(x,y)}{[(x-\xi)^2+(y-\eta)^2+z^2]^{5/2}}\mathrm{d}\xi\mathrm{d}\eta \tag{3.20}$$

在求解上式积分时与下面三个条件有关：

(1) 分布荷载 $p(x,y)$ 的分布规律及其大小；

(2) 分布荷载的分布面积 A 的几何形状及其大小；

(3) 应力计算点 M 的坐标 x、y、z 的值。

积分后结果比较繁杂，但都是 l/b、$z/b(z/r_0)$ 等的函数。工程上为了应用方便，常采用“无量纲化”处理。即以 l/b、$z/b(z/r_0)$ 编制一些表格。应用时，可直接根据 l/b、$z/b(z/r_0)$ 查表即可得出 α，再以下式求得附加应力 σ_z，即：

$$\sigma_z=\alpha p_0 \tag{3.21}$$

式中　p_0——作用于地基上的竖向荷载；

　　α——附加应力系数。

下面介绍几种常见的基础底面形状及其在分布荷载(有规则)作用下，地基土中附加应力 σ_z 的计算。

3.4.2.1　空间问题的附加应力计算

常见的空间问题有：均布矩形荷载、三角形分布的矩形荷载及均布的圆形荷载等。

(1) 矩形面积均布荷载作用时土中竖向附加应力 σ_z 计算

如图 3.18 所示，设矩形荷载面的长度和宽度分别为 l 和 b，作用于地基上的竖向荷载为 p_0，若取所计算的角点为坐标原点，则 M 点的坐标为 $(0,0,z)$，分布荷载 $p(x,y)=p_0$，以此代入式(3.20)积分可得矩形面积角点 O 下的附加应力 σ_z 为：

$$\sigma_z=\alpha_c p_0 \tag{3.22}$$

其中：$\alpha_c=\dfrac{1}{2\pi}\left[\dfrac{lbz(l^2+b^2+2z^2)}{(l^2+z^2)(b^2+z^2)\sqrt{l^2+b^2+z^2}}+\arctan\dfrac{lb}{z\sqrt{l^2+b^2+z^2}}\right]$，称为均布矩形角点下的竖向附加应力系数，简称角点应力系数，应用时可按 l/b 和 z/b 查表 3.4。

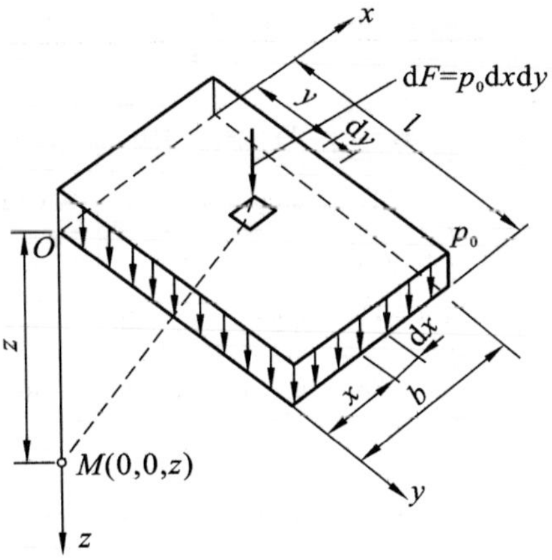

图 3.18　均布矩形荷载角点下的附加应力 σ_z

表 3.4　均布的矩形荷载角点下的竖向附加应力系数 α_c

z/b	l/b										
	1.0	1.2	1.4	1.6	1.8	2.0	3.0	4.0	5.0	6.0	10.0	条形
0.0	0.250	0.250	0.250	0.250	0.250	0.250	0.250	0.250	0.250	0.250	0.250	0.250
0.2	0.249	0.249	0.249	0.249	0.249	0.249	0.249	0.249	0.249	0.249	0.249	0.249
0.4	0.240	0.242	0.243	0.243	0.244	0.244	0.244	0.244	0.244	0.244	0.244	0.244
0.6	0.223	0.228	0.230	0.232	0.232	0.233	0.234	0.234	0.234	0.234	0.234	0.234
0.8	0.200	0.207	0.212	0.215	0.216	0.218	0.220	0.220	0.220	0.220	0.220	0.220
1.0	0.175	0.185	0.191	0.195	0.198	0.200	0.203	0.204	0.204	0.204	0.205	0.204
1.2	0.152	0.163	0.171	0.176	0.179	0.182	0.187	0.188	0.189	0.189	0.189	0.189
1.4	0.131	0.142	0.151	0.157	0.161	0.164	0.171	0.173	0.174	0.174	0.174	0.174
1.6	0.112	0.124	0.133	0.140	0.145	0.148	0.157	0.159	0.160	0.160	0.160	0.160
1.8	0.097	0.108	0.117	0.124	0.129	0.133	0.143	0.146	0.147	0.148	0.148	0.148
2.0	0.084	0.095	0.103	0.110	0.116	0.120	0.131	0.135	0.136	0.137	0.137	0.137
2.2	0.073	0.083	0.092	0.098	0.104	0.108	0.121	0.125	0.126	0.127	0.128	0.128
2.4	0.064	0.073	0.081	0.088	0.093	0.098	0.111	0.116	0.118	0.118	0.119	0.119
2.6	0.057	0.065	0.072	0.079	0.084	0.089	0.102	0.107	0.110	0.111	0.112	0.112
2.8	0.050	0.058	0.065	0.071	0.076	0.080	0.094	0.100	0.102	0.104	0.105	0.105
3.0	0.045	0.052	0.058	0.064	0.069	0.073	0.087	0.093	0.096	0.097	0.099	0.099
3.2	0.040	0.047	0.053	0.058	0.063	0.067	0.081	0.087	0.090	0.092	0.093	0.094
3.4	0.036	0.042	0.048	0.053	0.057	0.061	0.075	0.081	0.085	0.086	0.088	0.089
3.6	0.033	0.038	0.043	0.048	0.052	0.056	0.069	0.076	0.080	0.082	0.084	0.084

续表 3.4

z/b	l/b											
	1.0	1.2	1.4	1.6	1.8	2.0	3.0	4.0	5.0	6.0	10.0	条形
3.8	0.030	0.035	0.040	0.044	0.048	0.052	0.065	0.072	0.075	0.077	0.080	0.080
4.0	0.027	0.032	0.036	0.040	0.044	0.048	0.060	0.067	0.071	0.073	0.076	0.076
4.2	0.025	0.029	0.033	0.037	0.041	0.044	0.056	0.063	0.067	0.070	0.072	0.073
4.4	0.023	0.027	0.031	0.034	0.038	0.041	0.053	0.060	0.064	0.066	0.069	0.070
4.6	0.021	0.025	0.028	0.032	0.035	0.038	0.049	0.056	0.061	0.063	0.066	0.067
4.8	0.019	0.023	0.026	0.029	0.032	0.035	0.046	0.053	0.058	0.060	0.064	0.064
5.0	0.018	0.021	0.024	0.027	0.030	0.033	0.043	0.050	0.055	0.057	0.061	0.062
6.0	0.013	0.015	0.017	0.020	0.022	0.024	0.033	0.039	0.043	0.046	0.051	0.052
7.0	0.009	0.011	0.013	0.015	0.016	0.018	0.025	0.031	0.035	0.038	0.043	0.045
8.0	0.007	0.009	0.010	0.011	0.013	0.014	0.020	0.025	0.028	0.031	0.037	0.039
9.0	0.006	0.007	0.008	0.009	0.010	0.011	0.016	0.020	0.024	0.026	0.032	0.035
10.0	0.005	0.006	0.007	0.007	0.008	0.009	0.013	0.017	0.020	0.022	0.028	0.032
12.0	0.003	0.004	0.005	0.005	0.006	0.006	0.009	0.012	0.014	0.017	0.022	0.026
14.0	0.002	0.003	0.003	0.004	0.004	0.005	0.007	0.009	0.011	0.013	0.018	0.023
16.0	0.002	0.002	0.003	0.003	0.003	0.004	0.005	0.007	0.009	0.010	0.014	0.020
18.0	0.001	0.002	0.002	0.002	0.003	0.003	0.004	0.006	0.007	0.008	0.012	0.019
20.0	0.001	0.001	0.002	0.002	0.002	0.002	0.004	0.005	0.006	0.007	0.010	0.016
25.0	0.001	0.001	0.001	0.001	0.001	0.002	0.002	0.003	0.004	0.004	0.007	0.013
30.0	0.001	0.001	0.001	0.001	0.001	0.001	0.002	0.002	0.003	0.003	0.005	0.011
35.0	0.000	0.000	0.001	0.001	0.001	0.001	0.001	0.002	0.002	0.002	0.004	0.009
40.0	0.000	0.000	0.000	0.000	0.001	0.001	0.001	0.001	0.001	0.002	0.003	0.008

对于均布矩形荷载附加应力计算点不在角点下的情况，就可利用式(3.22)以角点法求得。图 3.19 中列出计算点不位于矩形荷载面角点下的四种情况(在图中 O 点以下任意深度 z 处)。计算时，通过 O 点把荷载面分成若干个矩形面积，这样，O 点就必然是划分出的各个矩形的公共角点，然后再按式(3.22)计算每个矩形角点下同一深度 z 处的附加应力 σ_z，并求其代数和。四种情况的算式分别如下：

① M'点在荷载面内[图 3.19(a)]，$\sigma_z=(\alpha_{c\text{I}}+\alpha_{c\text{II}}+\alpha_{c\text{III}}+\alpha_{c\text{IV}})p_0$，如果 M'点位于受荷面中心，则 $\alpha_{c\text{I}}=\alpha_{c\text{II}}=\alpha_{c\text{III}}=\alpha_{c\text{IV}}$，得 $\sigma_z=4\alpha_{c\text{I}}p_0$，此即为利用角点法求得的均布矩形荷载面中心点下 σ_z 的解。此概念在地基沉降计算一章中也用到。当然，也可直接查中点应力系数表求解矩形荷载面中心点下的 σ_z(此处略)。

② M'点在荷载面边缘[图 3.19(b)]，$\sigma_z=(\alpha_{c\text{I}}+\alpha_{c\text{II}})p_0$。

③ M'点在荷载面边缘外侧[图 3.19(c)]，此时荷载面 $abcd$ 可看成是由 Ⅰ($M'fbg$)与

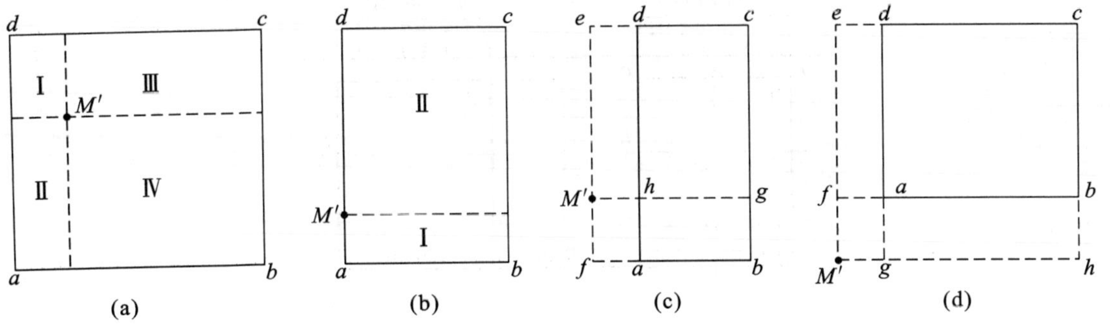

图 3.19 以角点法计算均布矩形荷载作用下的地基附加应力

Ⅱ($M'fah$)之差和Ⅲ($M'ecg$)与Ⅳ($M'edh$)之差合成的,则 $\sigma_z=(\alpha_{c\text{I}}-\alpha_{c\text{II}}+\alpha_{c\text{III}}-\alpha_{c\text{IV}})p_0$。

④ M'点在荷载面角点外侧[图 3.19(d)],把荷载看成由Ⅰ($M'hce$)扣除Ⅱ($M'hbf$)和Ⅲ($M'gde$)而成,而Ⅳ($M'gaf$)被减去了两次,所以要"加上"。即 $\sigma_z=(\alpha_{c\text{I}}-\alpha_{c\text{II}}-\alpha_{c\text{III}}+\alpha_{c\text{IV}})p_0$。

应用角点法时尚须注意:①要使角点 M' 位于所划分的每一个矩形的公共角点;②划分矩形的总面积应等于原有的受荷面积;③查表时,所有分块矩形都是长边为 l,短边为 b。

【例 3.3】 有一矩形底面基础 $b=4$ m,$l=6$ m,其上作用均布荷载 $p_0=100$ kPa,用角点法计算矩形基础外 k 点下深度 $z=6$ m 处 N 点竖向应力 σ_z 值。

【解】 如图 3.20 所示,将 k 点置于假设的矩形受荷面积的角点处,按角点法计算 N 点的附加应力。N 点的附加应力是由受荷面积($ajki$)与($iksd$)引起的附加应力之和,减去矩形受荷面积($bjkr$)与($rksc$)引起的附加应力,即 $\sigma_z=\sigma_{c(ajki)}+\sigma_{c(iksd)}-\sigma_{c(bjkr)}-\sigma_{c(rksc)}$,其计算结果见表 3.5。

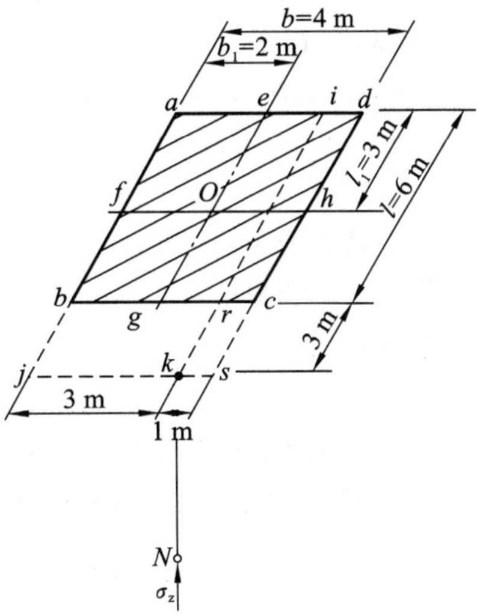

图 3.20 例 3.3 图

表 3.5 例 3.3 计算表

荷载作用面积	l/b	z/b	α_c
$ajki$	9/3=3	6/3=2	0.131
$iksd$	9/1=9	6/1=6	0.051
$bjkr$	3/3=1	6/3=2	0.084
$rksc$	3/1=3	6/1=6	0.033

$$\begin{aligned}\sigma_z&=100\times(0.131+0.051-0.084-0.033)\\&=100\times0.065\\&=6.5\ \text{kPa}\end{aligned}$$

【例 3.4】 某相邻基础如图 3.21 所示,试计算甲基础中点 O 及角点 m 下、深度 $z=2$ m 处的附加应力 σ_z。

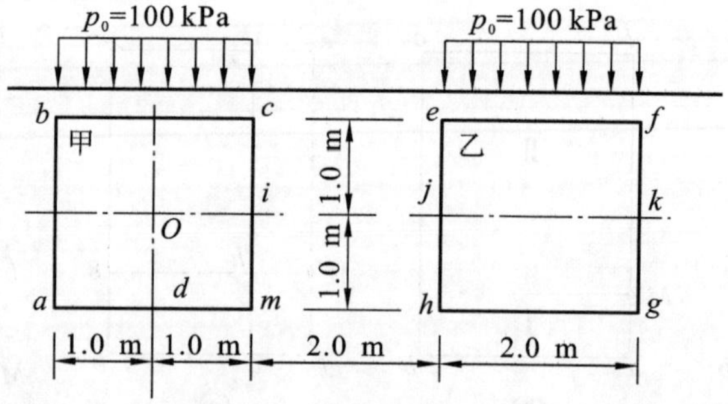

图 3.21　例 3.4 图

【解】 ① 中点 O 下，$z=2$ m 处的附加应力有：

甲基础本身的影响：矩形 $Oimd$ 共 4 块，$l/b=1,z/b=2,\alpha_c=0.084$

乙基础的影响：矩形 $Okgd$、$Ojhd$ 共 2 块，

$Okgd:l/b=5,z/b=2,\alpha_c=0.136$

$Ojhd:l/b=3,z/b=2,\alpha_c=0.131$

$\sigma_z=100\times[4\times0.084+2\times(0.136-0.131)]=34.6$ kPa

② 角点 m 下，$z=2$ m 处的附加应力：

甲基础的影响：对于矩形 $mabc$，$l/b=1,z/b=1,\alpha_c=0.175$

乙基础的影响：对于矩形 $mgfc$、$mhec$，$l/b=2,z/b=1,\alpha_c=0.2$；而矩形 $mhec$ 与矩形 $mabc$ 完全一致，故：

$$\sigma_z=(0.175+0.2-0.175)\times100=20\text{ kPa}$$

(2) 矩形面积上作用三角形分布荷载时，土中竖向附加应力 σ_z 计算

如图 3.22 所示，在矩形荷载面上承受三角形分布的竖向荷载，其最大值为 p_0，对荷载为零的 1 角点下深度 z 处的 M 点坐标为$(0,0,z)$，且 $p(x,y)=\dfrac{x}{b}p_0$，由式(3.20)可求得相应的竖向应力 σ_z 为：

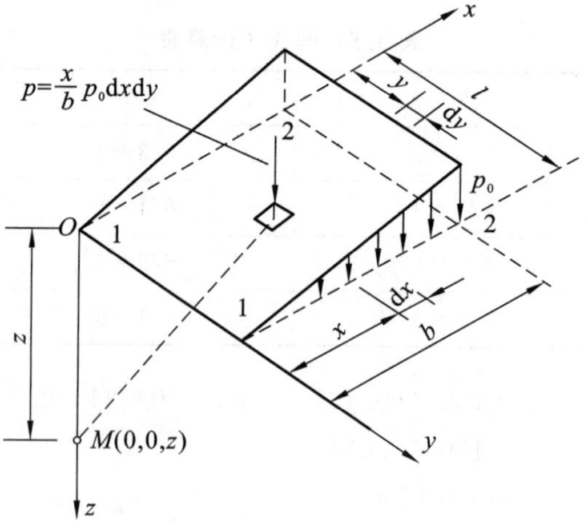

图 3.22　三角形分布矩形荷载角点下的 σ_z

$$\sigma_z = \frac{3z^3}{2\pi} p_0 \int_0^l \int_0^b \frac{\frac{x}{b} \mathrm{d}x \mathrm{d}y}{(x^2 + y^2 + z^2)^{\frac{5}{2}}} \tag{3.23}$$

对整个矩形荷载面积进行积分后得角点 1 下任意深度 z 处竖向附加应力 σ_z 为：

$$\sigma_z = \alpha_{t1} p_0 \tag{3.24}$$

其中
$$\alpha_{t1} = \frac{1}{2\pi b}\left[\frac{z}{\sqrt{b^2+l^2}} - \frac{z^3}{(b^2+z^2)\sqrt{b^2+l^2+z^2}}\right]$$

同理可求得荷载最大值边角点 2 下任意深度 z 处的竖向附加应力 σ_z 为：

$$\sigma_z = (\alpha_c - \alpha_{t1}) p_0 = \alpha_{t2} p_0 \tag{3.25}$$

式中 α_{t2}——应力系数，查表 3.6。

表 3.6 三角形分布的矩形荷载角点下的竖向附加应力系数 α_{t1} 和 α_{t2}

$\frac{z}{b}$	l/b									
	0.2		0.4		0.6		0.8		1.0	
	1 点	2 点	1 点	2 点	1 点	2 点	1 点	2 点	1 点	2 点
0.0	0.0000	0.2500	0.0000	0.2500	0.0000	0.2500	0.0000	0.2500	0.0000	0.2500
0.2	0.0223	0.1820	0.0280	0.2115	0.0296	0.2165	0.0301	0.2178	0.0304	0.2182
0.4	0.0269	0.1094	0.0420	0.1604	0.0487	0.1781	0.0517	0.1844	0.0531	0.1870
0.6	0.0259	0.0700	0.0448	0.1165	0.0560	0.1405	0.0621	0.1520	0.0654	0.1575
0.8	0.0232	0.0480	0.0421	0.0853	0.0553	0.1093	0.0637	0.1232	0.0688	0.1311
1.0	0.0201	0.0346	0.0375	0.0638	0.0508	0.0852	0.0602	0.0996	0.0666	0.1086
1.2	0.0171	0.0260	0.0324	0.0491	0.0450	0.0673	0.0546	0.0807	0.0615	0.0901
1.4	0.0145	0.0202	0.0278	0.0386	0.0392	0.0540	0.0483	0.0661	0.0554	0.0751
1.6	0.0123	0.0160	0.0238	0.0310	0.0339	0.0440	0.0424	0.0547	0.0492	0.0628
1.8	0.0105	0.0130	0.0204	0.0254	0.0294	0.0363	0.0371	0.0457	0.0435	0.0534
2.0	0.0099	0.0108	0.0176	0.0211	0.0255	0.0304	0.0324	0.0387	0.0384	0.0456
2.5	0.0063	0.0072	0.0125	0.0140	0.0183	0.0205	0.0236	0.0265	0.0284	0.0318
3.0	0.0046	0.0051	0.0092	0.0100	0.0135	0.0148	0.0176	0.0192	0.0214	0.0223
5.0	0.0018	0.0019	0.0036	0.0038	0.0054	0.0056	0.0071	0.0074	0.0088	0.0091
7.0	0.0009	0.0010	0.0019	0.0019	0.0028	0.0029	0.0038	0.0038	0.0047	0.0047
10.0	0.0005	0.0004	0.0009	0.0010	0.0014	0.0014	0.0019	0.0019	0.0023	0.0024

$\frac{z}{b}$	l/b									
	2.0		3.0		4.0		6.0		10.0	
	1 点	2 点	1 点	2 点	1 点	2 点	1 点	2 点	1 点	2 点
0.0	0.0000	0.2500	0.0000	0.2500	0.0000	0.2500	0.0000	0.2500	0.0000	0.2500
0.2	0.0306	0.2185	0.0306	0.2196	0.0306	0.2186	0.0306	0.2186	0.0306	0.2186
0.4	0.0547	0.1892	0.0548	0.1894	0.0549	0.1894	0.0549	0.1894	0.0549	0.1894
0.6	0.0696	0.1633	0.0701	0.1638	0.0702	0.1639	0.0702	0.1640	0.0702	0.1640

续表 3.6

$\frac{z}{b}$	l/b									
	2.0		3.0		4.0		6.0		10.0	
	1点	2点	1点	2点	1点	2点	1点	2点	1点	2点
0.8	0.0764	0.1412	0.0773	0.1423	0.0775	0.1424	0.0776	0.1426	0.0776	0.1426
1.0	0.0774	0.1225	0.0790	0.1244	0.0794	0.1248	0.0795	0.1250	0.0796	0.1250
1.2	0.0749	0.1069	0.0774	0.1096	0.0779	0.1103	0.0782	0.1105	0.0783	0.1105
1.4	0.0707	0.0937	0.0739	0.0973	0.0748	0.0982	0.0752	0.0986	0.0753	0.0987
1.6	0.0656	0.0826	0.0697	0.0870	0.0708	0.0882	0.0714	0.0887	0.0715	0.0889
1.8	0.0604	0.0730	0.0652	0.0782	0.0666	0.0797	0.0673	0.0805	0.0675	0.0808
2.0	0.0553	0.0649	0.0607	0.0707	0.0624	0.0726	0.0634	0.0734	0.0636	0.0738
2.5	0.0440	0.0491	0.0504	0.0559	0.0529	0.0585	0.0543	0.0601	0.0548	0.0605
3.0	0.0352	0.0380	0.0419	0.0451	0.0449	0.0482	0.0469	0.0504	0.0476	0.0511
5.0	0.0161	0.0167	0.0214	0.0221	0.0248	0.0256	0.0283	0.0290	0.0301	0.0309
7.0	0.0089	0.0091	0.0124	0.0126	0.0152	0.0154	0.0186	0.0190	0.0212	0.0216
10.0	0.0046	0.0046	0.0066	0.0066	0.0084	0.0083	0.0111	0.0111	0.0139	0.0141

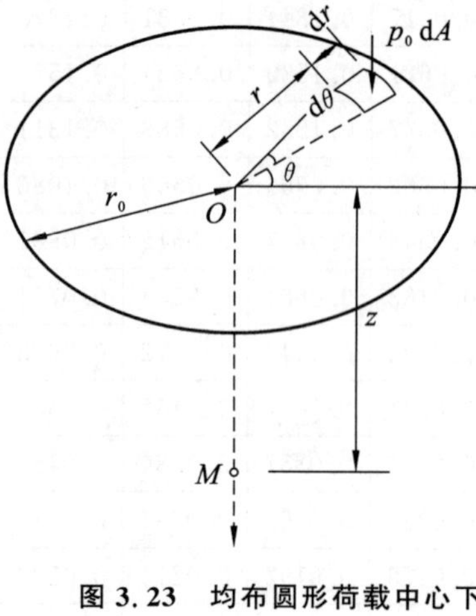

图 3.23 均布圆形荷载中心下的 σ_z

(3) 圆形面积上作用均布荷载时，土中竖向附加应力 σ_z 计算

在图 3.23 中，圆形面积上作用均布荷载 p_0 时，宜采用极坐标求解。这时，$\mathrm{d}A=r\mathrm{d}r\mathrm{d}\theta$，$\mathrm{d}F=p_0 r\mathrm{d}r\mathrm{d}\theta$，代入式(3.20)，并通过坐标变换得：

$$\sigma_z=\int_0^{r_0}\int_0^{2\pi}\mathrm{d}\sigma_z=\frac{3p_0rz^3r\mathrm{d}r\mathrm{d}\theta}{2\pi\,(r^2+z^2)^{\frac{5}{2}}}=p_0\left[1-\left(\frac{z^2}{(r_0^2+z^2)^{\frac{3}{2}}}\right)\right]$$

$$=p_0\left[1-\frac{1}{\left(\frac{1}{z^2/r_0^2}+1\right)^{3/2}}\right]=\alpha_0 p_0 \qquad (3.26)$$

式中 α_0——均布圆形荷载中心下的附加应力系数，按 z/r_0 查表 3.7。

同理可得均布圆形荷载周边下的附加应力为：

$$\sigma_z=\alpha_r p_0 \qquad (3.27)$$

式中 α_r——均布圆形荷载周边下的附加应力系数，按 z/r_0 查表 3.7。

表 3.7 均布圆形荷载中心点及圆周边下的附加应力系数 α_0、α_r

z/r_0	α_0	α_r	z/r_0	α_0	α_r	z/r_0	α_0	α_r
0.0	1.000	0.500	1.6	0.390	0.243	3.2	0.130	0.108
0.1	0.999	0.494	1.7	0.360	0.230	3.3	0.124	0.103
0.2	0.992	0.467	1.8	0.332	0.218	3.4	0.117	0.098
0.3	0.976	0.451	1.9	0.307	0.207	3.5	0.111	0.094

续表 3.7

z/r_0	α_0	α_r	z/r_0	α_0	α_r	z/r_0	α_0	α_r
0.4	0.949	0.435	2.0	0.285	0.196	3.6	0.106	0.090
0.5	0.911	0.417	2.1	0.264	0.186	3.7	0.101	0.086
0.6	0.864	0.400	2.2	0.245	0.176	3.8	0.096	0.083
0.7	0.811	0.383	2.3	0.229	0.167	3.9	0.091	0.079
0.8	0.756	0.366	2.4	0.210	0.159	4.0	0.087	0.076
0.9	0.701	0.349	2.5	0.200	0.151	4.2	0.079	0.070
1.0	0.647	0.332	2.6	0.187	0.144	4.4	0.073	0.065
1.1	0.595	0.316	2.7	0.175	0.137	4.6	0.067	0.060
1.2	0.547	0.300	2.8	0.165	0.130	4.8	0.062	0.056
1.3	0.502	0.285	2.9	0.155	0.124	5.0	0.057	0.052
1.4	0.461	0.270	3.0	0.146	0.118	6.0	0.040	0.038
1.5	0.424	0.256	3.1	0.138	0.113	10.0	0.015	0.014

3.4.2.2　平面问题的附加应力

(1) 线荷载

若在无限弹性体表面作用无限长条形的分布荷载，荷载在宽度方向的分布是任意的，但在长度方向的分布规律则是相同的，如图 3.24 所示。在计算土中任一点 M 的应力时，只与该点的平面坐标(x,z)有关，而与荷载长度方向 y 轴坐标无关，这种情况属平面应变问题。在实际工程中，条形荷载不可能无限长，但当荷载面积的长宽比 $l/b \geqslant 10$ 时，计算的附加应力 σ_z 与按 $l/b=\infty$ 时的解已极为接近。因此，实践中常把墙基、路基、坝基、挡土墙基础等，视为平面问题计算。

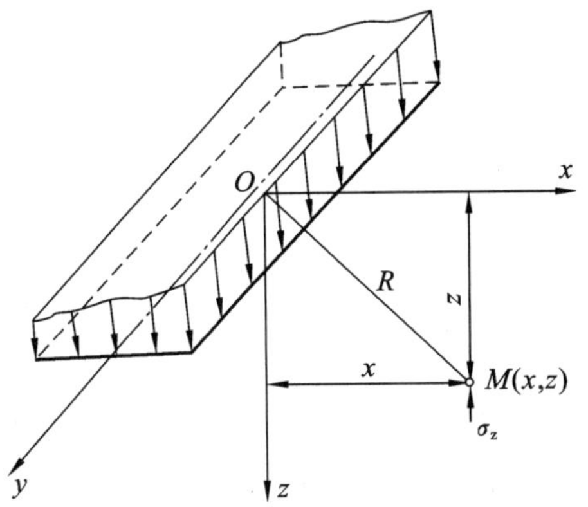

图 3.24　无限长条分布荷载

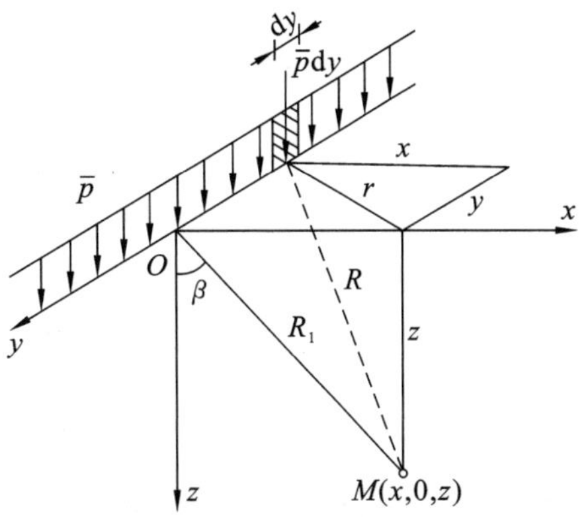

图 3.25　线荷载作用图

如图 3.25 所示，竖向线荷载作用在 y 轴上，沿 y 轴取一微段 dy，其上作用荷载 $\overline{p}dy$，把它看作集中力 $dF=\overline{p}dy$，然后利用式(3.9)得：$d\sigma_z=\dfrac{3z^3\overline{p}}{2\pi R^5}dy$，对上式进行积分得：

$$\sigma_z = \int_{-\infty}^{+\infty} d\sigma_z = \frac{3z^3\bar{p}}{2\pi}\int_{-\infty}^{+\infty}\frac{1}{R^5}dy = \frac{2\bar{p}z^3}{\pi R_1^4} = \frac{2\bar{p}}{\pi z}\cos^4\beta \tag{3.28}$$

从图 3.22 可知，$\cos\beta = z/R_1$，$\sin\beta = x/R_1$，$R_1 = \sqrt{x^2+z^2}$，则：

$$\sigma_z = \frac{2\bar{p}}{\pi z}\cos^4\beta = \frac{2\bar{p}}{\pi z}\frac{z^4}{(x^2+z^2)^2} = \frac{2\bar{p}z^3}{\pi(x^2+z^2)^2} \tag{3.29}$$

同理可得：

$$\sigma_x = \frac{2\bar{p}}{\pi z}\cos^2\beta\sin^2\beta = \frac{2\bar{p}zx^2}{\pi(x^2+z^2)^2} \tag{3.30}$$

$$\tau_{xz} = \tau_{zx} = \frac{2\bar{p}}{\pi z}\cos^3\beta\sin\beta = \frac{2\bar{p}xz^2}{\pi(x^2+z^2)^2} \tag{3.31}$$

由于线荷载沿 y 轴均匀分布且无限延伸，因此与 y 轴垂直的任何平面上的应力状态完全相同。根据弹性力学原理可得：

$$\tau_{xy} = \tau_{yx} = \tau_{yz} = \tau_{zy} = 0 \tag{3.32}$$

$$\sigma_y = \mu(\sigma_x + \sigma_z) \tag{3.33}$$

（2）均布条形荷载

在实际工程中，经常遇到的是有限宽度的条形荷载，如图 3.26 所示，则均布的条形荷载 p_0 沿 x 轴上某微分段 dx 上的荷载可以用线荷载代替，并引入 OM 线与 z 轴线的夹角 β，得：

$$\bar{p} = p_0 dx = \frac{p_0 R_1}{\cos\beta}d\beta$$

由式(3.27)有：

$$d\sigma_z = \frac{2\bar{p}z^3}{\pi R_1^4}dx = \frac{2p_0R_1^3\cos^3\beta}{\pi R_1^4}\cdot\frac{R_1 d\beta}{\cos\beta} = \frac{2p_0}{\pi}\cos^2\beta d\beta$$

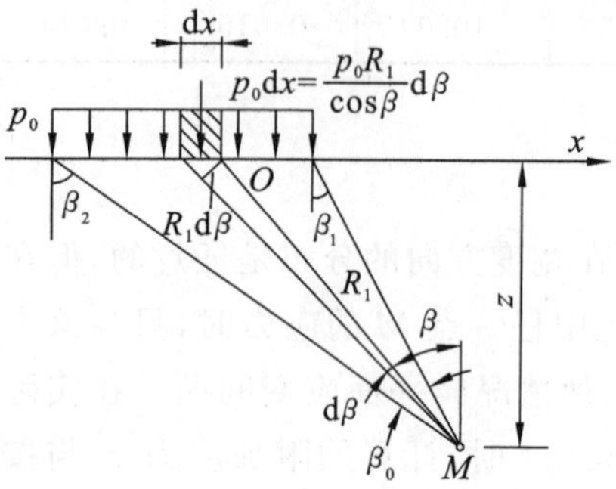

图 3.26　均布条形荷载

则地基中任意点 M 处的附加应力用极坐标表示如下：

$$\sigma_z = \int_{\beta_1}^{\beta_2} d\sigma_z = \frac{2p_0}{\pi}\int_{\beta_1}^{\beta_2}\cos^2\beta d\beta$$
$$= \frac{p_0}{\pi}[\sin\beta_2\cos\beta_2 - \sin\beta_1\cos\beta_1 + (\beta_2 - \beta_1)] \tag{3.34}$$

同理得：

$$\sigma_z = \frac{p_0}{\pi}[-\sin(\beta_2-\beta_1)\cos(\beta_2+\beta_1) + (\beta_2-\beta_1)] \tag{3.35}$$

$$\tau_{xz} = \tau_{zx} = \frac{p_0}{\pi}(\sin^2\beta_2 - \sin^2\beta_1) \tag{3.36}$$

各式中当 M 点位于荷载分布宽度两端点竖直线之间时，β_1 取负值，反之取正值。

将式(3.33)、式(3.34)和式(3.35)代入材料力学主应力公式，可得 M 点的大主应力 σ_1 和小主应力 σ_3 的表达式为：

$$\left.\begin{matrix}\sigma_1\\ \sigma_3\end{matrix}\right\} = \frac{\sigma_z+\sigma_x}{2} \pm \sqrt{\left(\frac{\sigma_z-\sigma_x}{2}\right)^2 + \tau_{xz}^2} = \frac{p_0}{\pi}[(\beta_2-\beta_1) \pm \sin(\beta_2-\beta_1)] \tag{3.37}$$

设 β_0 为 M 点与条形荷载两端连线的夹角，且 $\beta_0=\beta_2-\beta_1$（当 M 点在荷载宽度范围内时 $\beta_0=\beta_2+\beta_1$），于是上式变为：

$$\left.\begin{matrix}\sigma_1\\ \\ \sigma_3\end{matrix}\right\}=\frac{p_0}{\pi}(\beta_0\pm\sin\beta_0) \tag{3.38}$$

σ_1 的作用方向与 β_0 角的平分线一致。上式主要为第 5 章研究地基承载力的平面问题时提供地基附加应力公式。

为了计算方便，还可以将上述 σ_z、σ_x 和 τ_{xz} 三个公式改用直角坐标表示。此时，取条形荷载的中点为坐标原点，则 M 点的三个附加应力分量如下：

$$\sigma_z=\frac{p_0}{\pi}\left[\arctan\frac{1-2n}{2m}+\arctan\frac{1+2n}{2m}-\frac{4m(4n^2-4m^2-1)}{(4n^2+4m^2-1)^2+16m^2}\right]=\alpha_{sz}p_0 \tag{3.39}$$

$$\sigma_x=\frac{p_0}{\pi}\left[\arctan\frac{1-2n}{2m}+\arctan\frac{1+2n}{2m}+\frac{4m(4n^2-4m^2-1)}{(4n^2+4m^2-1)^2+16m^2}\right]=\alpha_{sx}p_0 \tag{3.40}$$

$$\tau_{xz}=\tau_{zx}=\frac{p_0}{\pi}\frac{32m^2n}{(4n^2+4m^2-1)^2+16m^2}=\alpha_{sxz}p_0 \tag{3.41}$$

以上三式中 α_{sz}、α_{sx} 和 α_{sxz} 分别为均布条形荷载作用下相应的三个附加应力系数，都是 $m=z/b$ 和 $n=x/b$ 的函数，可由表 3.8 查得。

表 3.8 均布条形荷载作用下的附加应力系数

z/b	x/b								
	0.0			0.25			0.50		
	α_{sz}	α_{sx}	α_{sxz}	α_{sz}	α_{sx}	α_{sxz}	α_{sz}	α_{sx}	α_{sxz}
0.00	1.00	1.00	0	1.00	1.00	0.00	0.50	0.50	0.32
0.25	0.96	0.45	0	0.90	0.39	0.13	0.50	0.35	0.30
0.50	0.82	0.18	0	0.73	0.19	0.16	0.48	0.23	0.25
0.75	0.67	0.08	0	0.61	0.10	0.13	0.45	0.14	0.20
1.00	0.55	0.04	0	0.51	0.06	0.10	0.41	0.09	0.16
1.25	0.46	0.02	0	0.44	0.03	0.07	0.37	0.06	0.12
1.50	0.40	0.01	0	0.38	0.02	0.06	0.33	0.04	0.10
1.75	0.35	—	0	0.33	0.01	0.04	0.30	0.03	0.08
2.00	0.31	—	0	0.30	—	0.03	0.27	—	0.06
3.00	0.21	—	0	0.21	—	0.02	0.20	—	0.03
4.00	0.16	—	0	0.16	—	0.01	0.15	—	0.02
5.00	0.13	—	0	0.13	—	—	0.12	—	—
6.00	0.11	—	0	0.11	—	—	0.10	—	—

续表 3.8

z/b	x/b								
	1.0			1.5			2.0		
	α_{sz}	α_{sx}	α_{sxz}	α_{sz}	α_{sx}	α_{sxz}	α_{sz}	α_{sx}	α_{sxz}
0.00	0.00	0.00	0.00	0.00	0.00	0.00	0.00	0.00	0.00
0.25	0.02	0.17	0.06	0.00	0.07	0.01	0.00	0.04	0.01
0.50	0.08	0.21	0.13	0.02	0.12	0.04	0.01	0.07	0.02
0.75	0.15	0.18	0.16	0.04	0.14	0.08	0.02	0.09	0.04
1.00	0.18	0.15	0.16	0.07	0.13	0.10	0.03	0.10	0.05
1.25	0.20	0.11	0.14	0.10	0.12	0.10	0.04	0.10	0.07
1.50	0.21	0.08	0.13	0.11	0.10	0.11	0.06	0.10	0.07
1.75	0.21	0.06	0.11	0.13	0.09	0.10	0.07	0.09	0.08
2.00	0.20	0.05	0.10	0.13	0.07	0.10	0.08	0.08	0.08
3.00	0.17	0.02	0.06	0.14	0.03	0.07	0.10	0.04	0.07
4.00	0.14	0.01	0.03	0.12	0.02	0.04	0.10	0.03	0.05
5.00	0.12	—	—	0.11	—	—	0.09	—	—
6.00	0.10	—	—	0.09	—	—	0.09	—	—

利用以上有关各式可绘出 σ_z、σ_x 和 τ_{xz} 的等值线图(图 3.27)。

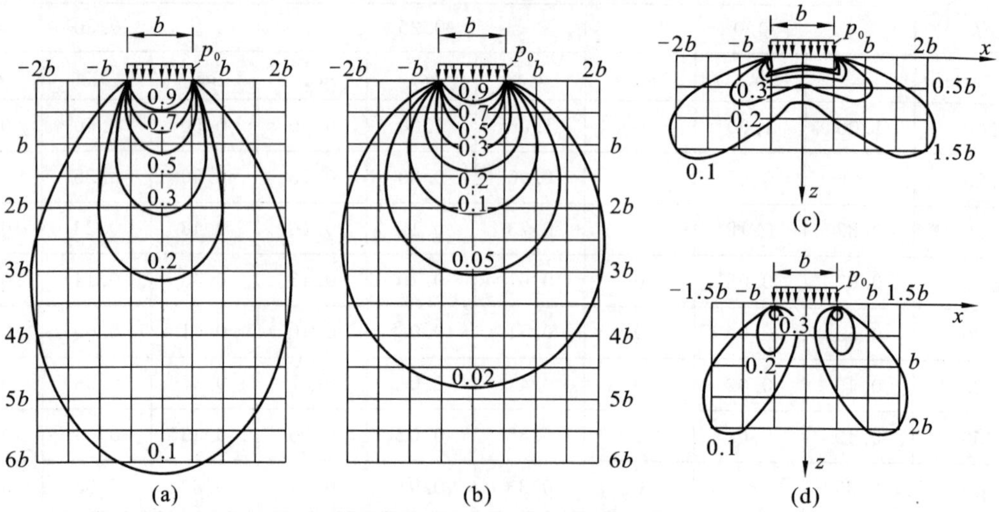

图 3.27 地基附加应力等值线图

(a) 等 σ_z 线(条形荷载);(b) 等 σ_z 线(方形荷载);(c) 等 σ_x 线(条形荷载);(d) 等 τ_{xz} 线(条形荷载)

等值线图是同一应力的相同数值点的连线(类似地形等高线),由图 3.27 的(a)及(b)中可见,方形荷载所引起的 σ_z,其作用影响深度要比条形荷载小得多,例如方形荷载中心下 $z=2b$ 处 $\sigma_z \approx 0.1p_0$,而在条形荷载下的 $\sigma_z \approx 0.1p_0$ 等值线则约在中心下 $z=6b$ 处。这是由于在 p_0 及宽度相同的条件下,均布条形荷载面积比均布方形荷载的大且在相邻荷载作用下应力产生叠加的结果。由条形荷载的 σ_x 和 τ_{xz} 的等值线图[图 3.27(c)、(d)]可见,σ_x 的影响范围较浅,所以，在基础下地基土的侧向变形主要发生于浅层；而τ_{xz}的最大值出现于荷载面积的边缘，所以位于基础边缘下的土容易发生剪切破坏。

【例 3.5】 某条形基础如图 3.28 所示，作用于基底的平均附加应力为 250 kPa，试计算：①基底 0 点下的地基附加应力分布；②深度 $z=2$ m 的水平面上的附加应力分布。并分析其变化规律。

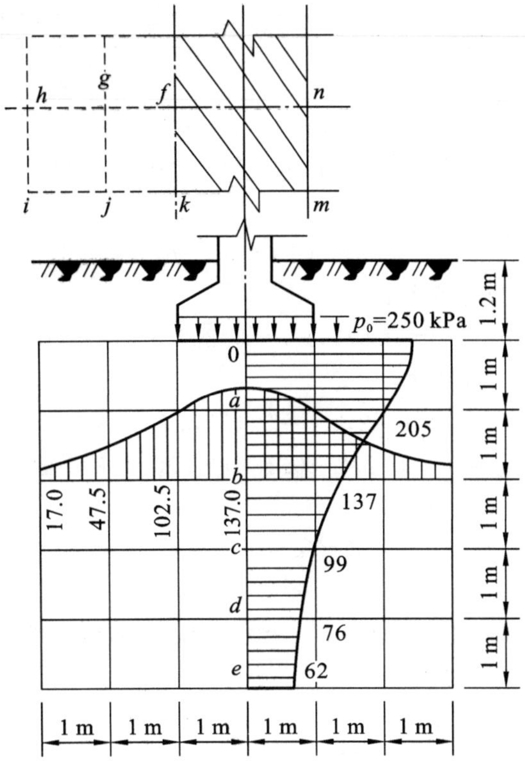

图 3.28 例 3.5 图(单位:kPa)

【解】 可用两种方法来解。

方法一：利用“角点法”，对前面空间问题的表 3.4 进行列表计算，见表 3.9。

表 3.9 利用角点法计算的各系数值

计算面项目	点号	z(m)	$\frac{l}{b}$	$\frac{z}{b}$	α_c	$\sigma_z=\alpha_c p_0$(kPa)
竖直面	0	0	条形	0	4×0.250	250.0
	a	1		1	4×0.205	205.0
	b	2		2	4×0.137	137.0
	c	3		3	4×0.099	99.0
	d	4		4	4×0.076	76.0
	e	5		5	4×0.062	62.0

续表 3.9

计算面项目	点号	z(m)	$\frac{l}{b}$	$\frac{z}{b}$	α_c	$\sigma_z=\alpha_c p_0$(kPa)
水平面	f	2	条形	见表后说明	0.41	102.5
	g	2			0.19	47.5
	h	2			0.068	17.0

说明：

f 点，荷载面边缘：

$$z/b=2/2=1,\alpha_c=2\times0.205=0.41$$

g 点，荷载面外：

$$\sigma_z=(\alpha_{c\,\mathrm{I}}-\alpha_{c\,\mathrm{II}})p_0$$

$\alpha_{c\,\mathrm{I}}$ 为荷载面积 $gjmn$ 应力系数：

$$z/b=2/3=0.671,\alpha'_{c\,\mathrm{I}}=0.232,\alpha_{c\,\mathrm{I}}=2\times0.232$$

$\alpha_{c\,\mathrm{II}}$ 为荷载面积 $fgjk$ 应力系数：

$$z/b=2/1=2,\alpha'_{c\,\mathrm{II}}=0.137,\alpha_{c\,\mathrm{II}}=2\times0.137$$

$$\sigma_z=2\times(0.232-0.137)\times250=47.5\ \text{kPa}$$

h 点，荷载面外：

$$\sigma_z=(\alpha_{c\,\mathrm{I}}-\alpha_{c\,\mathrm{II}})p_0$$

$\alpha_{c\,\mathrm{I}}$ 为荷载面积 $nhim$ 应力系数：

$$z/b=2/4=0.5,\alpha'_{c\,\mathrm{I}}=0.239,\alpha_{c\,\mathrm{I}}=2\times0.239$$

$\alpha_{c\,\mathrm{II}}$ 为荷载面积 $fhik$ 应力系数：

$$z/b=2/2=1,\alpha'_{c\,\mathrm{II}}=0.205,\alpha_{c\,\mathrm{II}}=2\times0.205$$

$$\sigma_z=2\times(0.239-0.205)\times250=17\ \text{kPa}$$

方法二：直接利用表 3.8 计算，结果如表 3.10 所示。

表 3.10 例 3.5 计算表

点号	z(m)	x(m)	x/b	z/b	α_{sz}	σ_z
0	0	0	0	0	1.000	250.0
a	1	0	0	0.5	0.820	205.0
b	2	0	0	1.0	0.548	137.0
c	3	0	0	1.5	0.396	99.0
d	4	0	0	2.0	0.304	76.0
e	5	0	0	2.5	0.248	62.0
f	2	1	0.5	1.0	0.410	102.5
g	2	2	1.0	1.0	0.190	47.5
h	2	3	1.5	1.0	0.068	17.0

由分布图可得均布矩形荷载下地基附加应力的分布规律如下：

① 附加应力 σ_z 自基底算起，随深度呈曲线衰减。

② σ_z 具有一定的扩散性。它不仅分布在基底范围内，而且分布在基底荷载面积以外相当大的范围之下。

③ 基底下任意深度水平面上的 σ_z，在基底中轴线上最大，随距中轴线距离越远而越小。

3.4.3 非均质和各向异性地基中的附加应力

前面我们把地基土看作均质和各向同性的线性变形体，然后按弹性力学解答计算附加应力，其实，地基土并非所假设的那样，有的是由不同压缩性土质组成的成层地基；有的是同一土层的压缩性随深度增加而减小（这种现象在砂土中尤其显著）；有的土层竖直方向和水平方向的性质不同，这些都影响附加应力的分布。此时应该考虑地基不均匀和各向异性对附加应力计算的影响。

3.4.3.1 双层地基

(1) 上软下硬土层

在山区，通常基岩埋藏较浅，其表层为可压缩的土层，呈现上软下硬情况，如图 3.29(a)所示。此时，土层中的附加应力值比均质土时（图中虚线）有所增大，即存在所谓应力集中现象。岩层埋藏愈浅，应力集中的影响愈显著，当可压缩土层的厚度小于或等于荷载面积宽度的一半时，荷载面积下的 σ_z 几乎不扩散，即可认为中点下的 σ_z 不随深度变化，这个概念较重要，在下章中将要应用。

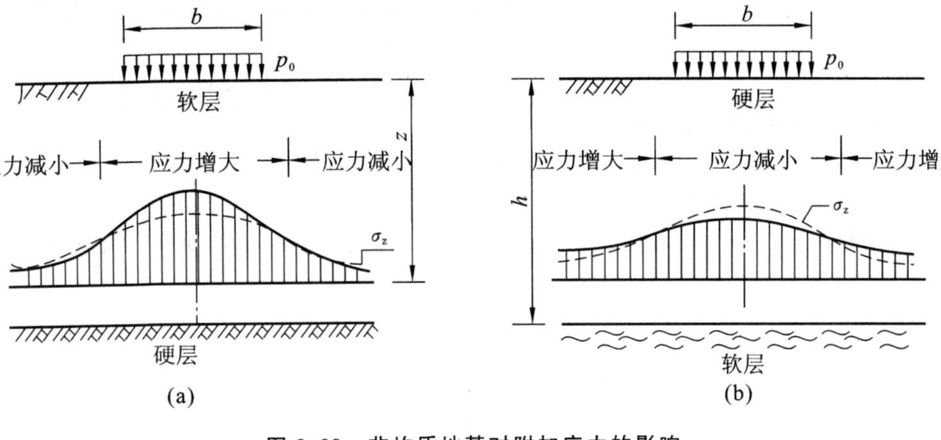

图 3.29 非均质地基对附加应力的影响

（虚线表示均质地基中水平面上的附加应力分布）

(a) 应力集中现象；(b) 应力扩散现象

可见，应力集中与荷载面的宽度 b、压缩土层厚度 h 以及界面上的摩擦力有关，叶戈洛夫给出了竖向均布条形荷载下，上软下硬土层沿荷载面中轴线上各点的附加应力计算公式为：

$$\sigma_z = \alpha_D p_0 \tag{3.42}$$

式中 α_D——附加应力系数，查表 3.11。

表 3.11 附加应力系数 α_D

z/h	下卧硬层的埋藏深度		
	$h=0.5b$	$h=b$	$h=2.5b$
0	1.000	1.00	1.00
0.2	1.009	0.99	0.87
0.4	1.020	0.92	0.57
0.6	1.024	0.84	0.44
0.8	1.023	0.78	0.37
1.0	1.022	0.76	0.36

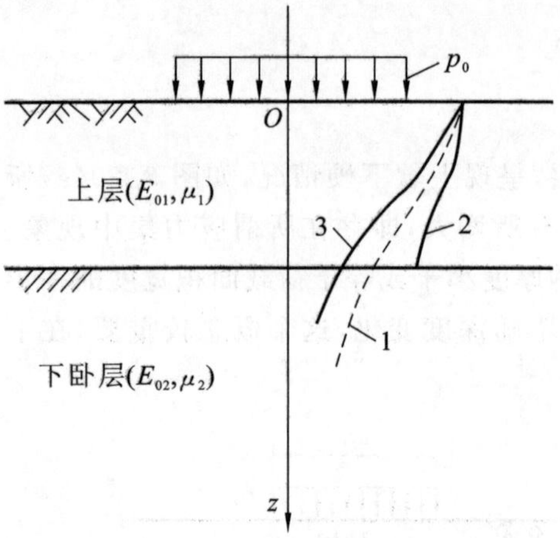

图 3.30 双层地基竖向应力分布的比较

(2) 上硬下软情况

当土层出现上硬下软情况时，则往往出现应力扩散现象，如图 3.29(b)所示。在荷载中心竖直线上也如此，如图 3.30 所示。σ_z 随深度的增加迅速减小，曲线 1 表示均质地基情况；曲线 2 为上软下硬，σ_z 产生应力集中现象；曲线 3 为上硬下软，σ_z 产生应力扩散现象。

在坚硬的上层与软弱下卧层中引起的应力扩散现象，随上层土厚度的增大而更加显著，同时还与双层地基的变形模量 E、泊松比 μ 有关，即随参数 f 的增加而更加显著。

$$f=\frac{E_{01}}{E_{02}}\frac{(1-\mu_2^2)}{(1-\mu_1^2)} \tag{3.43}$$

式中 E_{01},μ_1——上层变形模量和泊松比；

E_{02},μ_2——软弱下卧层变形模量和泊松比。

为了计算简便，叶戈洛夫引出了不计上下界面摩擦力时，竖向均布条形荷载下，界面上 M 点的附加应力计算公式：

$$\sigma_z=\alpha_E p_0 \tag{3.44}$$

式中 α_E——附加应力系数，查表 3.12。

表 3.12 附加应力系数 α_E

$b/2h$	$f=1$	$f=2$	$f=10$	$f=15$
0	1.00	1.00	1.00	1.00
0.5	1.02	0.95	0.87	0.82
1.0	0.90	0.69	0.58	0.52
2.0	0.60	0.41	0.33	0.29
3.33	0.39	0.36	0.20	0.18
5.0	0.27	0.17	0.16	0.12

注：h 为上层土的厚度；f 的计算式见式(3.43)。

3.4.3.2 变形模量随深度增大的地基

地基土的另一种非均质性表现为变形模量 E_0 随深度逐渐增加，在砂土地基中尤为常见。这是一种连续非均质现象，是由土体在沉积过程中的受力条件所决定的。

对于一个集中力作用下地基附加应力 σ_z 的计算，可采用弗罗利克(Frohlich)等建议的半经验公式[即对式(3.9)进行修正]：

$$\sigma_z=\frac{\upsilon p}{2\pi R^2}\cos^{\upsilon}\theta \tag{3.45}$$

式中 υ——应力集中因数，对于黏土或完全弹性体，$\upsilon=3$[符合式(3.9)]；对于硬土，$\upsilon=6$(较密实的)；对于在砂土与黏土之间的土质，$\upsilon=3\sim6$。

3.4.3.3 各向异性地基

在工程实践中常见的薄厚交互层地基就是典型的各向异性地基。天然沉积形成的水平薄交互层地基，其水平向变形模量 E_{0h} 常大于竖向变形模量 E_{0v}，考虑到由于土的这种层状构造特性与通常假定的均质各向同性地基有差别，沃尔夫(Wolf，1935 年)假定地基竖直和水平方向的泊松比相同，但变形模量不同的条件下，导得均布线荷载下各向异性地基的附加应力 σ_z' 为：

$$\sigma_z'=\sigma_z/m \tag{3.46}$$

其中

$$m=E_{0h}/E_{0v}$$

式中 E_{0h}，E_{0v}——土层水平方向和竖直方向的弹性模量；

σ_z——线荷载下均质地基的附加应力，由式(3.27)求得。

因此，当非均质地基的 $E_{0h}>E_{0v}$ 时，地基中将出现应力扩散现象，而当 $E_{0h}<E_{0v}$ 时，则出现应力集中现象。

3.4.3.4 基础埋置深度较大的地基

随着建筑物不断增高及地下空间的应用，天然地基的基础埋置深度逐渐加深，或者大量使用桩基础。这对地基内附加应力有很大的影响。竖向集中力作用于地面以下土体内部时，计算地基中应力分布及位移应采用弹性半无限体的明德林(Mindlin)解。

如图 3.31 所示，竖向集中力 P 作用于半无限体内部某一深度 c 处，明德林对该空间课题半无限弹性体内部 $M(x,y,z)$ 点竖向附加应力 σ_z 的解为

$$\sigma_z=\frac{P}{8\pi(1-\mu)}\left[\frac{(1-2\mu)(z-c)}{R_1^3}-\frac{(1-2\mu)(z-c)}{R_2^3}-\frac{3(z-c)^3}{R_1^5}\right.$$
$$\left.+\frac{3(3-4\mu)z(z+c)^2-3c(z+c)(5z-c)}{R_2^5}+\frac{30cz(z+c)^3}{R_2^7}\right] \tag{3.47}$$

式中 μ——土的泊松比。

其他符号意义见图 3.31 的标识。

几点说明：

(1) 当 $c=0$ 时，亦即荷载作用于地表时，明德林解退化为布氏解；

(2) 当 $z<c$ 时，竖向附加应力 σ_z 可为负值，将减少上部的自重应力；

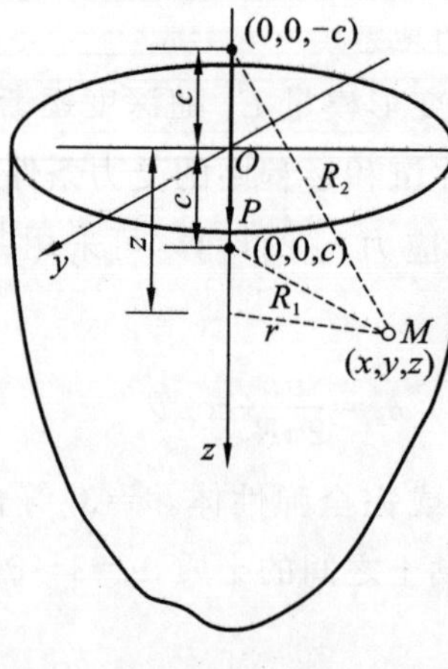

图 3.31　竖向集中作用力于半无限体内部

(3) 在 $z>c$ 时，明德林解的 σ_z 小于布氏解，所以计算的地基沉降会较小。

目前我国的有关建筑规范在计算桩基沉降时，基本上采用明德林解的值，计算的沉降量较为符合实测值。

3.5　有效应力原理

有效应力原理是太沙基于 1936 年首次提出的，其概念主要描述为：饱和土体内任一平面上受到的总应力由土骨架和孔隙水共同承受，土的变形（压缩）与强度的变化都只取决于有效应力的变化。

在土中某点截取一水平截面，其面积为 A，截面上作用应力 σ，如图 3.32 所示，它是由上面的土体的重力、静水压力及外荷载 p 所产生的应力，称为总应力。这一应力一部分是由土颗粒间的接触面承担，称为有效应力；另一部分是由土体孔隙内的水及气体承受，称为孔隙应力（也称孔隙压力）。

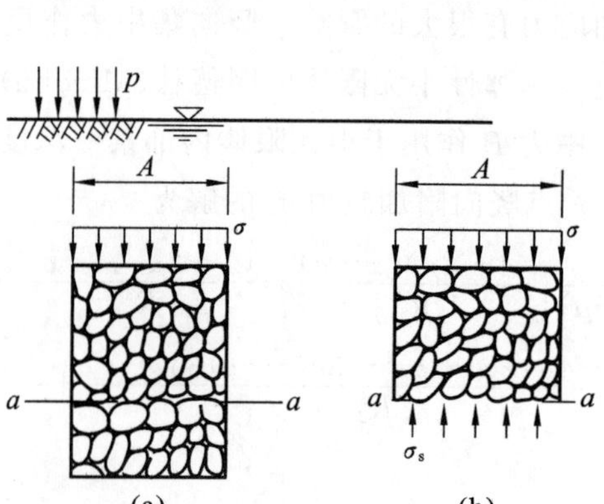

图 3.32　土中单位面积上的平均应力和有效应力

考虑图 3.32 所示的土体平衡条件，沿 a—a 截面取脱离体，a—a 截面是沿着土颗粒间接触面截取的曲线状截面，在此截面上土颗粒接触面间作用的法向应力为 σ_s，各土颗粒间的接触面积之和为 A_s，孔隙内的水压力为 u_w，气体压力为 u_a，其相应的面积为 A_w 及 A_a。由此可建立平衡条件：

$$\sigma A=\sigma_s A_s+u_w A_w+u_a A_a$$

对于饱和土，上式中的 u_a、A_a 均等于零，则此式可写成：

$$\sigma A=\sigma_s A_s+u_w A_w=\sigma_s A_s+u_w(A-A_s)$$

或

$$\sigma=\sigma_s \frac{A_s}{A}+u_w\left(1-\frac{A_s}{A}\right)$$

由于颗粒间的接触面积 A_s 是很小的，毕肖普及伊尔定(Bishop 和 Eldin，1950)根据粒状土的试验工作认为 A_s/A 一般小于 0.03。因此，上式中第二项内的 A_s/A 可略去不计，但第一项中因为土颗粒间的接触应力 σ_s 很大，故不能略去。此时上式可写为：

$$\sigma=\sigma_s \frac{A_s}{A}+u_w$$

式中第一项实际上是土颗粒间的接触应力在截面积上的平均应力，称为有效应力，通常用 σ'表示，并把孔隙水压力 u_w 用 u 表示。于是上式变为：

$$\sigma=\sigma'+u \tag{3.48}$$

上式说明，饱和土中的应力(总应力)为有效应力和孔隙水压力之和，或者说有效应力 σ'等于总应力 σ 减去孔隙水压力 u。在工程实践中，直接测定有效应力 σ'很困难，通常是在已知总应力 σ 和测定了孔隙水压力 u 后，利用下式反求 σ'：

$$\sigma'=\sigma-u \tag{3.49}$$

式(3.49)也称为饱和土的有效应力原理。

太沙基指出，土的变形及强度性状与有效应力密切相关，只有通过颗粒接触点传递的应力，才能引起土的变形和影响土的强度，而土中任意点的孔隙水压力对各个方向作用是相等的，因此它只能使土颗粒产生压缩(由于土颗粒本身的压缩量是很微小的，在土力学中可不考虑)，而不能使土颗粒产生位移。土颗粒间的有效应力作用，则会引起土颗粒的位移，使孔隙体积改变，土体发生压缩变形。同时有效应力的大小也会影响土的抗剪强度，这是土力学有别于其他力学(如固体力学)的重要原理之一。对于部分饱和土，同理可推导出有效应力公式为：

$$\sigma'=\sigma-u_a+\chi(u_a-u_w) \tag{3.50}$$

这个公式是毕肖普等(1961 年)提出的，式中$\chi=\dfrac{A_w}{A}$是由试验确定的参数。一般认为有效应力原理能正确地用于饱和土，而对于部分饱和土，由于水、气界面上的表面张力和弯液面的存在，问题较复杂，尚存在一些问题有待深入研究。具体内容见有关专著。

作为有效应力原理的应用实例，以下介绍毛细水上升时以及土中水渗流时有效应力的计算。

3.5.1 毛细水上升时土中有效自重应力的计算

设地基土层如图 3.33 所示，在深度 h_1 的 B 线下的土已完全饱和，但地下水的自由表面(潜水面)却在其下的 C 线处。这是由于 C 线下的地下水在空气、水界面的表面张力作用下，沿着彼此连通的土孔隙形成的复杂毛细网络上升所致。毛细水上升高度 h_c 与土的类别有关。

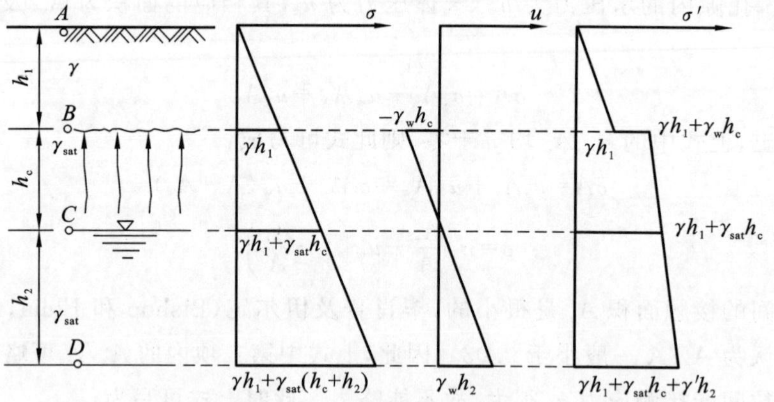

图 3.33　毛细水上升时土中总应力、孔隙水压力及有效应力计算

为了求有效自重应力，按照有效应力原理，应先计算总应力 σ（这里也就是自重应力）。此处，对 B 线以下的土，应以饱和重度计算。竖向有效自重应力为总应力与孔隙水压力之差，具体计算见表 3.13。

表 3.13　毛细水上升时土中总应力、孔隙水压力及有效应力计算

计算点		总应力 σ	孔隙水压力 u	有效应力 σ'
A		0	0	0
B	B 点以上	γh_1	0	γh_1
	B 点以下		$-\gamma_w h_c$	$\gamma h_1+\gamma_w h_c$
C		$\gamma h_1+\gamma_{sat} h_c$	0	$\gamma h_1+\gamma_{sat} h_c$
D		$\gamma h_1+\gamma_{sat}(h_c+h_2)$	$\gamma_w h_2$	$\gamma h_1+\gamma_{sat} h_c+\gamma' h_2$

在毛细水上升区，由于表面张力的作用使孔隙水压力为负值，即 $u=-\gamma_w h_c$（因为静水压力值以大气压力为基准，所以紧靠 B 线下的孔隙水压力为负值），而使有效应力增加，在地下水位以下，由于水对土颗粒的浮力作用，使土的有效应力减少。

3.5.2　土中水渗流时（一维渗流）有效应力计算

在第 2 章已经讨论过当土中水渗流时，土中水将对土颗粒作用动水力，这就必然影响土中有效应力分布。现通过图 3.34 所示三种情况，说明土中水渗流时对有效应力分布的影响。

在图 3.34(a)中水静止不动，也即土中 a、b 两点的水头相等；图 3.34(b)表示土中 a、b 两点有水头差 h，水自上向下渗流；图 3.34(c)表示土中 a、b 两点的水头差也是 h，但水自下向上渗流。现按上述三种情况计算土中总应力 σ、孔隙水压力 u 及有效应力 σ' 值，列于表 3.14 中，并绘出分布图，如图 3.34 所示。

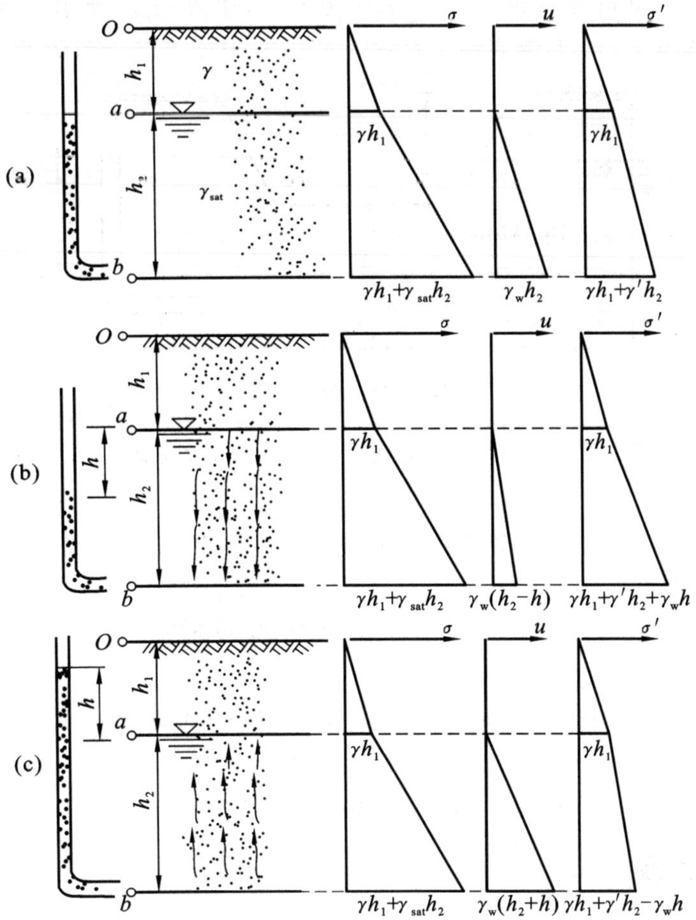

图 3.34 土中水渗流时的总应力、孔隙水压力及有效应力分布

(a) 静水时;(b) 水自上向下渗流;(c) 水自下向上渗流

表 3.14 土中水渗流时总应力 σ、孔隙水压力 u 及有效应力 σ' 的计算

渗流情况	计算点	总应力 σ	孔隙水压力 u	有效应力 σ'
水静止时	a	γh_1	0	γh_1
	b	$\gamma h_1+\gamma_{sat}h_2$	$\gamma_w h_2$	$\gamma h_1+(\gamma_{sat}-\gamma_w)h_2$
水自上向下渗流	a	γh_1	0	γh_1
	b	$\gamma h_1+\gamma_{sat}h_2$	$\gamma_w(h_2-h)$	$\gamma h_1+(\gamma_{sat}-\gamma_w)h_2+\gamma_w h$
水自下向上渗流	a	γh_1	0	γh_1
	b	$\gamma h_1+\gamma_{sat}h_2$	$\gamma_w(h_2+h)$	$\gamma h_1+(\gamma_{sat}-\gamma_w)h_2-\gamma_w h$

从表 3.14 及图 3.34 的计算结果可见,三种不同情况水渗流时土中的总应力 σ 的分布是相同的,土中水的渗流不影响总应力值。水渗流时土中产生动水力,致使土中有效应力及孔隙水压力发生变化。土中水自上向下渗流时,动水力方向与土的重力方向一致,于是有效应力增加,而孔隙水压力相应减少。反之,土中水自下向上渗流时,导致土中有效应力减少,孔隙水压力相应增加。

【例 3.6】 有一10 m厚饱和黏土层，其下为砂土，如图3.35所示。砂土层中有承压水，已知其水头高出A点6 m。现要在黏土层中开挖基坑，试求基坑开挖的最大深度H。

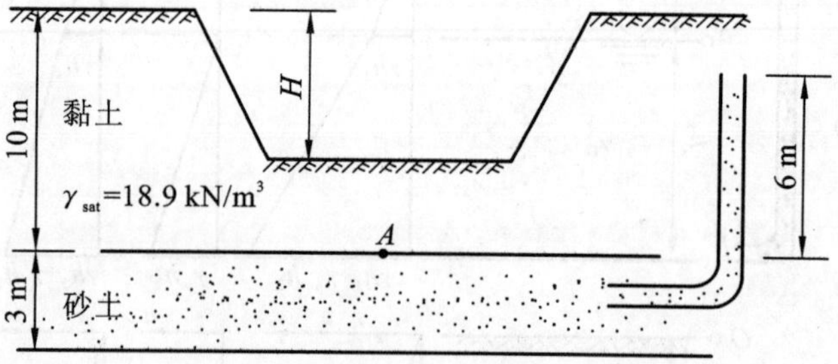

图 3.35 例 3.6 图

【解】 若基坑开挖深度达到H后坑底土将隆起失稳，考虑此时A点的稳定条件。

A点的总应力

$$\sigma_A=\gamma_{sat}(10-H)=18.9\times(10-H)$$

A点的孔隙水压力

$$u_A=\gamma_w h=9.81\times6=58.86\ \text{kPa}$$

若A点隆起，则其有效应力$\sigma'_A=0$，即

$$\sigma'_A=\sigma_A-u_A=18.9\times(10-H)-58.86=0$$

解得

$$H=6.89\ \text{m}$$

故当基坑开挖深度超过6.89 m后，坑底土将隆起破坏。

思考与练习题

3.1 土的自重应力分布有何特点？地下水位的升降对自重应力有何影响？如何计算？

3.2 刚性基础的基底压力分布有何特征？在工程中如何计算中心荷载及偏心荷载下的基底压力？

3.3 如何计算基底附加压力？在计算中为什么要减去基底自重应力？

3.4 试以矩形面积上均布荷载和条形荷载为例，说明地基中附加应力的分布规律。

3.5 目前根据什么假设计算地基中的附加应力？这些假设是否合理？归纳总结各种荷载作用下地基附加应力的计算方法。

3.6 试简述太沙基的有效应力原理。

3.7 某建筑场地的地质剖面如图3.36所示，试计算各土层界面及地下水位面的自重应力，并绘制自重应力曲线。

（答案：$\sigma_{cz1}=34.0$ kPa，$\sigma_{cz2}=106.2$ kPa，$\sigma_{cz3}=140.6$ kPa，$\sigma_{cz4}=159.8$ kPa）

3.8 若图3.36中，中砂层以下为坚硬的整体岩石，试绘制其自重应力曲线。

（答案：σ_{cz1}，σ_{cz2}，σ_{cz3}同上题，但岩层顶面处为221.8 kPa）

3.9 某条形基础如图3.37所示，作用在基础上的荷载为250 kN/m，基础深度范围内土的重度$\gamma=17.5\ \text{kN/m}^3$，试计算0—3、4—7及5—5剖面各点的竖向附加应力，并绘制曲线。

（答案：$\sigma_{cz0}=127.5$ kPa，$\sigma_{cz1}=69.88$ kPa，$\sigma_{cz2}=38.76$ kPa，$\sigma_{cz3}=26.52$ kPa，$\sigma_{cz4}=0$，$\sigma_{cz5}=$

23.46 kPa,σ_{cz6}=26.26 kPa ,σ_{cz7}=21.68 kPa,σ_{cz8}=52.28 kPa)

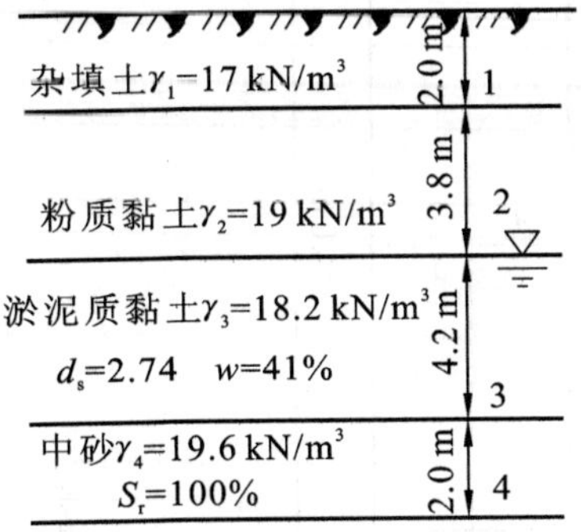

图 3.36 习题 3.7、3.8 图

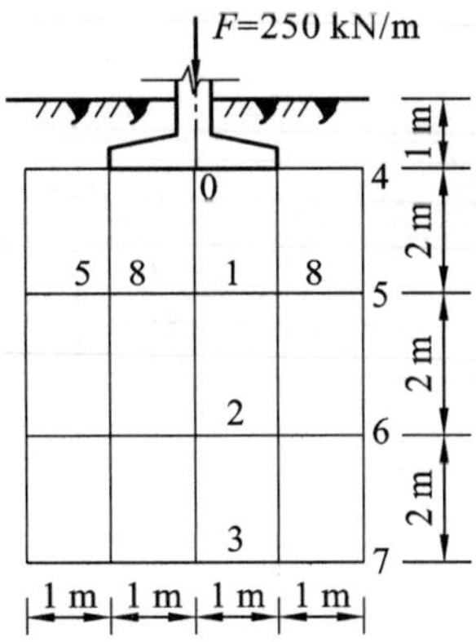

图 3.37 习题 3.9 图

3.10 试用最简方法计算图 3.38 所示荷载下,m 点下深度 z=2.0 m 处的附加应力。

[答案:(a) 128.6 kPa;(b) 204.0 kPa]

3.11 某方形基础底面宽 b=2 m,埋深 d=1 m,深度范围内土的重度 γ=18.0 kN/m³,作用在基础上的竖向荷载 F=600 kN,力矩 M=100 kN·m,试计算基底最大压力边角下深度 z=2.0 m 处的附加应力。

(答案:29.76 kPa)

3.12 某基础平面图形呈 T 形截面(图 3.39),作用在基底的附加压力 p_0=150 kN/m²。试求 A 点下 10 m 深处的附加应力。

(答案:79.77 kPa)

3.13 图 3.40 所示矩形面积($ABCD$)上作用均布荷载 p=100 kPa,试用角点法计算 G 点下深度 6 m 处 M 点的附加应力值 σ_z。

(答案:5.1 kPa)

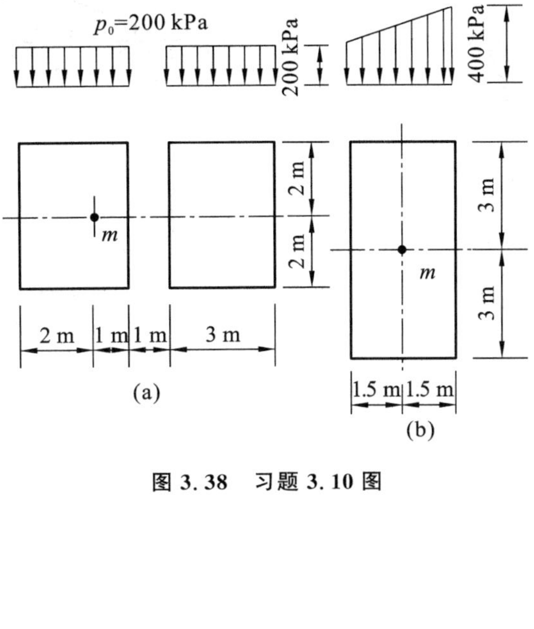

图 3.38 习题 3.10 图

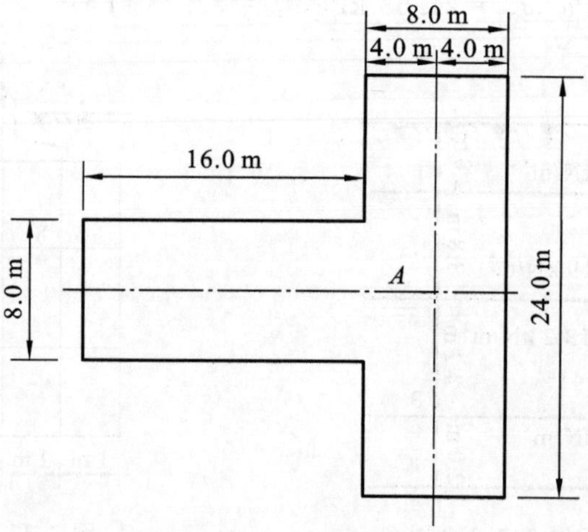

图 3.39　习题 3.12 图

3.14　图 3.41 所示条形线性分布荷载 $p=150$ kPa，计算 G 点下深度 3 m 处的附加应力 σ_z。

（答案：32.85 kPa）

3.15　某场地土层的分布自上而下为：砂土层厚 2 m，重度为 17.5 kN/m³；黏土层厚3 m，饱和重度为 20.0 kN/m³；砾石层厚 3 m，饱和重度为 20.0 kN/m³。地下水位在黏土层处。试绘出这三个土层中总应力 σ、孔隙水压力 u 和有效应力 σ' 沿深度的分布图形。

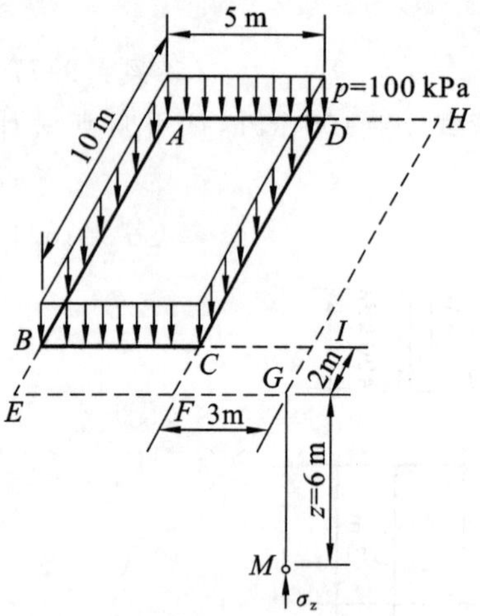

图 3.40　习题 3.13 图

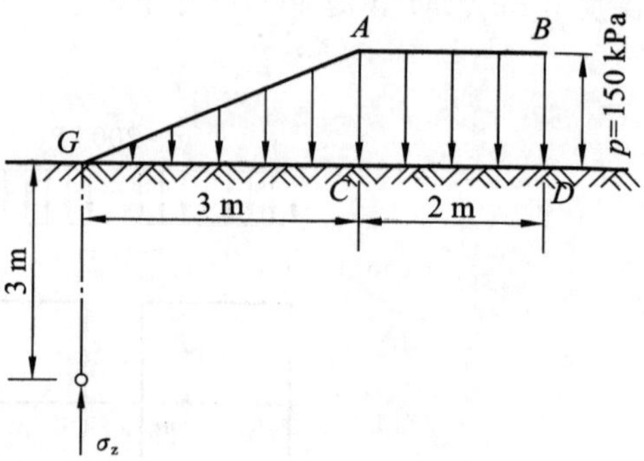

图 3.41　习题 3.14 图

4 土的压缩性和地基变形

【思政元素】

本章提要

本章主要介绍荷载作用下土的压缩性及压缩性指标，地基最终沉降量的计算方法，土的变形与时间的关系，应力历史对黏性土的压缩及固结沉降的影响等。

掌握土的压缩试验原理及其压缩性指标，土的单向压缩的计算公式及适用条件，掌握用分层总和法和规范法计算沉降量的原理及步骤。掌握饱和黏性土地基的单向渗透固结理论；掌握固结度的概念及用 $U \sim T_v$ 曲线计算某一时刻的沉降量 S_t。了解影响土的压缩性的主要因素，土的弹性变形和塑性变形的概念，应力历史对土压缩性的影响及沉降量计算，地基沉降变形观测等。

4.1 概　　述

土的压缩性质和地基变形是土力学的重点内容。通过对地基中的应力分析可知，在修建建筑物之前，地基土层在由自身重力引起的自重应力作用下一般不引起地基变形，只有新增的建筑物荷载，即作用于地基表面的附加压力，才是使地基产生压缩变形的主要原因。在附加应力作用下，地基土要产生体积变形和形状变形。在竖直方向的变形称为沉降。沉降的大小取决于建筑物的重量与分布、地基土层的种类、各土层的厚度及土的压缩性等。若建筑场地土质坚实，地基的沉降量就较小，对工程的正常使用没有影响。如果地基土质软弱且分布不均匀或者是上部荷载的差异较大时，由于土的压缩性高或压缩性不均匀，引起地基沉降变形过大或严重的不均匀沉降，会使建筑物的上部结构（尤其是超静定结构）产生附加应力，建筑物可能发生裂缝、扭曲和倾斜、基础开裂等，影响其正常使用和安全，严重时甚至使建筑物倒塌。因此，在不均匀或软弱地基上修建建筑物时，必须考虑土的压缩性和地基变形等方面的问题。对于路桥工程，通常来说，均匀沉降对其上部危害较小，但过量的均匀沉降也会导致路面标高降低、桥下净空的减少而影响正常使用；不均匀沉降则会造成路面不平、路堤开裂，对超静定结构桥梁产生较大附加应力等工程问题，从而影响其安全和正常使用。因此，为了确保路桥工程的安全和正常使用，既需要确定地基土的最终沉降量，又需要了解和估计沉降量随时间的发展及其趋于稳定的可能性。在工程设计和施工中，如能事先预估并妥善考虑地基的变形而加以控制或利用，是可以预防地基变形所带来的不利影响的。由此可见，土木工程设计上必须把地基的变形值控制在允许的范围内。

分析地基土产生变形的主要因素有两个：一是内因，即土体具有压缩性；二是外因，即建筑荷载的作用。因此，为了计算地基的变形值，在研究了上部荷载作用下地基中的应力分布情况后，还要研究土的压缩性。

4.2　土的压缩性

4.2.1　基本概念

土的压缩性是指土在压力作用下体积减小的特性。前已阐明，土体一般由固相（固体颗粒）、液相（土中水）和气相（气体）三部分组成，具有碎散性，因此，它的压缩性比其他连续介质材料（如混凝土、钢材）大得多。

地基产生压缩的原因主要有内因和外因之分。

(1) 内因：①固体土颗粒本身被压缩，这个压缩量极小，在物理学上有意义，但对实际工程是没有意义的；②土中水及封闭气体被压缩，压缩量很小；③土中空隙受压时，水和气体从孔隙中被挤出。试验研究表明：在一般压力作用下，固体颗粒和水的压缩量与土的总压缩量之比非常微小，在一般工程压力（100～600 kPa）作用下，其比值不到 1/400，完全可以忽略不计。空隙中气体的压缩变形只有在饱和度很高，且土中含有封闭气体时才能发生，而这个变形量极其微小，可忽略不计。所以，土的压缩可只看作是土中水和气体从孔隙中被挤出，与此同时，土颗粒相应发生移动，重新排列，靠拢挤紧，从而使土孔隙体积减小。

(2) 外因：①建筑物荷载的作用，这是常见的因素；②地下水的大幅度下降，相当于在地基上施加了大面积荷载；③温度变化的影响，如冻胀和融陷；④施工影响，持力层的土受扰动；⑤振动影响，产生振沉或者土体浸水下沉。

通过内外因的关系可知，计算地基土的变形，取决于土中附加应力的正确计算及土体压缩性状的正确描述两方面。研究土的压缩性的常用方法有土的室内压缩试验和现场原位测试。

4.2.2　室内压缩试验及压缩性指标

4.2.2.1　室内压缩试验

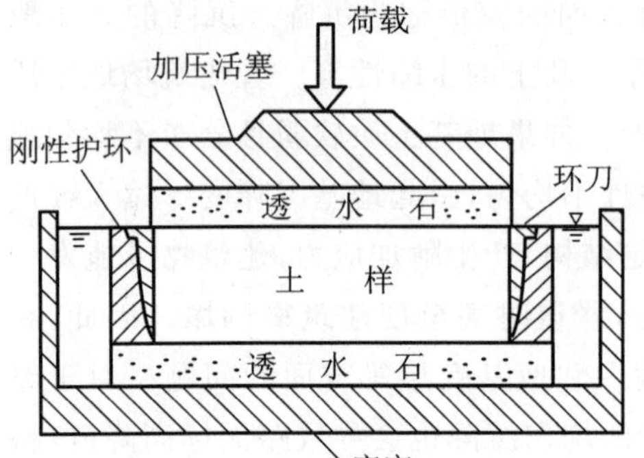

图 4.1　侧限压缩试验示意图

在实验室用侧限压缩仪（亦称固结仪）进行压缩试验，是研究土的压缩性的最基本方法。该试验仪器主要由压缩容器、加压设备和量测设备组成，如图 4.1 所示。试验时，用金属环刀取原状土样，并放于刚性很大的压缩环内，来限制土样的侧向变形；在土样的上、下表面各放两块透水石，以便土样受压后能自由排水。压力是通过加压活塞施加在土样上的。做饱和土样的压缩试验时，容器内要放满水，以保证在试验过程中土样处于饱和状态。由于土样受到环刀、刚性护环的约束，在压缩过程中只能发生竖向变形，不发生侧向变形，所以这种试验方法称为侧限压缩试验。试验时，竖向压力 p_i 要分级加载，在每级荷载作用下使土样压至变形稳定，用百分表测出土样的变形量 S_i，然后可按式(4.1)计算土样的压缩量 e_i，即试验目的是通过确定土样在各级压力作用下的孔隙比的变化，据此绘出土的压缩曲线。

压缩试验中土样变形如图 4.2 所示，设土样的初始高度为 H_0，横截面面积为 A，初始孔隙比为 e_0。在第 i 级竖向应力 p_i 作用下，土样变形稳定后的高度为 $H_i=H_0-S_i$，土样的孔隙比

从 e_0 减小到 e_i。由于在试验过程中土样不能侧向变形，所以，压缩前后土样横截面面积 A 保持不变；同时，由于土颗粒本身的压缩变形可以忽略不计，即压缩前后土样中土颗粒的体积 V_s 也是不变的，则有：

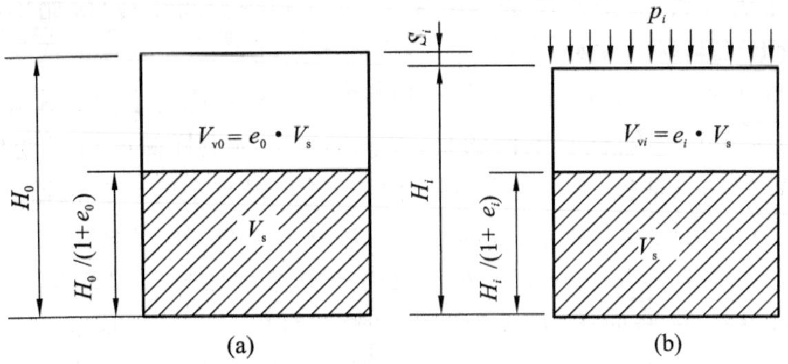

图 4.2　压缩试验中土样高度和孔隙比的变化

(a) 加荷前；(b) 加荷后

$$\begin{cases} V_s+e_0V_s=H_0A \\ V_s+e_iV_s=(H_0-S_i)A \end{cases}$$

将两式相除可得：

$$\frac{1+e_0}{1+e_i}=\frac{H_0}{H_0-S_i}$$

则：

$$e_i=e_0-\frac{S_i}{H_0}(1+e_0) \tag{4.1}$$

式中　e_0——土的初始孔隙比，可由土的三个基本试验指标计算，即：

$$e_0=\frac{d_s(1+w_0)\rho_w}{\rho}-1$$

因此，根据试验的各级压力和对应求得各级压力作用下的孔隙比，横坐标表示压力，纵坐标表示孔隙比，据此得到的曲线称为压缩曲线，如图 4.3 所示。

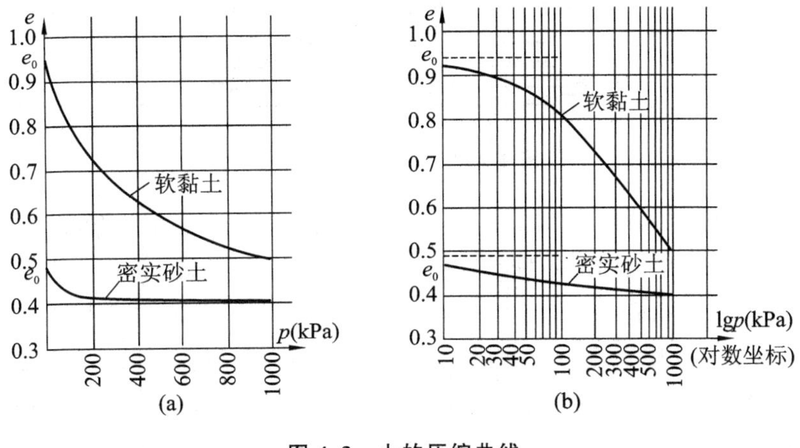

图 4.3　土的压缩曲线

(a) e-p 曲线；(b) e-$\lg p$ 曲线

压缩曲线的绘制有两种方法，一种是按普通的直角坐标系绘制出 e-p 曲线，如图 4.3(a)所示，在常规试验中，常按 $p_i=50$ kPa、100 kPa、200 kPa、300 kPa、400 kPa 五级加荷；另一种是横坐标按 p 的常用对数取值，即采用半对数直角坐标系绘制出 e-lg$p$ 曲线，如图 4.3(b)所示，试验时以较小的压力开始，采取小增量多级加荷，并加到较大的荷载(例如 1000 kPa)为止。

4.2.2.2 常规三轴压缩试验

三轴压缩试验是测定土的应力-应变关系和强度的一种常用的室内试验方法，其试验装置如图 4.4 所示。与上述侧限压缩试验不同的是，在三轴试验时土样侧向可以变形(侧向应变 $\sigma_3\neq 0$)。三轴试验装置简称三轴仪，是土力学中一种常见的、很有用的试验仪器。首先将试样用薄乳胶膜套起来，装在密闭压力室里，通过向压力室内注入液体(水或油)使试件表面承受周围压力 σ_3(简称围压)。然后通过活塞杆对试件顶面逐渐施加附加竖向偏差应力 $\sigma_1-\sigma_3=P/A$，其中 P 为作用于活塞杆上的竖向压力，A 为试件的截面面积。三轴试样的应力状态是一种轴对称应力状态。通过测读压力 P 作用下的竖向应变 ε_1。试验中可以变化周围压力 σ_3 和偏差应力($\sigma_1-\sigma_3$)进行不同应力路径的试验。保持围压不变，增加竖向应力及偏差应力直至试样破坏的三轴试验称为常规三轴压缩试验。

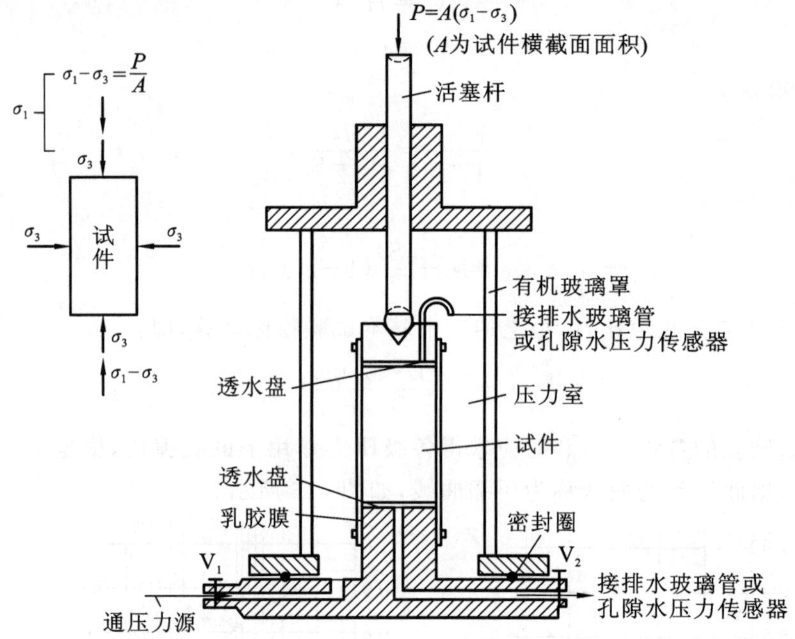

图 4.4 三轴压缩试验装置

根据 $\sigma_1-\sigma_3$ 作用下和 σ_3 作用下阀门 V_2 是否打开，可将三轴试验分为固结排水试验(consolidated drained，CD)、固结不排水试验(consolidated undrained，CU)以及不固结不排水试验(unconsolidated undrained，UU)三种类型。如果在 σ_3 作用时，打开阀门 V_2，允许试样内孔隙水充分排出，超静孔隙水压力充分消散，这一过程称为固结。如果在施加 $\sigma_1-\sigma_3$ 的过程中也始终打开阀门 V_2，使试样中的孔隙水能自由进出，且加载速率足够慢，试样内不产生超静孔隙水压力，这一过程称为排水。固结排水试验是指在 σ_3 作用时和施加 $\sigma_1-\sigma_3$ 的过程中，阀门 V_2 均处于打开状态。如果在 σ_3 作用下，打开阀门 V_2，使试样充分固结，但在施加 $\sigma_1-\sigma_3$ 的过程

中始终关闭阀门 V_2，使试样中的孔隙水不能自由进出，此时试验为固结不排水试验。对一具有初始有效应力状态或应力历史的试样，如果在施加 σ_3 作用时，以及施加 $\sigma_1-\sigma_3$ 的过程中始终关闭阀门 V_2，试样中的孔隙水不能自由进出，此时试验为不固结不排水试验。

对于密砂，当 $(\sigma_1-\sigma_3)$ 较小时，土粒间被挤得密实，侧向变形很小，土样体积略有减小。当 $(\sigma_1-\sigma_3)$ 进一步增大时，随着竖向应变逐渐增加，试件体积开始膨胀；当 $(\sigma_1-\sigma_3)$ 到达某一峰值后，土的结构松弛，竖向应变 ε_1 已很大，偏差应力开始下降并逐渐趋于某一稳定值。这时试件进入残余破坏阶段。对于松砂，其偏差应力基本上随应变的增加而渐趋稳定。受力后主要是体积压缩，密度增加。超固结黏性土在三轴试验中的变形性状与密砂相似，正常固结黏性土则与松砂相似。对三轴试验，当围压保持不变的条件下，土的模量随着偏差应力的增大而减小，这同具有相同初始状态侧限压缩条件下土的力学性状有很大差别。

由于土的变形中含有不可恢复的非弹性变形，而且土的模量随应力水平而异，加载模量不等于卸载模量，所以土的模量 E_0 称为变形模量。根据三轴压缩试验得出的应力-应变关系曲线可以求得土的变形模量 E_0 和泊松比 μ，它们不是常量，而是随应力水平变化的参数。当 σ_3 不变，在试样的竖直方向施加 $\sigma_1-\sigma_3$，试样将在竖直方向产生应变。在侧向应力不变的条件下，应力增量 $\Delta\sigma_z$ 与应变增量 $\Delta\varepsilon_z$ 的比值称为割线变形模量 E_{sec}。当应力增量趋于无限小时，就代表该点的切线模量 E_t（图 4.5）。假定相同的起始状态，三轴条件下的变形模量 E_0 和侧限压缩试验中侧限压缩模量 E_s 之间的关系将在 4.5.3 节中进行推导说明。

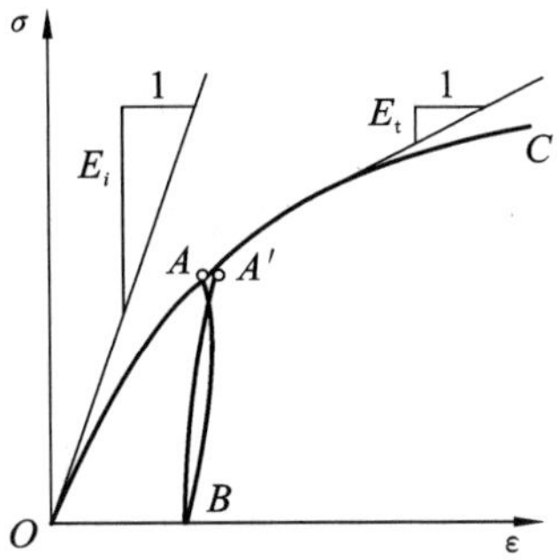

图 4.5　土的割线模量与切线模量

4.2.2.3　压缩性指标

评价土的压缩性通常有如下指标：

(1) 压缩系数

由图 4.3(a)中的 e-p 曲线可见：①同一曲线，在相同压力差作用下孔隙比变化不同，初始阶段曲线较陡，土的压缩量较大，随后曲线逐渐平缓，土的压缩量减小。因为随着孔隙比的减小，土的密实度增加一定程度后，土粒移动愈来愈困难，压缩量随之减小。②不同的土类，压缩曲线的形态有区别，密实砂土的 e-p 曲线比较平稳，而软黏土的 e-p 曲线较陡，因而软黏土的压缩性很高。所以，曲线形态的陡、缓可衡量土的压缩性高低。对于地基土，在修建建筑物之前就存在自重应力 p_1。建筑物修建后，地基中的应力发生了变化，由原来的 p_1 增加到 p_2，相应的孔隙比由原来的 e_1 减少到 e_2，如图 4.6 所示。由于修建建筑物所引起的应力增加量一般不大，$\Delta p=p_2-p_1$，Δp 一般为 100～300 kPa，故 M_1 至 M_2 的一小段曲线可以近似用直线 $\overline{M_1M_2}$ 来代替，其误差是工程允许的。所以，曲线上任一点的切线斜率 a 就表示了相应压力 p 作用下的压缩性：

$$a\approx\tan\beta=\frac{\Delta e}{\Delta p}=\frac{e_1-e_2}{p_2-p_1} \tag{4.2}$$

式中　a——土的压缩系数，kPa^{-1} 或 MPa^{-1}；

β——直线 M_1M_2 与横坐标轴的夹角，°；

p_1——一般指地基某深度处土中竖向自重应力，kPa；

p_2——地基某深度处自重应力与附加应力之和，kPa；

e_1——相应于 p_1 作用下压缩稳定后土的孔隙比；

e_2——相应于 p_2 作用下压缩稳定后土的孔隙比。

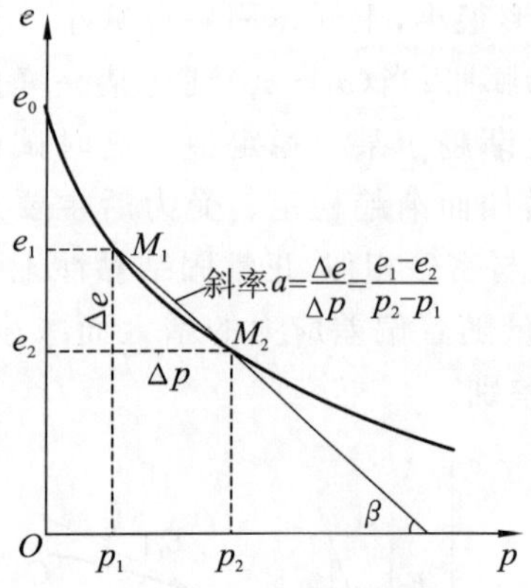

图 4.6 以 e-p 曲线确定压缩系数 a

压缩系数是评价地基土压缩性高低的重要指标之一。从图 4.6 的曲线上看，它不是一个常量，与所取的起始压力 p_1 和最终压力 p_2 有关。为了统一标准，《建筑地基基础设计规范》(GB 50007—2011)规定，地基土的压缩性可按压力间隔由 $p_1=100$ kPa(0.1 MPa)增加到 $p_2=200$ kPa(0.2 MPa)时所得的压缩系数 a_{1-2} 划分为低压缩性、中压缩性、高压缩性，并应按以下规定进行评价：

当 $a_{1-2}<0.1\ \text{MPa}^{-1}$ 时，为低压缩性土；

当 $0.1\ \text{MPa}^{-1}\leqslant a_{1-2}<0.5\ \text{MPa}^{-1}$ 时，为中压缩性土；

当 $a_{1-2}\geqslant 0.5\ \text{MPa}^{-1}$ 时，为高压缩性土。

(2) 压缩指数

随着高层建筑的兴建和重型设备的发展，常规的侧限压缩仪的压力范围较小，可采用高压固结仪(最高压力可达 3200 kPa)。高压固结仪的试验原理与试验方法同常规固结仪，试验结果用 e-$\lg p$ 曲线表示(图 4.7)，当压力较大时，它的后段接近直线，该直线段的斜率用 C_c 表示，C_c 称为压缩指数，其计算公式为：

$$C_c=\tan\beta=\frac{e_1-e_2}{\lg p_2-\lg p_1}=\frac{e_1-e_2}{\lg\left(\frac{p_2}{p_1}\right)} \tag{4.3}$$

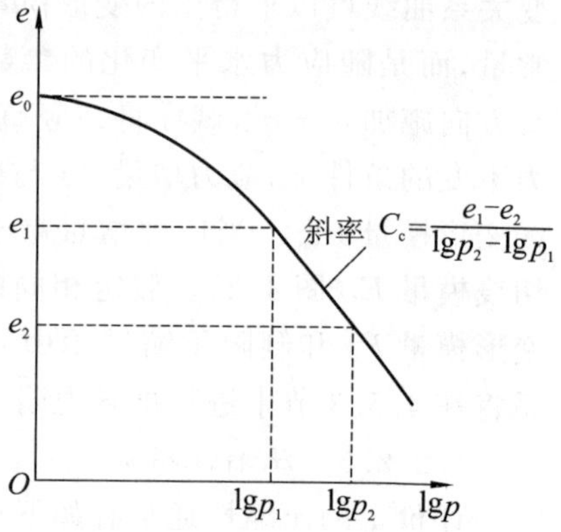

图 4.7 以 e-$\lg p$ 曲线确定压缩指数 C_c

压缩指数 C_c 与压缩系数 a 不同，a 值随压力变化而变化，而 C_c 值在压力较大时为常数。C_c 值越大，土的压缩性越高。一般认为：

当 $C_c<0.2$ 时，为低压缩性土；

当 $0.2\leqslant C_c<0.4$ 时，为中压缩性土；

当 $C_c\geqslant 0.4$ 时，为高压缩性土。

(3) 压缩模量

土的试样在完全侧限条件下竖向受压，应力增量与相应的应变增量之比，称为压缩模量或侧限压缩模量，用符号 E_s 表示。在上述侧限压缩试验中，当竖向压力由 p_1 增至 p_2，同时土样的厚度由 H_1 减小至 H_2 时：

压应力的增量为：
$$\Delta p=p_2-p_1$$

竖向应变为：
$$\varepsilon_z=\frac{H_1-H_2}{H_1}=\frac{\Delta H}{H_1}$$

根据侧限压缩试验的计算公式 $\frac{1+e_0}{1+e_i}=\frac{H_0}{H_0-S_i}$，可以推出在竖向压力由 p_1 增至 p_2 作用时，有下式：

$$\frac{H_1}{1+e_1}=\frac{H_2}{1+e_2}=\frac{H_1-\Delta H}{1+e_2}$$

即

$$\Delta H=\frac{e_1-e_2}{1+e_1}H_1 \tag{4.4}$$

则，侧限压缩模量：

$$E_s=\frac{\Delta p}{\varepsilon_z}=\frac{p_2-p_1}{\Delta H/H_1}=\frac{p_2-p_1}{\dfrac{e_1-e_2}{1+e_1}} \tag{4.5}$$

将式(4.2)代入式(4.5)，得：

$$E_s=\frac{1+e_1}{a} \tag{4.6}$$

土的压缩模量是土的主要压缩性指标之一，其单位为 kPa 或 MPa。从式(4.6)中可以看出，E_s 与 a 成反比。a 值越大，E_s 值越小，土的压缩性越大。一般认为：当 $E_s<4$ MPa 时，属于高压缩性土；当 $E_s>15$ MPa 时，属于低压缩性土；当 $E_s=4\sim15$ MPa 时，属于中压缩性土。

4.3　地基沉降量计算

4.3.1　概述

地基土在建筑荷载作用下产生附加应力。在附加应力作用下，由于土的压缩而引起的竖向位移称为地基沉降。地基的最终沉降量是指地基土在建筑荷载作用下，达到压缩稳定时其表面的沉降量。地基最终沉降计算是建筑物地基基础设计的主要内容。地基沉降的原因很多，其外因是建筑物荷载在地基中产生的附加应力；内因是土由三相组成，具有压缩特性。

计算沉降量的目的：在建筑设计中需要预知该建筑物建成后将产生的沉降量、沉降差、倾斜和局部倾斜，判断地基变形特征值是否超过允许的范围，以便在建筑设计时，为采取相应工程措施提供科学依据，保证建筑物的安全。

目前，国内外关于地基沉降量的计算方法很多，主要分为 4 类，即弹性理论法、工程简化方法、经验方法和数值计算方法。本节主要阐述常用的分层总和法和《建筑地基基础设计规范》中的推荐方法。

4.3.2　分层总和法

(1) 基本假定

① 地基是均质、各向同性的半无限线性变形体，按弹性理论计算土中应力。

② 采用基底中心点下的附加应力计算地基变形，实际上基础底面边缘或者中部各点的附加应力不同，中心点 O 处附加应力值最大。当计算基础倾斜时，要以倾斜方向基础两端点下的附加应力进行计算。

③ 在压力作用下，地基不产生侧向变形，即采用侧限条件下的压缩性指标 a 或 E_s 计算地基变形。

(2) 计算原理

通过室内压缩试验可知，若在基础中心点下第 i 层土中取一小土柱，其在修建建筑物前后的变化，如图 4.8(b)所示。在修建建筑物之前，小土柱原始高度为 h_i，横截面面积为 A，其上所受有效竖向自重应力平均值为 $\bar{\sigma}_{czi}$（因土柱上、下所受有效竖向应力值不一样，应取平均值），相应的天然孔隙比为 e_{1i}。在修建建筑物后，其上所受有效竖向应力平均值为 $(\bar{\sigma}_{czi}+\bar{\sigma}_{zi})$，相应的最终孔隙比为 e_{2i}，变形稳定后小土柱高度变为 h_i-s_i，按假设横截面面积仍为 A，其压缩量为 s_i。则有：

$$\begin{cases} h_iA=V_{si}+e_{1i}V_{si} \\ (h_i-s_i)A=V_{si}+e_{2i}V_{si} \end{cases}$$

整理得：

$$\frac{h_i-s_i}{h_i}=\frac{1+e_{2i}}{1+e_{1i}}$$

则

$$s_i=\frac{e_{1i}-e_{2i}}{1+e_{1i}}h_i \tag{4.7}$$

或

$$s_i=\frac{a_i}{1+e_{1i}}\bar{\sigma}_{zi}h_i \tag{4.8}$$

式中，$a=\dfrac{e_1-e_2}{\bar{\sigma}_2-\bar{\sigma}_1}=\dfrac{e_1-e_2}{\bar{\sigma}_z}$，即 $a_i=\dfrac{e_{1i}-e_{2i}}{\bar{\sigma}_{zi}}$

或

$$s_i=\frac{\bar{\sigma}_{zi}}{E_{si}}h_i \tag{4.9}$$

求出各分层的变形后，进行累加计算，得出地基最终沉降量，即：

$$s=\sum_{i=1}^{n}s_i=\sum_{i=1}^{n}\frac{e_{1i}-e_{2i}}{1+e_{1i}}h_i \tag{4.10}$$

式中 s_i——第 i 层土的压缩量，mm 或 m；

e_{1i}——第 i 层土原始孔隙比（在第 i 层土压缩曲线上 $\bar{\sigma}_{1i}$ 对应的孔隙比）；

e_{2i}——第 i 层土最终孔隙比（在第 i 层土压缩曲线上 $\bar{\sigma}_{2i}$ 对应的孔隙比）；

h_i——第 i 层土的厚度，m；

a_i——第 i 层土的压缩系数，kPa^{-1} 或 MPa^{-1}；

$\bar{\sigma}_{zi}$——第 i 层土有效竖向附加应力平均值，kPa 或 MPa；

E_{si}——第 i 层土的侧限压缩模量，MPa。

各层土的压缩量计算出来后，求和便可计算出地基的最终沉降量。

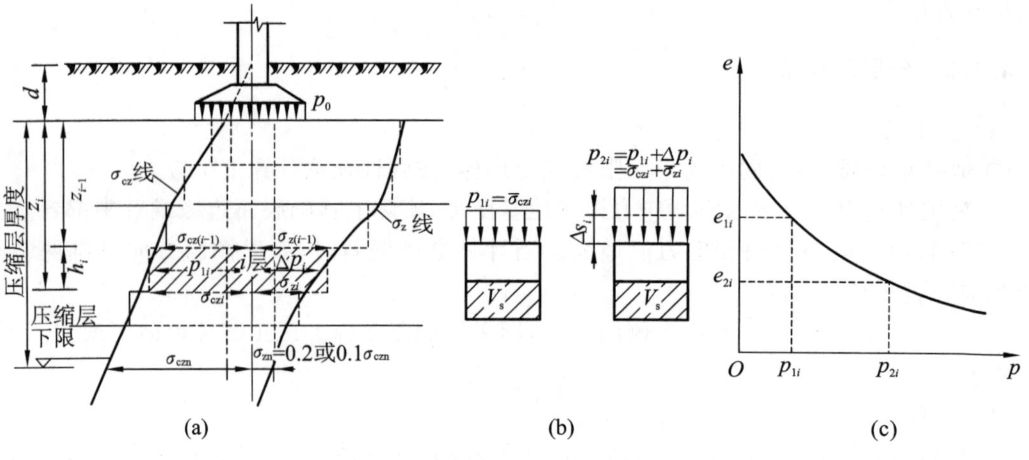

图 4.8 分层总和法计算地基沉降量

(3) 计算步骤

① 划分土层

如图 4.8 所示，各天然土层界面和地下水位必须作为分层界面；各分层厚度必须满足 $h_i \leqslant 0.4b$（b 为基底宽度）。

② 计算基底压力及基底附加压力 p_0

中心荷载 $p=\dfrac{F+G}{A}$

偏心荷载 $\left.\begin{matrix} p_{\max} \\ p_{\min} \end{matrix}\right\}=\dfrac{F+G}{A}\pm\dfrac{M}{W}$

基础底面为矩形时：$\left.\begin{matrix} p_{\max} \\ p_{\min} \end{matrix}\right\}=\dfrac{F+G}{A}\left(1\pm\dfrac{6e}{l}\right)$

$$p_0=p-\gamma_0 d$$

③ 计算各分层界面土的自重应力 σ_{czi} 和附加应力 σ_{zi}。

④ 确定压缩层厚度 Z_n。按“应力比”法确定，即一般土为 $\sigma_{zn}/\sigma_{czn} \leqslant 0.2$，软土为 $\sigma_{zn}/\sigma_{czn} \leqslant 0.1$。满足此要求的深度点可作为压缩层的下限。

⑤ 计算各分层加载前后的自重应力均值 $\bar{\sigma}_{czi}$ 和附加应力均值 $\bar{\sigma}_{zi}$ 的平均值。

其中 $\bar{\sigma}_{czi}=\dfrac{\sigma_{czi}+\sigma_{cz(i-1)}}{2}$，$\bar{\sigma}_{zi}=\dfrac{\sigma_{zi}+\sigma_{z(i-1)}}{2}$

令 $p_{1i}=\bar{\sigma}_{czi}$，$p_{2i}=\bar{\sigma}_{czi}+\bar{\sigma}_{zi}$

⑥ 按各分层的 p_{1i} 和 p_{2i} 在 e-p 曲线上查取相应的孔隙比[图 4.8(c)]，或确定相应的 a_i、E_{si} 等其他压缩性指标。

⑦ 根据不同的压缩性指标，选用式(4.7)、式(4.8)、式(4.9)计算各分层的沉降量 S_i。

⑧ 按式(4.10)计算总沉降量 S。

【例 4.1】 如图 4.9 所示，某矩形基础的底面尺寸为 4 m×2.5 m，天然地面下基础埋深为 1.0 m，地下水位距离地面为 1.6 m，相应于荷载效应准永久组合时，作用在基础顶面处的中心荷载为 900 kN，地质资料见表 4.1。按分层总和法计算基础底面中点沉降量。

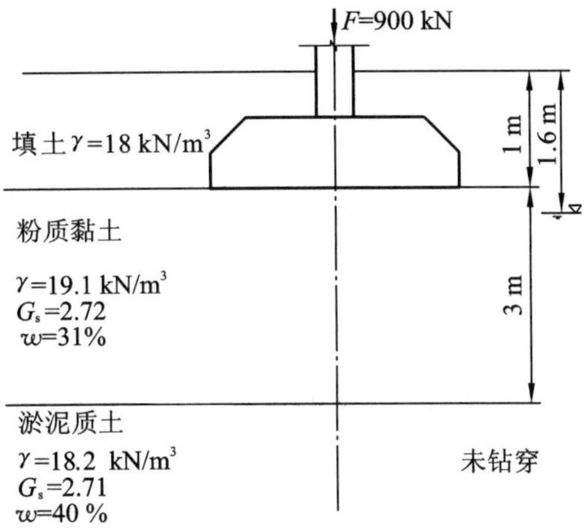

图 4.9 例 4.1 图

表 4.1 土的物理力学指标

土层	土层厚(m)	重度 (kN/m³)	相对重度 G_s	含水量 w(%)	孔隙比 e	塑性指数 I_p	压缩系数 a_{1-2} (≈10^{-2}/kPa)	不同压力下的孔隙比 压力 p(≈10^2 kPa) 0.5	1.0	2.0	3.0
褐黄色粉质黏土	3	19.1	2.72	31	0.942	16.2	0.048	0.889	0.855	0.807	0.773
灰色淤泥质黏土	3	18.2	2.71	40	1.045	10.5	0.043	0.925	0.891	0.848	0.823

【解】 (1) 求 γ'

$$\gamma'=\frac{W_s-V_s\gamma_w}{V}=\frac{\gamma(W_s-V_s\gamma_w)}{W}=\frac{\gamma(G_s\cdot\gamma_w-\gamma_w)}{W_s+W_w}=\frac{\gamma\cdot\gamma_w(G_s-1)}{G_s\gamma_w+wG_s\gamma_w}=\frac{\gamma(G_s-1)}{G_s(1+w)}$$

又已知粉质黏土的 $\gamma=19.1\ \text{kN/m}^3$，$G_s=2.72$，$w=31\%$；淤泥质土的 $\gamma=18.2\ \text{kN/m}^3$，$G_s=2.71$，$w=40\%$，

则粉质黏土的有效重度：$\gamma'=\dfrac{\gamma(G_s-1)}{G_s(1+w)}=\dfrac{19.1\times(2.72-1)}{2.72\times(1+0.31)}=9.22\ \text{kN/m}^3$

同理，淤泥质土的有效重度为 8.2 kN/m³。

(2) 地基分层

$$h_i\leqslant 0.4b=0.4\times 2.5=1.0\ \text{m}$$

基底面下第一层粉质黏土厚 3 m，第二层淤泥质土未钻穿，地下水位位于基础底面以下 0.6 m，此处作为一个分层，剩余粉质黏土分为三层，每层均为 0.8 m，淤泥质土每层厚度取 1.0 m，暂且计算 3 m 内的沉降。

(3) 地基竖向自重应力 σ_{cz} 的计算

0 点：$\sigma_{cz}=18\times 1=18$ kPa

1 点：$\sigma_{cz}=18+19.1\times 0.6=29.46$ kPa

2 点：$\sigma_{cz}=29.46+9.22\times 0.8=36.84$ kPa

3 点：$\sigma_{cz}=36.84+9.22\times 0.8=44.22$ kPa

4 点：$\sigma_{cz}=44.22+9.22\times 0.8=51.60$ kPa

5 点：$\sigma_{cz}=51.60+8.20\times 1=59.80$ kPa

6 点：$\sigma_{cz}=59.8+8.20\times 1=68.00$ kPa

7 点：$\sigma_{cz}=68.00+8.20\times 1=76.20$ kPa

(4) 地基竖向附加应力 σ_z 的计算

基础及其上回填土的总重　$G=\gamma_G Ad=20\times 4\times 2.5\times 1.0=200$ kN

基底平均压力　$p=\dfrac{F+G}{A}=\dfrac{900+200}{4\times 2.5}=110.0$ kPa

基底处的土中附加应力　$p_0=p-\gamma_0 d=92.0$ kPa

计算基础中心点下由基础荷载引起的附加应力 σ_z。基础中心点可看作是四个相等小矩形荷载的公共角点，其长宽比 $l/b=2/1.25=1.6$，取深度 $z=0$ m、0.6 m、1.4 m、2.2 m、3 m、4 m、5 m、6 m，计算各点的 σ_z。

查 α_{cI} 时，不能直接查取的采用内插法进行计算：

例如 1 点号：$l/b=1.6$，$z/b=0.48$，查表得出 $l/b=1.6$，$z/b=0.4$ 时，$\alpha_{cI}=0.243$；$l/b=$

1.6，z/b=0.6 时，α_{cI}=0.232，则 l/b=1.6，z/b=0.48 时，存在$\frac{0.243-0.232}{0.4-0.6}=\frac{\alpha_{cI}-0.243}{0.48-0.4}$，得出 α_{cI}=0.239。

表 4.2 中心点附加应力计算

点号	l/b	z(m)	z/b	α_{cI}	$\sigma_z=4\alpha_{cI}p_0$
0	1.6	0	0	0.250	92.00
1	1.6	0.6	0.48	0.239	87.95
2	1.6	1.4	1.12	0.184	67.71
3	1.6	2.2	1.76	0.127	46.74
4	1.6	3	2.4	0.088	32.38
5	1.6	4	3.2	0.058	21.34
6	1.6	5	4.0	0.040	14.72
7	1.6	6	4.8	0.029	10.67

(5) 地基压缩层深度的确定，按 $\sigma_{zn}/\sigma_{czn}\leqslant 0.2$ 计算

第 6 点处：σ_{zn}/σ_{czn}=14.72/68.0=0.217，不满足要求；

第 7 点处：σ_{zn}/σ_{czn}=10.67/76.2=0.140≤0.2，满足要求，所以计算深度取到第 7 点处。若第 7 点不满足，需要继续向下取 8 点，直到满足要求为止。

地基各分层自重应力平均值和附加应力平均值的计算见表 4.3。

例如 1 点处：自重应力$\bar{\sigma}_{cz}$=(18+29.46)/2=23.73 kPa，其他计算结果见表 4.3。

(6) 计算各层的自重应力平均值和附加应力平均值

例如：第一层，$\bar{\sigma}_{cz}$=(18+29.46)/2=23.73 kPa

$\overline{\sigma_z}$=(92+87.95)/2=89.98 kPa

并计算 $p_{2i}=\bar{\sigma}_{cz}+\overline{\sigma_z}$，其他各层计算见表 4.3。

表 4.3 地基最终沉降量计算

点号	深度(m)	自重应力 σ_{cz}	附加应力 σ_z	自重应力平均值 $\bar{\sigma}_{cz}=p_{1i}$	附加应力平均值 $\overline{\sigma_z}$	自重应力与附加应力平均值之和$\bar{\sigma}_{cz}+\overline{\sigma_z}=p_{2i}$	压前 e_{1i} 对应 p_{1i}	压后 e_{2i} 对应 p_{2i}	沉降量(mm) $s_i=\frac{e_{1i}-e_{2i}}{1+e_{1i}}h_i$
0	0	18.00	92.00						
1	0.6	29.46	87.95	23.73	89.98	113.71	0.917	0.848	21.60
2	1.4	36.84	67.71	33.15	77.83	110.98	0.907	0.850	23.91
3	2.2	44.22	46.74	40.53	57.23	97.76	0.899	0.857	17.69
4	3	51.60	32.38	47.91	39.56	87.47	0.891	0.864	11.42
5	4	59.80	21.34	55.70	26.86	82.56	0.921	0.903	8.85
6	5	68.00	14.72	63.90	18.03	81.93	0.916	0.904	6.26
7	6	76.20	10.67	72.10	12.70	84.8	0.910	0.901	4.71

(7) 根据不同压力条件下的孔隙比，绘出 e-p 曲线，查出与 p_{1i}、p_{2i} 相对应的 e_{1i}、e_{2i}，列入表中。此处，对于1～4点所查曲线是粉质黏土，5～7点所查曲线是淤泥质土。

(8) 基础的最终沉降量如下：

$$s=21.6+23.91+17.69+11.42+8.85+6.26+4.71=94.44\ \text{mm}$$

4.3.3 《建筑地基基础设计规范》推荐的沉降计算公式（应力面积法）

我国《建筑地基基础设计规范》(GB 50007—2011)中推荐使用的计算地基最终沉降量的方法（又称为规范方法），是简化的分层总和法的另一种形式，沿用分层总和法的假设，并引入平均附加应力系数 $\bar{\alpha}$ 和地基沉降计算经验系数 ψ_s。

4.3.3.1 计算公式

$$s=\psi_s s'=\psi_s\sum_{i=1}^{n}\frac{p_0}{E_{si}}(\bar{\alpha}_i z_i-\bar{\alpha}_{i-1}z_{i-1}) \tag{4.11}$$

式中 s——地基最终沉降量，mm；

s'——地基沉降理论计算值，mm；

ψ_s——沉降计算经验系数，见表4.4；

n——地基计算深度范围内的天然土层数；

p_0——基底附加压力，kPa；

E_{si}——第 i 层土的压缩模量，MPa；

z_i，z_{i-1}——基底至第 i 层土、第 $i-1$ 层土底面的垂直距离，m；

$\bar{\alpha}_i$，$\bar{\alpha}_{i-1}$——基底计算点至第 i 层土、第 $i-1$ 层土底面范围内的平均竖向附加应力系数，可查表4.5。

表4.4 沉降计算经验系数 ψ_s

基底附加应力		$\overline{E}_s$(MPa)				
		2.5	4.0	7.0	15.0	20.0
黏性土	$p_0=f_{ak}$	1.4	1.3	1.0	0.4	0.2
	$p_0<f_{ak}$	1.1	1.0	0.7	0.4	0.2
砂土		1.1	1.0	0.7	0.4	0.2

注：f_{ak}是地基承载力特征值。

表4.5 矩形面积上均布荷载作用下角点平均附加应力系数 $\bar{\alpha}$

z/b	l/b												
	1.0	1.2	1.4	1.6	1.8	2.0	2.4	2.8	3.2	3.6	4.0	5.0	10.0
0.0	0.2500	0.2500	0.2500	0.2500	0.2500	0.2500	0.2500	0.2500	0.2500	0.2500	0.2500	0.2500	0.2500
0.2	0.2496	0.2497	0.2497	0.2498	0.2498	0.2498	0.2498	0.2498	0.2498	0.2498	0.2498	0.2498	0.2498
0.4	0.2474	0.2479	0.2481	0.2483	0.2483	0.2484	0.2485	0.2485	0.2485	0.2485	0.2485	0.2485	0.2485
0.6	0.2423	0.2437	0.2444	0.2449	0.2451	0.2452	0.2454	0.2455	0.2455	0.2455	0.2455	0.2455	0.2456

续表 4.5

z/b	l/b												
	1.0	1.2	1.4	1.6	1.8	2.0	2.4	2.8	3.2	3.6	4.0	5.0	10.0
0.8	0.2346	0.2372	0.2387	0.2395	0.2400	0.2403	0.2407	0.2408	0.2409	0.2409	0.2410	0.2410	0.2410
1.0	0.2252	0.2291	0.2313	0.2326	0.2335	0.2340	0.2346	0.2349	0.2351	0.2352	0.2352	0.2353	0.2353
1.2	0.2149	0.2199	0.2229	0.2248	0.2260	0.2268	0.2278	0.2282	0.2285	0.2286	0.2287	0.2288	0.2289
1.4	0.2043	0.2102	0.2140	0.2146	0.2180	0.2191	0.2204	0.2211	0.2215	0.2217	0.2218	0.2220	0.2221
1.6	0.1939	0.2006	0.2049	0.2079	0.2099	0.2113	0.2130	0.2138	0.2143	0.2146	0.2148	0.2150	0.2152
1.8	0.1840	0.1912	0.1960	0.1994	0.2018	0.2034	0.2055	0.2066	0.2073	0.2077	0.2079	0.2082	0.2084
2.0	0.1746	0.1822	0.1875	0.1912	0.1980	0.1958	0.1982	0.1996	0.2004	0.2009	0.2012	0.2015	0.2018
2.2	0.1659	0.1737	0.1793	0.1883	0.1862	0.1883	0.1911	0.1927	0.1937	0.1943	0.1947	0.1952	0.1955
2.4	0.1578	0.1657	0.1715	0.1757	0.1789	0.1812	0.1843	0.1862	0.1873	0.1873	0.1885	0.1890	0.1895
2.6	0.1503	0.1583	0.1642	0.1686	0.1719	0.1745	0.1779	0.1799	0.1812	0.1812	0.1825	0.1832	0.1838
2.8	0.1433	0.1514	0.1574	0.1619	0.1654	0.1680	0.1717	0.1739	0.1753	0.1753	0.1769	0.1777	0.1784
3.0	0.1369	0.1449	0.1510	0.1556	0.1592	0.1619	0.1658	0.1682	0.1698	0.1708	0.1715	0.1725	0.1733
3.2	0.1310	0.1390	0.1450	0.1497	0.1533	0.1562	0.1602	0.1628	0.1645	0.1657	0.1664	0.1675	0.1685
3.4	0.1256	0.1334	0.1394	0.1441	0.1478	0.1508	0.1550	0.1577	0.1595	0.1607	0.1616	0.1628	0.1639
3.6	0.1205	0.1282	0.1342	0.1389	0.1427	0.1456	0.1500	0.1528	0.1548	0.1561	0.1570	0.1583	0.1595
3.8	0.1158	0.1234	0.1293	0.1340	0.1378	0.1408	0.1452	0.1482	0.1502	0.1516	0.1526	0.1541	0.1554
4.0	0.1114	0.1189	0.1248	0.1294	0.1332	0.1362	0.1408	0.1438	0.1459	0.1474	0.1485	0.1500	0.1516
4.2	0.1073	0.1147	0.1205	0.1251	0.1289	0.1319	0.1365	0.1396	0.1418	0.1434	0.1445	0.1462	0.1479
4.4	0.1035	0.1107	0.1164	0.1210	0.1248	0.1279	0.1325	0.1357	0.1379	0.1396	0.1407	0.1425	0.1444
4.6	0.1000	0.1070	0.1127	0.1172	0.1209	0.1240	0.1287	0.1319	0.1342	0.1359	0.1371	0.1390	0.1410
4.8	0.0967	0.1036	0.1091	0.1136	0.1173	0.1204	0.1250	0.1283	0.1307	0.1324	0.1337	0.1357	0.1379
5.0	0.0935	0.1003	0.1057	0.1102	0.1139	0.1169	0.1216	0.1249	0.1273	0.1291	0.1304	0.1325	0.1348
5.2	0.0906	0.0972	0.1026	0.1070	0.1106	0.1136	0.1183	0.1217	0.1241	0.1259	0.1273	0.1295	0.1320
5.4	0.0878	0.0943	0.0996	0.1039	0.1075	0.1105	0.1152	0.1186	0.1210	0.1229	0.1243	0.1265	0.1292
5.6	0.0852	0.0916	0.0968	0.1010	0.1046	0.1076	0.1122	0.1156	0.1181	0.1200	0.1215	0.1238	0.1266
5.8	0.0828	0.0890	0.0941	0.0983	0.1018	0.1047	0.1094	0.1128	0.1153	0.1172	0.1187	0.1211	0.1240
6.0	0.0805	0.0866	0.0916	0.0957	0.0991	0.1021	0.1067	0.1101	0.1126	0.1146	0.1161	0.1186	0.1216
6.2	0.0783	0.0842	0.0891	0.0932	0.0966	0.0995	0.1041	0.1075	0.1101	0.1120	0.1136	0.1161	0.1193
6.4	0.0762	0.0820	0.0869	0.0909	0.0942	0.0971	0.1016	0.1050	0.1076	0.1096	0.1111	0.1137	0.1171
6.6	0.0742	0.0799	0.0847	0.0886	0.0919	0.0948	0.0993	0.1027	0.1053	0.1073	0.1088	0.1114	0.1149
6.8	0.0723	0.0779	0.0826	0.0865	0.0898	0.0926	0.0970	0.1004	0.1030	0.1050	0.1066	0.1092	0.1129

续表 4.5

z/b	l/b												
	1.0	1.2	1.4	1.6	1.8	2.0	2.4	2.8	3.2	3.6	4.0	5.0	10.0
7.0	0.0705	0.0761	0.0806	0.0844	0.0877	0.0904	0.0949	0.0982	0.1008	0.1028	0.1044	0.1071	0.1109
7.2	0.0688	0.0742	0.0787	0.0825	0.0857	0.0884	0.0928	0.0962	0.0987	0.1008	0.1023	0.1051	0.1090
7.4	0.0672	0.0725	0.0769	0.0806	0.0838	0.0865	0.0908	0.0942	0.0967	0.0988	0.1004	0.1031	0.1071
7.6	0.0656	0.0709	0.0752	0.0789	0.0820	0.0846	0.0889	0.0922	0.0948	0.0968	0.0984	0.1012	0.1054
7.8	0.0642	0.0693	0.0736	0.0771	0.0802	0.0828	0.0871	0.0904	0.0929	0.0950	0.0966	0.0994	0.1036
8.0	0.0627	0.0678	0.0720	0.0755	0.0785	0.0811	0.0853	0.0886	0.0912	0.0932	0.0948	0.0976	0.1020
8.2	0.0614	0.0663	0.0705	0.0739	0.0769	0.0795	0.0837	0.0869	0.0894	0.0914	0.0931	0.0959	0.1004
8.4	0.0601	0.0649	0.0690	0.0724	0.0754	0.0779	0.0820	0.0852	0.0878	0.0893	0.0914	0.0943	0.0938
8.6	0.0588	0.0636	0.0676	0.0710	0.0739	0.0764	0.0805	0.0836	0.0862	0.0882	0.0898	0.0927	0.0973
8.8	0.0576	0.0623	0.0663	0.0606	0.0724	0.0749	0.0790	0.0821	0.0846	0.0866	0.0882	0.0912	0.0959
9.2	0.0554	0.0559	0.0637	0.0670	0.0697	0.0721	0.0761	0.0792	0.0817	0.0837	0.0853	0.0882	0.0931
9.6	0.0533	0.0577	0.0614	0.0645	0.0672	0.0696	0.0734	0.0765	0.0789	0.0809	0.0825	0.0855	0.0905
10.0	0.0514	0.0556	0.0592	0.0622	0.0649	0.0672	0.0710	0.0739	0.0763	0.0783	0.0799	0.0829	0.0880
10.4	0.0496	0.0537	0.0572	0.0601	0.0627	0.0649	0.0686	0.0716	0.0739	0.0759	0.0775	0.0804	0.0857
10.8	0.0479	0.0519	0.0553	0.0581	0.0606	0.0628	0.0664	0.0693	0.0717	0.0736	0.0751	0.0781	0.0834
11.2	0.0463	0.0502	0.0502	0.0563	0.0587	0.0609	0.0664	0.0672	0.0695	0.0714	0.0730	0.0759	0.0813
11.6	0.0448	0.0486	0.0518	0.0545	0.0569	0.0590	0.0625	0.0652	0.0675	0.0694	0.0709	0.0738	0.0793
12.0	0.0435	0.0471	0.0502	0.0529	0.0552	0.0573	0.0606	0.0634	0.0656	0.0674	0.0690	0.0719	0.0774
12.8	0.0409	0.0444	0.0474	0.0499	0.0521	0.0541	0.0573	0.0599	0.0621	0.0639	0.0654	0.0682	0.0739
13.6	0.0387	0.0420	0.0448	0.0472	0.0493	0.0512	0.0543	0.0568	0.0589	0.0607	0.0621	0.0649	0.0707
14.4	0.0367	0.0398	0.0425	0.0488	0.0468	0.0486	0.0516	0.0540	0.0561	0.0577	0.0592	0.0619	0.0677
15.2	0.0349	0.0379	0.0404	0.0426	0.0446	0.0463	0.0492	0.0515	0.0535	0.0551	0.0565	0.0592	0.0650
16.0	0.0332	0.0361	0.0385	0.0407	0.0425	0.0442	0.0469	0.0492	0.0511	0.0527	0.0540	0.0567	0.0625
18.0	0.0297	0.0323	0.0345	0.0364	0.0381	0.0396	0.0422	0.0442	0.0460	0.0475	0.0487	0.0512	0.0570
20.0	0.0269	0.0292	0.0312	0.0330	0.0345	0.0359	0.0383	0.0402	0.0418	0.0432	0.0444	0.0468	0.0524

注：l 与 b 分别为基础的长边和短边。

4.3.3.2 计算公式的推导

如图 4.10 所示，如果基底以下 $z_{i-1} \sim z_i$ 深度范围第 i 土层的压缩模量为 E_{si}（可取该层中点处相应于自重应力至自重应力加附加应力段的 E_s 值），则在附加应力作用下通过积分计算第 i 分层的压缩量为：

$$\Delta s_i' = \int_{z_{i-1}}^{z_i} \varepsilon_z = \int_{z_{i-1}}^{z_i} \frac{\bar{\sigma}_z}{E_{si}} \mathrm{d}z = \frac{1}{E_{si}} \int_{z_{i-1}}^{z_i} \bar{\sigma}_z \mathrm{d}z = \frac{1}{E_{si}} \left(\int_0^{z_i} \bar{\sigma}_z \mathrm{d}z - \int_0^{z_{i-1}} \bar{\sigma}_z \mathrm{d}z \right) = \frac{1}{E_{si}} (A_i - A_{i-1})$$

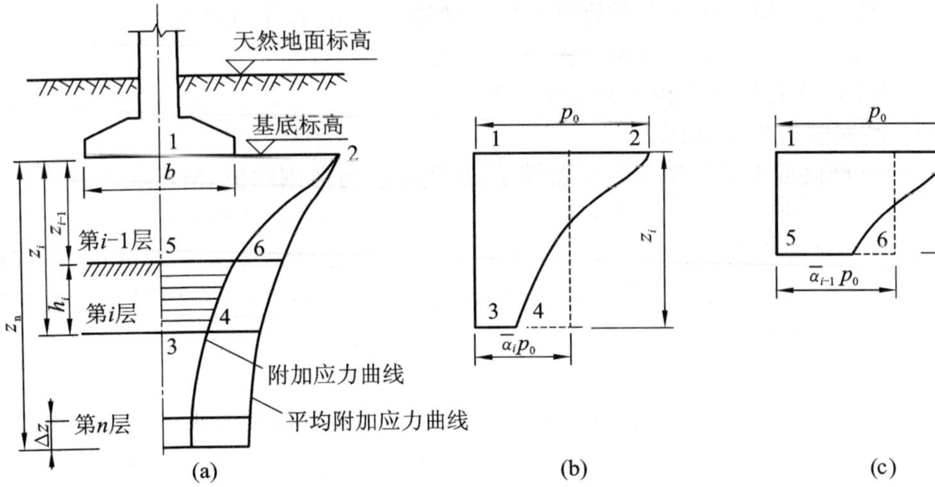

图 4.10 应力面积法计算地基最终沉降量示意图

式中 $\int_0^{z_i}\sigma_z \mathrm{d}z$—— 基底中心点以下 0 ～ z_i 深度范围内的附加应力面积，用 A_i 来表示；

$\int_0^{z_{i-1}}\sigma_z \mathrm{d}z$—— 基底中心点以下 0 ～ z_{i-1} 深度范围内的附加应力面积，用 A_{i-1} 来表示。

而 $\Delta A_i = A_i - A_{i-1}$ 为基底中心以下 z_{i-1}～z_i 深度范围内的附加应力面积，于是上述第 i 分层的压缩量又可表示为：

$$\Delta s_i' = \frac{\Delta A_i}{E_{si}} = \frac{A_i - A_{i-1}}{E_{si}}$$

为了便于计算，将基底中心以下地基中 z_{i-1}～z_i 深度范围内的附加应力按等面积原则化为相同深度范围内矩形分布时的分布应力大小，引入土层平均附加应力系数 $\overline{\alpha_i}$，即附加应力面积 A_i 及 A_{i-1}[图 4.10(b)、(c)]可分别改写为：

$$A_i = \overline{\alpha_i} p_0 z_i$$

$$A_{i-1} = \overline{\alpha}_{i-1} p_0 z_{i-1}$$

则

$$\Delta s_i' = \frac{p_0}{E_{si}}(z_i \overline{\alpha}_i - z_{i-1}\overline{\alpha}_{i-1})$$

根据分层总和法理念，理论上地基平均沉降量：

$$s' = \sum_{i=1}^{n} \Delta s_i' = \sum_{i=1}^{n} \frac{p_0}{E_{si}}(z_i \overline{\alpha}_i - z_{i-1}\overline{\alpha}_{i-1}) \tag{4.12}$$

4.3.3.3 沉降计算经验系数 ψ_s

由于 s' 的推导作了近似假定和近似处理，为提高计算准确度，规范在总结国内大量建筑物沉降观测资料的基础上，引入沉降经验系数 ψ_s 修正计算值，减小其与实测值的差别。规范推荐的最终变形沉降量的基本计算公式为：

$$s = \psi_s s' = \psi_s \sum_{i=1}^{n} \frac{p_0}{E_{si}}(\overline{\alpha}_i z_i - \overline{\alpha}_{i-1} z_{i-1}) \tag{4.13}$$

式中 ψ_s——沉降计算经验系数，根据沉降观测资料及经验确定，无地区经验时，可按表 4.4 取值，$\overline{E}_s$ 为沉降计算深度范围内的压缩模量当量值，按下式计算：

$$\overline{E}_s = \frac{\sum A_i}{\sum \frac{A_i}{E_{si}}} \tag{4.14}$$

A_i——第 i 层平均附加应力系数沿土层深度的积分值，按下式计算：

$$A_i = p_0(z_i\bar{\alpha}_i - z_{i-1}\bar{\alpha}_{i-1})$$

n——地基沉降计算范围内所划分的土层数；

p_0——基底附加压力，kPa；

E_{si}——基础底面下第 i 层土的压缩模量，按实际应力范围取值，MPa；

z_i, z_{i-1}——基础底面至第 i 层底面、顶面[$(i-1)$层底面]的距离，m；

$\bar{\alpha}_i, \bar{\alpha}_{i-1}$——基础底面计算点至第 i 层土底面、第 i 层土顶面[$(i-1)$层底面]范围内平均附加应力系数，矩形面积上的均布荷载作用下角点平均附加应力系数可查表 4.5。

4.3.3.4 确定计算深度

(1) 地基沉降计算深度 z_n，通过"变形比"试算法确定，即要满足要求：

$$\Delta s'_n \leqslant 0.025 \sum \Delta s'_i \tag{4.15}$$

式中 $\Delta s'_i$——在计算深度范围内，第 i 层土的计算变形值，mm；

$\Delta s'_n$——在由计算深度向上取厚度为 Δz 的土层计算变形值，mm。

如果确定的沉降计算深度下部仍有较软弱土层，应继续往下计算，同样也应直到满足式(4.15)为止。

表 4.6 计算厚度 Δz 的确定

b(m)	≤2	2～4	4～8	8～15	15～30	>30
Δz(m)	0.3	0.6	0.8	1.0	1.2	1.5

(2) 当无相邻荷载影响，基础宽度在 1～30 m 范围内时，地基沉降计算深度也可按下列简化公式计算：

$$z_n = b(2.5 - 0.4\ln b) \tag{4.16}$$

式中 b——基础宽度，m。

在计算深度范围内存在基岩时，z_n 可取至基岩表面。当存在较厚的坚硬黏性土层，其孔隙比小于 0.5、压缩模量大于 50 MPa，或存在较厚的密实卵石层，其压缩模量大于 80 MPa 时，z_n 可取至该层表面。

【例 4.2】 某独立基础底面尺寸长为 2.5 m，宽为 2.5 m，柱轴向力准永久组合值 $F=$ 1100 kN 作用在基础顶面处，基础埋深 2 m，其他数据如图 4.11 所示，请用规范法计算地基的最终沉降量。

【解】 (1) 计算 p_0

基础及其上回填土的总重 $G=\gamma_G Ad=20\times2.5\times2.5\times2.0=250$ kN

基底平均压力 $p=\dfrac{F+G}{A}=\dfrac{1100+250}{2.5\times2.5}=216.0$ kPa

基底处的土中附加应力 $p_0=p-\gamma_0 d=216-19.5\times2.0=177$ kPa

(2) 确定计算深度

由于周围没有相邻荷载，基础中点的变形计算深度可按式(4.16)计算：

$$z_n=b(2.5-0.4\ln b)=2.5\times(2.5-0.4\ln 2.5)=5.33 \text{ m}$$

取 $z_n=5.4$ m。

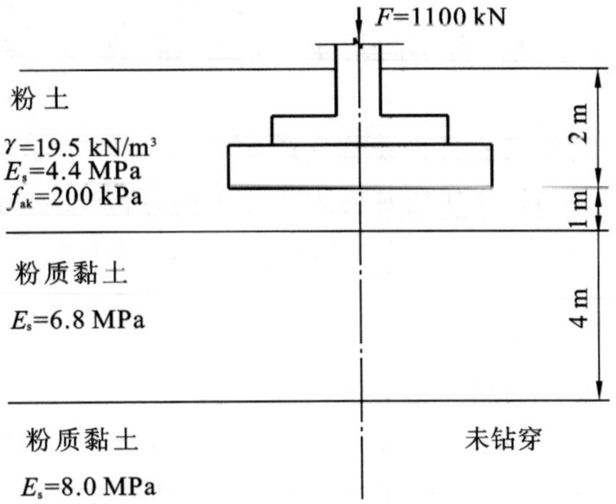

图 4.11 例 4.2 图

(3) 分层

以不同性质的天然土层作为分界层，最后一层厚度为 0.4 m。

(4) 计算竖向平均附加应力系数 $\bar{\alpha}$

当 $z=0$ 时，$\bar{\alpha}=0.25$

当 $z=1$ m 时，基底面积划分为四个小矩形，即 $2.5\times2.5=(2\times1.25)\times(2\times1.25)$

$l/b=1.25/1.25=1$，$z/b=1/1.25=0.8$，查表 4.5 有 $\bar{\alpha}=0.2346$

其他详见表 4.7。

(5) 计算深度范围内土的压缩量

具体计算见表 4.7。

表 4.7 地基最终沉降量计算

z(m)	l/b	z/b	$\bar{\alpha}_i$	$z_i\bar{\alpha}_i$	$(z_i\bar{\alpha}_i)-(z_{i-1}\bar{\alpha}_{i-1})$	E_{si}(kPa)	$\Delta s_i'$(mm)	$\sum\Delta s_i'$
0	1	0	0.250	0				
1.0	1	0.8	0.235	0.235	0.235	4400	41.98	41.98
5.0	1	4.0	0.111	0.555	0.320	6800	37.00	78.98
5.4	1	4.32	0.105	0.567	0.012	8000	1.18	80.16

(6) 确定经验系数

计算 z_n 深度范围内压缩模量的当量值：

$$\overline{E_s}=\frac{\sum A}{\sum\frac{A_i}{E_{si}}}=\frac{0.235+0.320+0.012}{\frac{0.235}{4400}+\frac{0.320}{6800}+\frac{0.012}{8000}}=5560.5\ \text{kPa}=5.56\ \text{MPa}$$

因为 $p_0=177\ \text{kPa}<f_{ak}=200\ \text{kPa}$，$\overline{E_s}=5.56$ MPa 时，查表 4.4 并内插得：

$$\psi_s=1+\frac{7-5.56}{7-4}\times(1.0-0.7)=1.144$$

(7) 计算地基最终沉降量

$$s=\psi_s\sum\Delta s'_i=1.144\times80.16=91.7\ \text{mm}$$

4.4 应力历史对地基沉降的影响

应力历史是指天然土层在形成过程及其地质年代中，土中有效应力的变化过程。黏性土在形成及存在过程中所经受的地质作用和应力变化不同，所产生的压密过程及固结状态也不同。在相同荷载作用下，不同应力历史的土表现出不同的压缩特性。

4.4.1 先期固结压力

天然土层在历史上曾受过的最大固结压力（指土体在固结过程中所受的最大有效压力）称为先（前）期固结压力 p_c。先期固结压力取决于土层的受力历史（长期自然地质作用），一般很难查明，只能根据原状土样的 e-lg$p$ 曲线推求。确定先期固结压力 p_c，最常用的方法是卡萨格兰（Cassagrande，1936）建立的经验作图法，作图步骤如下（图 4.12）：

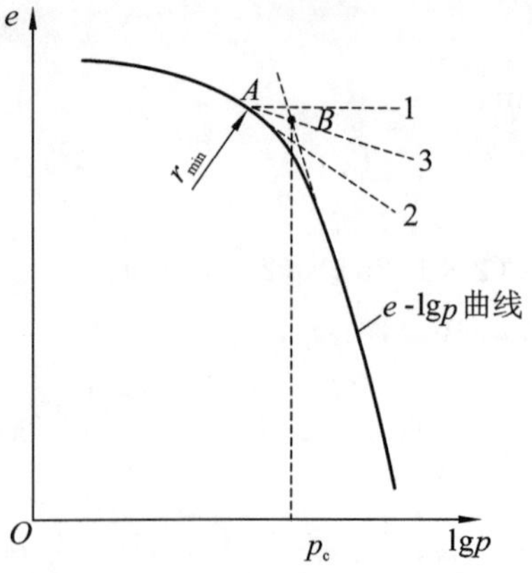

图 4.12 先期固结压力的确定

(1) 从 e-lg$p$ 曲线上取曲率半径最小的一点 A，过 A 点作水平线 $A1$ 和切线 $A2$；

(2) 作∠1A2 的平分线 $A3$，与 e-lg$p$ 曲线中直线段的延长线相交于 B 点；

(3) B 点所对应的有效应力就是先期固结压力 p_c。

这种作图方法存在以下缺点：曲率半径最小的点是通过人为判断确定的，存在误差；e-lg$p$ 曲线的曲率随着 e 轴坐标比例变化而改变，目前尚无统一的作图比例，人为因素影响比较大；为得到 e-lg$p$ 曲线的直线段部分需要进行大于 1000 kPa 的较大压力下土的压缩试验。因此，在确定 p_c 时，一般还应该结合场地的地形、地貌等形成历史的调查资料综合确定。

4.4.2 天然土层应力历史

按先期固结压力 p_c 与土现有覆盖自重应力 p_1（$p_1=\sigma_{cz}$）的比值即超固结比（用 ORC 表示），可将土（主要为黏性土和粉土）分为超固结土、正常固结土和欠固结土三类。

(1) 超固结土

超固结土是指土层为超过目前自重应力的荷载固结形成的土，即该土层历史上曾受过大于现在覆盖土重的前期固结压力。图 4.13(a)中虚线表示当时沉积层的地表，后来由于流水或冰川及人类活动等各种原因，搬运相当厚的沉积物，将地表降至目前标高。因此先期固结压力 $p_c=\gamma h_c$（h_c 为剥蚀前地面下的计算点深度），超过了现有的土自重应力 p_1，即 $ORC>1$。

(2) 正常固结土

正常固结土是指土层历史上所经受的最大压力等于现有覆盖土有效自重应力。如图 4.13(b)所示，土在搬运沉积的生成过程中，不断沉积到现在的地面标高，在土的自重作用下已经达到固结稳定状态，此固结压力即为有效的土的自重应力，即 $ORC=1$。

(3) 欠固结土

欠固结土是指土层在目前的土重下，还没有达到完全固结的程度，土层实际固结压力小于

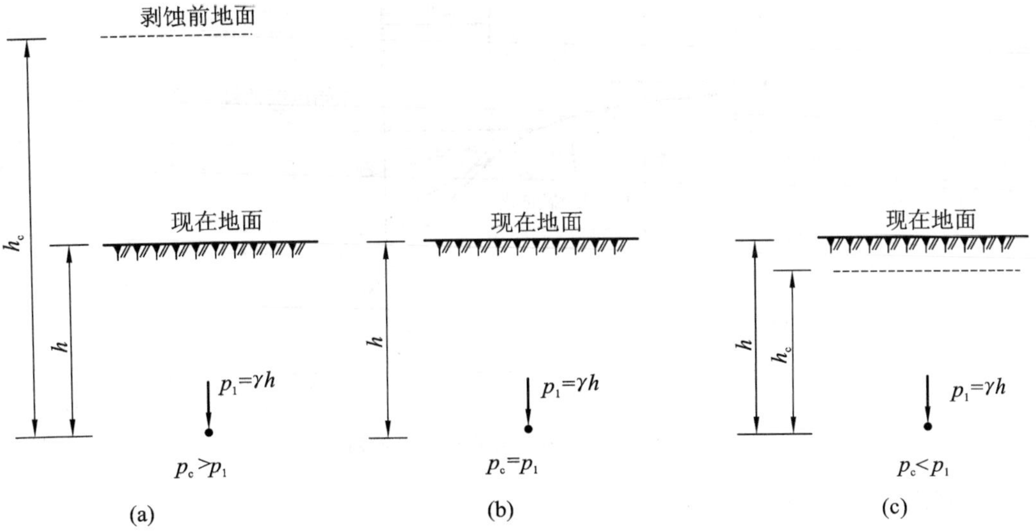

图 4.13 天然土层的应力历史分类示意图

(a) 超固结土层;(b) 正常固结土层;(c) 欠固结土层

现有的土层自重应力。图 4.13(c)中虚线表示将来固结后的地表面,低于目前的地面,即 $ORC<1$。土层可能是新近沉积的黏性土、粉土或人工填土。另外,当地下水位发生前所未有的下降后,也会使土处于欠固结状态。

4.4.3 原始压缩曲线及其相关指标

室内压缩试验过程中,由于取原状土和制备土样过程中不可避免的应力释放及不同程度的扰动,所得的 e-$\lg p$ 曲线已经不能代表地基中原位土体承受建筑荷载后的压缩特性。因此,必须对其加以修正,使地基沉降更合理,得出符合现场原始土体孔隙比与有效应力的关系曲线,即原始压缩曲线,同时能考虑到应力历史对地基压缩性的影响。

(1) 正常固结土的原始压缩曲线

对于正常固结土,假定从地基中取到实验室的试样保持体积不变,则其天然初始孔隙比不变,则 $p_1=p_c$,所以图 4.14 中 $b(p_c,e_0)$点与原位土体状态相同。此外,根据许多室内压缩试验,由不同扰动程度的土,得出的室内压缩 e-$\lg p$ 曲线的直线线段都大致交于$0.42e_0$。这说明经过很大压力的土样,其密实度很高,这时起始的各种不同程度扰动对土的压缩性影响已没有区别了,由此推测原始压缩曲线也交于此点。正常固结土的原始压缩曲线,可根据施默特曼(Schmertmann,1955)的方法,按下列步骤将室内压缩曲线加以修正后求得(图 4.14):

① 先作 e-$\lg p$ 曲线及确定先期固结压力 p_c;

② 作 e_0 线,与 p_c 交于 b 点;

③ 作 $e=0.42e_0$ 交 e-$\lg p$ 曲线于 c 点;

④ 连接 bc,其斜率即为原始压缩曲线的压缩指数 C_c(区别于试验压缩得到的 C_c)。

(2) 超固结土的原始压缩曲线

超固结土的原始压缩曲线可按下列步骤求得(图 4.15):

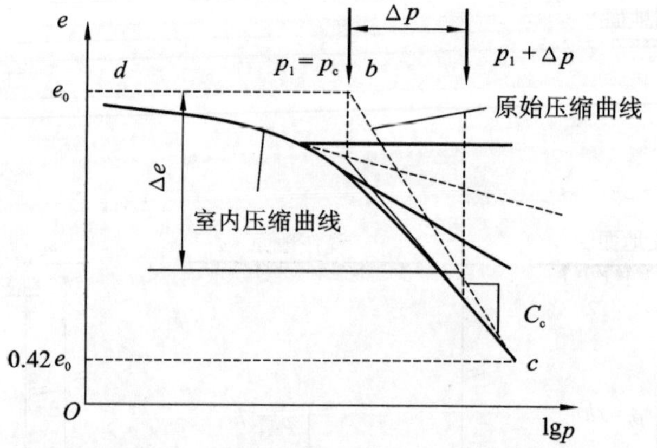

图 4.14 正常固结土的原始压缩曲线

① 作室内压缩 e-lg$p$ 曲线及 $p=p_c$ 直线；

② 作 p_i 卸载至 p_1 的回弹-再压缩曲线，在滞回环的两端得平均回弹-再压缩曲线 fg；

③ 作 $e=e_0$ 交 $p=p_1$ 曲线于 b_1 点；

④ 作 $b_1b \parallel fg$，由 fg 线斜率得回弹指数 C_e；

⑤ 作 $e=0.42e_0$ 交室内压缩曲线 e-lg$p$ 于 c 点；

⑥ 连接 bc，其斜率即为原始压缩曲线的压缩指数 C_c。

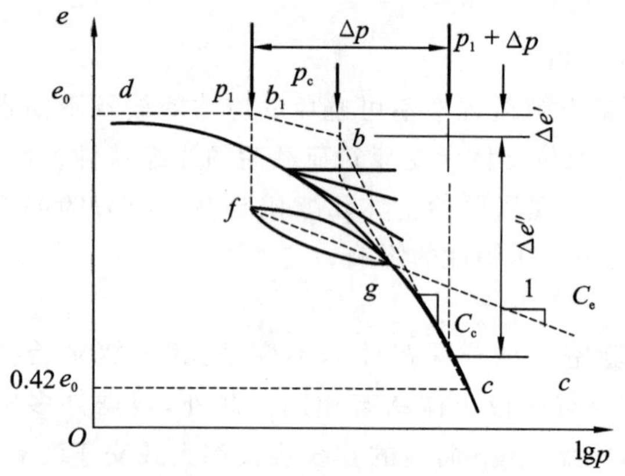

图 4.15 超固结土扰动后的压缩曲线

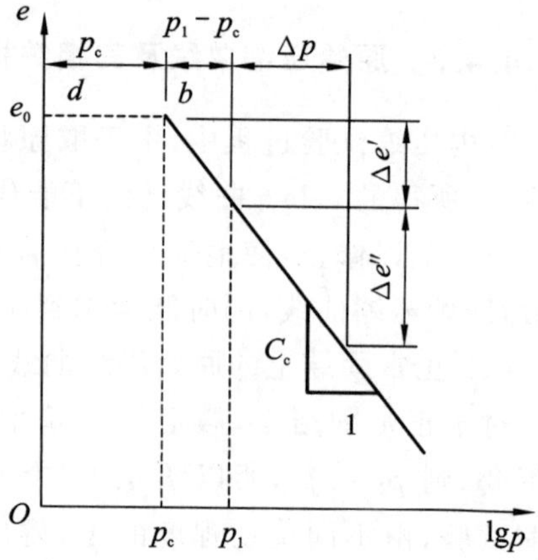

图 4.16 欠固结土的原始压缩曲线

(3) 欠固结土的原始压缩曲线

对于欠固结土，由于自重作用下的压缩尚未稳定，可近似地按正常固结土的方法求得原始压缩曲线，从而定出压缩指数 C_c 值，如图 4.16 所示。

4.4.4 考虑应力历史的地基最终沉降计算

考虑应力历史对沉降的影响，只要在地基沉降计算通常采用的分层总和法的基本公式中，将土的压缩性指标改为由原始压缩曲线 e-lg$p$ 确定，该方法又称 e-lg$p$ 曲线法。

(1) 正常固结土的沉降计算

从正常固结土的原始压缩曲线上得到压缩指数 C_{ci}后，按下式计算地基最终沉降量：

$$s = \sum_{i=1}^{n} \frac{\Delta e_i}{1+e_{0i}} h_i = \sum_{i=1}^{n} \frac{h_i}{1+e_{1i}} \left[C_{ci} \lg\left(\frac{p_{1i}+\Delta p}{p_{1i}} \right) \right] \tag{4.17}$$

式中 Δe_i——由原始压缩曲线确定的第 i 层土的孔隙比变化；

e_{0i}——第 i 层土的初始孔隙比；

C_{ci}——由原始压缩曲线确定的第 i 层土的压缩指数；

Δp_i——第 i 层土的附加应力平均值；

p_{1i}——第 i 层土的自重应力平均值；

h_i——第 i 层土的厚度。

(2) 超固结土的沉降计算

首先由原始压缩曲线和再压缩曲线分别确定土的压缩指数 C_c 和回弹指数 C_e。根据超固结程度，按下面两种情况计算沉降量：

① 当某土层的应力增量 $\Delta p \geqslant p_c - p_1$ 时(图 4.15)，即 $p_1+\Delta p > p_c$，分层土的孔隙比将先沿着原始再压缩曲线 b_1b 段减少 $\Delta e'$(相应有效应力由 p_1 增至 p_c)，然后再沿着原始压缩曲线 bc 段减少 $\Delta e''$(相应有效应力由 p_c 增至 $p_1+\Delta p$)。

第一部分孔隙比变化 $\Delta e'$ 为：

$$\Delta e' = C_e \lg\left(\frac{p_c}{p_1} \right) \tag{4.18}$$

第二部分孔隙比变化 $\Delta e''$为：

$$\Delta e'' = C_c \lg\left(\frac{p_1+\Delta p}{p_c} \right) \tag{4.19}$$

总孔隙比变化为：

$$\Delta e = \Delta e' + \Delta e'' = C_e \lg\left(\frac{p_c}{p_1} \right) + C_c \lg\left(\frac{p_1+\Delta p}{p_c} \right)$$

所以，当 $\Delta p \geqslant p_c - p_1$ 时，其总沉降量 s_n 为：

$$s_n = \sum_{i=1}^{n} \frac{h_i}{1+e_{0i}} \left[C_{ei} \lg\left(\frac{p_{ci}}{p_{1i}} \right) + C_{ci} \lg\left(\frac{p_{1i}+\Delta p}{p_{ci}} \right) \right] \tag{4.20}$$

② 当某土层的应力增量 $\Delta p \leqslant p_c - p_1$ 时(图 4.15)，分层土的孔隙比将只沿着原始再压缩曲线 b_1b 段减少，则其总沉降量 s_m 为：

$$s_m = \sum_{i=1}^{m} \frac{h_i}{1+e_{0i}} \left[C_{ei} \lg\left(\frac{p_{1i}+\Delta p}{p_{ci}} \right) \right] \tag{4.21}$$

总沉降量 s 为上述两部分之和，即：

$$s = s_n + s_m$$

(3) 欠固结土的沉降计算

可近似地按正常固结土沉降计算方法求得原始压缩曲线，沉降计算公式如下：

$$s = \sum_{i=1}^{n} \frac{h_i}{1+e_{1i}} \left[C_{ci} \lg\left(\frac{p_{1i}+\Delta p}{p_{1i}} \right) \right] \tag{4.22}$$

4.5 土的载荷试验与变形模量

土的室内压缩试验是目前测定地基土压缩性的常用方法。但遇到以下情况时侧限压缩试验就不适用了。

① 地基土为粉砂、细砂，取原状土样很困难，或地基为软土，土样取不出来。

② 土层不均匀，土试样尺寸小，代表性差。

③ 国家一级工程、规模大或建筑物对沉降有严格要求的工程。

针对上述情况，可采用载荷试验加以解决。

4.5.1 载荷试验

(1) 试验装置与方法

载荷试验可用于测定承压板下应力主要影响范围内土的承载力和变形，可通过浅层平板载荷试验（适用于浅层地基土）或深层平板载荷试验（适用于深层地基和大直径的桩端土）在分级加载后测得的地基沉降与压力之间近似的比例关系，再利用地基沉降的弹性力学公式来反算土的变形模量。

在建筑场地选择有代表性的部位，挖坑到待测土层。浅层载荷试验的试坑宽度或直径不应小于 3 倍承载板宽度或直径，深层平板载荷试验的试井直径应大于或等于承压板直径；其深度依所需测试土层的深度而定，承载板的底面积一般为 0.25～0.50 m^2，试坑或试井底的试验土层要保持其原状结构和天然湿度，并在承压板下表面铺设不超过 20 mm 厚的砂层找平，并尽快地安装设备。

试验装置：图 4.17 所示为两种型式的千斤顶载荷架，其构造一般由加荷稳压装置、反力装置及观测装置三部分组成。加荷稳压装置包括承压板、立柱、加荷千斤顶及稳压器；反力装置包括地锚系统或堆重系统等；观测装置包括百分表及固定支架等。

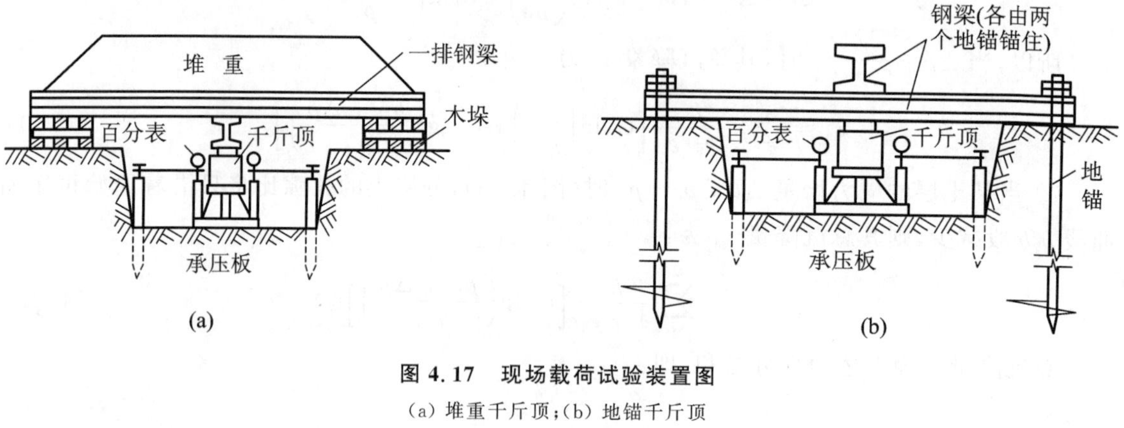

图 4.17 现场载荷试验装置图

(a) 堆重千斤顶；(b) 地锚千斤顶

(2) 试验方法

首先用千斤顶通过承压板向地基施加第一级压力，利用稳定器保持这一压力值不变，用百分表测量承压板的位移，即地基的沉降量。当沉降量稳定后，再提高载荷到第二级压力，同样观测荷载板的位移，这样便可测得载荷板位移 s 与 p 之间的一组数据 (p_i, s_i)，$i=1,2,3,\cdots,n$。

(3) 加载方式及终止加载条件

载荷试验的加载方式应采用分级维持荷载沉降相对稳定法(常规慢速法)。有地区经验时，可采用分级加荷沉降非稳定法(快速法)或等沉降速率法。加荷等级宜取 10～12 级，加荷等级不少于 8 级，第一级荷载取试验坑底面处的自重应力；其后每级荷载增量 Δp，对较松软的土取 10～25 kPa，对较密实的土取 50 kPa；最大加载值 p_{max} 不应小于地基承载力设计值的 2 倍，并应尽量接近预估的地基极限荷载 p_u。对慢速法，每加一级荷载后，按时间间隔 10 min、10 min、10 min、15 min、15 min 及以后每隔 30 min 读一次沉降，当连续 2 h，每小时的沉降量小于 0.1 mm 时，则认为已趋于稳定，可加下一级荷载。当出现下列情况之一时，可终止加载：

① 承压板周围的土明显侧向挤出(砂土)或出现裂纹(黏性土和粉土)；

② 本级沉降量大于前级荷载沉降量的 5 倍，荷载与沉降曲线出现明显陡降；

③ 在某一荷载下 24 h 内沉降速率不能达到相对稳定；

④ 总沉降量与承压板直径(或宽度)之比超过 0.06。

(4) 载荷试验结果

将上述试验得到的各级荷载与相应的稳定沉降量绘制成 p-s 曲线。通常终止加载后，可按规定逐级卸载，并进行沉降观测，得到回弹曲线，这样就可以知道卸荷时的回弹变形(即弹性变形)和残余变形(即塑性变形)。图 4.18 给出了一些代表性土类的 p-s 曲线。

4.5.2 土的变形模量

地基土的变形模量是指在无侧限情况下单轴受压时的应力与应变的比值。利用地基沉降的弹性力学中的布辛奈斯克(Boussinesq)基本解，反求地基的变形模量，其计算公式如下：

$$E_0=\omega(1-\mu^2)\frac{p_1 d}{s_1} \tag{4.23}$$

式中 E_0——地基的变形模量；

p_1——p-s 曲线上直线段的荷载强度，一般取比例界限荷载 p_{cr}，kPa；

ω——沉降影响系数，与荷载板刚度和形状有关，刚性方形承压板取 $\omega=0.88$，刚性圆形承压板取 $\omega=0.79$；

d——承压板的边长或直径，m；

s_1——与荷载 p_1 相对应承压板的沉降值，mm；

μ——土的泊松比，砂土可取 0.2～0.25，黏性土可取 0.25～0.45。

若 p-s 曲线不出现起始的直线段，《建筑地基基础设计规范》(GB 50007—2011)中建议，对中、高压缩性土取 $s_1=(0.01\sim0.015)b$，再将其相应的荷载 p_1 代入上式计算 E_0。

根据《岩土工程勘察规范》(GB 50021—2001)，土的变形模量应根据 p-s 曲线的初始直线段，按均质各向同性半无限弹性介质的弹性理论计算。

浅层平板载荷试验的变形模量：

$$E_0=I_0(1-\mu^2)\frac{pd}{s} \tag{4.24}$$

深层平板载荷试验的变形模量：

$$E_0=I_0 I_1 I_2(1-\mu^2)\frac{pd}{s} \tag{4.25}$$

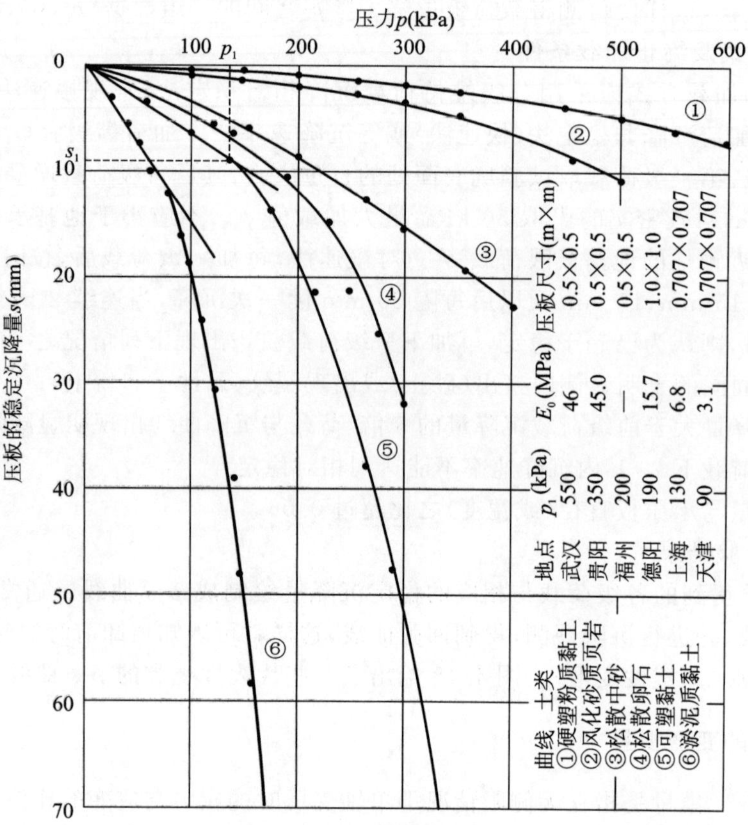

图 4.18 不同土类的 p-s 曲线实例

式中 I_0——刚性承压板的形状系数,圆形承压板取 0.785,方形承压板取 0.886;

μ——土的泊松比,砂土可取 0.2~0.25,黏性土可取 0.25~0.45;

d——承压板的边长或直径,m;

E_0——土的变形模量,MPa;

p——p-s 曲线线性段的压力,kPa;

s——与荷载 p 相对应承压板的沉降值,mm;

I_1——与承压板埋深 z 有关的修正系数,当 $z>d$ 时,$I_1=0.5+0.23d/z$;

I_2——与土的泊松比 μ 有关的修正系数,$I_2=1+2\mu^2+2\mu^4$。

4.5.3 压缩模量与变形模量之间的关系

变形模量 E_0 与压缩模量 E_s 在土力学中经常用到,两者在概念上是有区别的。土的变形模量是指土体在无侧限条件下单轴受压时应力与应变的比值的,由现场静载试验测定。压缩模量则是在完全侧限条件下测得的,是通过室内压缩试验获得的。它们与其他建筑材料的弹性模量不同,都包含了相当部分不可恢复的残余变形。二者在理论上是完全可以互换的,变形模量与压缩模量的关系为:

$$E_0=\beta E_s \tag{4.26}$$

式(4.26)的证明如下:

(1) 根据压缩模量的定义 $E_s=\frac{\sigma_z}{\varepsilon_z}$,得到竖向应变:

$$\varepsilon_z=\frac{\sigma_z}{E_s} \tag{4.27}$$

(2) 根据广义胡克定律,在三向受力情况下的应变为:

$$\varepsilon_x=\frac{\sigma_x}{E_0}-\mu\frac{\sigma_y}{E_0}-\mu\frac{\sigma_z}{E_0}=\frac{\sigma_x}{E_0}-\frac{\mu}{E_0}(\sigma_y+\sigma_z) \tag{4.28a}$$

$$\varepsilon_y=\frac{\sigma_y}{E_0}-\frac{\mu}{E_0}(\sigma_z+\sigma_x) \tag{4.28b}$$

$$\varepsilon_z=\frac{\sigma_z}{E_0}-\frac{\mu}{E_0}(\sigma_x+\sigma_y) \tag{4.28c}$$

注:负号表示伸长。

(3) 在地基中土侧限条件下,即 $\varepsilon_x=\varepsilon_y=0$,由式(4.28a)、(4.28b)可得:

$$\sigma_x=\sigma_y=\frac{\mu}{1-\mu}\sigma_z \tag{4.29}$$

或

$$\sigma_x=\sigma_y=k_0\sigma_z \tag{4.30}$$

式中 k_0——土的侧压力系数或静止土压力系数(侧限条件下的侧向与竖向有效应力的比值)。通过试验测定,当无试验条件时,k_0 可采用表 4.8 的经验值。其值一般小于 1,如果地面是经过地质剥蚀作用遗留下来的,或者所考虑的土层曾经受过超固结作用,则 k_0 值也可能大于 1。

表 4.8 k_0、μ、β 的经验值

土的种类和状态		k_0	μ	β
碎石土		0.18～0.25	0.15～0.20	0.90～0.95
砂土		0.25～0.33	0.20～0.25	0.83～0.90
粉土		0.33	0.25	0.83
粉质黏土	坚硬状态	0.33	0.25	0.83
	可塑状态	0.43	0.30	0.74
	软塑及流塑状态	0.53	0.35	0.62
黏土	坚硬状态	0.33	0.25	0.83
	可塑状态	0.53	0.35	0.62
	软塑及流塑状态	0.72	0.42	0.39

将式(4.29)代入式(4.28c)得:

$$\varepsilon_z=\left(1-\frac{2\mu^2}{1-\mu}\right)\frac{\sigma_z}{E_0} \tag{4.31}$$

(4) 比较式(4.27)与式(4.31)得:

$$\frac{1}{E_s}=\left(1-\frac{2\mu^2}{1-\mu}\right)\frac{1}{E_0}$$

令

$$\beta=1-\frac{2\mu^2}{1-\mu}$$

即
$$E_0=\left(1-\frac{2\mu^2}{1-\mu}\right)E_s=\beta E_s$$

必须指出，上式仅是 E_0 和 E_s 的理论关系。实际上，由于现场试验测定 E_0 和室内试验测定 E_s 时，各种试验因素的影响和无法统一的标准（如试验过程中土样的扰动、加载速率、压缩稳定标准等），μ 值也难以精确确定，故式(4.26)不能精确地反映 E_0 和 E_s 之间的实际关系。对于硬土，E_0 可能较 βE_s 大数倍；对于软土，E_0 与 βE_s 比较接近，这在实用中要注意。

4.6　土的弹性模量

在室内侧限压缩试验中连续递增加压，得到了常规的压缩曲线。现在当加压到某一值 p_i［相应于图 4.19(a)中曲线上的 b 点］后不再加压，而是逐级卸载直至荷载为零，测得各卸载等级下土样回弹稳定后土样高度，进而换算得到相应的孔隙比，即可绘制出卸载阶段的关系曲线，如图 4.19(a)中 bc 曲线所示，此曲线称为回弹曲线（或膨胀曲线）。可以看到不同于一般的弹性材料的是，回弹曲线不和初始加载的曲线 ab 重合，卸载至零时，土样的孔隙比没有恢复到初始压力为零时的孔隙比 e_0。这就表明土在荷载作用下残留了一部分压缩变形（称之为残余变形或塑性变形），但也恢复了一部分压缩变形（称之为弹性变形）。若接着重新逐级加压，则可测得土样在各级荷载作用下再压缩稳定后的土样高度，换算成孔隙比后可绘制出再压缩曲线，如图 4.19(a)中的 cdf 曲线。可以发现，再压缩曲线的 df 段与原压缩曲线 ab 段的延续是近于光滑连接的，但再压缩曲线与回弹曲线不重合，也不通过原卸载点 b。

对于高层建筑基础，往往其基础底面和埋置深度都较大，开挖深基坑后，地基受到较大的减压（应力解除）作用，因而发生土的膨胀，造成坑底回弹。因此，在预估基础沉降时，应适当考虑这种影响。

对于半对数直角坐标系的 e-lg$p$ 曲线，也有类似的过程［图 4.19(b)］。将由回弹曲线的 bc 段和再压缩曲线的 cd 段形成的滞回环近似用一条直线或曲线段代替，如图 4.19(b)中的虚线 ce。卸载曲线和再压缩曲线的平均斜率称为回弹指数或再压缩指数，用 C_e 表示。在一般情况下，$C_e=(0.1\sim0.2)C_c$。

土的弹性模量的定义是土体在无侧限条件下瞬时压缩的应力应变模量，用 E 来表示，即：

$$E=\frac{\sigma_z}{\varepsilon_z^e} \tag{4.32}$$

式中　E——土的弹性模量；

σ_z——竖向应力；

ε_z^e——竖向弹性应变，$\varepsilon_z^e=\varepsilon_z-\varepsilon_z^p$；

ε_z——竖向总应变；

ε_z^p——竖向塑性应变。

布辛奈斯克解答了在弹性半空间表面上作用一个竖向集中力时，半空间内任意点处所引起的六个应力分量和三个位移分量，其中位移分量包含了土的弹性模量和泊松比两个参数。由于土并非理想弹性体，它的变形包括了可恢复的弹性变形和不可恢复的残余变形两部分。

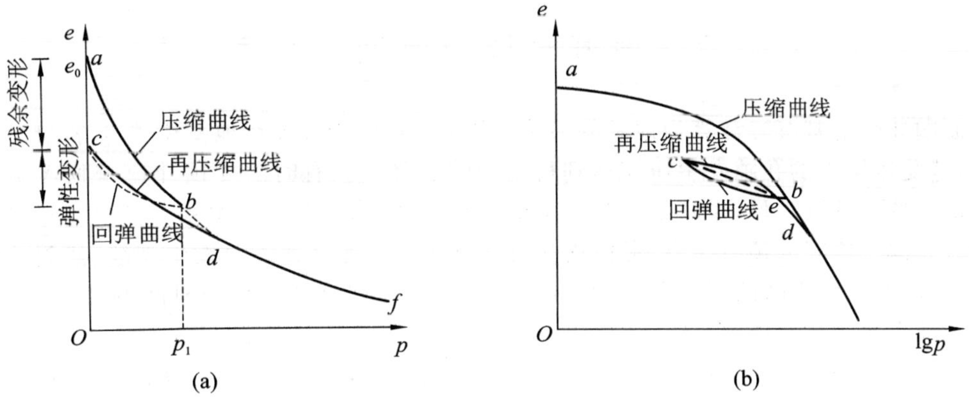

图 4.19 土的回弹曲线与再压缩曲线

(a) 直角坐标；(b) 半对数坐标

因此，在静荷载作用下计算土的变形时，所采用的变形参数为压缩模量或变形模量；在侧限条件假设下，通常地基沉降计算的分层总和法公式都采用压缩模量；当运用弹性力学公式时，则用变形模量或弹性模量进行变形计算。因此，土的残余变形远大于弹性变形，弹性模量远大于变形模量。由此可见，弹性模量应用来计算瞬间或短时间内即荷载快速作用时土体的变形。

弹性模量一般采用室内三轴压缩试验得到的应力-应变关系曲线所确定的初始切线模量(E_i)或相当于现场荷载条件下的再加荷模量(E_r)。三轴仪中进行的试验，一般重复加荷和卸荷若干次，如图 4.20 所示。加荷、卸荷 5～6 个循环后，便可在主应力差($\sigma_1-\sigma_3$)与轴向应变 ε 关系图上测得 E_i 和 E_r。图 4.20 还表明，在周期荷载作用下，土样随应变量增大而逐渐硬化。这样确定的再加荷模量 E_r 就是符合现场条件下的土的弹性模量。

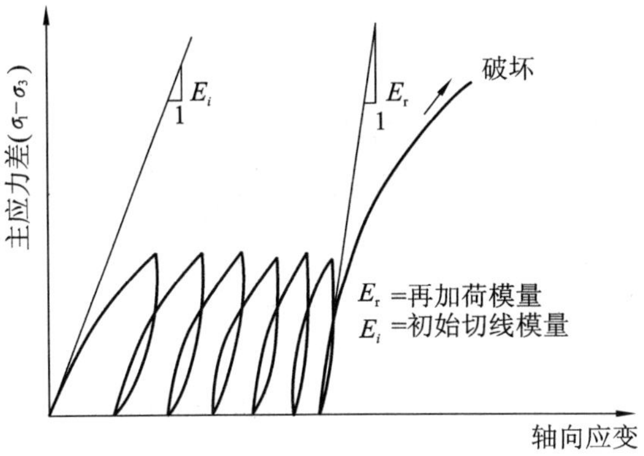

图 4.20 三轴试验确定土的弹性模量

计算高耸结构物在风荷载作用下的倾斜时发现，如果用土的压缩模量或变形模量进行计算，则倾斜的计算值远大于实际值。这是因为风荷载是瞬时重复荷载，在很短的时间内，土体中的孔隙水来不及排出或不完全排出，土的体积压缩变形来不及发生，这样荷载作用结束之后，发生的大部分变形可以恢复，这种情况应当用弹性模量来计算。除此之外，计算饱和黏性土地基上瞬时加荷所产生的瞬时沉降时，以及在地震反应分析计算或路面设计时，也都要用地基土的弹性模量。

4.7 地基沉降与时间的关系

前面阐述的地基沉降计算为地基的最终沉降量，是指外荷载在地基中产生的附加应力作用下，地基受压层中的孔隙发生压缩达到稳定后的沉降量。有时需要预计建筑物在施工期间和使用期间的地基沉降量，也就是地基沉降的过程，即沉降与时间的关系。其目的是设计预留建筑物有关部分之间的预留净空，考虑连接方法和施工工序。尤其对发生裂缝、倾斜等事故的建筑物，更需要了解当时的沉降和预计今后沉降的发展，即沉降变形与时间的关系，以作为事故制定处理方案的重要依据。

对于黏性土，完成固结所需时间比较长，尤其是深厚饱和软黏土层，其固结变形需要经过几年甚至几十年才能完成。通常施工期间可认为，低压缩性黏性土已完成最终沉降量的50%～80%，中压缩性黏性土已完成最终沉降量的20%～50%，高压缩性黏性土已完成最终沉降量的5%～20%；碎石土和砂土压缩性小，渗透性大，在荷载作用下固结稳定所需要的时间较短，可以认为在外荷载施加完成时，其固结沉降已基本完成。

4.7.1 饱和土的渗透固结理论

为清楚掌握饱和土体的压缩过程，首先需要研究饱和土的渗透固结过程，即土骨架和孔隙水分担外力的情况和转移过程。在荷载作用下，土体孔隙中的自由水逐渐排出，土体压缩变形，孔隙水饱和土的渗透固结，可借助图4.21来说明。在一个盛满水的圆筒中，装一个带有弹簧的活塞，弹簧表示土的颗粒骨架，圆筒内的水表示土中的自由水，带孔的活塞则表征土的透水性。由于模型中只有固、液两相介质，则对于外力 σ_z 的作用只能是水与弹簧两者来共同承担。设其中的弹簧承担的压力为有效应力 σ'，圆筒中的水承担的压力为孔隙水压力 u，按照静力平衡条件，应有：

$$u+\sigma'=\sigma_z \tag{4.33}$$

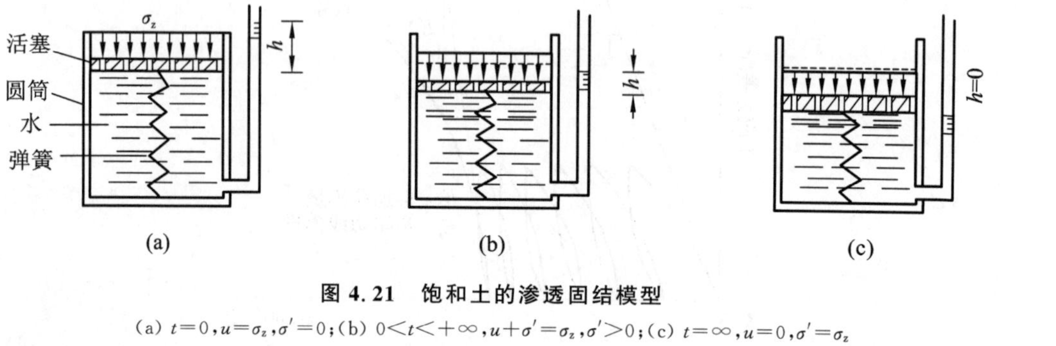

图 4.21 饱和土的渗透固结模型

(a) $t=0, u=\sigma_z, \sigma'=0$；(b) $0<t<+\infty, u+\sigma'=\sigma_z, \sigma'>0$；(c) $t=\infty, u=0, \sigma'=\sigma_z$

随着时间 t 的变化，应力变化如下：

(1) 当 $t=0$ 的加荷瞬间，容器中的孔隙水尚未来得及从活塞的细孔排出[图4.21(a)]，因为水视为不可压缩，弹簧来不及变形，所以增加的压力必须由活塞下面的水来承担，即 $u=\gamma_w h=\sigma_z, \sigma'=0$，$h$ 为测压管中的水柱高。

(2) 当 $t>0$ 时[图4.21(b)]，孔隙水受到超静水压力的作用开始从活塞排水孔中排出，迫使活塞下降，弹簧受到压缩，开始承受一部分压力($\sigma'>0$)，并逐渐增长；测压管中水柱高 $h<$

$\frac{p}{\gamma_w}$，孔隙水压力 $u=\gamma_w h<p$，并逐渐减小，根据有效应力原理，有 $u+\sigma'=\sigma_z$。

(3) 当 $t\to\infty$ 时[图 4.21(c)]，水从排水孔中充分排出，超静水压力为零，筒中水停止流出，孔隙水压力完全消散，外荷载 σ_z 完全作用在弹簧上，全部由土骨架承担。饱和土的渗透固结完成，即 $\sigma_z=\sigma'$，$u=0$。

可见，饱和土的渗透固结，伴随着孔隙水压力的逐渐消散和有效应力的逐渐增长，土的体积也就逐渐减小，强度随之提高，变形稳定。

在实际工程中，土体的有效应力 σ' 与孔隙水压力 u 的变化，不仅与时间 t 有关，而且还与该点离透水层的距离 z 有关，即孔隙水压力 u 是距离 H 和时间 t 的函数：

$$u=f(H,t) \tag{4.34}$$

4.7.2　太沙基一维固结理论

一维固结理论是指土中的孔隙水，只沿竖直方向渗透，同时土体也只沿竖直方向压缩。在土的水平方向无渗透，无位移。此种条件相当于荷载分布的面积很广阔，靠近地表的薄层黏性土的渗流固结情况。因为这一理论计算十分简便，目前在建筑工程中应用很广。对于堤坝及其地基，孔隙水主要沿两个方向渗流，属于二维固结问题；对于高层房屋地基，则应考虑三维固结问题。

4.7.2.1　一维固结微分方程及解析

饱和土层在渗透固结过程中任意时间的变形，通常采用太沙基（Terzaghi，1925）提出的一维固结理论进行计算。如图 4.22 所示，厚度为 H 的饱和黏土层的顶面是透水的，底面不透水且不可压缩。一维单向固结理论的基本假设如下：

① 土是均质、各向同性和完全饱和的；

② 土粒和水是不可压缩的；

③ 土中附加应力沿水平面是无限均匀分布的，因此水的渗出和土的压缩只沿竖向发生；

④ 土中水的渗流服从达西定律；

⑤ 在渗透固结中，土的渗透系数 k 和压缩系数 a 都不变；

⑥ 外荷载是一次瞬时施加，且沿深度 z 呈均匀分布；

⑦ 土体变形完全是由孔隙水压力消散引起的。

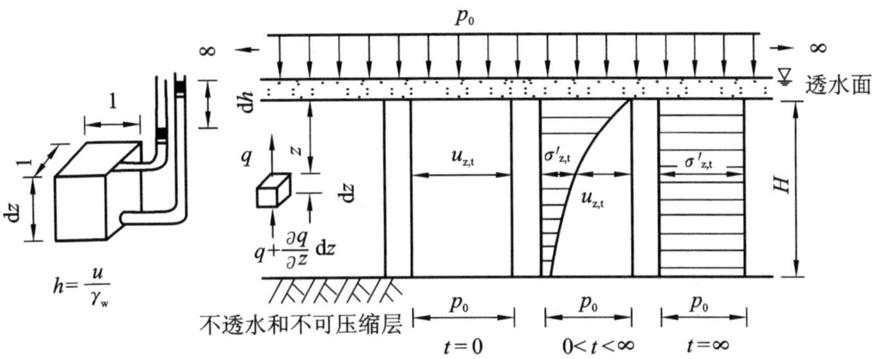

图 4.22　饱和土的一维渗透固结过程

对图 4.20 所示的一维固结情况，从压缩土层中深度 z 处取体积为 $1\times1\times \mathrm{d}z$ 的微元体，e_0 为土体的初始孔隙比，则土粒体积 $V_s=\dfrac{1}{1+e_0}$，孔隙体积 $V_v=\dfrac{e}{1+e_0}\mathrm{d}z$，$k$ 为 z 方向的渗透系数，i 为水力梯度，$A(A=\mathrm{d}x\mathrm{d}y)$ 为单元土体的过水面积，h 为头水面下深度 z 处的超静水头。由于固结渗透只能是自下而上的，在外荷载一次施加后单位时间内流入和流出单元体的水量分别为：

流入：
$$\mathrm{d}q+\frac{\partial q}{\partial z}=k\frac{\partial h\,\mathrm{d}x\mathrm{d}y}{\partial z}+\frac{\partial^2 h}{\partial z^2}\mathrm{d}x\mathrm{d}y\mathrm{d}z$$

流出：
$$\mathrm{d}q=kiA=k\frac{\partial h}{\partial z}\mathrm{d}x\mathrm{d}y$$

由水流连续性原理，微单元体在单位时间的水量变化为：

$$\frac{\partial q}{\partial t}=k\frac{\partial^2 h}{\partial z^2}\mathrm{d}x\mathrm{d}y\mathrm{d}z$$

已知微单元体中孔隙体积 $V_v=V_w$ 的变化量(减少)为：

$$\frac{\partial V_v}{\partial t}=\frac{\partial}{\partial t}\left(\frac{1}{1+e_0}\mathrm{d}x\mathrm{d}y\mathrm{d}z\right)$$

根据固结渗流的连续条件，单元体在某时刻 t 的水量变化等于同一时刻孔隙水体积的变化，则 $\dfrac{\partial q}{\partial t}=\dfrac{\partial V_v}{\partial t}$ 相等，且 V_s 不变，从而整理得：

$$k\frac{\partial^2 h}{\partial z^2}=\frac{1}{1+e_0}\times\frac{\partial e}{\partial t} \tag{4.35}$$

根据侧限压缩条件下土的压缩性指标 $a=-\mathrm{d}e/\mathrm{d}p=-\mathrm{d}e/\mathrm{d}\sigma'$，则有：

$$\frac{\partial e}{\partial t}=-a\frac{\partial \sigma'}{\partial t} \tag{4.36}$$

将式(4.35)代入式(4.36)得：

$$\frac{k(1+e)}{a}\times\frac{\partial^2 h}{\partial z^2}=-\frac{\partial \sigma'}{\partial t} \tag{4.37}$$

根据有效应力原理有 $\sigma'=\sigma-u$ 和 $u=\gamma_w h$，从而得 $\dfrac{\partial \sigma'}{\partial t}=-\dfrac{\partial u}{\partial t}$ 和 $\dfrac{\partial^2 h}{\partial z^2}=\dfrac{1}{\gamma_w}\times\dfrac{\partial^2 u}{\partial z^2}$，一起代入式(4.37)得：

$$\frac{k(1+e)}{a\gamma_w}\times\frac{\partial^2 u}{\partial z^2}=\frac{\partial u}{\partial t}$$

由水流连续性原理、达西定律和有效应力原理建立固结微分方程：

$$C_v\frac{\partial^2 u}{\partial z^2}=\frac{\partial u}{\partial t} \tag{4.38}$$

式中　C_v——土的固结系数，$\mathrm{m^2/a}$。

$$C_v=\frac{k(1+e_0)}{a\gamma_w}$$

式(4.38)为饱和土的渗透固结微分方程。根据图 4.20 所示的初始条件和边界条件有：

初始条件：当 $t=0$ 和 $0\leqslant z\leqslant H$ 时，$u=\sigma=$常数；

当 $0<t<\infty$ 和 $z=0$ 时，$u=0$；

边界条件：当 $0<t<\infty$ 和 $z=H$ 时，$\dfrac{\partial u}{\partial t}=0$；

终止条件：$t\to\infty$ 和 $0\leqslant z\leqslant H$ 时，$u=0$。

根据以上条件，采用分离变量法求解，解的形式可以用傅立叶级数表示，可得到固结方程的特解为：

$$u_{z,t}=\frac{4}{\pi}\sigma\sum_{m=1}^{\infty}\frac{1}{m}\sin\frac{m\pi z}{2H}\exp\left(-\frac{m^2\pi^2}{4}T_v\right) \tag{4.39}$$

$$T_v=\frac{C_v t}{H^2} \tag{4.40}$$

式中 m——正奇整数，即 1,3,5,…；

T_v——竖向固结时间因素，无量纲；

t——固结时间，a；

H——压缩土层最远的排水距离，m，当土层为单向排水时，H 取土层厚度；当土层为上下双面排水时，H 应取土层厚度的一半。

4.7.2.2 固结度

(1) 定义

固结度是指在某一固结压力作用下，经过时间 t 后土中发生固结或孔隙水压力消散的程度。对于地基中任意深度 z 处经过时间 t 后，其有效应力（$\sigma'_{z,t}$）与总应力（p）之比即是固结度，即：

$$U_{z,t}=\frac{\sigma'_{z,t}}{p}=\frac{u_0-u_{z1}}{u_0}=1-\frac{u_{z1}}{u_0} \tag{4.41}$$

式中 u_0——初始孔隙水压力，MPa，大小等于该点的初始固结压力；

u_{z1}——t 时刻的孔隙水压力，MPa。

土层中各点的应力不同，其固结度也不同，因此工程中要引入土层的平均固结度。平均固结度 U_t 是某时间 t 时，土层骨架已经承担起来的有效应力与总附加应力的比值。对于竖向排水情况，由于固结沉降与有效应力成正比，可以用某一时刻有效应力图面积和最终有效应力图面积之比来描述，即：

$$U_t=\frac{\text{有效应力图面积}}{\text{起始超孔隙水压力图面积}}=1-\frac{t\text{ 时刻超孔隙水压力图面积}}{\text{起始超孔隙水压力图面积}}$$

根据有效应力原理，土的变形只取决于有效应力，所以对于一维竖向渗流固结，土层的平均固结度又可定义为：

$$U_t=1-\frac{\int_0^H u(z,t)\mathrm{d}z}{\int_0^H p_0(x)\mathrm{d}z}=\frac{\int_0^H \sigma'(z,t)\mathrm{d}z}{\int_0^H p_0(x)\mathrm{d}z}=\frac{\int_0^H \frac{a}{1+e_0}\sigma'(z,t)\mathrm{d}z}{\int_0^H \frac{a}{1+e_0}p_0(x)\mathrm{d}z} \tag{4.42}$$

显然，均质土层的地基在固结过程中，任意时刻的固结沉降量与地基最终沉降量的比值即为地基在时刻 t 的平均固结度，即：

$$U_t=\frac{s_{ct}}{s_c} \tag{4.43a}$$

或

$$s_{ct}=U_t\cdot s_c \tag{4.43b}$$

式中 s_{ct}——地基在某一时刻 t 的固结沉降，mm，取决于土中的有效应力值；

s_c——地基最终的固结沉降,mm,取分层总和法单向压缩基本公式计算的最终沉降量。

(2) 固结度的计算

当地基固结应力、土层性质和排水条件已定时,固结度仅为时间的函数。对于附加应力呈矩形分布的饱和黏性土的一维固结情况,将孔隙水压力随时间和深度的变化的函数解式(4.39)代入式(4.42)积分可得:

$$U_t = 1 - \frac{8}{\pi^2}\left[\exp\left(-\frac{\pi^2}{4}T_v\right) + \frac{1}{9}\exp\left(-\frac{9\pi^2}{4}T_v\right) + \frac{1}{25}\exp\left(-\frac{25\pi^2}{4}T_v\right) + \cdots\right]$$

$$= 1 - \frac{8}{\pi^2}\sum_{i=1}^{\infty}\frac{1}{m^2}\exp\left(-\frac{m^2\pi^2}{4}T_v\right) \quad (m = 1,3,5,7,\cdots) \tag{4.44}$$

式(4.44)为一级收敛级数,当 $U_t > 30\%$ 时,可近似取其首项,即:

$$U_t = 1 - \frac{8}{\pi^2}\exp\left(-\frac{\pi^2}{4}T_v\right) \tag{4.45}$$

显然,固结度是时间因数的函数,为了便于实际应用,按式(4.45)绘制出如图 4.23 所示的 U_t-T_v 关系曲线。

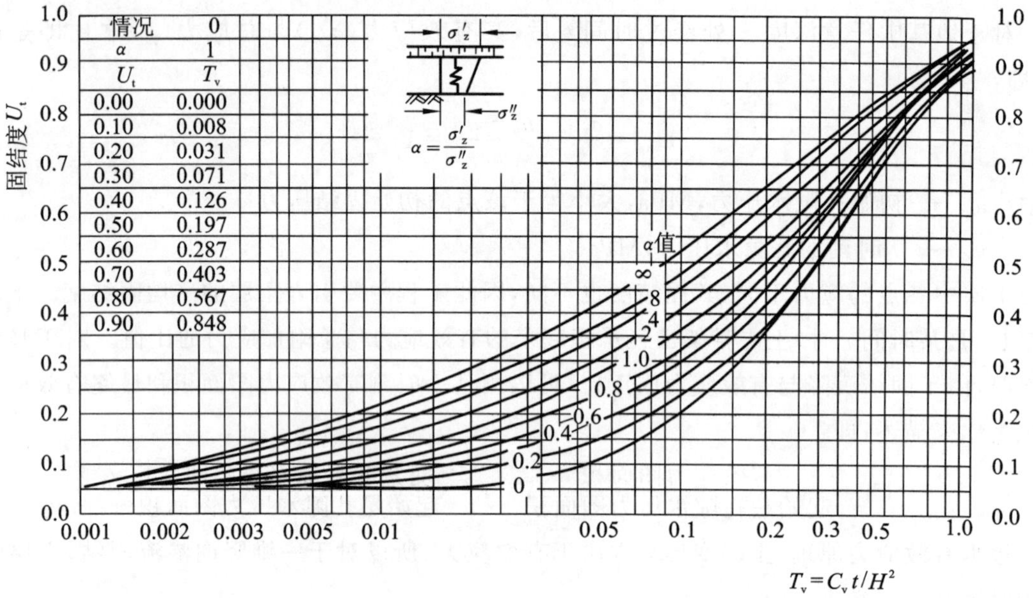

图 4.23　固结度 U_t 与时间因数 T_v 的关系曲线

对于起始超静水压力沿土层深度变化的情况,如图 4.24 中情况 b 和情况 d,同理可根据此时的边界条件解一维固结微分方程[式(4.38)],并积分得各自固结度 U_t。而对于情况 c、情况 e 的固结度,可利用情况 a、b、d 的 U_t-T_v 关系式推算,具体过程略。其中,需引入系数 α,其定义为 $\alpha = \frac{\sigma'_z}{\sigma''_z}$,$\sigma'_z$ 表示排水面附加应力,σ''_z 表示不透水面附加应力。

在实际工程中,作用于饱和土层中的起始超静水压力分布情况比较复杂,但实用上可以足够准确地把实际上可能遇到的起始超静水压力近似地分为下面五种情况进行处理(图 4.24):

情况 a:$\alpha = 1$,应力图形为矩形,适用于土层已在自重应力作用下固结,基础底面积较大而压缩层较薄的情况。

情况 b：$\alpha=0$，应力图形为三角形，相当于大面积新填土层（饱和时）由于本土层自重应力引起的固结；或者土层由于地下水大幅度下降，在地下水变化范围内，自重应力随深度增加的情况。

情况 c：$\alpha<1$，适用于土层在自重应力作用下尚未固结，又在其上修建建筑物基础的情况。

情况 d：$\alpha=\infty$，基底面积小，土层厚，土层底面附加应力已接近情况 a 的情况。

情况 e：$\alpha>1$，土层厚度 $h_s>b/2$（b 为基础宽度），附加应力随深度增加而减少，但深度 h_s 处的附加应力大于情况 a。

以上情况都是单面排水，若是双面排水，则不管附加应力分布如何，只要是线性分布，均按情况 a 计算，但在时间因数的式子中以 $H/2$ 代替 H 即可。

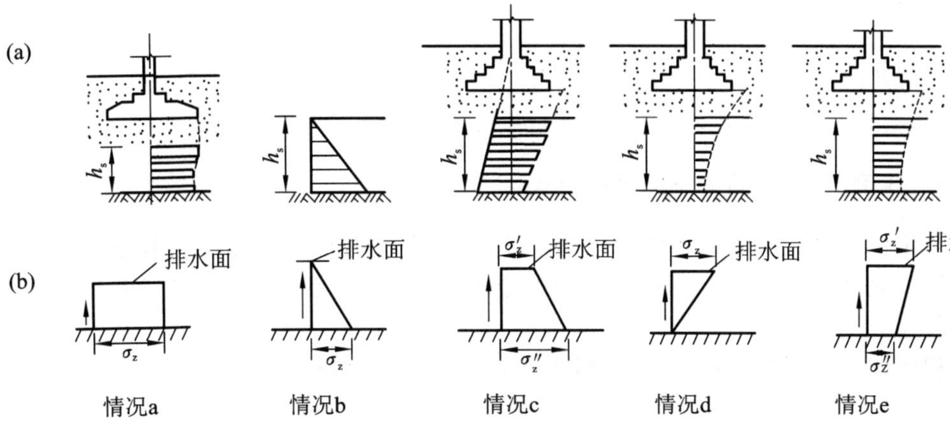

图 4.24　固结土层中的起始压应力分布（单面排水）

(a) 实际图形；(b) 简化图形（箭头表示水流方向）

由此，地基固结过程中任意时刻的沉降量可按下列步骤求得：

① 计算地基附加应力沿深度的分布；

② 计算地基最终沉降量；

③ 计算土层的竖向固结系数和时间因数；

④ 求解地基固结过程中某一时刻 t 的沉降量，或沉降量达某已知数值时所需的时间。

【例 4.3】 某饱和黏土层的厚度为 10.4 m，在大面积荷载 $p_0=100$ kPa 作用下，土层的初始孔隙比 $e_0=0.8$ 未固结，压缩系数 $a=0.3\ \text{MPa}^{-1}$，渗透系数 $k=1.8$ cm/a。对黏土层在单面排水或双面排水条件下分别求：(1) 加荷 1 年的沉降量；(2) 沉降量达到 135 mm 所需的时间。

【解】 (1) 求 $t=1$ a(年)时的沉降量。

黏土层中的附加应力沿深度是均布的，$\sigma_z=p_0=100$ kPa

黏土层的最终沉降量 $s=\dfrac{a\sigma_z}{1+e_0}H=\dfrac{0.3\times10^{-3}\times100}{1+0.8}\times1.04\times10^4=173$ mm

黏土层的竖向固结系数 $C_v=\dfrac{k(1+e_0)}{\gamma_w a}=\dfrac{1.8\times10^{-2}(1+0.8)}{10\times3\times10^{-4}}=10.8\ \text{m}^2/\text{a}$

① 对于单面排水条件下：竖向固结时间因数为 $T_v=\dfrac{C_v t}{H^2}=\dfrac{10.8\times1}{10.4^2}=0.1$

由图 4.22 中的情况 a 和查图 4.21 中曲线 $\alpha=1$，查 U_t-T_v 关系曲线得相应的固结度 $U_t=0.375$，则得 $t=1$ a(年)时的沉降量 $s_t=U_t \cdot s=0.375\times173=64.88$ mm

② 在双面排水条件下：

$$H=5.2\ \text{m},\quad T_v=\frac{C_v t}{H^2}=\frac{10.8\times1}{5.2^2}=0.4$$

由图 4.22 中的情况 a 和查图 4.21 中曲线 $\alpha=1$，查 U_t-T_v 关系曲线得相应的固结度 $U_z=0.7$，则得 $t=1$ a(年)时的沉降量 $s_t=U_t \cdot s=0.7\times173=121.1$ mm

(2) 求沉降量达到 135 mm 所需的时间。

固结度由定义得：
$$U_t=\frac{s_t}{s_\infty}=\frac{135}{173}=0.78$$

由图 4.22 中的情况 b 和查图 4.21 中曲线 $\alpha=1$，查 U_t-T_v 关系曲线得竖向固结因数 $T_v=0.53$。

对于单向排水：$t=\dfrac{T_v H^2}{C_v}=\dfrac{0.53\times10.4^2}{10.8}=5.308$ a

对于双向排水：$t=\dfrac{T_v H^2}{C_v}=\dfrac{0.53\times5.2^2}{10.8}=1.327$ a

可见，达到同一固结度时，双面排水比单面排水所需时间短很多。

4.7.3 实测沉降-时间关系的经验公式

由于一维固结理论所作的各种简化与假设，且各种地基的具体情况很复杂。所以计算结果与实测资料之间常存在一定的差异。因此，国内外专家曾建议用经验公式来估算地基沉降与时间的关系。

在工程实践中，根据沉降与时间资料表明，饱和黏性土地基的实测关系可以用双曲线式或对数式表示。

(1) 双曲线式

根据沉降观测资料，地基沉降和时间的关系可用双曲线表示(图 4.25)，即：

$$s_t=\frac{t}{\alpha+t}s \tag{4.46}$$

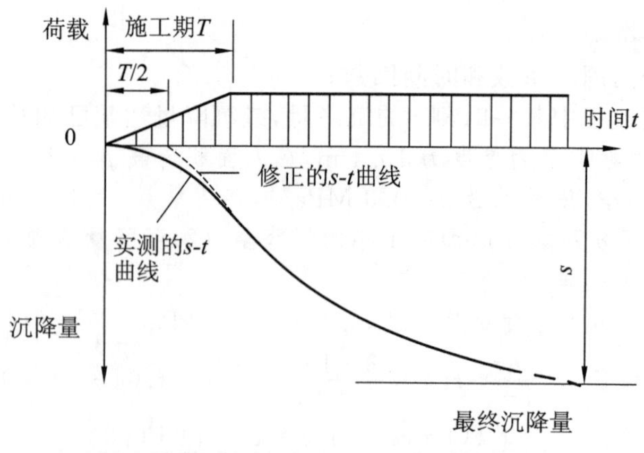

图 4.25 实测沉降与时间关系曲线

式中 s_t——地基在时间 t(从施工期一半起算)时的实测沉降量，mm；

s——待定的基础最终沉降量，mm；

α——综合反映地基固结性能的待定常数，α 值可通过实测曲线上接近施工完毕时某一时段 t_1 的地基沉降量 s_{t1} 反求，即：

$$\alpha = \frac{st_1}{s_{t1}} - t_1 \tag{4.47}$$

确定 α 值及地基最终沉降量后，便可利用式(4.46)求得任一时段的地基变形量 s_t。

(2) 对数曲线法

由一维太沙基固结理论得到的式(4.45)可知，不同条件下固结度 U_t 可用一个普通表达式概括为：

$$U_t = 1 - \alpha e^{-\beta t} \tag{4.48}$$

或

$$s_{ct} = (1 - \alpha e^{-\beta t}) s_c \tag{4.49}$$

α、β 为与固结形式有关的待定参数，由上式可知 $\alpha = \frac{8}{\pi^2}$ 为一常数，β 则与时间因数 T_v、排水距离 H 等有关。若把 α、β 作为实测的变形与时间关系曲线中的参数，则其值是待定的。另外，式(4.49)中还有最终沉降量 s_c 也要确定。

为此，我们可利用实测的沉降-时间关系曲线，在后半段中任取三组对应的 s、t 值，代入式(4.49)，并可解得三个未知数 α、β 及 s_c。代回式(4.49)，即可推出任一时刻 t 时的沉降量 s_{ct}。

4.7.4 地基沉降组成

地基沉降通常由三部分组成：

① 瞬时沉降 s_d：地基受荷后立即发生的沉降。对饱和土体来说，受荷的瞬间，孔隙中的水尚未排出，土体的体积没有变化。因此，瞬时沉降是在没有体积变形的条件下发生的，它主要是由于土体的侧向剪切变形引起的，其数值与基础的形状、尺寸及附加应力大小等因素有关。瞬时沉降一般不予考虑。计算公式如下：

$$s_d = \frac{\omega(1-\mu^2) p_1 d}{E} \tag{4.50}$$

式中物理量同式(4.23)，但其中的 E 是弹性模量。

② 主固结沉降 s_c：地基受荷后产生的附加应力使土体中的孔隙减小而产生的沉降，通常是地基沉降的主要部分。主固结沉降通常用分层总和法或者建筑地基规范法计算。

③ 次固结沉降 s_s：地基受荷经历很长时间后，土体中超孔隙水压力已完全消散，在有效应力不变的情况下，由土的固体骨架长时间缓慢蠕变所产生的沉降称为次固结沉降。公式如下：

$$s_s = \sum_{i=1}^{n} \frac{H_i}{1 + e_{0i}} C_{\alpha i} \lg \frac{t}{t_1} \tag{4.51}$$

式中 $C_{\alpha i}$——第 i 分层土的次固结系数，由试验确定；

t——所求次固结沉降的时间，$t > t_1$；

t_1——相当于主固结度为100%的时间，根据次固结曲线求得。

地基总沉降量 $s = s_d + s_c + s_s$。

上述考虑不同变形阶段的沉降计算方法，对黏性土地基是合适的，特别是饱和软黏土。对含有较多有机质的黏土，次固结沉降历时较长，实践中只能近似计算。而对于砂性土地基，由于透水性好，固结完成快，瞬时沉降与固结沉降已分不开，故不适合用此方法估算。

4.8 建筑物沉降观测

(1) 沉降观测的目的及必要性

进行建筑物沉降观测可以反映地基的实际变形以及地基变形对建筑物的影响程度;根据沉降观测资料验证地基设计方案的正确性、地基事故的处理方式以及检查施工的质量;沉降计算值与实测值的比较,可判断现行沉降计算方法的准确性,并发展新的更符合实际的沉降计算方法;对一级建筑物,高层建筑,重要的新型或有代表性的建筑物,体型复杂、形式特殊或构造上使用上对不均匀沉降有严格限制的建筑物,大型高炉、平炉,一级软弱地基或地基软硬不均匀、有突变,存在河道、池塘或局部基岩出露的建筑物,为保障建筑物的安全,应进行施工期间与竣工后使用期间系统的沉降观测。

(2) 水准基点设置

在一般情况下,可以利用工程标高定位时使用的水准点作为沉降观测水准基点。如水准点与观测点的距离过大,为保证观测的精度,应在建筑物或构造物附近,另行埋设水准基点。建筑物和构筑物沉降观测的每一区域,必须有足够数量的水准点,按《工程测量规范》(GB 50026—2020)规定不得少于 3 个。水准点应考虑永久使用,埋设坚固(不应埋设在道路、仓库、河岸、新填土、将建设或堆料的地方以及受震动影响的范围内),与被观测的建筑物和构筑物的间距为 30～50 m,水准点帽头宜用铜或不锈钢制成,如用普通钢代替,应注意防锈。水准点埋设须在基坑开挖前 15 天完成。

水准基点可按实际要求采用深埋式和浅埋式两种,但每一观测区域内,至少应设置一个深埋式水准点。

(3) 观测点的设置

为了能够反映出建(构)筑物的准确沉降情况,沉降观测点要埋设在最能反映沉降特征且便于观测的位置。一般要求建筑物上设置的沉降观测点纵横向要对称,且相邻点之间间距以 15～30 m 为宜,均匀地分布在建筑物的周围。通常情况下,建筑物设计图纸上有专门的沉降观测点布置图。此外,埋设的沉降观测点要符合各施工阶段的观测要求,特别要考虑到装饰装修阶段,是否会因墙或柱饰面施工而破坏或掩盖住观测点。

(4) 观测时间及精度

建(构)筑物的沉降观测对时间有严格的限制条件,特别是首次观测必须按时进行,其他各阶段的复测,根据工程进展情况必须定时进行,不得漏测或补测。只有这样,才能得到准确的沉降情况或规律。相邻的两次时间间隔称为一个观测周期,一般高层建筑物的沉降观测按一定的时间段为一观测周期(如:30 天/次)或按建筑物的加荷情况每升高一层(或数层)为一观测周期,无论采取何种方式都必须按施测方案中规定的观测周期准时进行。

根据建筑物的特性和建设单位、设计单位的要求选择沉降观测精度的等级。在无特殊要求情况下,一般高层建(构)筑物采用二等水准测量的观测方法就能满足沉降观测的要求。

(5) 沉降观测成果整理及计算要求

原始数据要真实可靠,记录计算要符合施工测量规范的要求,按照依据正确、严谨有序、步步校核、结果有效的原则进行成果整理及计算。

思考与练习题

4.1 地基土的变形有何特性？土的变形与其他建筑材料(如钢材)的变形有何差别？

4.2 试述土的各压缩性指标的意义和确定方法。

4.3 计算地基沉降的分层总和法与《建筑地基基础设计规范》方法有何异同？

4.4 地下水位上升或下降对建筑物沉降有没有影响？

4.5 超固结土与正常固结土的压缩性有何不同？为什么？

4.6 根据饱和土一维固结理论，说明固结土层的厚度、排水条件、渗透系数对固结历时的影响。

4.7 土层固结过程中，孔隙水压力和有效应力是如何转换的？它们之间有何关系？

4.8 若在正常固结和超固结黏土地基上，分别施加相同压力增量。试问：它们所引起的压缩量相同吗？为什么？

4.9 研究地基沉降与时间关系有何实用价值？固结度与时间因数有何关系？

4.10 说明地基土的压缩模量、变形模量与弹性模量有什么区别。

4.11 某工程地质勘查，取原状土进行压缩试验，试验结果如表 4.9 所示。计算土的压缩系数 a_{1-2} 及压缩模量 E_{s1-2}，并判断土的压缩性高低。

表 4.9 习题 4.11

压应力(kPa)	50	100	200	300
孔隙比	0.964	0.952	0.936	0.924

(参考答案：0.16 MPa^{-1}，12.2 MPa，中压缩性土)

4.12 某柱下独立基础，柱荷载为 1190 kN，基础埋深 1.5 m，基础底面尺寸为 4 m×2 m，地基土层分布如表 4.10 所示，已知地基承载力特征值为 150 kPa。试按规范法计算该基础的最终沉降量。

(参考答案：81.24 mm)

表 4.10 习题 4.12

土层名称	每层厚度(m)	土的重度(kN/m^3)	压缩模量(MPa)
黏土	2.0	19.8	4.5
粉质黏土	4.0	19.5	5.1
粉砂	1.3	19	5.0
硬黏土	未测		

4.13 如图 4.26 所示，某矩形基础的底面尺寸为 8 m×2 m，天然地面下基础埋深为 1.2 m，柱荷载 851.2 kN，地质资料见表 4.11，压缩曲线见图 4.26(b)。试绘出土中竖向应力分布图，按分层总和法计算基础底面中点沉降量。

(参考答案：76.3 mm)

表 4.11 习题 4.13 土的物理力学指标

土层	土层厚(m)	重度(kN/m³)	相对重度 G_s	含水量 w(%)	孔隙比 e	塑性指数 I_p	压缩系数 a_{1-2} (≈10^{-2}/kPa)	不同压力下的孔隙比 压力 p(≈10^2 kPa)			
								0.5	1.0	2.0	3.0
褐黄色粉质黏土	2.2	18.3	2.73	33	0.942	16.2	0.048	0.889	0.855	0.807	0.773
灰色淤泥质黏土	5.8	17.9	2.72	37.6	1.045	10.5	0.043	0.925	0.891	0.848	0.823
灰色淤泥	未钻穿	17.6	2.74	42.1	1.175	19.3	0.082	—	—	—	—

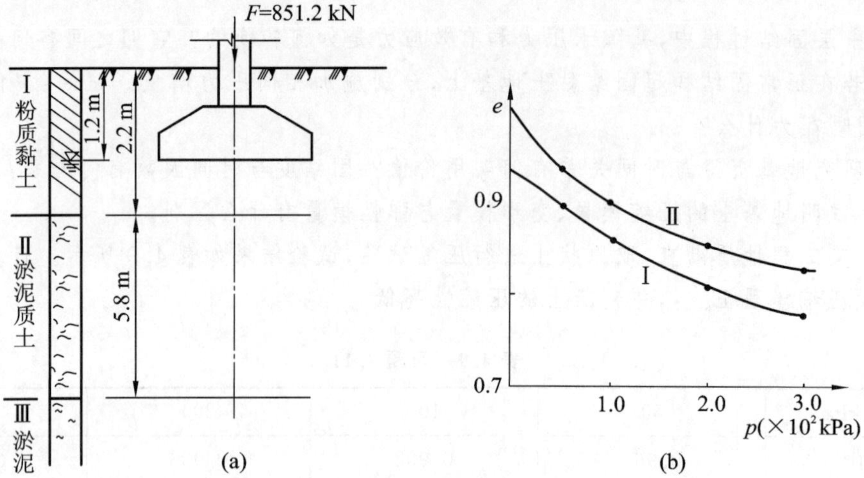

图 4.26 习题 4.13 图

4.14 本题条件同习题 4.12,请用规范法计算地基最终沉降量。

(参考答案:81.30 mm)

4.15 饱和黏性土的厚度为 10 m,在大面积荷载为 120 kPa 压力作用下,该土层的初始孔隙比为 1.0,压缩系数为 0.3 MPa^{-1},渗透系数为 1.8 cm/a。按黏性土单面排水和双面排水条件下分别求:(1)加荷 1 年的沉降量;(2)沉降量达到 140 mm 所需的时间。

(参考答案:沉降量,单面排水 70.2 mm,双面排水 135 mm;时间,单面排水 4.75 a,双面排水 1.19 a)

5 土的抗剪强度和地基承载力

【思政元素】

本章提要

土的抗剪强度是土的重要力学性质之一，建筑物地基和路基的承载力，挡土墙和地下结构的土压力，堤坝、基坑、路堑以及各类边坡的稳定性均由土的抗剪强度所控制。在土木工程建设工作中，对于土体稳定性的计算分析而言，抗剪强度是其中最重要的计算参数。能否正确测定土的抗剪强度，往往是设计质量好坏和工程成败的关键所在。地基承载力是建立在土的强度理论和工程实践之上的。

本章主要内容有土的强度理论、抗剪强度的主要测定方法、土的抗剪强度指标及其影响因素，地基的破坏形式，主要讨论了地基临塑荷载、临界荷载、地基极限承载力的确定，并对孔隙压力系数和应力路径的概念和应用作了简要介绍。对该内容的基本要求是，牢固掌握库仑公式和莫尔-库仑强度理论、土的抗剪强度指标的测定方法，掌握不同固结和排水条件下土的抗剪强度指标的意义及其应用，掌握地基的破坏形式、地基承载力的各种计算方法，熟悉抗剪强度的影响因素，了解孔隙压力系数和应力路径的基本概念及应用，能利用抗剪强度的基本理论和试验方法，解决实际工程中土的强度和稳定问题。

5.1 概　　述

土是一种碎散的颗粒材料，土的强度研究是一个十分复杂的课题。由于土颗粒矿物本身具有较大的强度，不易发生破坏，因此，土的强度主要由颗粒间的相互作用力决定。土颗粒之间的接触界面相对软弱，容易发生相对滑移等，主要表现形式是剪切破坏。

土的抗剪强度是指土体抵抗剪切破坏的极限能力。当土体受到荷载作用后，土中各点将产生剪应力。若某点的剪应力达到其抗剪强度，在剪切面两侧的土体将产生相对位移而发生滑动破坏，该剪切面也称滑动面或破坏面。随着荷载的继续增加，土体中的剪应力达到抗剪强度的区域(也即塑性区)愈来愈大，最后各滑动面连成整体，土体将发生整体剪切破坏而丧失稳定性。建筑物地基的破坏绝大多数属于剪切破坏，实际工程的地基承载力、挡土墙的压力以及土坡稳定都受土的抗剪强度的控制。因此，研究土的抗剪强度及其变化规律对工程设计、施工、管理等都具有非常重要的意义。

地基承载力是建立在土的强度理论和工程实践之上的。地基承受这一荷载时，在强度方面，相对于破坏状态的极限荷载应有足够大的安全储备；而所产生的变形均应在容许范围内。地基承载力是地基基础设计的一个重要组成部分，它关系到建筑物或构筑物的安全、经济和正常使用，它与地基的处理、基础的选型与设计密切相关。由于地基基础属于隐蔽工程，一旦出现事故，处理不易，因而更应慎重。随着高层建筑的兴起，深基础工程增多，这些都对地基承载力的确定提出更高的要求。

5.2 土的抗剪强度和极限平衡条件

5.2.1 库仑公式

库仑(Coulomb)于1776年根据砂土剪切试验,将砂土的抗剪强度 τ_f 表达为剪切破坏面上的法向总应力 σ 的函数,即:

$$\tau_f=\sigma\tan\varphi \tag{5.1}$$

式中 τ_f——土的抗剪强度,kPa;

σ——作用在剪切面上的法向应力,kPa;

φ——砂土的内摩擦角,°,干松砂的 φ 值近似于其自然休止角(干松砂在自然状态下所能维持的斜坡的最大坡角)。

后来又通过试验提出适合黏性土的更普遍的抗剪强度表达式为:

$$\tau_f=c+\sigma\tan\varphi \tag{5.2}$$

式中 c——土的黏聚力,kPa。

式(5.1)与式(5.2)一起统称为库仑公式,可分别用图5.1(a)和图5.1(b)表示。从式(5.1)可看出,无黏性土(如砂土)的 $c=0$,因而式(5.1)是式(5.2)的一个特例,其抗剪强度与作用在剪切面上的法向应力成正比。当 $\sigma=0$ 时,$\tau_f=0$,表明无黏性土的 τ_f 由剪切面上土粒间的摩阻力所形成。粒状的无黏性土粒间的摩阻力包括滑动摩擦和由粒间相互咬合所提供的附加阻力,其大小取决于土颗粒的粒度大小、颗粒级配、密实度和土粒表面的粗糙度等因素。而从式(5.2)可知,黏性土的 τ_f 包括摩阻力($\sigma\tan\varphi$)和黏聚力(c)两个组成部分。黏聚力系土粒间的胶结作用和各种物理-化学键力作用的结果,其大小与土的矿物组成和压密程度有关。当 $\sigma=0$ 时,c 值即为抗剪强度线在纵坐标轴上的截距。

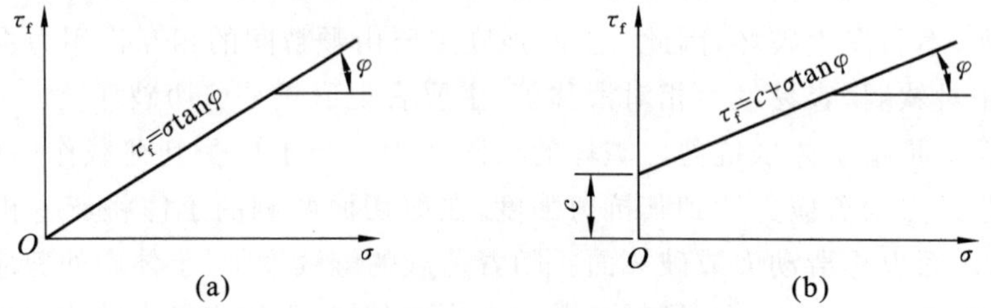

(a) (b)

图5.1 抗剪强度与法向应力之间的关系

(a) 砂土;(b) 黏性土

太沙基(Terzaghi)在1925年提出饱和土的有效应力概念,并用试验证明了有效应力 σ' 等于总应力 σ 与孔隙水压力 u 的差值。因此,对应于库仑公式,土的有效应力强度表达式可写为:

$$\left.\begin{aligned}\tau_f&=(\sigma-u)\tan\varphi'=\sigma'\tan\varphi'\\ \tau_f&=c'+(\sigma-u)\tan\varphi'=c'+\sigma'\tan\varphi'\end{aligned}\right\} \tag{5.3}$$

式中 φ'——土的有效内摩擦角,°;

σ'——作用在剪切面上的有效法向应力,kPa;

u——孔隙水压力，kPa。

饱和土的渗透固结过程，实际上是孔隙水压力消散和有效应力增长的转移过程。因此，土的抗剪强度随着它的固结压密而不断增长。

因此，土的抗剪强度有两种表达方法。土的 c 和 φ 统称为土的总应力强度指标，直接应用这些指标所进行的土体稳定分析就称为总应力法；而 c' 和 φ' 统称为土的有效应力强度指标，应用这些指标所进行的土体稳定分析就称为有效应力法。由于有效法向应力才是影响粒间摩擦阻力的决定因素，因此有效应力法概念明确，为求得有效法向应力，需增加测求孔隙水压力工作量。但是，由于实际工程中的孔隙水压力很难准确计算和量测，因而有许多土工问题仍采用总应力的分析计算方法。所以，针对其难以准确反映孔隙水压力的存在对抗剪强度产生的影响，工程中往往选用最接近实际条件的试验方法取得总应力强度指标。

土的 c 和 φ 应理解为只是表达 σ-τ_f 关系试验成果的两个数学参数，因为即使是同一种土，其 c 和 φ 也并非常数，它们均因试验方法和土样的试验条件（如固结和排水条件）等的不同而异（详见 5.4 节）；同时应指出，许多土类的抗剪强度线并非都呈直线状，而是随着应力水平有所变化。莫尔（Mohr，1910）提出当法向应力范围较大时，抗剪强度线往往呈非线性性质的曲线形状。应力水平增高对强度指标的影响可由图 5.2 说明。由于土的 σ-τ_f 关系是曲线而非直线，其上各点的抗剪强度指标 c 和 φ 并非恒定值，而应由该点的切线性质决定。如图 5.2 所示，当剪切面的法向应力为 σ_1 时，其抗剪强度指标为 c_1、φ_1。当法向应力增大至 σ_2 时，其抗剪强度指标为 c_2、φ_2。二者的变化趋势是，c 随 σ 的增大而增加，φ 随 σ 的增大而减小，此时就不能用库仑公式来概括土的抗剪强度特性。通常把试验所得的不同形状的抗剪强度线统称为抗剪强度包线，又叫莫尔破坏包线。

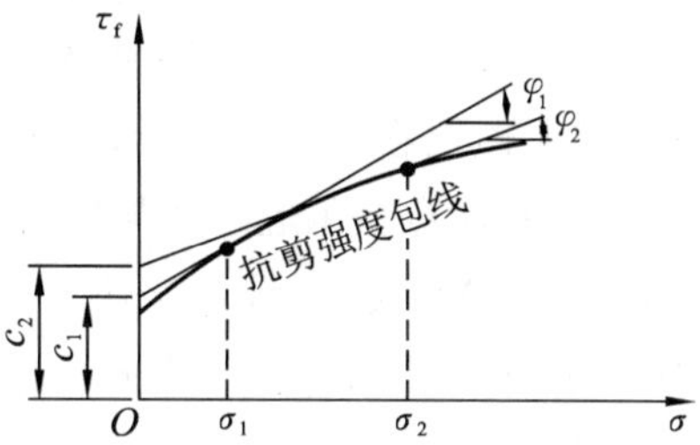

图 5.2　应力水平对强度指标的影响

5.2.2　莫尔-库仑强度理论及极限平衡条件

当土体中某点任一平面上的剪应力等于土的抗剪强度时，将该点濒于破坏的临界状态称为"极限平衡状态"。表征该状态下各种应力之间的关系称为"极限平衡条件"。

由第 3 章可求得在自重和竖向附加应力作用下土体中任一点 M 的应力状态 σ_1 和 σ_3［图 5.3(a)］。为简单起见，以平面应变问题为例，现研究该点是否产生破坏。如图 5.3(b)所示，该点土单元体两个相互垂直的面上分别作用着最大主应力 σ_1 和最小主应力 σ_3。若忽略其自身重力，则根据静力平衡条件，可求得任一截面 m—n 上的法向应力 σ 和剪应力 τ 为：

$$\sigma=\frac{1}{2}(\sigma_1+\sigma_3)+\frac{1}{2}(\sigma_1-\sigma_3)\cos2\alpha \tag{5.4}$$

$$\tau=\frac{1}{2}(\sigma_1-\sigma_3)\sin2\alpha \tag{5.5}$$

由材料力学应力状态分析可知，以上 σ、τ 与 σ_1、σ_3 的关系也可用莫尔应力圆表示，如图 5.3(c)所示。其圆周上各点的坐标即表示该点在相应平面上的法向应力和剪应力。

为判别 M 点土是否破坏，可将该点的莫尔应力圆与土的抗剪强度包线 σ-τ_f 绘在同一坐标

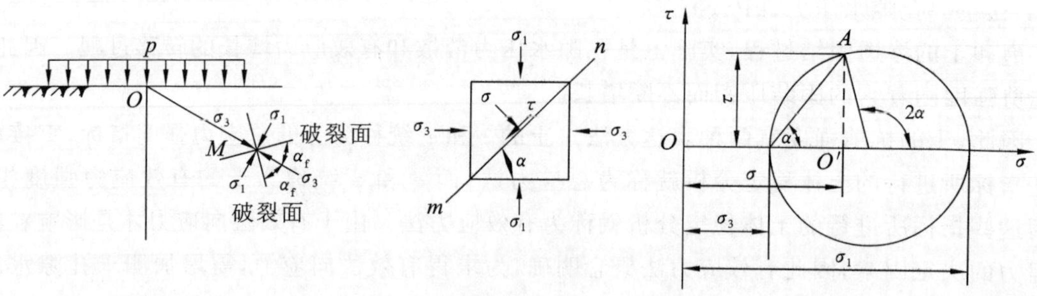

(a)　　　　(b)　　　　(c)

图 5.3　土体中任意 M 点的应力

(a) M 点的应力；(b) 微单元体上的应力；(c) 莫尔圆

图上并作相对位置比较。如图 5.4 所示，它们之间的关系存在以下三种情况：

(1) M 点莫尔应力圆整体位于抗剪强度包线的下方(圆Ⅰ)，莫尔应力圆与抗剪强度线相离，表明该点在任何平面上的剪应力均小于土所能发挥的抗剪强度，因而，该点未被剪破。

(2) M 点莫尔应力圆与抗剪强度包线相切(圆Ⅱ)，说明在切点所代表的平面上，剪应力恰好等于土的抗剪强度，该点就处于极限平衡状态，莫尔应力圆亦称极限应力圆。由图中切点的位置还可确定 M 点破坏面的方向。连接切点与莫尔应力圆圆心，连线与横坐标之间的夹角为 $2\alpha_f$，根据莫尔应力圆原理，可知土体中 M 点的破坏面与大主应力 σ_1 作用面方向夹角为 α_f(图 5.5)。

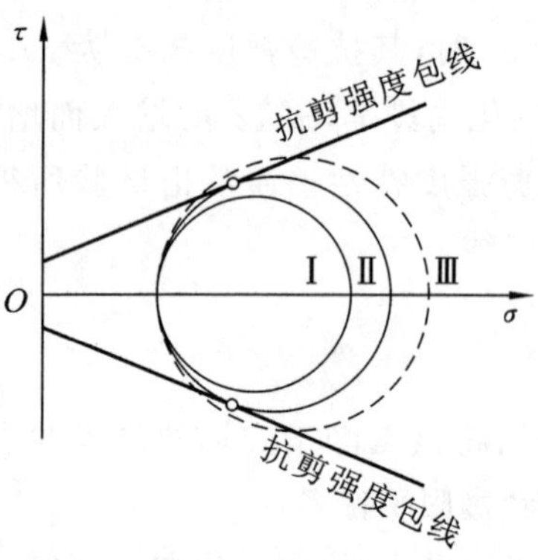

图 5.4　莫尔圆与抗剪强度包线的关系

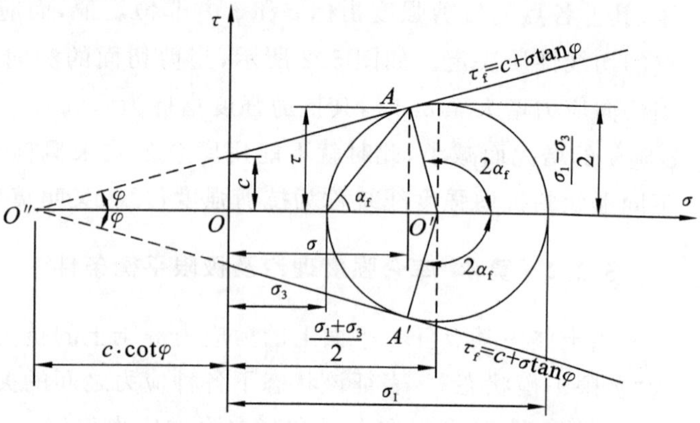

图 5.5　极限平衡状态时的莫尔圆与抗剪强度包线

(3) M 点莫尔应力圆与抗剪强度包线相割(圆Ⅲ)，则 M 点早已破坏。实际上圆Ⅲ所代表的应力状态是不可能存在的，因为 M 点破坏后，应力已超出弹性范畴。

土体处于极限平衡状态时，从图 5.5 中莫尔圆与抗剪强度包线的几何关系可推得黏性土的极限平衡条件为：

$$\sin\varphi=\frac{O'A}{O''O'}=\frac{\sigma_1-\sigma_3}{(\sigma_1+\sigma_3)/2+c\cot\varphi} \tag{5.6}$$

化简后可得：

$$\sigma_1=\sigma_3\frac{1+\sin\varphi}{1-\sin\varphi}+2c\frac{\cos\varphi}{1-\sin\varphi}$$

或
$$\sigma_3=\sigma_1\frac{1-\sin\varphi}{1+\sin\varphi}-2c\frac{\cos\varphi}{1+\sin\varphi} \tag{5.7}$$

经三角函数关系转换后还可写为：

$$\sigma_1=\sigma_3\tan^2\left(45°+\frac{\varphi}{2}\right)+2c\tan\left(45°+\frac{\varphi}{2}\right)$$

或
$$\sigma_3=\sigma_1\tan^2\left(45°-\frac{\varphi}{2}\right)-2c\tan\left(45°-\frac{\varphi}{2}\right) \tag{5.8}$$

无黏性土的 $c=0$，由式(5.8)可知，其极限平衡条件为：

$$\sigma_1=\sigma_3\tan^2\left(45°+\frac{\varphi}{2}\right)$$

或
$$\sigma_3=\sigma_1\tan^2\left(45°-\frac{\varphi}{2}\right) \tag{5.9}$$

由图 5.5 中几何关系，可得破坏面与大主应力作用面间的夹角 α_f 为：

$$\alpha_f=\frac{1}{2}(90°+\varphi)=45°+\frac{\varphi}{2} \tag{5.10}$$

在极限平衡状态时，由图 5.3(a)中看出，通过 M 点将产生一对破裂面，它们均与大主应力作用面成 α_f 夹角，相应地在莫尔应力圆上横坐标上下对称地有两个破裂面 A 和 A'，如图 5.5 所示，而这一对破裂面之间在大主应力作用方向夹角为$90°-\varphi$。

利用这些表达式，当知道土单元体实际的受力状态和土的抗剪强度指标 c 时，可以很容易判断该单元体是否发生了剪切破坏，具体步骤包括：

(1) 确定土单元体在任意面上的应力状态($\sigma_x,\sigma_z,\tau_{xz}$)；

(2) 计算主应力 σ_1 和 σ_3，$\sigma_{1,3}=\frac{\sigma_x+\sigma_z}{2}\pm\sqrt{\left(\frac{\sigma_x-\sigma_z}{0}\right)^2+\tau_{xz}^2}$；

(3) 选用极限平衡条件判别土单元体是否剪切破坏。具体方法如下：

① 最大主应力比较法

利用土单元的实际最小主应力 σ_3 和强度参数 c、φ，求取土体处在极限平衡状态时的最大主应力 σ_{1f}，有：

$$\sigma_{1f}=\sigma_3\tan^2\left(45°+\frac{\varphi}{2}\right)+2c\tan\left(45°+\frac{\varphi}{2}\right)$$

与土单元的实际最大主应力 σ_1 相比，如果 $\sigma_{1f}<\sigma_1$，表示达到极限平衡状态要求的最大主应力大于实际的最大主应力，土体单元没有发生破坏。如果 $\sigma_{1f}=\sigma_1$，表示土体正好处于极限平衡状态，土体单元发生破坏。如果 $\sigma_{1f}<\sigma_1$，显然表示土单元也已发生了破坏，但实际上这种情况是不可能存在的，因为此时一些面上的剪应力 τ 已经大于土的抗剪强度[图 5.6(a)]。

② 最小主应力比较法

利用土单元的实际最小主应力 σ_1 和强度参数 c、φ，求取土体处在极限平衡状态时的最小主应力 σ_{3f}，有：

$$\sigma_{3f}=\sigma_3\tan^2\left(45°-\frac{\varphi}{2}\right)-2c\tan\left(45°-\frac{\varphi}{2}\right)$$

与土单元的实际最小主应力 σ_3 相比较。如果 $\sigma_{3f}<\sigma_3$，表示达到极限平衡状态要求的最小主应力小于实际的最小主应力，土体单元没有发生破坏。如果 $\sigma_{3f}=\sigma_3$，表示土体正好处于极

限平衡状态，土体单元发生破坏。如果 $\sigma_{3f}<\sigma_3$，表示土单元也已发生了破坏，但实际上这种情况是不可能存在的[图 5.6(b)]。

③ 内摩擦角比较法

假定土体的莫尔-库仑强度包线与横轴相交于 O' 点。通过该交点 O' 作土体应力状态莫尔圆的切线，将该切线的倾角称为该应力状态莫尔圆的视内摩擦角 φ_m。根据几何关系，φ_m 的大小可用下式进行计算：

$$\sin\varphi_m=\frac{\sigma_1-\sigma_3}{\sigma_1+\sigma_3+2c\cot\varphi}$$

如图 5.6(c)所示，当 $\varphi_m<\varphi$ 时，表示土单元应力状态莫尔圆位于强度包线之下，土体单元没有发生破坏。当 $\varphi_m=\varphi$ 时，表示土单元应力状态莫尔圆正好同强度包线相切，土体单元发生破坏。

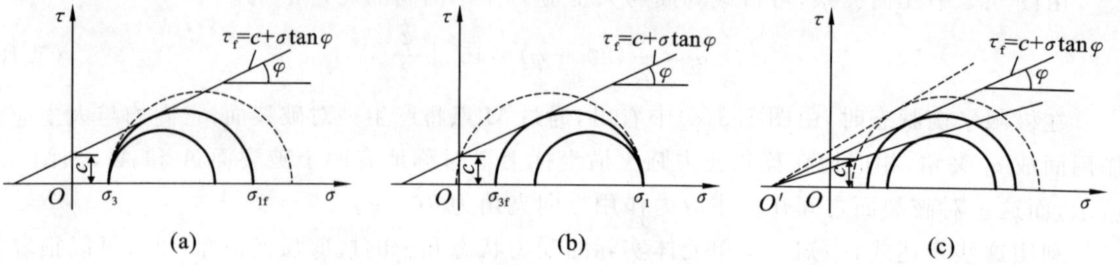

图 5.6 土体单元是否破坏的判别

(a) 最大主应力比较法；(b) 最小主应力比较法；(c) 内摩擦角比较法

5.3 抗剪强度的试验方法

土的抗剪强度是决定建筑物地基和土工建筑物稳定性的关键因素，因而正确测定土的抗剪强度指标对工程实践具有重要的意义。经过多年来的不断发展，目前已有多种类型测定土抗剪强度指标的室内和现场测试仪器。室内试验常用的有直接剪切仪、三轴压缩仪、无侧限抗压仪和单剪仪等；现场试验常用的有十字板剪切仪等。每种试验仪器都有一定的适用性，在试验方法和成果整理等方面也有各自不同的做法。

5.3.1 直接剪切试验

直接剪切试验使用的仪器称为直接剪切仪(简称直剪仪)，分为应变控制式和应力控制式两种。前者是控制试样产生一定位移，如量力环中量表指针不再前进，表示试样已剪损，测定其相应的水平剪应力；后者则是控制对试件分级施加一定的水平剪应力，如相应的位移不断增加，认为试样已剪损。目前我国普遍采用的是应变控制式直剪仪，其构造简图如图 5.7 所示。该仪器由固定的上盒和可移动的下盒构成，试样置于盒内上下两块透水石之间。试验时，由杠杆系统通过活塞对试样施加垂直压力，水平推力则由等速前进的轮轴施加于下盒，使试样在沿上、下盒水平接触面产生剪切位移。剪应力大小则根据量力环上的测微表，由测定的量力环变形值经换算确定。活塞上的测微表用于测定试样在法向应力作用下的固结变形和剪切过程中试样的体积变化。在剪切过程中，随着上下盒相对剪切变形的发展，土的抗剪强度逐渐发挥出来，直到剪应力等于土的抗剪强度时，土样剪切破坏，所以，土样的抗剪强度是用剪切破坏时的剪应力来度量。

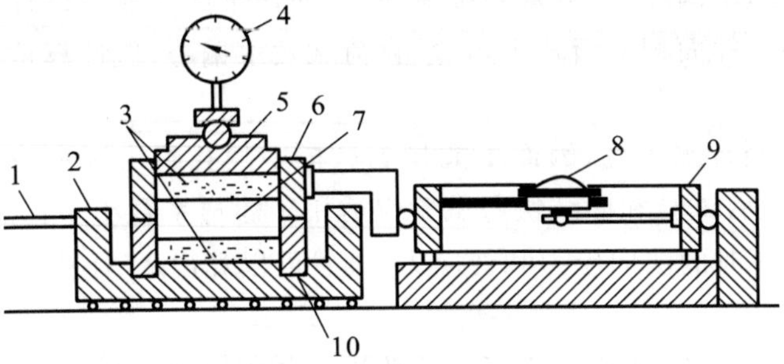

图 5.7 应变控制式直剪仪

1—轮轴；2—底座；3—透水石；4，8—测微表；5—活塞；
6—上盒；7—土样；9—量力环；10—下盒

直剪仪在等速剪切过程中，可隔固定时间间隔，亦即测读一次试样剪应力大小，就可绘制在一定的法向应力 σ 条件下，试样剪切位移 Δl（上、下盒水平相对位移）与剪应力 τ 的对应关系[图 5.8(a)]。硬黏土和密实砂土的 τ-Δl 曲线（A 线）可出现剪应力的峰值 τ_{fp}，即为土的抗剪强度，过峰值后强度随剪切位移增大而降低，称为应变软化特征；软黏土和松砂的 τ-Δl 曲线（B 线）则往往不出现峰值，强度随剪切位移增加而缓慢增大，称为应变硬化特征，此时应按某一剪切位移值作为控制破坏的标准，如一般可取相应于 4 mm 剪切位移量的剪应力作为土的抗剪强度值 τ_f。

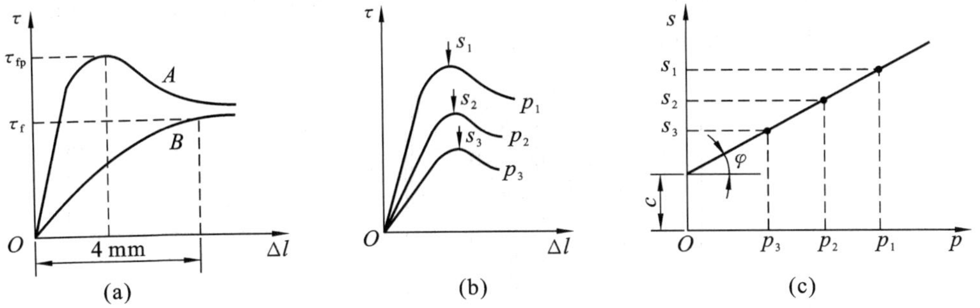

图 5.8 直接剪切试验

(a) 两种典型的 τ-Δl 曲线；(b) 不同垂直压力下的 τ-Δl 曲线；(c) 直剪试验结果

要绘制某种土的抗剪强度包线，以确定其抗剪强度指标，至少应取 3 个以上试样，在不同的垂直压力 p_1、p_2、p_3、p_4…（一般可取 100 kPa、200 kPa、300 kPa、400 kPa…）作用下测得相应的 τ-Δl 曲线[图 5.8(b)]。按上述原则确定对应的抗剪强度 s 值，从而绘出库仑强度包线[图 5.8(c)]。绘图时必须使纵横坐标的比例尺完全一致，该线与横轴的夹角为土的内摩擦角 φ，在纵轴上的截距即为土的黏聚力 c。

直剪仪具有构造简单、操作简便等优点，并符合某些特定条件，至今仍是实验室常用的一种试验仪器。但该试验也存在如下缺点：

(1) 剪切过程中试样内的剪应变和剪应力分布不均匀。试样剪破时,靠近剪力盒边缘的应变最大,而试样中间部位的应变相对小得多;此外,剪切面附近的应变又大于试样顶部和底部的应变;基于同样的原因,试样中的剪应力也是很不均匀的。

(2) 剪切面人为地限制在上、下盒的接触面上,而该平面并非是试样抗剪最弱的剪切面。

(3) 剪切过程中试样面积逐渐减小,且垂直荷载发生偏心,但计算抗剪强度时却按受剪面积不变和剪应力均匀分布计算。

(4) 不能严格控制排水条件,因而不能量测试样中的孔隙水压力,在不排水剪切时,试件仍有可能排水,因此快剪试验和固结快剪试验仅适用于渗透系数小于10^{-6} cm/s 的细颗粒土。

(5) 根据试样破坏时的法向应力和剪应力,虽然可以算出大、小主应力 σ_1、σ_3 的数值,但中主应力 σ_2 无法确定。

针对直剪仪的上述缺陷,人们曾作了一些改进。如能改善试样中的应力均匀程度,并外套橡皮膜以控制排水的单剪仪;能控制中主应力的直剪仪和能测定残余强度的环剪仪等。

5.3.2 三轴压缩试验

三轴压缩试验测定土抗剪强度是一种较完善的方法,与直接剪切试验相比较,三轴压缩试验试样中的应力相对比较明确和均匀。三轴剪力仪同样分应变式和应力式两种。应变式三轴剪力仪由压力室、轴向加压系统、周围压力系统和孔隙水压力量测系统等构成。目前较先进的三轴剪力仪还配备有自动化控制系统、电测和数据自动采集系统等。应变式三轴剪力仪的构造简图如图 5.9 所示。其核心部分是压力室,它是由一个金属活塞、底座和透明有机玻璃圆筒组成的封闭容器;轴向加压系统用以对试样施加轴向附加压力,并可控制轴向应变的速率;周围压力系统则通过液体(通常是水)对试样施加周围压力;试样为圆柱形,并用橡皮膜包裹起来,以使试样中的孔隙水与膜外液体(水)完全隔开。试样中的孔隙水通过其底部的透水面与孔隙水压力量测系统连通,并由孔隙水压力阀门控制。

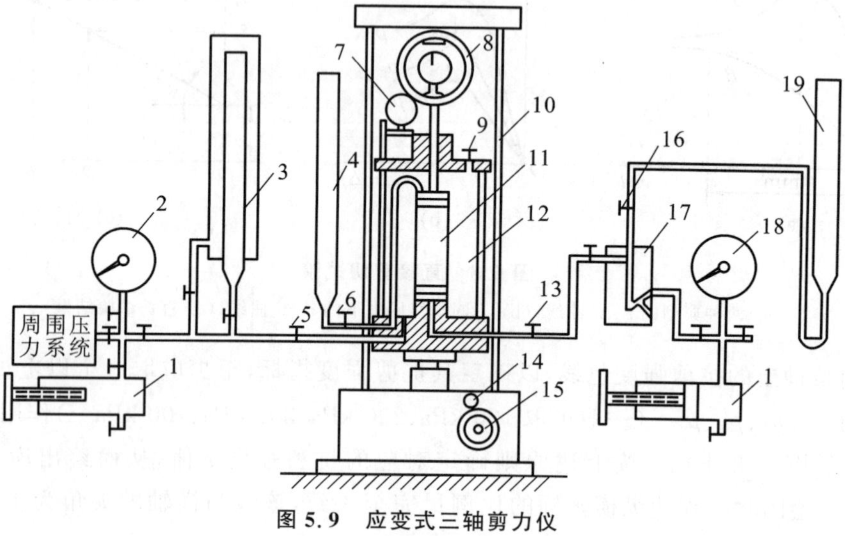

图 5.9 应变式三轴剪力仪

1—调压筒;2—周围压力表;3—体变管;4—排水管;5—周围压力阀;6—排水阀;7—变形量表;8—量力环;9—排气孔;10—轴向加压设备;11—试样;12—压力室;13—孔隙压力阀;14—离合器;15—手轮;16—量管阀;17—零位指示器;18—孔隙水压力表;19—量管

试验时，先打开周围压力系统阀门，使试样在各向受到的周围压力达到 σ_3 时即维持不变[图 5.10(a)]，然后由轴压系统通过活塞对试样施加轴向附加压力 $\Delta\sigma$（$\Delta\sigma=\sigma_1-\sigma_3$，称为偏应力）。试验过程中，$\Delta\sigma$ 不断增大而 σ_3 却维持不变，试样的轴向应力（大主应力）σ_1（$\sigma_1=\sigma_3+\Delta\sigma$）也不断增大，其应力莫尔圆亦逐渐扩大至极限应力圆，试样最终被剪坏[图 5.10(b)]。极限应力圆可由试样剪破时的 σ_{1f} 和 σ_3 作出[图 5.10(c)中实线圆]。破坏点的确定方法为，量测相应的轴向应变 ε_1，点绘 $\Delta\sigma$-ε_1 关系曲线，以偏应力 $\sigma_3-\sigma_1$ 的峰值为破坏点（图 5.11）；无峰值时，取某一轴向应变（如 $\varepsilon_1=15\%$）对应的偏应力值作为破坏点。

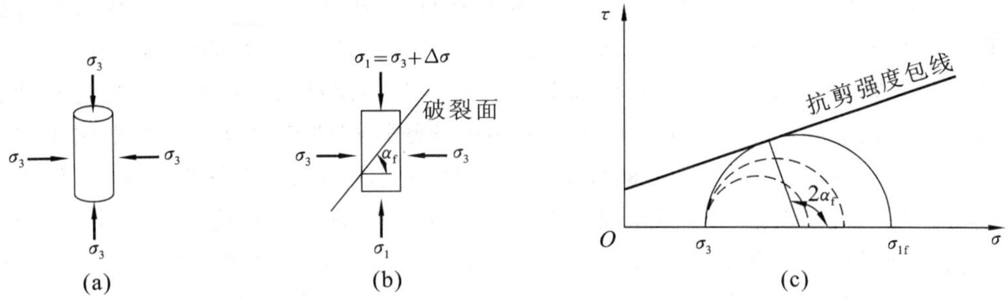

图 5.10　三轴压缩试验原理

(a) 试样受周围压力；(b) 破坏时试样上的主应力；(c) 试样破坏时的莫尔圆

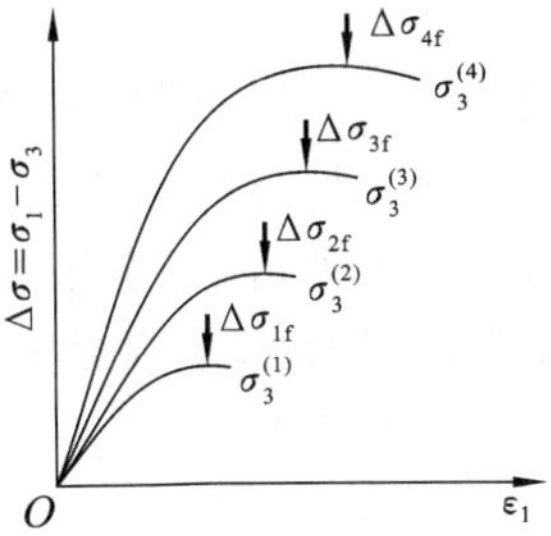

图 5.11　三轴试验的 $\Delta\sigma$-ε_1 曲线

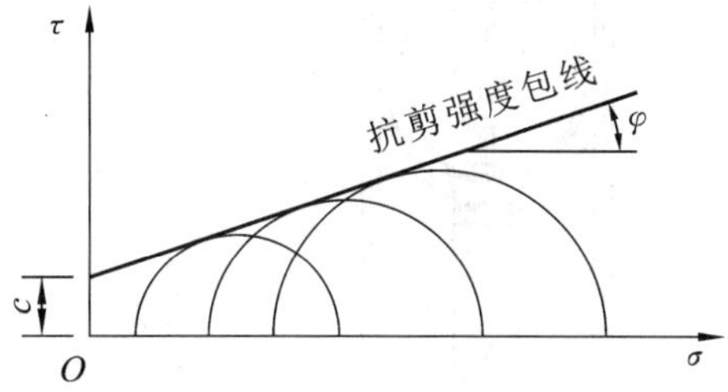

图 5.12　三轴试验的强度破坏包线

在给定的周围压力 σ_3 作用下，一个试样的试验只能得到一个极限应力圆。同种土样至少需要 3 个以上试样在不同的 σ_3 作用下进行试验，方能得到一组极限应力圆，由于这些试样均被剪坏，绘极限应力圆的公切线，即为该土样的抗剪强度包线。它通常呈直线状，其与横坐标的夹角即为土的内摩擦角 φ，与纵坐标的截距即为土的黏聚力 c（图 5.12）。

三轴压缩试验可根据工程目的不同，采用不同的排水条件进行试验。在试验中，既能令试样沿轴向压缩，也能令其沿轴向伸长。通过试验，还可测定试样的应力、应变、体积应变、孔隙水压力变化和静止侧压力系数等。如试样的轴向应变可根据其顶部刚性试样帽的轴向位移量和起始高度算得；试样的侧向应变可根据其体积变化量和轴向应变间接算得；对饱和试样而言，试样在试验过程中的排水量即为其体积变化量。排水量可通过打开量管阀门，让试样中的水排入量水管，并由量水管中水位的变化算出。在不排水条件下，如要测定试样中的孔隙水压力，可关闭排水阀，打开孔隙水压力阀门，待试样施加轴向压力后，由于试样中孔隙水压力增加而迫使零位指示器中水银面下降，此时可用调压筒施加反向压力，调整零位指示器的水银面始终保持原来的位置，从孔隙水压力表中即可读出孔隙水压力值。

三轴压缩试验可供在复杂应力条件下研究土的抗剪强度特性之用，其突出优点是：

(1) 试验中能严格控制试样的排水条件,准确测定试样在剪切过程中孔隙水压力变化,从而可定量获得土中有效应力的变化情况。

(2) 与直剪试验对比起来,试样中的应力状态相对地较为明确和均匀,不硬性指定破裂面位置。

(3) 除抗剪强度指标外,还可测定如土的灵敏度、侧压力系数、孔隙水压力系数等力学指标。

三轴压缩试验缺点是试样制备和试验操作比较复杂,试样中的应力与应变仍然不够均匀;试样的主应力 $\sigma_2=\sigma_3$,而实际上土体的受力未必都属于这类轴对称问题。由于试样上、下端的侧向变形分别受到刚性试样帽和底座的限制,而在试样的中间部分却不受约束,因此,当试样接近破坏时,试样常被挤压成鼓形。此外,目前所谓的"三轴试验",一般都是在轴对称的应力应变条件下进行的。许多研究报告表明,土的抗剪强度受到应力状态的影响。在实际工程中,油罐和圆形建筑物地基的应力分布属于轴对称应力状态,而路堤、土坝和长条形建筑物地基的应力分布属于平面应变状态($\varepsilon_2=0$),一般方形和矩形建筑物地基的应力分布则属于三向应力状态($\sigma_1\neq\sigma_2\neq\sigma_3$)。有人曾利用特制的仪器进行三种不同应力状态下的强度试验,发现同种土在不同应力状态下的强度指标并不相同。如对砂土所进行的许多对比试验表明,平面应变的砂土的 φ 值较轴对称应力状态下高出 3°左右。因而,三轴压缩试验结果不能全面反映中主应力(σ_2)的影响。若想获得更合理的抗剪强度参数,须采用真三轴仪,其试样可在三个互不相同的主应力($\sigma_1\neq\sigma_2\neq\sigma_3$)作用下进行试验。

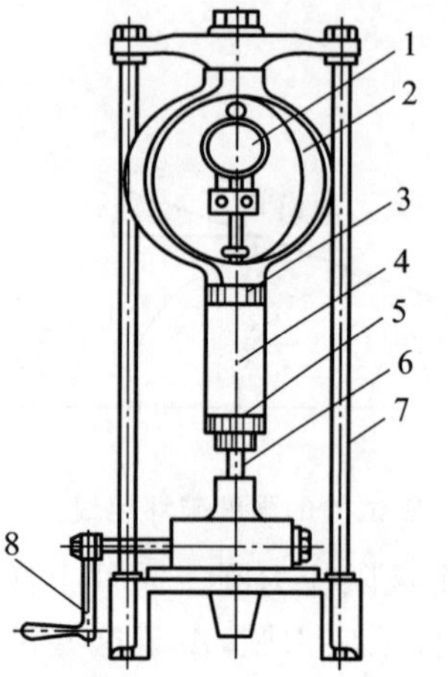

图 5.13 无侧限压缩仪

1—测微表;2—量力环;3—上加压板;4—试样;5—下加压板;6—升降螺杆;7—加压框架;8—手轮

5.3.3 无侧限抗压强度试验

无侧限抗压强度试验如同在三轴压缩试验中 $\sigma_3=0$ 时的不排水试验一样。试验时,将圆柱形试样置于图 5.13 所示无侧限压缩仪中,对试样不加周围压力,仅对它施加垂直轴向压力 σ_1[图 5.14(a)],剪切破坏时试样所承受的轴向压力称为无侧限抗压强度 q_u。无黏性土在无侧限条件下试样难以成型,故该试验主要用于黏性土,尤其适用于饱和软黏土。

无侧限抗压强度试验中,试样破坏时的判别标准类似三轴压缩试验。坚硬黏土的 σ_1-ε_1 关系曲线常出现 σ_1 的峰值破坏点(脆性破坏),此时的 σ_{1f} 即为 q_u;而软黏土的破坏常呈现为塑流变形,σ_1-ε_1 关系曲线常无峰值破坏点(塑性破坏),此时可取轴向应变 $\varepsilon_1=15\%$处的轴向应力值作为 q_u。无侧限抗压强度 q_u 相当于三轴压缩试验中试样在 $\sigma_3=0$ 条件下破坏时的大主应力 σ_{1f},故由式(5.9)可得:

$$q_u=2c\tan\left(45°+\frac{\varphi}{2}\right) \tag{5.11}$$

式中 q_u——无侧限抗压强度,kPa。

无侧限抗压强度试验结果只能作出一个极限应力圆($\sigma_{1f}=q_u,\sigma_3=0$),因此,对一般黏性土难以作出破坏包线。但试验中若能量测得试样的破裂角 α_f[图 5.14(b)],则理论上可根据式(5.10)推算出黏性土的内摩擦角 φ。再由式(5.11)推得土的黏聚力 c。但一般 α_f 不易量测,要么因为土的不均匀性导致破裂面形状不规则,要么由于软黏土的塑流变形而不出现明显的破裂面,只是被挤压成鼓形[图 5.14(c)]。但对于饱和软黏性土,在不固结不排水条件下进行

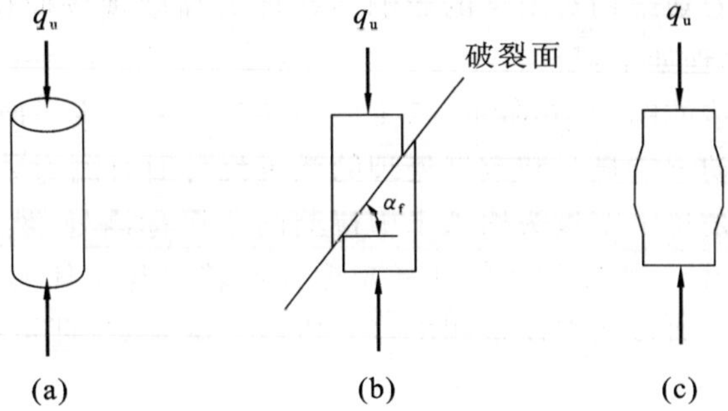

图 5.14　无侧限抗压强度试验原理

(a) 试样受压；(b) 脆性破坏；(c) 塑性破坏

剪切试验，可认为 $\varphi=0$（详见 5.5.1 节），其抗剪强度包线与 σ 轴平行。因而，由无侧限抗压强度试验所得的极限应力圆的水平切线，即为饱和软黏土的不排水抗剪强度包线。

由图 5.15 可知，其不排水抗剪强度 c_u 为：

$$c_u=\frac{q_u}{2} \tag{5.12}$$

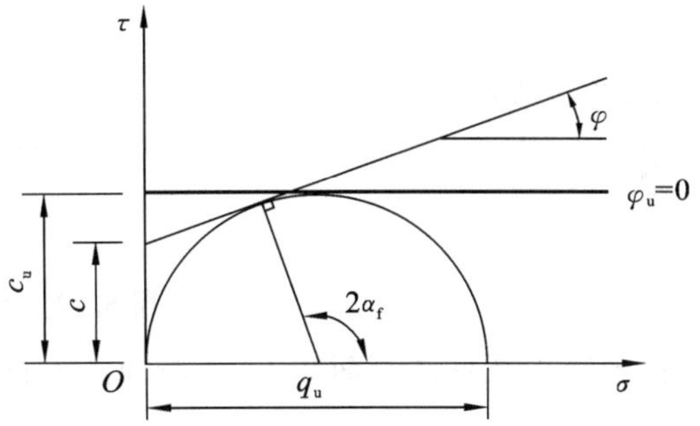

图 5.15　无侧限抗压强度试验的强度包线

无侧限抗压强度试验还可用来测定黏性土的灵敏度 S_t。其方法是将已做完无侧限抗压强度试验的原状土样，彻底破坏其结构，并迅速塑成与原状试样同体积的重塑试样，以保持重塑试样的含水量与原状试样相同，并避免因触变性导致土的强度部分恢复。无侧限抗压试验的缺点是试样的中段部位完全不受约束，因此，当试样接近破坏时，往往被压成鼓形，这时试样的应力显然不是均匀的。

对重塑试样进行无侧限抗压强度试验，测得其无侧限抗压强度 q_u'，则该土的灵敏度 S_t 为：

$$S_t=\frac{q_u}{q_u'} \tag{5.13}$$

式中　q_u——原状试样的无侧限抗压强度，kPa；

q_u'——重塑试样的无侧限抗压强度，kPa。

5.3.4　十字板剪切试验

室内的抗剪强度试验要求原状土样，由于试样在采取、运送、保存和制备等方面不可避免地使土受到扰动，特别是对于难以取样和高灵敏度的饱和软黏土，室内试验结果的精度就受到影响，因此，发展原位测试土性的仪器具有重要意义。在原位应力条件下进行测试，测定土体的范围大，能反映微观、宏观结构对土性的影响。在抗剪强度现场原位测试方法中，最常用的是十字板剪切试验，其原理如下：

十字板剪切仪的构造如图 5.16 所示，其主要部件为十字板头、轴杆、施加扭力设备和测力装置。近年来已有用自动记录显示和数据处理的微机代替旧有测力装置的新仪器问世。十字板剪切试验的工作原理是将十字板头插入土中待测的土层标高处，然后在地面上对轴杆施加扭转力矩，带动十字板旋转。十字板头的四翼矩形片旋转时与土体间形成圆柱体表面形状的剪切面，如图 5.17 所示。通过测力设备测出最大扭转力矩 M，据此可推算出土的抗剪强度。

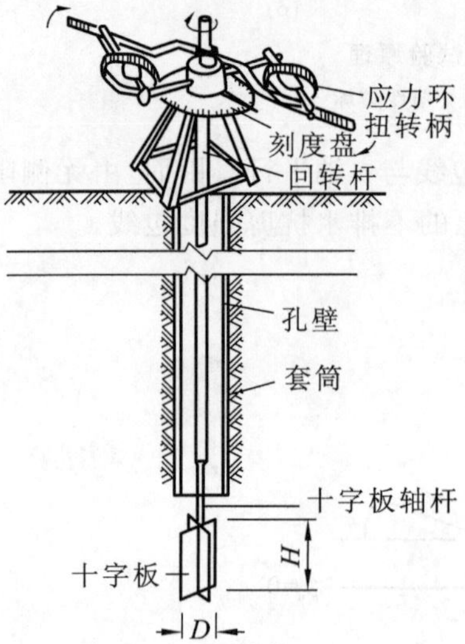

图 5.16　十字板剪切仪

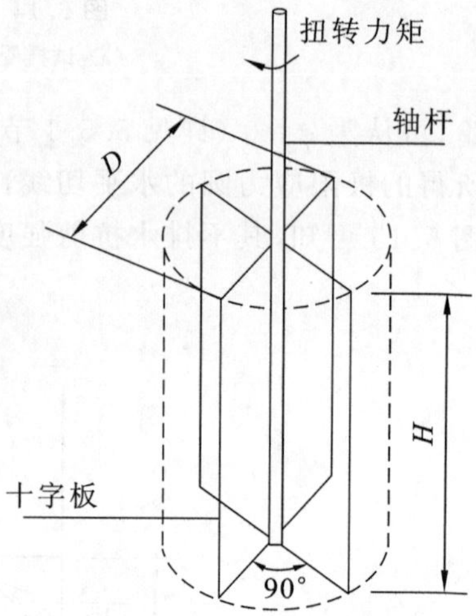

图 5.17　十字板剪切原理图

土体剪切破坏时，其抗扭力矩由圆柱体侧面和上、下表面土的抗剪强度产生的抗扭力矩两部分构成。

(1) 圆柱体侧面上的抗扭力矩 M_1：

$$M_1 = \pi DH \times \frac{D}{2} \times \tau_f \tag{5.14}$$

式中　D——十字板的宽度，即圆柱体的直径，m；

H——十字板的高度，m；

τ_f——土的抗剪强度，kPa。

(2) 圆柱体上、下表面的抗扭力矩 M_2：

$$M_2 = 2\left(\frac{\pi D^2}{4} \times \frac{D}{3} \times \tau_f\right) \tag{5.15}$$

式中　$\frac{D}{3}$——力臂值，m，由剪力合力作用在距圆心 2/3 的圆半径处所得。

应该指出，实用上为简化起见，式(5.14)和式(5.15)的推导中假设了土的强度为各向相同，即剪切破坏时圆柱体侧面和上、下表面土的抗剪强度相等。

由土体剪切破坏时所量测的最大扭矩，应与圆柱体侧面和上、下表面产生的抗扭力矩相等，可得：

$$M = M_1 + M_2 = \left(\frac{\pi HD^2}{2} + \frac{\pi D^3}{6}\right) \times \tau_f \tag{5.16}$$

于是，由十字板原位测定的土的抗剪强度 τ_f 为：

$$\tau_f=\frac{M}{\frac{\pi D^2}{2}\left(\frac{D}{3}+H\right)} \tag{5.17}$$

对饱和软黏土来说，与室内无侧限抗压强度试验一样，十字板剪切试验所得成果即为不排水抗剪强度 c_u，且主要反映土体垂直面上的强度。由于天然土层的抗剪强度是非等向的，水平面上的固结压力往往大于侧向固结压力，因而水平面上的抗剪强度略大于垂直面上的抗剪强度，十字板剪切试验结果理论上应与无侧限抗压强度试验相当（甚至略小）。但事实上十字板剪切试验结果往往比无侧限抗压强度值偏高，这可能与土样扰动较少有关。除土的各向异性外，土的成层性，十字板的尺寸、形状、高径比、旋转速率等因素对十字板剪切试验结果均有影响。此外，十字板剪切面上的应力条件十分复杂，如有人曾利用衍射成像技术，发现十字板周围土体存在因受剪影响使颗粒重新定向排列的区域，表明十字板剪切不是简单沿着一个面产生，而是存在着一个具有一定厚度的剪切区域。因此，十字板剪切的 c_u 值与原状土室内的不排水剪切试验结果有一定的差别。

5.4 孔隙压力系数

根据有效应力原理，给出土中的总应力后，求取有效应力的问题在于孔隙水压力。因三轴剪力仪能提供孔隙水压力量测装置，故可以用来研究土在三向应力条件下孔隙水压力与应力状态的关系。斯肯普顿（Skempton，1954）根据三轴压缩试验的结果，首先提出孔隙压力系数的概念，并用以表示土中孔隙压力（饱和土体的孔隙压力即为孔隙水压力）的发展和变化。设图 5.18 中试样在各向均等的初始应力 σ_0 作用下已固结完毕，初始孔隙压力 $u_0=0$，以模拟试样的原始应力状态。若试样此时受到各向均等的周围压力 $\Delta\sigma_3$ 作用，孔隙压力的增量为 Δu_1，则试样体积要有变化。前已指出，在工程常遇的压力作用下，土中固体土颗粒和水本身体积可视为不能压缩，故试样体积变化主要是孔隙空间的压缩所致。于是由孔隙压力的增量 Δu_1 所引起的孔隙体积变化 ΔV_v，它们之间的关系为：

$$\frac{\Delta V_v}{V_v}=\frac{\Delta V_v}{nV}=C_v\Delta u_1 \tag{5.18}$$

式中 V_v——试样中孔隙体积，m^3；

V——试样体积，m^3；

n——土的孔隙率；

C_v——孔隙的体积压缩系数，kPa^{-1}，为单位应力增量引起的孔隙体积应变。

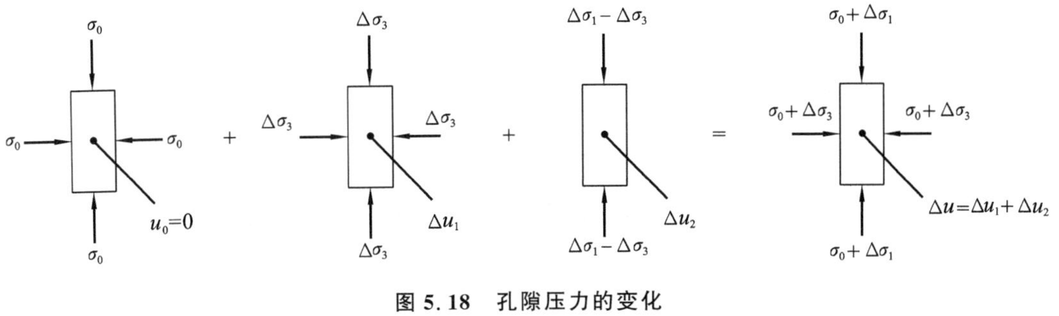

图 5.18 孔隙压力的变化

同时，有效应力增量 $\Delta\sigma_3-\Delta u_1$ 将引起土体骨架的压缩，故试样的体积应变为：

$$\frac{\Delta V}{V}=C_s(\Delta\sigma_3-\Delta u_1) \tag{5.19}$$

$$C_s=\frac{1-2\mu}{E} \tag{5.20}$$

式中 C_s——土骨架的体积压缩系数，kPa^{-1}，为单位应力增量引起的土骨架体积应变。

设试样处于不排水排气状态，则体积变化主要由土体孔隙中气相的压缩产生。土骨架的压缩量必与土的孔隙体积变化相等，即 $\Delta V=\Delta V_v$，由式(5.18)和式(5.19)可得：

$$nC_v\Delta u_1=C_s(\Delta\sigma_3-\Delta u_1) \tag{5.21}$$

整理后可得：

$$\Delta u_1=\frac{1}{1+nC_v/C_s}\Delta\sigma_3=B\Delta\sigma_3 \tag{5.22}$$

式中 B——在各向均等的周围压力作用下的孔隙压力系数，它表示单位周围压力增量所引起的孔隙水压力增量，$B=\dfrac{1}{1+nC_v/C_s}$。

对于饱和试样来说，孔隙完全被水充满，C_v 即为水的体积压缩系数，由于水几乎是不可压缩的，$C_v/C_s\to 0$，因而 $B=1.0$，故 $\Delta\sigma_3=\Delta u_3$；对于干土，孔隙的压缩性接近于无穷大，$C_v/C_s\to\infty$，$B=0$；对于非饱和试样，由于土中气体的压缩量较大，土骨架可承受部分外力的作用，故 $B<1.0$。

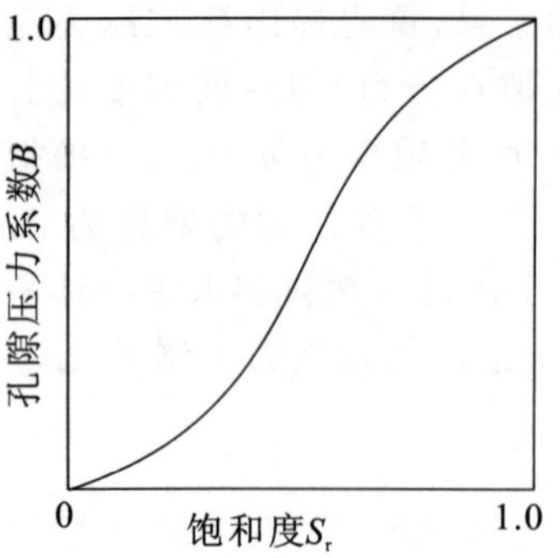

图 5.19 孔隙压力系数 B 与饱和度 S_r 的试验关系曲线

由试验表明，B 值随土的饱和度 S_r 而变化，其值介于 0～1 之间，如图 5.19 所示，土的 S_r 愈小，B 值也愈小。干土的孔隙全由气体充满，不产生孔隙水压力，所施加的 $\Delta\sigma_3$ 完全由土骨架承担，故 $B=0$。

如果在试样上仅施加轴向偏应力增量 $\Delta\sigma=\Delta\sigma_1-\Delta\sigma_3$，则相应地会产生一孔隙压力增量 Δu_2，此时，试样的轴向有效应力增量为 $\Delta\sigma'=\Delta\sigma_1-\Delta\sigma_3-\Delta u_2$，而侧向有效应力增量为 $-\Delta u_2$。与前同理，孔隙压力的增量 Δu_2 与孔隙体积变化 ΔV_v 之间的关系为：

$$\frac{\Delta V_v}{V_v}=\frac{\Delta V_v}{nV}=C_v\Delta u_2 \tag{5.23}$$

设土骨架为理想的弹性材料，则土骨架的体积变化仅与有效平均正应力增量 $\Delta\sigma'_m$ 有关，而土体受到的有效平均正应力增量 $\Delta\sigma'_m$ 为：

$$\Delta\sigma'_m=\Delta\sigma_m-\Delta u_2=\frac{1}{3}(\Delta\sigma_1-\Delta\sigma_3)-\Delta u_2 \tag{5.24}$$

故试样的体积应变为：

$$\frac{\Delta V_v}{V}=C_s\left[\frac{1}{3}(\Delta\sigma_1-\Delta\sigma_3)-\Delta u_2\right] \tag{5.25}$$

同理，设试样处于不排水排气状态，则 $\Delta V=\Delta V_v$，由式(5.23)和式(5.25)可得：

$$nC_v\Delta u_2=C_s\left[\frac{1}{3}(\Delta\sigma_1-\Delta\sigma_3)-\Delta u_2\right] \tag{5.26}$$

整理后可得：

$$\Delta u_2 = \frac{1}{1+n\dfrac{C_v}{C_s}} \times \frac{1}{3}(\Delta\sigma_1 - \Delta\sigma_3) = \frac{B}{3} \times (\Delta\sigma_1 - \Delta\sigma_3) \tag{5.27}$$

若试样同时受到上述各向均等压力增量 $\Delta\sigma_3$ 和轴向偏应力增量 $\Delta\sigma_1 - \Delta\sigma_3$ 作用，则由此产生的孔隙压力增量 Δu 为：

$$\Delta u = \Delta u_1 + \Delta u_2 = B\left[\Delta\sigma_3 + \frac{1}{3}(\Delta\sigma_1 - \Delta\sigma_3)\right] \tag{5.28}$$

然而实际上土并非理想的弹性材料，其体积变化不仅取决于平均正应力增量 $\Delta\sigma_m$，还与偏应力增量有关。因此，式中的系数 1/3 就不再适用，而应代之以另一孔隙压力系数 A。于是式(5.28)可改写为：

$$\Delta u = B[\Delta\sigma_3 + A(\Delta\sigma_1 - \Delta\sigma_3)] = B\Delta\sigma_3 + AB(\Delta\sigma_1 - \Delta\sigma_3) \tag{5.29}$$

式中 A——偏应力增量作用下的孔隙压力系数。三轴压缩试验实测结果表明，A 值随偏应力增量 $\Delta\sigma_1 - \Delta\sigma_3$ 的变化而呈非线性变化。

对饱和试样，由于 $B=1.0$，在不排水试验中，总孔隙压力增量为：

$$\Delta u = \Delta\sigma_3 + A(\Delta\sigma_1 - \Delta\sigma_3) \tag{5.30}$$

因而，若能得知土体中任一点的大、小主应力的变化和孔隙压力系数 A、B，就可以根据式(5.29)估算相应的孔隙压力。在不同固结和排水条件的三轴压缩试验中(详见 5.5.1 节)，如 UU 试验，其孔隙压力增量即为式(5.30)。而在 CU 试验中，因试样在 $\Delta\sigma_3$ 作用下固结稳定，$\Delta u_1=0$，故孔隙压力增量 $\Delta u=\Delta u_2=A(\Delta\sigma_1-\Delta\sigma_3)$。在 CD 试验中，因不产生孔隙压力，故$\Delta u=0$。应指出的是，由于无黏性土(如砂土)的渗透系数较大，在荷载作用下孔隙水容易排出，无黏性土的孔隙压力消散极快，故孔隙压力系数 A 和 B 主要针对黏性土的强度研究具有意义。

5.5 饱和黏性土的抗剪强度

在土力学有关稳定性的计算分析工作中，抗剪强度指标是其中最重要的计算参数。能否正确选择土的抗剪强度指标，同样是关系到工程设计质量和成败的关键所在。土的抗剪强度指标千变万化，因此，只有对抗剪强度指标的性质和变化规律有一个清晰的概念，并对各种指标数值的范围有一个大致的了解，才能对实际问题作出正确的判断和选择。

在实际工程中，若能直接测定土体在剪切过程中的 σ 和 u 的变化（或用固结理论推估出来)，便可利用有效应力法定量地评价土的实际抗剪强度及其随土体固结的不断变化，采用有效应力强度指标去研究土体的稳定性，故应用有效应力法的关键在于求得孔隙水压力的分布。然而，往往受室内和现场试验设备条件所限，不可能对所有工程都采用有效应力法，况且在实践中许多情况下也难以取得孔隙水压力分布的实用解答，因而限制了有效应力法的广泛应用。因此，工程实践中较多的还是采用土的总应力强度指标，试验方法上尽可能地近似模拟现场土体在受剪时的固结和排水条件，而不必测定土在剪切过程中 u 的变化。

5.5.1 黏性土在不同固结和排水条件下的抗剪强度指标

针对工程中可能出现的固结和排水实际情况，通常采用的做法是统一规定三种不同的标准试验方法，控制试样不同的固结和排水条件。直剪试验因限于仪器条件则只能近似模拟工程中可能出现的固结和排水情况才能严格控制试样固结和剪切过程中的排水条件。下面仅就上述两类剪切试验，对三种标准试验方法分别介绍。

(1) 固结不排水剪(又称固结快剪，以符号 CU 表示)

用三轴压缩仪进行固结快剪试验时，打开排水阀，让试样在施加围压 σ_3 时排水固结，试样的含水量将发生变化。待固结稳定后(至 $\Delta u=0$)关闭排水阀，在不排水条件下施加轴向附加压力 $\Delta\sigma$ 后，产生附加孔隙水压力 u_2。剪切过程中，试样的含水量保持不变。至剪破时，试样的孔隙水压力 $u_f=u_2$，破坏时的孔隙水压力完全由试样受剪引起。用直剪仪进行固结快剪试验时，在施加垂直压力后，应使试样充分排水固结，再以较快的速度将试样剪坏。尽量使试样在剪切过程中不再排水。

(2) 不固结不排水剪(又称快剪，以符号 UU 表示)

用三轴压缩仪进行快剪试验时，无论施加围压 σ_3 还是轴向压力 σ_1，直至剪切破坏均关闭排水阀。整个试验过程自始至终试样不能固结排水，故试样的含水量保持不变。试样在受剪前，周围压力 σ_3 会在土内引起初始孔隙水压力 u_1，施加轴向附加压力 $\Delta\sigma$ 后，便会产生一个附加孔隙水压力 u_2。至剪破时，试样的孔隙水压力 $u_f=u_1+u_2$。用直剪仪进行快剪试验时，试样上下两面可放不透水薄片。在施加垂直压力后，立即施加水平剪力，为使试样尽可能接近不排水条件，以较快的速度(如 3～5 min)将试样剪破。

(3) 固结排水剪(又称慢剪，以符号 CD 表示)

用三轴压缩仪进行慢剪试验时，整个试验过程中始终打开排水阀，不但要使试样在周围压力 σ_3 作用下充分排水固结(至 $u_1=0$)，而且在剪切过程中也要让试样充分排水固结(不产生 u_2)，因而，剪切速率应尽可能缓慢，直至试样剪破。用直剪仪进行慢剪试验时，同样是让剪切速率尽可能地缓慢，使试样在施加垂直压力下充分排水固结，并在剪切过程中充分排水。

以上三种三轴试验方法中，试样在固结和剪切过程中的孔隙水压力变化、剪破时的应力条件和所得到的强度指标如表 5.1 所示。

表 5.1　三种试验方法中的应力条件、孔隙水压力变化和强度指标

试验方法	孔隙水压力 u 的变化		剪破时的应力条件		强度指标
	剪前	剪切过程中	总应力	有效应力	
CU	$u_1=0$	$u=u_1\neq 0$(不断变化)	$\sigma_{1f}=\sigma_3+\Delta\sigma$ $\sigma_{3f}=\sigma_3$	$\sigma'_{3f}=\sigma_3+\Delta\sigma-u_f$ $\sigma'_{3f}=\sigma_3-u_f$	c_{cu},φ_{cu}
UU	$u_1>0$	$u=u_1+u_2\neq 0$(不断变化)	$\sigma_{1f}=\sigma_3+\Delta\sigma$ $\sigma_{3f}=\sigma_3$	$\sigma'_{3f}=\sigma_3+\Delta\sigma-u_f$ $\sigma'_{3f}=\sigma_3-u_f$	c_c,φ_c
CD	$u_1=0$	$u=u_1=0$(任意时刻)	$\sigma_{1f}=\sigma_3+\Delta\sigma$ $\sigma_{3f}=\sigma_3$	$\sigma'_{3f}=\sigma_3+\Delta\sigma$ $\sigma'_{3f}=\sigma_3$	c_d,φ_d

5.5.1.1　固结不排水抗剪强度指标

饱和黏性土的固结不排水抗剪强度在一定程度上受到应力历史的影响，因此，在研究黏性土的固结不排水强度时，要区别试样是正常固结还是超固结。天然土层中的土体或多或少受到一定的上覆土压力作用而固结到某种程度。以三轴压缩试验为例，试验中常用各向等压的周围压力 σ_c 来代替和模拟历史上曾对试样所施加的先期固结压力。因此，凡试样所受到的周

围压力 $\sigma_3<\sigma_c$，试样就处于超固结状态；反之，当 $\sigma_3\geqslant\sigma_c$，则试样就处于正常固结状态。两种不同固结状态的试样，在剪切试验中的孔隙水压力和体积变化规律完全不同，其抗剪强度特性亦各不一样。

为简单起见，针对饱和黏性土这一典型情况，研究土的强度规律时，仅考虑土在剪切过程中的孔隙水压力和体积的变化。饱和黏性土的CU试验中，在不排水剪切条件下，试样体积始终保持不变。若控制 σ_3 不变（$\Delta\sigma_3=0$）而不断增加 σ_1 直至试样剪破，其孔隙压力系数 B 始终为1.0，而系数 A 则随着 $\Delta\sigma_1$ 的增加呈非线性变化。将 $\Delta\sigma_3=0$ 代入式(5.30)，可得：

$$A=\frac{\Delta u}{\Delta\sigma_1}=\frac{\Delta u}{\sigma_1-\sigma_3} \tag{5.31}$$

试样剪破时，对式(5.31)中各物理量添加下角标f表示，可得：

$$A_f=\frac{\Delta u_f}{\Delta\sigma_{1f}}=\frac{\Delta u_f}{(\sigma_1-\sigma_3)_f} \tag{5.32}$$

从图5.20中看出，正常固结土的孔隙水压力 Δu 随 $\Delta\sigma_1$ 稳步上升，始终产生正的孔隙水压力，A 值始终大于零，且在试样剪破时 A_f 为最大。而超固结土在开始剪切时只出现微小的孔隙水压力正值（A 为正值），随之孔隙水压力下降，并在一定的 $\Delta\sigma_1$ 作用下就趋于负值（A 亦为负值），至试样剪破时 A_f 负值最大。

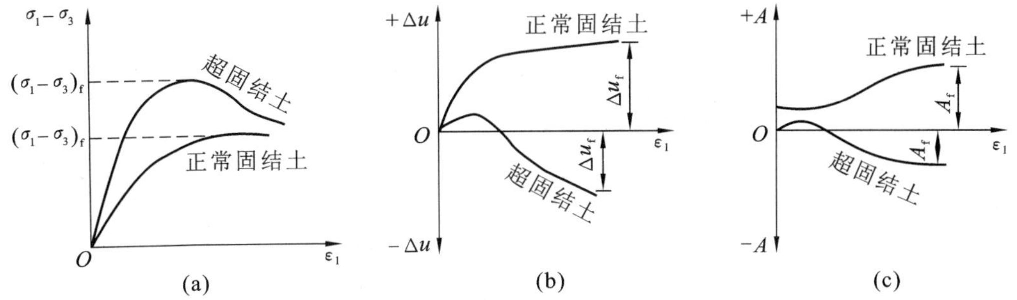

图5.20　固结不排水剪试验的应力-应变关系、孔隙水压力和系数 A 的变化

(a) 应力-应变关系；(b) 应变-孔压关系；(c) 应变-孔压系数 A 的关系

表5.2为某些饱和黏性土类（$B=1$）在破坏状态下的 A_f 值。从中可看出，A_f 值随其固结程度而变。超固结土的超固结比OCR（$=\sigma_c/\sigma_3$）愈大，A_f 值愈低。对强超固结土而言，A_f 值出现负值。土的剪胀作用愈强，A_f 的负值愈大。因此，根据 A_f 值的变化，可以评价土的固结状态。如果 $A_f>1.0$，原因或是由于在围压作用下土体未完全排水固结，以致残留有固结孔隙水压力；或是由于土体结构破坏后，原来存在于结构单元内微孔隙中的孔隙压力释放出来。

孔隙压力系数 A 对研究土的三维固结与沉降同样具有重要的意义。但须指出，在研究土体强度理论中所用的破坏时孔隙压力系数 A_f，在数值上不同于研究土变形课题中的系数 A，因为随着 $\Delta\sigma_1$ 的增大，Δu 值并不呈线性增长。如果将某一组饱和黏土试样先在不同的周围压力 σ_3 下排水固结，然后再施加轴向偏应力作不排水剪切，可获得CU试验的抗剪强度包线。

表5.2　饱和黏性土破坏时的 A_f 值

土类	高灵敏度黏土	正常固结黏土	弱超固结黏土	一般超固结黏土	强超固结黏土
A_f	0.75～1.5	0.5～1.0	0.25～0.5	0～0.25	−0.5～0

图 5.21 中 BC 线为正常固结土的试验结果。若试样是从未固结过的土样(如泥浆状土)，则不排水强度显然为零，直线 BC 的延长段将通过原点。实际上，从天然土层取出的试样，总具有一定的先期固结压力(反映在图 5.21 中 B 点对应的横坐标 σ_c 处)。因此，若室内剪前固结围压 $\sigma_3<\sigma_c$，则属超固结土的不排水剪切，其强度要比正常固结土的强度大，强度包线为一条略平缓的曲线(图 5.21 中 AB 线)。由此可见，饱和黏性土试样的 CU 试验所得到的是一条曲折状的抗剪强度包线(图 5.21 中 ABC 线)，前段为超固结状态，后段为正常固结状态。实用上一般不作如此复杂的分析，只要按 5.2.2 节中介绍的作多个极限应力圆的公切直线(图 5.21 中 AD 线)，即可获得固结不排水剪的总应力强度包线和强度指标 c_{cu} 和 φ_{cu}。

应指出的是，CU 试验的总应力强度指标随试验方法具有一定的离散性。由图 5.22 可看出，如果试样的先期固结压力较高，以致试验中所施的周围压力 σ_3 都小于 σ_c，那么试验所得的极限应力圆切点都落在超固结段(图 5.22 中 $A''B''$ 线)，由它推算的 c_{cu} 就较大，而 φ_{cu} 则并不一定大；反之，若试样原来所受的先期固结压力较低，各试样试验时所施加的 σ_3 大都超过 σ_c，则试验所得圆切点都落在正常固结段上。于是由此推算的 c_{cu} 就会很小(图 5.22 中 $A'B'$ 线)，甚至接近于零，土呈现正常固结性质，而得到的 φ_{cu} 则较大。因此，往往需对原状试样进行室内固结试验，求得其先期固结压力，选择适当的周围压力 σ_3 后，再进行 CU 试验。

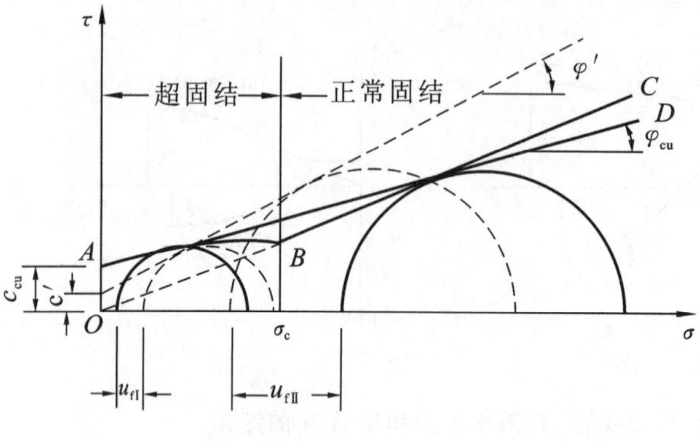

图 5.21　饱和黏性土的固结不排水试验结果

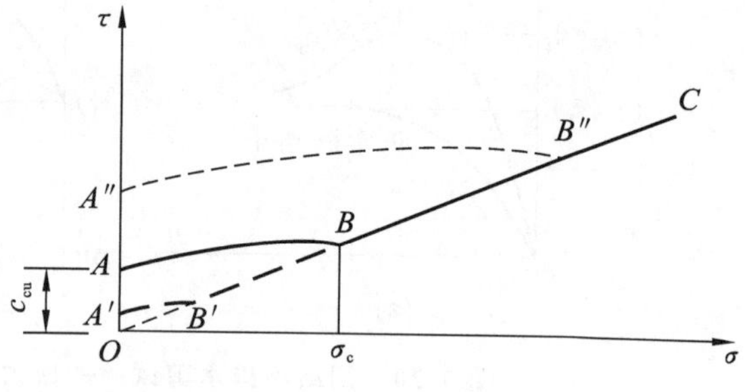

图 5.22　固结不排水试验结果

从三轴 CU 试验结果推求 c' 和 φ' 的方法可利用图 5.21 加以说明。根据表 5.1 中试样剪破时的应力关系，将 CU 试验所得的总应力条件下的极限应力圆(图中的各个实线圆)，向左移动一个相应的 u_f 值的距离，而圆的直径保持不变，就可获得有效应力条件下的极限应力圆(图中的各个虚线圆)。按各虚线圆求其公切线，即为该土的有效应力强度包线，据之可确定 c' 和 φ'。

如前所述，正常固结土在不排水剪切试验中产生正的孔隙水压力，其有效应力圆在总应力圆的左边；而超固结土在不排水剪切试验中产生负的孔隙水压力，故有效应力圆在总应力圆的右边。CU 试验的有效应力强度指标与总应力强度指标相比，通常 $c'<c_{cu}$，$\varphi'>\varphi_{cu}$。

5.5.1.2　不固结不排水剪强度指标

不固结不排水剪切试验中的“不固结”是指在三轴压力室内不再固结，而试样仍保持着原有的现场有效固结压力不变。图 5.23 中三个实线圆Ⅰ、Ⅱ、Ⅲ，分别表示三个试样在不同的 σ_3 作用下 UU 试验的极限总应力圆，虚线圆则表示极限有效应力圆。其中，圆Ⅰ的 $\sigma_3=0$，相当于无侧限抗压试验。试验结果表明，在含水量恒定条件下的 UU 试验，无论在多大的 σ_3 作用下，试样破坏时所得的极限偏应力 $(\sigma_1-\sigma_3)_f$ 恒为常数。图 5.23 中三个总应力圆直径相同，故抗剪强度包线为一条水平线。即：

$$\begin{cases}\tau_f = c_u = \dfrac{1}{2}(\sigma_1 - \sigma_3) \\ \varphi_u = 0\end{cases} \tag{5.33}$$

式中 c_u——土的不排水抗剪强度,kPa;

φ_u——土的不排水内摩擦角,°。

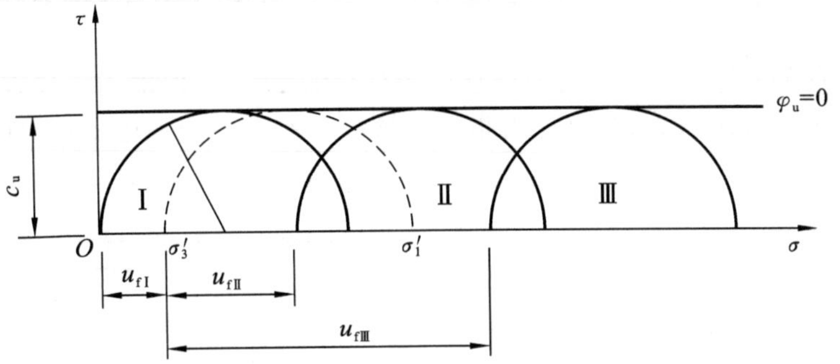

图 5.23 饱和黏性土的不固结不排水试验结果

试验中若分别量测试样破坏时的孔隙水压力 u_f,并按有效应力整理,三个试样只能得到同一个有效应力圆。由于试样总具有一定的现场固结压力,因此,对圆Ⅰ($\sigma_3=0$)来说,是在超固结状态下的剪切破坏,如前所述,会产生负的孔隙水压力,有效应力圆在总应力圆的右边。上述试验现象可归结为,在不排水条件下,试样在试验过程中的含水量和体积均保持不变,改变 σ_3 数值只能引起孔隙水压力同等数值变化,试样受剪前的有效固结应力却不发生改变,因而抗剪强度也就始终不变。无论是超固结土还是正常固结土,其 UU 试验的抗剪强度包线均是一条水平线,即 $\varphi_u=0$。

从以上分析可知,c_u 值反映的正是试样原始有效固结压力作用所产生的强度。天然土层的有效固结压力是随埋藏深度增加的,所以 c_u 值也随所处的深度增加。均质的正常固结天然黏土层的 c_u 与其有效固结压力之比值基本保持常数,故 c_u 值大致随有效固结压力呈线性增加。超固结土因其先期固结压力大于现场有效固结压力,它的 c_u 值比正常固结土的大。

5.5.1.3 固结排水剪强度指标

饱和黏性土的排水剪切试验过程中,超孔隙水压力始终为零,总应力最后全部转化为有效应力,所以总应力圆就是有效应力圆,总应力破坏包线就是有效应力破坏包线,试样体积随 $\Delta\sigma_1$ 的增加而不断变化(图 5.24)。正常固结黏土的体积在剪切过程中不断减小(称为剪缩),

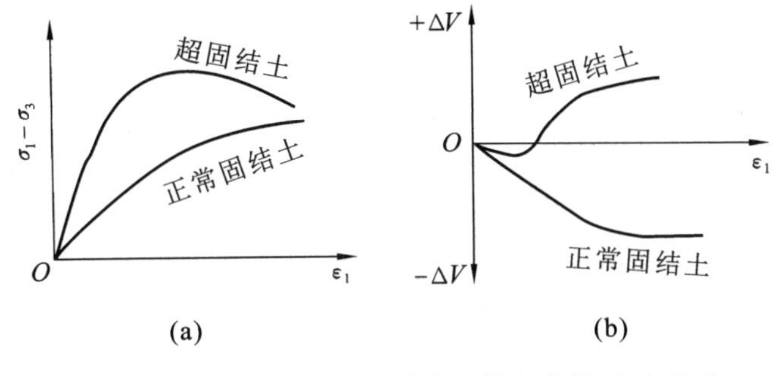

图 5.24 CU 试验的应力-应变和体积变化-应变关系

(a) 应力-应变关系;(b) 体积变化-应变关系

而超固结黏土的体积在剪切过程中则是先减小，继而转向不断增加（称为剪胀）。如同前述，土体在不排水剪中孔隙水压力值的变化趋势，也可根据其在排水剪中的体积变化规律得到验证。如正常固结土在排水剪中有剪缩趋势，因而当它进行不排水剪时，由于孔隙水排不出来，剪缩趋势就转化为试样中的孔隙水压力不断增长；反之，超固结土在排水剪中不但不排出水分，反而因剪胀而有吸水的趋势，但它在不排水剪过程中却无法吸水，于是就产生负的孔隙水压力。

饱和黏土试样的CD试验结果与CU试验类似（图5.25）。但由于试样在固结和剪切的全过程中始终不产生孔隙水压力，其总应力指标应该等于有效应力强度指标，即 $c'=c_{\rm d}$，$\varphi'=\varphi_{\rm d}$。

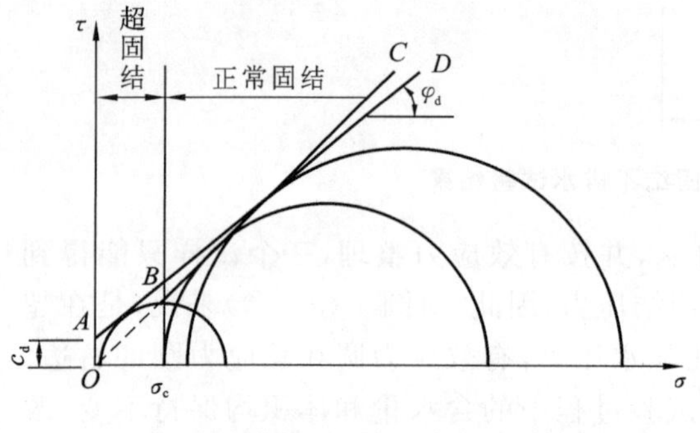

图 5.25 饱和黏性土的固结排水剪试验结果

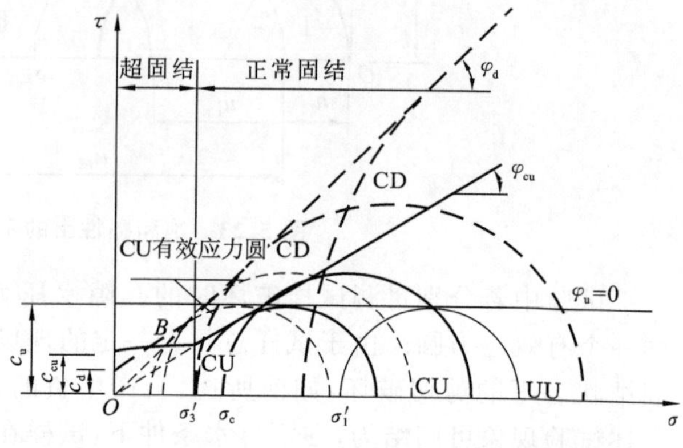

图 5.26 饱和黏性土的固结排水剪试验结果

如果将某种饱和软黏土的两组试样先在同一 $\sigma_3=\sigma_{\rm c}$（先期固结压力）下排水固结，然后对一组中的若干试样施加新的围压 $\sigma_3(>\sigma_{\rm c})$，使各试样分别进行UU、CU和CD试验，并将试验结果综合表示在一张 σ-τ 坐标图上（图5.26），则可看出三种试验结果之间的关系。很显然，正常固结土的 $\varphi_{\rm d}>\varphi_{\rm cu}>\varphi_{\rm u}$，且 $\varphi_{\rm u}=0$。

若对另一组中若干试样的围压从 $\sigma_{\rm c}$ 减低至 $\sigma_3(<\sigma_{\rm c})$，同样进行上述三种试验，此时土具有超固结特征。超固结土在其卸载回弹过程中，UU试验因不容许吸水，含水量保持不变，故其不固结不排水剪强度比固结不排水剪和排水剪强度都高。此外，拿CU和CD试验相比较，虽然二者在卸载回弹过程中，产生的负孔隙水压力均会导致试样吸水软化（含水量增加）。但由于超固结土的剪胀特性，CD试验中的试样在排水剪切过程中有可能进一步吸水软化，含水量还要增加，而CU试验则无此可能。因此，排水剪强度比固结不排水剪强度要低，这可从图5.26中UU、CU和CD试验中的各强度包线在超固结状态所处位置比较而知，其情形与右边的正常固结状态正好相反。

上述试验还可证明，同一种黏性土在UU、CU和CD试验中的总应力强度包线和强度指标各不相同，但都可得到近乎同一条有效应力强度包线。因而，不同试验方法下的有效应力强度存在着唯一性关系的特征。

直剪试验在上述三种方法中因受仪器条件限制，不能测定试样中孔隙水压力的变化，一般只能用总应力强度指标来表示其试验结果。

【例 5.1】 一饱和黏性土试样进行固结不排水剪试验，施加周围压力 $\sigma_3=200$ kPa，试样破坏时的轴向压应力 $\Delta\sigma_1=280$ kPa，如果破坏面与水平面的夹角 $\alpha=56°$，试求破坏面上的法向应力和剪应力以及试样中的最大剪应力。

【解】 由试验得：

$$\sigma_1=\sigma_3+\Delta\sigma_1=200+280=480\ \text{kPa}$$

则法向应力 σ 和剪应力 τ：

$$\begin{aligned}\sigma&=\frac{1}{2}(\sigma_1+\sigma_3)+\frac{1}{2}(\sigma_1-\sigma_3)\cos2\alpha\\&=\frac{1}{2}(480+200)+\frac{1}{2}(480-200)\cos(2\times56^\circ)\\&=313.8\ \text{kPa}\\\tau&=\frac{1}{2}(\sigma_1-\sigma_3)\sin2\alpha=\frac{1}{2}(480-200)\sin(2\times56^\circ)\\&=137.5\ \text{kPa}\end{aligned}$$

因为最大剪应力发生在 $\alpha=45^\circ$ 的平面上，所以：

$$\tau=\frac{1}{2}(480-200)=140\ \text{kPa}$$

【例 5.2】 某无黏性土饱和试样进行固结排水剪试验，测得抗剪强度指标为 $c_d=0,\varphi_d=31^\circ$，如果对同一试样进行固结不排水剪试验，施加的周围压力 $\sigma_3=200$ kPa，试样破坏时的轴向偏应力 $(\sigma_1-\sigma_3)_f=180$ kPa。试求试样的不排水剪强度指标 φ_{cu} 和破坏时的孔隙水压力 u_f 和系数 A_f。

【解】 根据试验结果 $\sigma_{1f}=180+200=380$ kPa，$\sigma_{3f}=200$ kPa，排水剪的孔隙水压力恒为零，得 $c'=c_d=0,\varphi'=\varphi_d=31^\circ$。而无黏性土的 $c_{cu}=0$。

由式(5.9)得：

$$\tan^2\left(45^\circ+\frac{\varphi_{cu}}{2}\right)=\frac{\sigma_1}{\sigma_3}=\frac{380}{200}=1.9$$

解之求 φ_{cu}，得 $\varphi_{cu}=18^\circ$；

同理，由式(5.9)得：$\dfrac{\sigma_1'}{\sigma_3'}=\tan^2\left(45^\circ+\dfrac{\varphi'}{2}\right)=\tan^2\left(45^\circ+\dfrac{31^\circ}{2}\right)=3.124$

得 $\sigma_1'=3.124\sigma_3'$

根据 $(\sigma_1'-\sigma_3')_f=180$ kPa，联立求解以上两式，可得有效大、小主应力 $\sigma_{1f}'=264.8$ kPa，$\sigma_{3f}'=84.8$ kPa。

故破坏时的孔隙水压力 $u_f=\sigma_{3f}-\sigma_{3f}'=200-84.8=115.2$ kPa，由式(5.32)得，破坏时的孔隙压力系数 $A_f=\dfrac{u_f}{(\sigma_1-\sigma_3)_f}=\dfrac{115.2}{180}=0.64$。此题亦可用作图法解得。如图 5.27 所示，用 $\sigma_{1f}=380$ kPa 和 $\sigma_{3f}=200$ kPa 作莫尔极限应力圆。作过原点强度包线切于该圆，量得强度包线与水平夹角，即可得 $\varphi_{cu}=18^\circ$。根据 $c'=0,\varphi'=31^\circ$ 作过原点有效应力强度包线，向左平移总极限应力圆与有效应力强度包线相切，即可从图中量得破坏时的孔隙水压力 $u_f=115.2$ kPa，并由此算得系数 $A_f=0.64$。

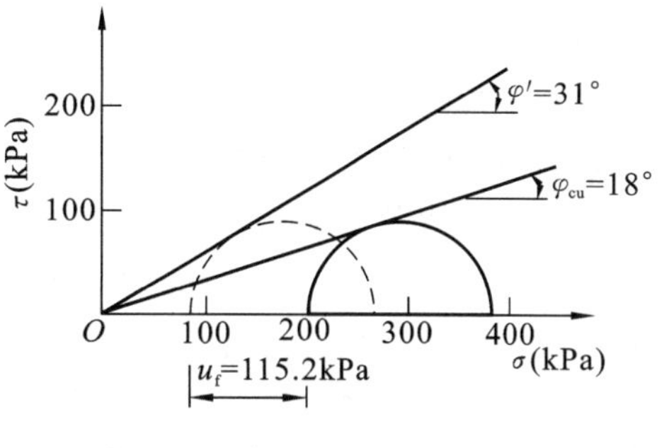

图 5.27　例题 5.2 图解法

5.5.2 黏性土的残余强度指标

如 5.3.1 节所述，坚硬的超压密黏土的 τ-Δl 曲线可出现剪应力的峰值 τ_{fp}，即为土的峰值抗剪强度。峰后强度随剪切位移增大而降低，称应变软化特征。当剪切位移较大时，其强度最终也逐渐降低至某一稳定值，这种终值强度称为残余强度 τ_{fr}（图 5.28）。残余强度的主要测定方法为，在直剪仪中进行反复剪切试验，以达到大应变的效果。

试验证明，黏性土的残余强度同峰值强度一样也符合库仑公式，即：

$$\tau_{fr}=c_r+\sigma\tan\varphi_r \tag{5.34}$$

式中 τ_{fr}——土的残余抗剪强度，kPa；

σ——作用在剪切面上的法向应力，kPa；

c_r——土的残余黏聚力，kPa；

φ_r——土的残余内摩擦角，°。

如图 5.29 所示，残余强度包线在纵坐标上的截距 $c_r=0$，残余内摩擦角 φ_r 略小于其峰值内摩擦角 φ。残余强度的降低主要表现为黏聚力的下降。

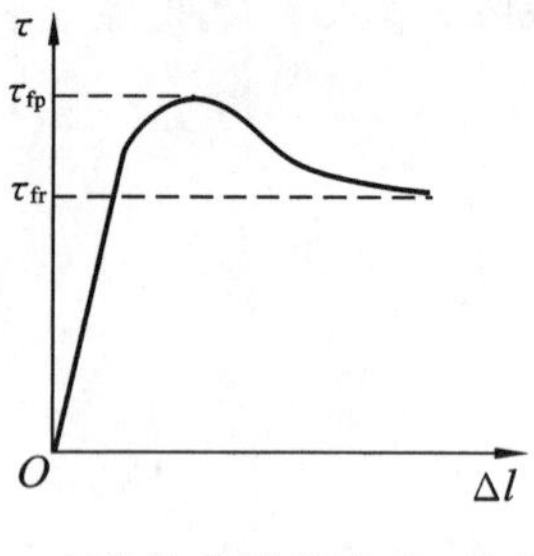

图 5.28 应变软化型剪应力-剪应变曲线

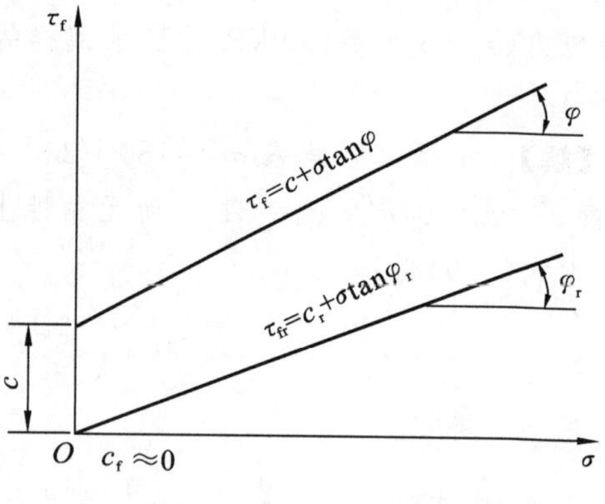

图 5.29 黏性土的峰值强度与残余强度包线

一些试验资料表明，从同一种土的重塑试样求得的残余强度与原状土样的残余强度基本相同，说明残余强度与土的结构性关系不大，而主要取决于土的矿物成分和有效法向应力的影响。一般情况下，以石英、长石含量为主的土类，其残余内摩擦角略大于 30°；以云母类矿物（如伊利石）含量为主的土类，其残余内摩擦角为 15°～26°；而以蒙脱石矿物含量为主的土类，其残余内摩擦角小于 10°。黏性土的残余强度现象可解释为，沿剪切面两侧非定向性排列的薄层微粒结构，随着剪应变的增加而逐渐转化为沿剪切方向定向性排列，因而，土的抗剪强度随之降低。残余强度对研究天然黏性土土坡的长期稳定性问题，具有十分重要的实践意义。由于土坡沿滑动面剪应变的发展不是各处均衡，往往在该面上某些点发生较大的剪应变，而在其他地方剪应变发挥得还较小，造成沿滑动面上的剪应力分布亦不均匀，使得滑动面上各部分的抗剪强度不能同时达到峰值。若土体具有明显的残余强度特性，则在较大剪应变处土首先抵达峰值强度，即破坏在这些点出现，但随着剪应变加大，这些点的强度又降至残余强度，从而带动滑动面其他各点也相继达到峰值强度后又降低至残余强度。可以推断，这种连锁反应造成土坡的破坏过程将是从某一点开始，并逐渐蔓延到全面，形成所谓“渐近性破坏”现象。

5.5.3 无黏性土的抗剪强度指标

图 5.30 表示剪切时颗粒移动的理想化图像。当具有紧密结构的无黏性土沿破坏面滑动时，土粒 A 必须越过相邻的土粒 B，因而土体将发生膨胀，并消耗部分剪切力的功能来抵抗法向应力 σ 的作用[图 5.30(a)]。若是很松的粒状土，当土粒 A 滑过相邻土粒 B 时，便会落入孔隙之中，且会由法向应力 σ 而释放出功能来[图 5.30(b)]。

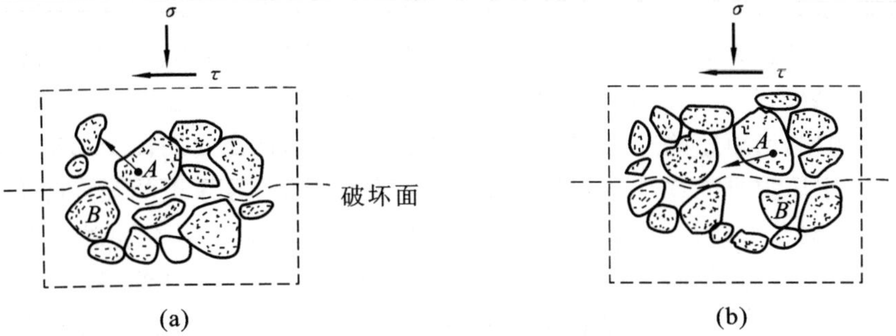

图 5.30 粒状土剪切时颗粒的位移

(a) 紧密结构；(b) 松散结构

图 5.31 表示具有不同初始孔隙比的极松砂和紧密砂的排水直剪试验结果。密砂在受剪时体积膨胀，孔隙比变大。如前所述，剪胀作用将产生剪应力增加[图 5.31(a)中阴影部分]，其剪切过程中的应力-应变关系类似于超固结土的现象，即有明显的峰值强度和变形较大时的终值强度(应变软化型)。松砂的应力-应变关系类似于正常固结土，其应力-应变关系无明显峰值强度(应变硬化型)，受剪时体积减小(剪缩)，孔隙比变小[图 5.31(b)]。试验证明，对一定侧限压力下的同种砂土来说，紧密的和松散的砂土最终殊途同归，两者的强度最终趋于同一数值，而最终孔隙比也大致趋向于某一稳定值 e_{cr}(图 5.32)。该值称为临界孔隙比，在这一孔隙比下，砂土在不排水条件下受荷至破坏时，其体积变化为零。

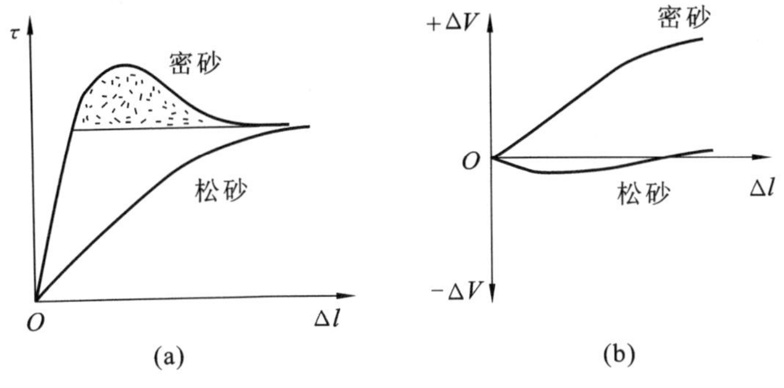

图 5.31 砂土直剪试验时的剪切位移-应力曲线和剪切位移-体积变化曲线

(a) 剪切位移-应力曲线；(b) 剪切位移-体积变化曲线

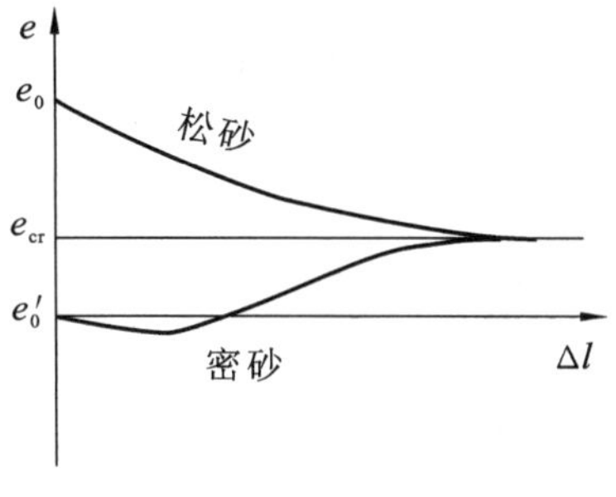

图 5.32 砂土的临界孔隙比

从以上分析可知，不同密度的饱和砂性土在剪切过程中，与饱和黏性土有着相似的规律。大致是松砂具有类似正常固结黏土的特征，中密的砂相当于轻微超固结黏土，而密砂的剪胀性比超固结黏土更显突出。如果松砂处于完全饱和状态，其初始孔隙比 $e_0>e_{cr}$，则当它受到剪应力作用时，必然会产生剪缩的趋势而使粒间孔隙水压力增高，砂土的有效应力降低，其强度也随之降低。因此，饱和松砂的不排水强度是十分低的。由于砂土具有较大的渗透性，排水固结性能较好，在大多数情况下，采用其排水剪强度指标 c_d、φ_d。而对砂土进行不排水剪切，对于研究砂土的静力学问题实际意义不大，但对研究饱和砂土受动荷载时的土动力学问题则另当别论。试设想饱和松砂受到动荷载的作用（如地震作用），由于动荷载作用的时间十分短促，相对来说，砂土中的孔隙水来不及排出（如大体积的松砂）。因此，在反复的动剪应力作用下，孔隙水压力就不断增加，就有可能使有效应力降至为零，则砂土就会发生流动。这种饱和砂土在动荷载作用下，其强度全部丧失而会像流体一样流动的现象称为砂土液化。因此，临界孔隙比对研究砂土液化具有重要的意义。除砂土之外，含砂粒较多的低塑性黏土和粉土都有可能发生类似的液化现象。例如，当道路路基是饱和的强度不大的粉土时，在周期性交通荷载的反复作用下，地基土的孔隙水压力可能逐步升高到足以引起液化的状态，导致土的强度降低。在孔隙水压力骤增引起的渗透压力作用下，粉土颗粒挤入粗粒材料，严重时可在粗粒材料的表面冒出，该现象称之为“翻浆”。翻浆的出现将极大地降低路基的稳定性和增加道路的变形。

无黏性土的抗剪强度取决于有效法向应力和内摩擦角。密实砂土的内摩擦角与初始孔隙比、土粒表面的粗糙程度以及颗粒级配等因素有关。级配良好的砂土，其内摩擦角较大。松砂的内摩擦角大致与干砂的天然休止角相等，可以在实验室用简单的方法测定。多年来的研究表明，无黏性土的强度性状也十分复杂，它受各向异性、试验的沉积方法、应力历史等因素的影响。

5.5.4 抗剪强度指标的选择

土体稳定分析成果的可靠性，在很大程度上取决于对抗剪强度试验方法和抗剪强度指标的正确选择。因为试验方法所引起的抗剪强度的差别往往超过不同稳定分析方法之间的差别。

从前面分析可看出，总应力强度指标的三种试验结果各不相同，一般来讲，$\varphi_u < \varphi_{cu} < \varphi$，所得的 c 值亦不相同。表 5.3 列出三种剪切方法的大致适用范围，可供参考。但应指出，总应力强度指标仅能考虑三种特定的固结情况，由于地基土的性质和实际加载情况十分复杂，地基在建筑物施工阶段和使用期间却经历了不同的固结状态，要准确估计地基土的固结度相当困难。此外，即使是在同一时间，地基中不同部位土体的固结程度亦不尽相同，但总应力法对整个土层均采用某一特定固结度的强度指标，这与实际情况相去甚远。因此，在确定总应力强度指标时还应结合工程经验。在工程设计的计算分析中，应尽可能采用有效应力强度指标的分析方法。

表 5.3 三种试验方法的适用范围

试验方法	适 用 范 围
UU	地基为透水性差的饱和黏性土或排水不良，且建筑物施工速度快。常用于施工期的强度与稳定验算
CU	建筑物竣工后较长时间，突遇荷载增大。如房屋加层、天然土坡上堆载等
CD	地基的透水性较佳（如砂土等低塑性土）和排水条件良好（如黏土层中夹有砂层），而建筑物施工速度又较慢

如前所述，一种土的 c' 和 φ' 应该是常数，无论是用 UU、CU 或 CD 的试验结果，都可获得相同的 c' 和 φ' 值，它们不随试验方法而变。但实践上一般按 CU 试验，并同时测定 u 的方法来

求 c' 和 φ'。究其原因，是因为做 UU 试验时，无论总应力 σ_1、σ_3 增加多少，σ'_1、σ'_3 均保持不变，就是说，无论做多少个不同围压 σ_3 的试验，所得出的有效极限应力圆只有一个，因而确定不了有效应力强度包线，也就得不出 c' 和 φ' 值；而做 CD 试验时，因试样中不产生 u，总应力即为有效应力，其总应力结果 c_d 和 φ_d 实际上就是 c' 和 φ'。但 CD 试验费时较长，故通常不用它来求土的 c' 和 φ'。但应指出，CU 试验在剪切过程中试样因不能排水而使体积保持不变，但 CD 试验在排水剪切过程中试样的体积要发生变化，二者得出的 c'、φ' 和 c_d、φ_d 会有一些差别，一般 c_d、φ_d 略大于 c'、φ'，但实用上可忽略不计。

土的抗剪强度性质极其复杂，其抗剪强度指标也千变万化。如前所述，粒状的无黏性土的抗剪强度，取决于土的原始密度（即初始孔隙比）、有效法向应力、加荷条件和应力历史。实际上，其强度还受到如土的颗粒组成、沉积条件诸因素影响。饱和黏性土的强度性状比无黏性土的更为复杂。除在前文中所描述的黏性土的结构性、固结与排水条件、孔隙水压力、应力历史、应力应变状态、应力水平以及应力路径等影响因素外，还包括如土的含水量、各向异性、加荷速率与受荷时间、动力特性和流变性质等影响因素。如紧密砂土的内摩擦角较大，强度也高；松砂的内摩擦角较小，其强度也较低。级配良好的土，由于粒间接触点多，比均匀土的咬合作用强，所以其内摩擦角比均匀土的大。又如，有棱角的砂要比圆粒砂更多咬合，故其内摩擦角也比较大，但对砾石而言，由于在高压力作用下的颗粒破碎作用，棱角对强度的影响相对较小。对黏性土来说，含水量增加时，土中水分在较大的土粒表面有润滑剂作用，使粒间摩擦阻力降低。对细小的黏粒，结合水膜变厚，降低了土的黏聚力，因而降低了土的抗剪强度。此外，天然地层一般是水平层沉积，在垂直方向的自重应力作用下，形成各向异性应力（一般是垂直方向最大，水平方向最小），促成了土颗粒按有选择的方向排列，因而所形成的土体在不同方向具有不同的力学性质，使之具有各向异性的变形特性。因此，天然土层在沉积过程中和沉积以后形成的各向异性结构，影响了土的抗剪强度性状。如受荷时的加荷方向和沉积方向一致，就可产生较大的抗剪强度；反之，若加荷方向垂直于沉积方向，则抗剪强度最低。由此可见，只有当室内试验的应力状态、应力水平和应力路径与实际工程的应力条件完全相同时，试验所得的强度指标才能符合实际，而这只能是近似做到。因此，在选择某种土的抗剪强度指标 c 和 φ 时，必须同时指出土样的原始固结状态和所用的试验方法，才能正确判断这种指标的意义以及如何用于计算分析。与此同时，应对所选的抗剪强度指标的性质和变化规律有一个清楚的认识，并对各种指标数值的范围有一个大致的了解，只有这样才能对实际问题作出正确的判断和选择。

5.6 应力路径在强度问题中的应用

5.6.1 应力路径的基本概念

同一种应力因加载、卸载、重新加载或重新卸载的过程不同，所对应的应变以及相应的土的性质都不一样。所以，研究土的性质，不仅需要知道土的初始和最终的应力状态，而且还须知道它所受应力的变化过程。土在其形成的地质年代中所经受的应力状态的变化情况称为应力历史。在应力变化的过程中达到的最大剪应力与抗剪强度的比值称为应力水平。但应力水平有时也可以用以表示曾经达到的最大周围压力。对某种土样采用不同的加荷方法使之剪破，试样中的应力状态变化各不相同。为了分析应力变化过程对土的抗剪强度的影响，可在应力坐标图中用应力点的移动轨迹来描述土体在加荷过程中的应力变化，这种应力点的轨迹就称为应力路径。

以三轴压缩试验为例，如保持 σ_3 不变而逐渐增大 σ_1，试样的应力变化过程可用一系列莫尔应力圆来表示。如为特定目的需要研究剪切面上的应力变化，由式(5.12)可知，该面与 σ_1 作用面之间的夹角为 $\alpha_f=45°+\dfrac{\varphi}{2}$，由此可在每个应力圆上确定相应于破坏面上的应力特征点。然后，按应力变化过程的顺序将这些点连接起来[图 5.33(a)中 AM 线]，即为常规三轴压缩试验中剪切破坏面上的应力路径。A 点表示试样仅有周围压力 σ_3 作用，而尚未施加轴向压力的初始情况。M 点表示轴向压力已增至试样剪破，A 与 M 两点之间的各点则表示试验中的剪切过程。

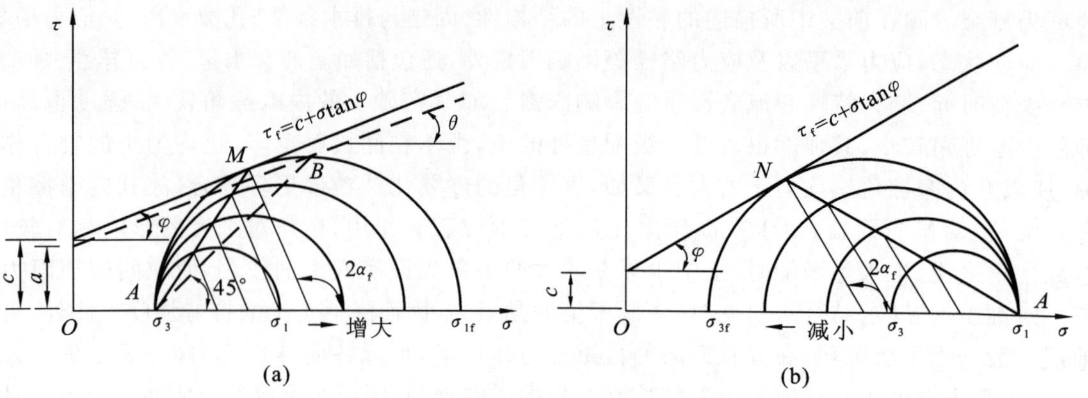

图 5.33　不同加荷方法的应力路径

(a) σ_3 不变，σ_1 增大；(b) σ_1 不变，σ_3 减小

三轴压缩试验的加荷方法不同，其应力路径也不同。如在试验中保持 σ_1 不变，而不断减小 σ_3，可获得剪切面上另一种应力路径[图 5.33(b)中 AN 线]。虽然以上两种试验中的试样在轴向均代表大主应力 σ_1 的作用方向，且剪切面与 σ_1 作用面之间的夹角都为 $\alpha_f=45°+\dfrac{\varphi}{2}$，但二者试样中的应力状态发展方向却不同。

5.6.2　三轴压缩试验中的总应力路径和有效应力路径

确定试样剪切破坏面上的应力须预知破坏面的方向，这些应力也不能直接明确地表示整个试样所处的应力状态。由于土中某点的莫尔应力圆的顶点(剪应力为最大)位置与莫尔圆的大小和位置具有一一对应的关系，也即顶点的坐标为已知时，该点的应力状态就随之确定下来了。因此，可将顶点的应力作为一个应力特征点来代表整个应力圆。同样按应力变化过程的顺序将这些点连接起来[图 5.33(a)中 AB 线]，即为常规三轴压缩试验中最大剪应力面上的应力路径。在 τ-σ 坐标图上，应力圆顶点的横坐标为 $(\sigma_1+\sigma_3)/2$，纵坐标为 $(\sigma_1-\sigma_3)/2$。

若将 $q=(\sigma_1-\sigma_3)/2$、$p=(\sigma_1+\sigma_3)/2$ 作为纵横坐标，并在 p-q 坐标图上，分别点绘常规三轴压缩试验过程中各个莫尔应力圆顶点的坐标值，各点的连线即为三轴试验在 p-q 坐标上的应力路径表达形式[图 5.34 中 AB 线]。在上述三轴压缩试验中，因 σ_3 维持不变，σ_1 不断增加，应力在 p-q 坐标图上纵、横坐标的变化量总是相等。因此，AB 是直线且必与横坐标成 45°

夹角。为使图面整洁直观,常可省去诸多应力圆不画,而在应力路径线上以箭头指明应力状态的发展方向。在常规三轴压缩试验中,图 5.34 中 AB 线表示的是试样总应力变化的轨迹,称之为总应力路径。而相应的有效应力变化轨迹则可由有效应力路径来表示。有效应力圆的顶点坐标与相应的总应力圆顶点坐标之间的关系为:

$$p'=\frac{1}{2}(\sigma_1'+\sigma_3')=\frac{1}{2}(\sigma_1+\sigma_3)-u=p-u \tag{5.35}$$

$$q'=\frac{1}{2}(\sigma_1'-\sigma_3')=\frac{1}{2}(\sigma_1-\sigma_3)=q \tag{5.36}$$

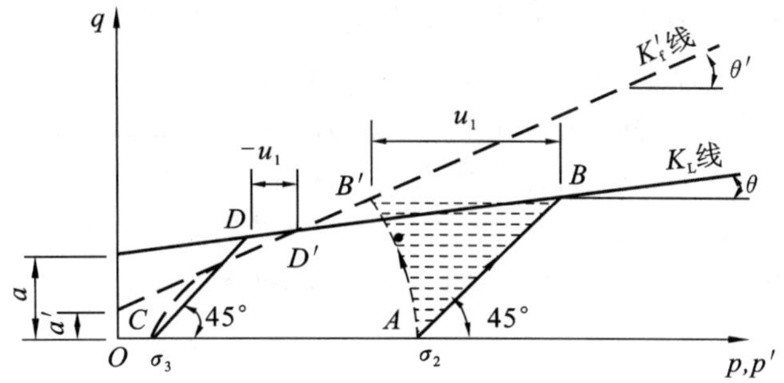

图 5.34 三轴 CU 试验中的应力路径

从式(5.34)中可看出,有效应力路径的确定,取决于试样剪切时孔隙水压力的变化规律。与 τ-σ 坐标图相比,p-q 坐标图上可方便地阐明总应力路径和有效应力路径之间的对应关系。

根据式(5.34)的关系,将 AB 线上各总应力点的横坐标减去相应的孔隙水压力 u 的实测值,就可获得有效应力路径 AB'线。如前所述,由于试样在不排水剪切过程中的孔隙水压力随轴向偏应力的增加呈非线性变化,因此,有效应力路径 AB'是曲线。大量试验结果表明,当试样剪破时,无论是总应力还是有效应力路径,都将发生转折或趋于水平,因而,应力路径的转折点可作为试样剪破的标准。若 B、B'两点的坐标分别表示剪破时试样的总应力和有效应力状态,它们应分别落在以总应力和有效应力表示的极限应力圆顶点的连线 K_f 和 K_f' 上。设 K_f 和 K_f' 线与纵坐标的截距分别为 a 和 a',倾角为 θ 和 θ',则 a、θ 与 c、φ,a'、θ' 与 c'、φ'之间的相互关系,可将 K_f、K_f'线与强度包线绘制在同一 τ-σ 坐标图上,通过几何关系推求出来,也可由土的极限平衡理论推算而得。当试样剪破时,由式(5.7)可知:

$$\frac{1}{2}(\sigma_1-\sigma_3)_f=c\cos\varphi+\frac{1}{2}(\sigma_1-\sigma_3)_f\sin\varphi \tag{5.37}$$

而由图 5.33 可知,K_f 线的表达式为:

$$\frac{1}{2}(\sigma_1-\sigma_3)_f=a+\frac{1}{2}(\sigma_1-\sigma_3)_f\tan\theta \tag{5.38}$$

比较式(5.37)和式(5.38)可知,a、θ 与 c、φ 的关系为:

$$\left.\begin{aligned}\sin\varphi&=\tan\theta\\ c&=\frac{a}{\cos\varphi}\end{aligned}\right\} \tag{5.39}$$

同理,由土的极限平衡理论可推得 a'、θ' 与 c'、φ'之间的关系为:

$$\left.\begin{aligned}\sin\varphi' &= \tan\theta' \\ c' &= \frac{a'}{\cos\varphi'}\end{aligned}\right\} \tag{5.40}$$

由前述可知，AB 和 AB' 线之间的阴影区域，平行于横坐标轴方向的距离长短反映了试样在剪切过程中孔隙水压力大小的变化。对于正常固结黏土试样来说，由于在不排水剪切的整个过程中，始终产生正的孔隙水压力，故有效应力路径 AB' 在总应力路径 AB 的左边，至 B' 点试样剪破，此时的孔隙水压力 u_f 达到最大值(B 与 B' 之间的水平距离)。而超固结黏土试样在不排水剪切中的开始阶段可能产生少量的正孔隙水压力，以后逐渐转为负值。故如图 5.34 所示，有效应力路径 CD' 开始在总应力路径 CD 的左边，随后转到右边，至 D' 点试样剪破时，所产生负的孔隙水压力 $-u_f$ 为 D 与 D' 点之间的水平距离。

将具有相同的周围压力下固结(即 A 点下固结)的正常固结黏土试样，作 CU 和 CD 试验的应力路径比较。试样作排水剪时因孔隙水压力始终保持为零，其有效应力路径与总应力路径重合。故排水剪的有效应力路径将沿着图 5.35 中 AB 线继续向右上方延伸，直至交于 K_f' 线上 E 点方才剪破，很显然，对相同条件的正常固结黏土试样来说，排水剪强度比固结不排水剪强度要高。

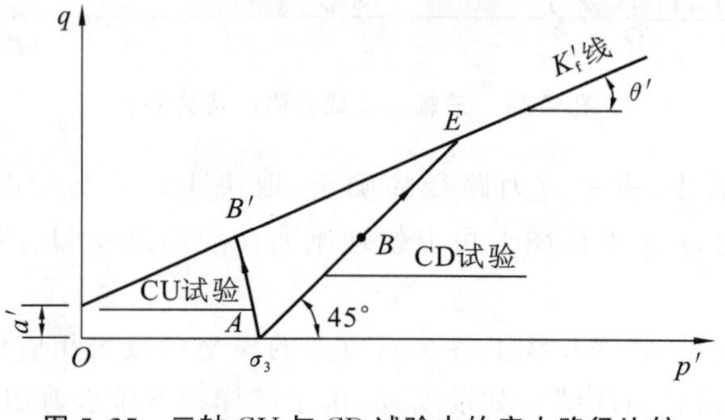

图 5.35　三轴 CU 与 CD 试验中的应力路径比较

5.7　浅基础破坏模式

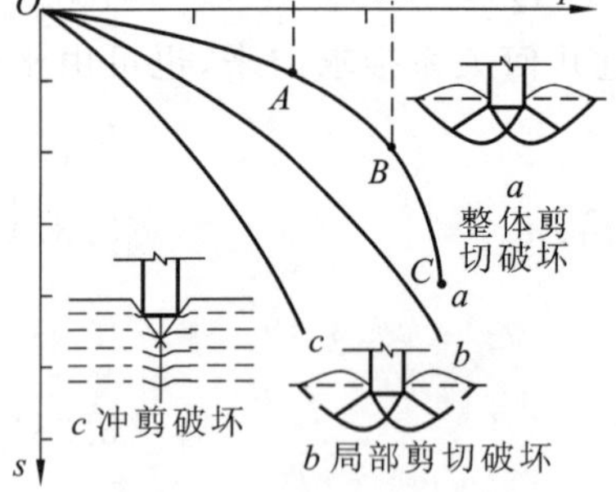

图 5.36　地基的破坏形式

在荷载作用下地基因承载力不足引起的破坏，一般都由地基土的剪切破坏引起。试验研究表明，浅基础的地基其破坏形式可分为整体剪切破坏、局部剪切破坏及冲剪破坏三种。

整体剪切破坏是一种在浅基础荷载作用下地基产生连续剪切滑动面的地基破坏模式。整体剪切破坏的 p-s 曲线如图 5.36 中曲线 a 所示，其地基变形的发展可分为三个阶段：

①当荷载较小时，基底压力 p 与沉降 s 大致上成直线关系(OA 段)，属线性变形阶段，相应于 A 点的荷载称为临塑荷载，以 p_{cr} 表示；

②当荷载增加到某一数值时，基础边缘处土体开始发生剪切破坏，随着荷载的增加，剪切破坏区(或塑性变形区)逐渐扩大，土体开始向周围挤出，p-s 曲线不再保持为直线(AB 段)，属弹塑性变形(或剪切)阶段，相应于 B 点的荷载称为极限荷载，以 p_u 表示；

③如果荷载继续增加，剪切破坏区不断扩大，最终在地基中形成一连续的滑动面，基础急剧下沉或向一侧倾斜，同时土体被挤出，基础四周地面隆起，地基发生整体剪切破坏，*p-s* 曲线陡直下降（*BC* 段），通常称为完全破坏阶段。一般紧密的砂土、硬黏性土地基常发生整体剪切破坏。

局部剪切破坏是介于整体剪切破坏和冲剪破坏之间的一种破坏形式。随着荷载的增加，剪切破坏区从基础边缘开始，发展到地基内部某一区域（图 5.36 的 *b* 中实线区域），但滑动面并不延伸到地面，基础四周地面虽有隆起迹象，但不会出现明显的倾斜和倒塌。相应的 *p-s* 曲线如图 5.36 中曲线 *b* 所示，拐点不甚明显，拐点后沉降增长率较前段大，但不像整体剪切破坏那样急剧增加。中等密实的砂土地基常发生局部剪切破坏。

冲切剪切破坏是在浅基础荷载作用下地基土体发生垂直剪切破坏，使基础产生较大沉降的一种地基破坏模式。图 5.36 中曲线 *c* 为冲剪破坏的情况。随着荷载的增加，基础下土层发生压缩变形，当荷载继续增加，基础四周土体发生竖向剪切破坏，基础“刺入”土中，但地基中不出现明显的连续滑动面，基础四周地面不隆起，沉降随荷载的增加而加大，*p-s* 曲线无明显拐点。松砂及软土地基常发生冲剪破坏。

地基的剪切破坏形式与多种因素有关，目前尚无合理的理论作为统一的判别标准，表 5.4 综合列出了条形基础在中心荷载作用下不同剪切破坏形式的各种特征，以供参考。

表 5.4　条形基础在中心荷载作用下地基破坏形式的特征

破坏形式		整体剪切	局部剪切	冲剪
地基中滑动面		连续，至地面	连续，地基内	不连续
p-s 曲线		有明显拐点	拐点不易确定	拐点无法确定
基础四周地面		隆起	有时稍有隆起	沿基础下陷
基础沉降		较小	中等	较大
基础表现		倾斜	可能倾斜	仅有下沉
控制指标		强度	变形为主	变形
事故出现情况		突然倾倒	较慢下沉时有倾倒	缓慢下沉
适用条件	基土	密实	松散	软弱
	埋深	小	中	大
	加荷速率	缓慢	快速或冲击荷载	快速或冲击荷载

注：表中埋深为基础的相对埋深，即基础埋深与基础宽度的比值。

5.8 地基的临塑荷载、临界荷载和极限荷载

5.8.1 地基的临塑荷载和临界荷载

本节主要介绍临塑荷载和临界荷载，其均在整体剪切破坏的条件下导得，对于局部剪切破坏和冲剪破坏的情况，目前尚无理论公式可循。

5.8.1.1 临塑荷载

临塑荷载是指基础边缘地基中刚要出现塑性变形区时地基单位面积上所承担的荷载，它

是相当于地基土中应力状态从压缩阶段过渡到剪切阶段的界限荷载。其计算公式可根据土中应力计算的弹性理论和土体极限平衡条件导出。

设地表作用一均布条形荷载 p_0（图 5.37），在地表下任一深度 M 点处产生的大、小主应力可按式(3.38)求得：$\left.\begin{matrix}\sigma_1\\ \sigma_3\end{matrix}\right\}=\frac{p_0}{\pi}(\beta_0\pm\sin\beta_0)$

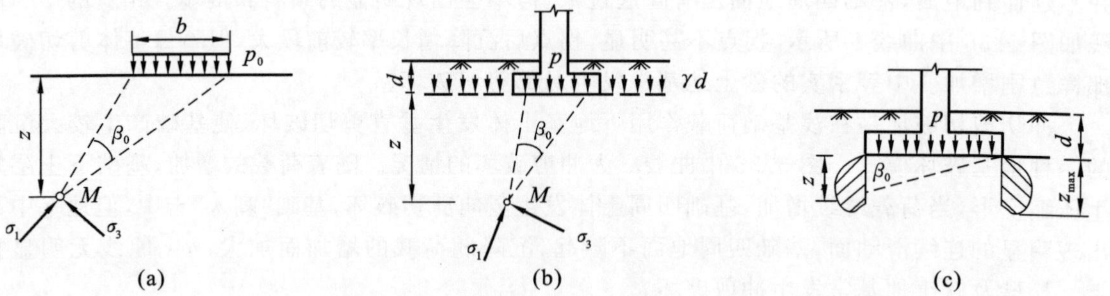

图 5.37 条形均布荷载作用下的地基主应力及塑性区

实际上，一般基础都具有一定的埋置深度 d[图 5.37(b)]，此时地基中某 M 点的应力除了由基底附加应力 $p_0(=p-\gamma_0 d)$ 产生以外，还有土的自重应力 $(\gamma_0 d+\gamma z)$。严格地说，M 点上土的自重应力在各向是不等的，因此，上述两项在 M 点产生的应力在数值上不能叠加。为了简化起见，在下述荷载公式推导中，假定土的自重应力在各向相等。故地基中任一点的 σ_1 和 σ_3 可写为：

$$\left.\begin{matrix}\sigma_1\\ \sigma_3\end{matrix}\right\}=\frac{p-\gamma_0 d}{\pi}(\beta_0\pm\sin\beta_0)+\gamma_0 d+\gamma z \tag{5.41}$$

当 M 点处于极限平衡状态时，该点的大、小主应力应满足极限平衡条件式(5.6)，将式(5.41)代入式(5.6)，整理可得塑性区的边界方程为：

$$z=\frac{p-\gamma_0 d}{\pi\gamma}\left(\frac{\sin\beta_0}{\sin\varphi}-\beta_0\right)-\frac{c}{\gamma\tan\varphi}-\frac{\gamma_0}{\gamma}d \tag{5.42}$$

式(5.42)表示塑性区边界上任意一点的 z 与 β_0 之间的关系。如果 p、γ_0、γ、d、c 和 φ 已知，则根据式(5.42)可绘出塑性区的边界线[图 5.37(c)]。采用弹性理论计算，基础两边点的主应力最大，因此塑性区首先从基础两边点开始向深度发展。

塑性区发展的最大深度 z_{max}，可由 $\frac{dz}{d\beta_0}=0$ 的条件求得，即：

$$\frac{dz}{d\beta_0}=\frac{p-\gamma_0 d}{\pi\gamma}\left(\frac{\cos\beta_0}{\sin\varphi}-1\right)=0$$

则有 $\cos\beta_0=\sin\varphi$，即：

$$\beta_0=\frac{\pi}{2}-\varphi \tag{5.43}$$

将 β_0 代入式(5.42)得塑性区发展最大深度 z_{max} 的表达式为：

$$z_{max}=\frac{p-\gamma_0 d}{\pi\gamma}\left[\cot\varphi-\left(\frac{\pi}{2}-\varphi\right)\right]-\frac{c}{\gamma\tan\varphi}-\frac{\gamma_0}{\gamma}d \tag{5.44}$$

由上式可见，当其他条件不变时，荷载 p 增大，塑性区就发展，该区的最大深度也随着增大。若 $z_{max}=0$，则表示地基中将要出现但尚未出现塑性变形区，其相应的荷载即为临塑荷载

p_{cr}。因此，在式(5.44)中令 $z_{max}=0$，可得临塑荷载的表达式为：

$$p_{cr}=\frac{\pi(\gamma_0 d+c\cot\varphi)}{\cot\varphi+\varphi-\pi/2}+\gamma_0 d \tag{5.45}$$

式中 γ_0——基底标高以上土的重度，kN/m^3；

φ——地基土的内摩擦角，其他符号意义同前。

5.8.1.2 临界荷载

临界荷载是指允许地基产生一定范围塑性变形区所对应的荷载。工程实践表明，即使地基发生局部剪切破坏，地基中塑性区有所发展，只要塑性区范围不超出某一限度，就不致影响建筑物的安全和正常使用，因此，以 p_{cr} 作为地基土的承载力偏于保守。地基塑性区发展的容许深度与建筑物类型、荷载性质以及土的特性等因素有关，目前尚无一致意见。一般认为，在中心垂直荷载下，塑性区的最大发展深度 z_{max} 可控制在基础宽度的 1/4，相应的荷载用 $p_{1/4}$ 表示。因此，在式(5.44)中令 $z_{max}=\frac{b}{4}$，可得 $p_{1/4}$ 的计算公式为：

$$p_{1/4}=\frac{\pi(\gamma_0 d+c\cot\varphi+\gamma b/4)}{\cot\varphi+\varphi-\pi/2}+\gamma_0 d \tag{5.46}$$

而对于偏心荷载作用的基础，一般可取 $z_{max}=\frac{b}{3}$ 相应的荷载 $p_{1/3}$ 作为地基的承载力，即：

$$p_{1/3}=\frac{\pi(\gamma_0 d+c\cot\varphi+\gamma b/3)}{\cot\varphi+\varphi-\pi/2}+\gamma_0 d \tag{5.47}$$

通常我们把 $p_{1/4}$、$p_{1/3}$ 称为临界荷载。

尚须指出，上述公式是在条形均布荷载作用下导出，对于矩形和圆形基础，其结果偏于安全。此外，在公式的推导过程中采用了弹性力学的解答，对于已出现塑性区的塑性变形阶段，其推导是不够严格的。

【例 5.3】 某条形基础宽 5 m，基底埋深 1.2 m，地基土 $\gamma=18.0\ kN/m^3$，$\varphi=22°$，$c=15.0\ kPa$，试计算该地基的临塑荷载 p_{cr} 及 $p_{1/4}$。

【解】 ① 由式(5.45)可求得临塑荷载 p_{cr} 为：

$$p_{cr}=\frac{\pi(\gamma_0 d+c\cot\varphi)}{\cot\varphi+\varphi-\pi/2}+\gamma_0 d=\frac{\pi(18.0\times1.2+15.0\times\cot22°)}{\cot22°+22°\times\pi/180°-\pi/2}+18.0\times1.2=164.8\ kPa$$

② 由式(5.46)可求得 $p_{1/4}$ 为：

$$p_{1/4}=\frac{\pi(\gamma_0 d+c\cot\varphi+\gamma b/4)}{\cot\varphi+\varphi-\pi/2}+\gamma_0 d$$

$$=\frac{\pi(18.0\times1.2+15.0\times\cot22°+18.0\times5/4)}{\cot22°+22°\times\pi/180°-\pi/2}+18.0\times1.2=219.7\ kPa$$

5.8.2 地基的极限荷载

地基极限荷载是指地基土体完全发生剪切破坏时所能承受的荷载，它相当于地基中应力状态从剪切阶段过渡到隆起阶段时的界限荷载。目前对于地基极限荷载的计算理论仅限于整体剪切破坏形式。对于局部剪切破坏及刺入剪切破坏，尚无可靠的计算方法，通常是先按整体剪切破坏形式进行计算，再作某种修正。极限荷载的求解有两种途径：一类是根据土的极限平衡理论和已知边界条件，假定地基土是刚塑性体，土体不产生变形，如同刚体一样，当达到屈服应力时，塑性变形不断增加，直至土样发生破坏，该类方法通过在土体中任取一微分体，以一点的静力平衡条件满足极限平衡条件建立微分方程，计算出土中各点达到极限平衡时的应力及滑动方向，求得基底极限承载力；另一类是按照假定滑动面求解，通过基础模型试验，研究地基的滑动面形状并进行简化，根据滑动土体的静力平衡条件求得极限承载力。由于推导时的假定条件不同，所得极限荷载的计算公式也就不同，下面主要介绍几种常用的计算公式。

5.8.2.1　普朗德尔公式

普朗德尔（Prandtl，1920）根据塑性理论，导得了刚性冲模压入无质量的半无限刚塑性介质时的极限压应力公式。若应用于地基极限荷载课题，则相当于一无限长、底面光滑的条形荷载板置于无质量（$\gamma=0$）的土表面上，当土体处于极限平衡状态时，塑性区的边界如图5.38(a)所示。由于基底光滑，Ⅰ区大主应力 σ_1 为垂直向，破裂面与水平面成 $45°+\varphi/2$ 角，即主动朗金区；Ⅲ区大主应力 σ_1 方向水平，破裂面与水平面成 $45°-\varphi/2$ 角，即被动朗金区；Ⅱ区的滑动线由对数螺线 bc 及辐射线 ab 和 ac 组成，且 $ab=\gamma_0$，$ac=\gamma_1$，bc 的方程为 $\gamma=\gamma_0\exp(\theta\tan\varphi)$。取脱离体 $obce$，根据作用在脱离体上力的平衡条件，不计基底以下地基土的重度（即 $\gamma=0$），可求得极限荷载为：

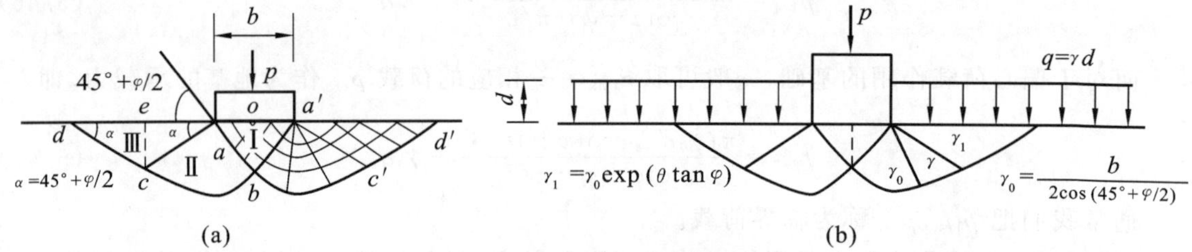

图 5.38　普朗德尔理论假设的滑动面

(a) 基础埋深为零；(b) 基础有埋深

$$p_u=cN_c \tag{5.48}$$

其中：

$$N_c=\cot\varphi\left[\tan^2\left(45°+\frac{\varphi}{2}\right)\exp(\pi\tan\varphi)-1\right] \tag{5.49}$$

式中　N_c——承载力因数，是仅与 φ 有关的无量纲系数；

　　c——土的黏聚力。

如果考虑到基础有一定的埋置深度 d[图 5.38(b)]，将基底以上土重用均布荷载 $q(=\gamma d)$ 代替，赖斯纳（Reissner，1924）提出了计入基础埋深后的极限荷载为：

$$p_u=cN_c+qN_q \tag{5.50}$$

其中：

$$N_q=\tan^2\left(45°+\frac{\varphi}{2}\right)\exp(\pi\tan\varphi) \tag{5.51}$$

$$N_c=(N_q-1)\cot\varphi \tag{5.52}$$

式中　N_q——仅与 φ 有关的另一承载力因数。

显见，普朗德尔的极限承载力公式与基础宽度无关，这是由于公式推导过程中不计地基土的重度所致，此外，基底与土之间尚存在一定的摩擦力，因此，普朗德尔公式只是一个近似公式。在普朗德尔和赖斯纳之后，不少学者在这方面继续进行了许多研究工作，如太沙基（Terzaghi，1943），泰勒（Taylor，1948），梅耶霍夫（Meyerhof，1951），汉森（Hansen，1961）以及魏西克(Vesic,1973)等。以下仅对太沙基公式及汉森公式作简要介绍。

5.8.2.2　太沙基公式

太沙基(Terzaghi)对普朗德尔理论进行了修正,他考虑:①地基土有重量,即 $\gamma \neq 0$;②基底粗糙;③不考虑基底以上填土的抗剪强度,把它仅看成作用在基底水平面上的超载;④在极限荷载作用下基础发生整体剪切破坏。由于基底与土之间的摩阻力阻止了基底处剪切位移的发生,因此,直接在基底以下的土不发生破坏而处于弹性平衡状态,根据Ⅰ区土楔体的静力平衡条件可导得太沙基极限荷载计算公式为:

$$p_u = cN_c + qN_q + \frac{1}{2}\gamma b N_\gamma \tag{5.53}$$

式中　q——基底水平面以上基础两侧的荷载,kPa,$q = \gamma_0 d$;

b,d——基底的宽度和埋置深度,m;

N_c,N_q,N_γ——无量纲承载力因数,仅与土的内摩擦角有关,由图5.39中实线查得,N_q 及 N_c 值也可按式(5.51)及式(5.52)计算求得。

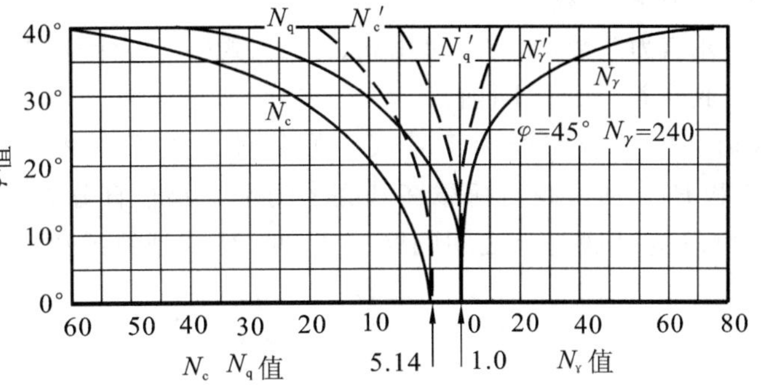

图5.39　太沙基承载力因数

式(5.53)适用于条形荷载下的整体剪切破坏(坚硬黏土和密实砂土)情况。对于局部剪切破坏(软黏土和松砂),太沙基建议采用经验方法调整抗剪强度指标 c 和 φ,即以 $c' = 2c/3$,$\varphi' = \arctan(2\tan\varphi/3)$ 代替式(5.53)中的 c 和 φ。故式(5.53)变为:

$$p_u = cN_c' + qN_q' + \frac{1}{2}\gamma b N_\gamma' \tag{5.54}$$

式中　N_c',N_q',N_γ'——相应于局部剪切破坏的承载力因数,可由 φ 查图5.39中的虚线或由 φ' 查图中实线而得;其余符号意义同前。

方形和圆形基础属于三维问题,因数学上求解困难,至今尚未能导得其分析解,太沙基根据试验资料建议按以下公式计算:

方形基础(宽度为 b):

$$p_u = 1.2cN_c + qN_q + 0.4\gamma b N_\gamma \tag{5.55}$$

圆形基础(半径为 d):

$$p_u = 1.2cN_c + qN_q + 0.6\gamma b N_\gamma \tag{5.56}$$

对于矩形基础($b \times l$),可按 b/l 值在条形基础($b/l=10$)与方形基础($b/l=1$)之间以插入法求得。若地基为软黏土或松砂,将发生局部剪切破坏,此时,式(5.55)和式(5.56)中的承载力因数均应改用 N_c'、N_q' 及 N_γ' 值。

5.8.2.3 汉森公式

汉森公式是个半经验公式，其适用范围较广，北欧各国应用颇多。汉森在极限承载力上的主要贡献就是对承载力进行数项修正，包括非条形荷载的基础形状修正，埋深范围内考虑土抗剪强度的修正，基底有水平荷载时荷载倾斜修正，地面有倾角时的地面修正以及基底有倾角时的基底修正，每种修正均需在承载力系数 N_γ、N_q、N_c 上乘以相应的修正系数。

汉森建议，对于均质地基，基底完全光滑，在中心倾斜荷载作用下地基的竖向极限荷载可按下式计算：

$$p_u = cN_cS_cd_ci_cg_cb_c + qN_qS_qd_qi_qg_qb_q + \frac{1}{2}\gamma bN_\gamma S_\gamma d_\gamma i_\gamma g_\gamma b_\gamma \tag{5.57}$$

式中 S_c, S_q, S_γ——基础的形状系数；

i_c, i_q, i_γ——荷载倾斜系数；

d_c, d_q, d_γ——基础的深度系数；

g_c, g_q, g_γ——地面倾斜系数；

b_c, b_q, b_γ——基底倾斜系数；

N_c, N_q, N_γ——承载力系数，N_c、N_q 可由式(5.52)、式(5.51)计算，$N_\gamma = 1.5(N_q - 1)\tan\varphi$，其余符号意义同前。

汉森认为，极限荷载的大小与作用于基底上倾斜荷载的倾斜程度及大小有关。当满足 $H \leqslant C_aA + P\tan\delta$（$H$ 和 P 分别为倾斜荷载在基底上的水平及垂直分力；C_a 为基底与土之间的附着力；A 为基底面积；δ 为基底与土之间的摩擦角）时，荷载倾斜系数可按下式确定：

$$i_c = \begin{cases} 0.5 - 0.5\sqrt{1 - \dfrac{H}{cA}} & \varphi = 0 \\ i_q - \dfrac{1 - i_q}{cN_c} & \varphi > 0 \end{cases} \tag{5.58}$$

$$i_q = \left(1 - \frac{0.5H}{P + cA\cot\varphi}\right)^5 > 0 \tag{5.59}$$

$$i_\gamma = \left(1 - \frac{0.7H - \eta/45^\circ}{P + cA\cot\varphi}\right)^5 > 0 \tag{5.60}$$

式中 η——倾斜基底与水平面的夹角，°，如图 5.40 所示。

基础的形状系数可由下式确定：

$$S_c = 1 + 0.2i_cb/l \tag{5.61}$$

$$S_q = 1 + i_qb/l\sin\varphi \tag{5.62}$$

$$S_\gamma = 1 - 0.4i_\gamma b/l \geqslant 0.6 \tag{5.63}$$

当计入基础两侧土的相互作用及基底以上土的抗剪强度等因素时，可用下列深度系数近似加以修正：

$$d_c = \begin{cases} 1 + 0.4d/b & d \leqslant b \\ 1 + 0.4\arctan(d/b) & d > b \end{cases} \tag{5.64}$$

$$d_q = \begin{cases} 1 + 2\tan\varphi\,(1 - \sin\varphi)^2 d/b & d \leqslant b \\ 1 + 2\tan\varphi\,(1 - \sin\varphi)^2 \arctan(d/b) & d > b \end{cases} \tag{5.65}$$

$$d_\gamma = 1 \tag{5.66}$$

地面或基础底面本身倾斜，均对承载力产生影响。若地面与水平面的倾角 β(°)以及基底

与水平面的倾角 η(°)为正值，如图 5.40 所示，且满足 $\eta+\beta\leqslant 90°$时，两者的影响可按下列近似公式确定：

地面倾斜系数：

$$g_c=1-\beta/147° \tag{5.67}$$

$$g_q=g_\gamma=(1-0.5\tan\beta)^5 \tag{5.68}$$

基底倾斜系数：

$$b_c=1-\eta/147° \tag{5.69}$$

$$b_q=\exp(-2\eta\tan\varphi) \tag{5.70}$$

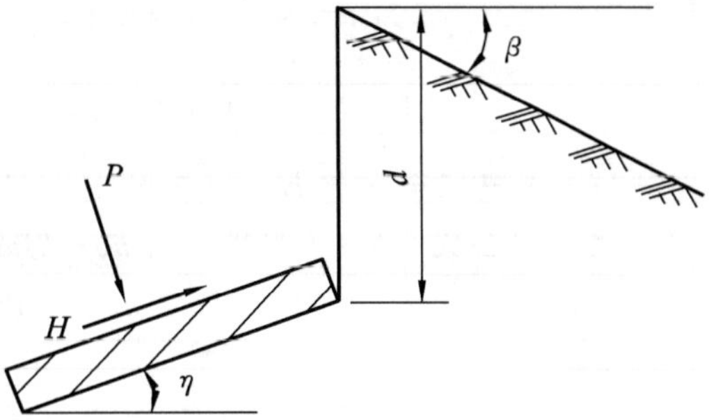

图 5.40 地面或基底倾斜情况

$$b_\gamma=\exp(-2.7\eta\tan\varphi) \tag{5.71}$$

5.8.3 地基承载力的安全度

由理论公式计算的极限荷载是在地基处于极限平衡时的承载力，为了保证建筑物的安全和正常使用，地基承载力设计值应以一定的安全度将极限荷载加以折减。安全系数 K 与上部结构类型、荷载性质、地基土类型以及建筑物的预期寿命和破坏后果等因素有关，目前尚无统一的安全度准则可用于工程实践。一般认为，安全系数可取 2～3，但不得小于 2，表 5.5 给出了汉森公式的安全系数参考值。

表 5.5 汉森公式的安全系数参考值

土或荷载条件	安全系数 K
无黏性土	2.0
黏性土	3.0
瞬时荷载(风、地震及相当的活荷载)	2.0
静荷载或长时期的活荷载	2 或 3(视土样而定)

【例 5.4】 若例 5.3 的地基属于整体剪切破坏，试分别采用太沙基公式及汉森公式确定其承载力设计值，并与 $p_{1/4}$ 进行比较。

【解】 (1) 根据 $\varphi=22°$，由图 5.38 查得太沙基承载力因数为：$N_c=16.9$，$N_q=7.8$，$N_\gamma=6.9$。

由式(5.53)可得极限承载力为：

$$p_u=cN_c+qN_q+\frac{1}{2}\gamma bN_\gamma=15.0\times16.9+18.0\times7.8+\frac{1}{2}\times18.0\times5\times6.9=704.4\ \text{kPa}$$

(2) 由式(5.57)可得：$N_c=16.9$，$N_q=7.8$，$N_\gamma=4.1$；垂直荷载 $i_c=i_q=i_\gamma=1$；条形基础 $S_c=S_q=S_\gamma$。又 $\beta=0$ 和 $\eta=0$，故有 $g_c=g_q=g_\gamma=b_c=b_q=b_\gamma=1$；根据 $d/b=0.24$，由式(5.64)～式(5.66)可得：

$$d_c=1+0.35\times0.24=1.1$$

$$d_q=1+2\times\tan22°\times(1-\sin22°)\times0.24=1.1$$

$$d_\gamma=1$$

所以 $p_u=cN_cS_cd_ci_cg_cb_c+qN_qS_qd_qi_qg_qb_q+\frac{1}{2}\gamma bN_\gamma S_\gamma d_\gamma i_\gamma g_\gamma b_\gamma$

$=15.0\times16.9\times1\times1.1\times1\times1\times1+18.0\times1.2\times7.8\times1\times1.1\times1\times1\times1+$

$\frac{1}{2}\times18.0\times5\times4.1\times1\times1\times1=648.7\ \text{kPa}$

(3) 若取安全系数 $K=3$(黏性土),则可得承载力设计值 p_V 分别为:

太沙基公式　　　　　　$p_V=704.4/3=234.8\ \text{kPa}$

汉森公式　　　　　　　$p_V=648.7/3=216.2\ \text{kPa}$

而　　　　　　　　　　$p_{1/4}=219.7\ \text{kPa}$

由上可见,对于该例题地基,汉森公式计算的承载力设计值与 $p_{1/4}$ 大致一样,而太沙基公式计算的结果相差稍大。

5.9　地基承载力特征值

所有建筑物和土工建筑物的地基在基础设计时,均应满足地基承载力和变形的要求,对经常受水平荷载作用的高层建筑、高耸结构、高路堤和挡土墙以及建造在斜坡上或斜坡附近的建筑物,尚应验算地基的稳定性。地基计算时,首先应限制基底压力小于或等于基础宽度修正后的地基承载力特征值,以便确定基础或路基的埋置深度和底面尺寸,然后验算地基变形,必要时验算地基稳定性。

地基承载力特征值是指地基稳定有保证可靠度的承载能力,它作为随机变量是以概率理论为基础的,以分项系数表达的实用极限状态设计法确定的地基承载力,同时也要验算地基变形不超过允许变形值。按《建筑地基基础设计规范》(GB 50007—2011),地基承载力特征值定义为由载荷试验测定的地基土压力变形曲线线性变形段内规定的变形所对应的压力值,其最大值为比例界限值。

5.9.1　按土的抗剪强度指标确定

国内外许多学者致力于按土的抗剪强度指标计算地基承载力的研究工作,取得了许多有价值的成果,并在工程实践中广泛应用。

5.9.1.1　《建筑地基基础设计规范》(GB 50007—2011)推荐的理论公式

对于荷载偏心距 $e\leqslant0.33b$(b 为偏心方向基础边长)时,以浅基础地基的临界荷载 $p_{1/4}$ 为基础的理论公式计算地基承载力特征值:

$$f_a=M_b\gamma b+M_d\gamma_m d+M_c c_k \tag{5.72}$$

式中　f_a——由土的抗剪强度指标确定的地基承载力特征值,kN/m²;

M_b,M_d,M_c——承载力系数,根据 φ_k 按表 5.6 查取;

b——基础底面宽度,m,大于 6 m 时按 6 m 取值,对于砂土,小于 3 m 时按 3 m 取值;

c_k——基底下一倍短边宽度的深度范围内土的黏聚力标准值,kPa;

φ_k——基底下一倍短边宽度的深度范围内土的内摩擦角标准值,°;

γ——基础底面以下土的重度,地下水位以下取浮重度,kN/m³;

γ_m——基础埋深范围内各层土的加权平均重度,地下水位以下取浮重度,kN/m³。

说明:

(1) 按理论公式计算地基承载力,关键是土的抗剪强度指标 c_k、φ_k 的取值。要求采取原状土样以三轴剪切试验测定，一般要求在建筑场地范围内布置6个以上的取土钻孔，各孔中同一层土的试验不少于三组。

表5.6　承载力系数 M_b、M_d、M_c

土的内摩擦角标准值 φ_k(°)	M_b	M_d	M_c
0	0	1.00	3.14
2	0.03	1.12	3.32
4	0.06	1.25	3.51
6	0.10	1.39	3.71
8	0.14	1.55	3.93
10	0.18	1.73	4.17
12	0.23	1.94	4.42
14	0.29	2.17	4.69
16	0.36	2.43	5.00
18	0.43	2.72	5.31
20	0.51	3.06	5.66
22	0.61	3.44	6.04
24	0.80	3.87	6.45
26	1.10	4.37	6.90
28	1.40	4.93	7.40
30	1.90	5.59	7.95
32	2.60	6.35	8.55
34	3.40	7.21	9.22
36	4.20	8.25	9.97
38	5.00	9.44	10.80
40	5.80	10.84	11.73

注：φ_k 为基底下一倍短边宽深度内土的内摩擦角标准值。

(2) 确定抗剪强度指标 c_k、φ_k 的试验方法必须和地基土的工作状态相适应。例如：对饱和软土，不固结不排水剪的内摩擦角 $\varphi_k=0$，由表5.6知 $M_b=0$、$M_d=1.0$、$M_c=3.14$，将式(5.72)中的 c_k 相应地改为 c_u，则地基承载力设计值 $f_a=\gamma_m d+3.14c_u$；这时，增大基底尺寸不可能提高地基承载力。但对 $\varphi_k>0$ 的土，增大基底宽度，承载力将随着 φ_k 的提高而逐渐增大。

(3) 系数 $M_d\geqslant1$，故承载力随埋深 d 线性增加。但对设置后回填土的实体基础，因埋深增大而提高的那一部分承载力将由于基础和回填土重 G 的相应增加而有所抵偿；尤其是对 $\varphi_u=0$ 的软土，$M_d=1.0$，由于 $\gamma_G\approx\gamma_m$，这两方面几乎相抵而收不到明显的效果。

(4) 公式(5.72)仅适用于 $e\leqslant 0.33b$ 的情况,这是因为用该公式确定承载力时相应的理论模式是基底压力呈条形均匀分布。当受到较大水平荷载而使合力的偏心距过大时,地基反力就会很不均匀,为了使理论计算的地基承载力符合其假定的理论模式,根据 $p_{max}\leqslant 1.2f_a$ 的条件,故而对公式使用时增加了以上限制条件。

(5) 按土的抗剪强度确定地基承载力时,没有考虑建筑物对地基变形的要求。因此按公式(5.72)求得的承载力确定基础底面尺寸后,还应进行地基变形特征验算。

5.9.1.2 魏锡克公式(或汉森公式等)

德国规范利用太沙基公式、魏锡克公式、汉森公式引入极限状态表达式。采用总安全系数设计原则,则用极限荷载(见 5.8 节)除以总安全系数,即:

$$K=\frac{p_u A'}{f_a A} \quad 或 \quad f_a=\frac{p_u A'}{KA} \tag{5.73}$$

式中 p_u——地基土极限荷载,kPa;

A'——与土接触的有效基底面积,m^2;

A——基底面积,m^2。

我国交通部《港口工程技术规范》(JTJ 250—98)、《路桥地基规范》和其他地区性规范已推荐采用汉森的承载力公式,它与魏锡克公式的形式完全一致,只是系数的取值有所不同。此类公式比较全面地反映了影响地基承载力的各种因素,在国外应用很广,安全系数的取值与建筑物的安全等级、荷载的性质、土的抗剪强度指标的可靠程度,以及地基条件等因素有关,对长期承载力一般取 $K=2\sim3$。

5.9.2 按地基载荷试验确定

5.9.2.1 载荷试验确定地基土承载力特征值 f_{ak}

在现场通过一定尺寸的载荷板对扰动较少的地基土体直接施荷,所测得的成果一般能反映相当于 1～2 倍荷载板宽度的深度以内土体的平均性质。这样大的影响范围为许多其他测试方法所不及。载荷试验虽然比较可靠,但费时、耗资而不能多做,规范只要求对地基基础设计等级为甲级的建筑物采用载荷试验、理论公式计算及其他原位试验等方法综合确定。对于成分或结构很不均匀的土层,如杂填土、裂隙土、风化岩等,它则显出用别的方法所难以代替的作用。有些规范中的地基承载力表所提供的经验性数值也是以静载荷试验成果为基础的。

下面讨论怎样利用载荷试验记录整理而成的 p-s 曲线来确定地基承载力特征值。

对于密实砂土、硬塑黏土等低压缩性土,其 p-s 曲线通常有比较明显的起始直线段和极限值,即呈急进破坏的"陡降型"[图 5.41(a)]。考虑到低压缩性土的承载力特征值一般由强度安全控制,故《建筑地基基础设计规范》规定取图中的比例界限荷载 p_b 作为承载力特征值。此时,地基的沉降量很小,为一般建筑物所允许,强度安全储备也绰绰有余。因为从 p_b 发展到破坏还有很长的过程。但是对于少数呈"脆性"破坏的土,p_b 与极限载荷 p_u 很接近,当 $p_u\leqslant 1.5p_b$ 时,取 $p_u/2$ 作为承载力特征值。

对于有一定强度的中、高压缩性土,如松砂、填土、可塑黏土等,p-s 曲线无明显转折点,但曲线的斜率随荷载的增加而逐渐增大,最后稳定在某个最大值,即呈渐进破坏的"缓变型"[图 5.41(b)],此时,极限载荷 p_b 可取曲线斜率开始到达最大值时所对应的压力。不过,要取得 p_u 值,必须把载荷试验进行到有很大的沉降才行。而实践中往往因受加荷设备的限制,或出于对安全的考虑，不能将试验进行到这种地步，因而无法取得 p_u 值。此外，土的压缩性较大，通过极限荷载确定的承载力，未必能满足对地基沉降的限制。事实上，中、高压缩土的承载力，往往受允许沉降控制，故应当从沉降的观点来考虑。但是沉降量与基础（或载荷板）底面尺寸、形状有关，而试验采用的载荷板通常总是小于实际基础的底面尺寸。为此，不能直接以基础的允许沉降值在 p-s 曲线上定出承载力特征值。规范总结了许多实测资料，当压板面积为 0.25～0.50 m^2 时，规定取 s/b=0.01～0.015 所对应的荷载作为承载力特征值，但其值不应大于最大加载量的一半。

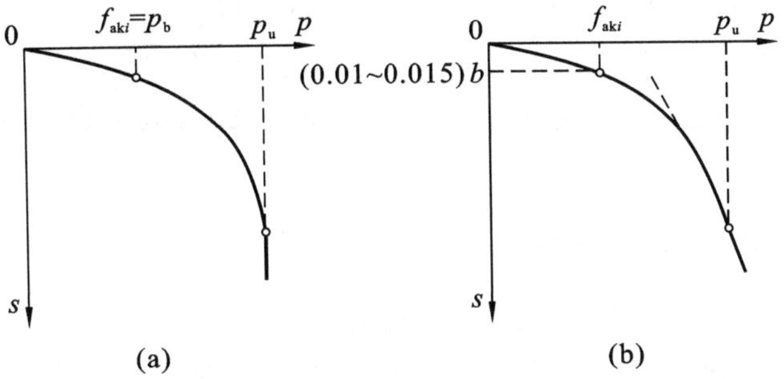

图 5.41 按载荷试验结果确定地基承载力

(a) 低压缩性土；(b) 高压缩性土

对同一土层，应选择三个以上的试验点。如所得的特征值的级差不超过平均值的 30%，则取该平均值作为地基承载力特征值 f_{ak}。

载荷板的尺寸一般比实际基础小，影响深度较小，试验只反映这个范围内土层的承载力。如果载荷板影响深度之下存在软弱下卧层，而该层又处于基础的主要受力层内(图 5.42)，此时除非采用大尺寸载荷板做试验，否则意义不大。

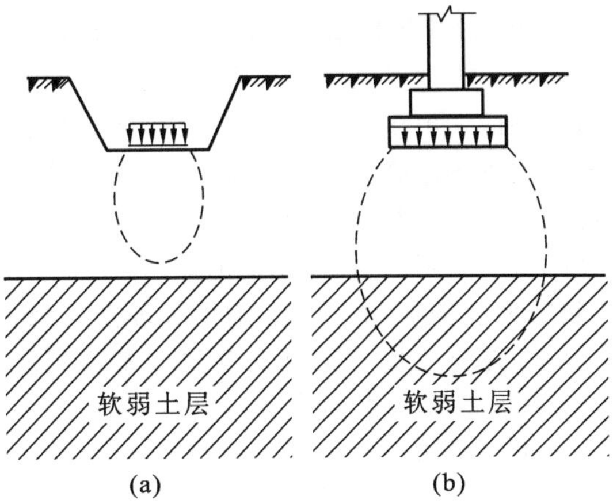

图 5.42 载荷板与基础荷载影响深度的比较

(a) 载荷试验；(b) 实际基础

5.9.2.2 *岩石地基承载力特征值 f_a*

岩石地基承载力特征值，可按载荷试验确定。对应于 p-s 曲线上起始直线的终点为比例界限。符合终止加载条件《建筑地基基础设计规范》的前一级荷载为极限荷载。将极限荷载除以 2 的安全系数，所得值与对应于比例界限的荷载相比较，取二者最小值。每个场地载荷试验的数量不少于 3 个，取最小值作为岩石地基承载力特征值 f_a（不再对承载力进行深度修正）。

对完整、较完整和较破碎的岩石地基承载力特征值，也可根据室内饱和单轴抗压强度按下式计算：

$$f_a = \psi_r f_{rk} \tag{5.74}$$

式中 f_a——岩石地基承载力特征值，kPa；

f_{rk}——岩石饱和单轴抗压强度标准值，kPa，可按《建筑地基基础设计规范》确定；

ψ_r——折减系数，根据岩体完整程度以及结构面的间距、宽度、产状和组合，由地区经验确定。无经验时，对完整岩体可取0.5；对较完整岩体可取0.2～0.5；对较破碎岩体可取0.1～0.2。

对破碎、极破碎的岩石地基承载力特征值，可根据地区经验取值，无地区经验时，可根据平板载荷试验确定。

5.9.2.3 其他原位测试确定地基承载力特征值 f_{ak}

除了载荷试验外，静力触探、动力触探、标准贯入试验等原位测试，在我国已经积累了丰富经验，《建筑地基基础设计规范》(GB 50007—2011)允许将其应用于确定地基承载力特征值。但是强调必须有地区经验，即当地的对比资料，还应对承载力特征值进行基础宽度和埋置深度修正。同时还应注意，当地基基础设计等级为甲级和乙级时，应结合室内试验成果综合分析，不宜单独应用。

5.9.3 按地基规范承载力表确定

有些土的物理、力学指标与地基承载力之间存在着良好的相关性。根据新中国成立以来大量工程实践经验、原位试验和室内土工试验数据，以确定地基承载力为目的进行了大量的统计分析，我国许多地基规范制订了便于查用的表格，由此，可查得地基承载力。

5.9.3.1 建筑地基规范承载力表

1974年版《建筑地基基础设计规范》建立了土的物理力学性质与地基承载力之间的关系，1989年版《建筑地基基础设计规范》仍保留了地基承载力表，并在使用上加以适当限制。承载力表使用方便是其主要优点，但也存在一些问题。承载力表是用大量的试验数据，通过统计分析得到的。由于我国幅员辽阔，土质条件各异，用几张表格很难概括全国的土质地基承载力规律。用查表法确定地基承载力，在大多数地区可能基本适合或偏于保守，但也不排除个别地区可能不安全。此外，随着设计水平的提高和对工程质量要求的趋于严格，变形控制已是地基设计的重要原则。因此，作为国标，如仍沿用承载力表，显然已不再适应当前的要求，所以，现行《建筑地基基础设计规范》取消了地基承载力表。但是，允许各地区（省、直辖市、自治区）根据试验和地区经验，制定地方性建筑地基规范，确定地基承载力表等设计参数。实际上是将原全国统一的地基承载力表地域化。

考虑增加基础宽度和埋置深度，地基承载力也将随之提高，所以，应将地基承载力对不同的基础宽度和埋置深度进行修正，才适于供设计用。《建筑地基基础设计规范》(GB 50007—2011)规定：当基础宽度大于3 m或埋置深度大于0.5 m时，从载荷试验或其他原位测试、经验值等方法确定的地基承载力特征值尚应按下式修正：

$$f_a = f_{ak} + \eta_b \gamma (b-3) + \eta_d \gamma_m (d-0.5) \tag{5.75}$$

式中 f_a——修正后的地基承载力特征值，kPa；

f_{ak}——地基承载力特征值，kPa；

η_b，η_d——分别为基础宽度和埋深的地基承载力修正系数，按基底下土的类别查表5.7取值；

γ——基础底面以下土的重度，kN/m³，地下水位以下取浮重度 γ'；

γ_m——基础底面以上埋深范围内土的加权平均重度，kN/m³，地下水位以下取浮重度；

b——基础底面宽度，m，当 $b<3$ m时按3 m取值，$b>6$ m时按6 m取值；

d——基础埋置深度，m，一般自室外地面标高算起，在填方整平地区，可自填土地面标高算起，但填土在上部结构施工后完成时，应从天然地面标高算起；对于地下室，如采用箱形基础或筏基础时，基础埋置深度自室外地面标高算起；当采用独立基础或条形基础时，应从室内地面标高算起。

表 5.7　承载力修正系数

土的类别		η_b	η_d
淤泥和淤泥质土		0	1.0
人工填土，e 或 I_L 大于或等于 0.85 的黏性土		0	1.0
红黏土	含水比>0.8	0	1.2
	含水比≤0.8	0.15	1.4
大面积压实填土	压实填土压实系数大于 0.95、黏粒含量 $\rho_c \geqslant 10\%$ 的粉土	0	1.5
	最大干密度大于 2100 kg/m^3 的级配砂石	0	2.0
粉土	黏粒含量 $\rho_c \geqslant 10\%$ 的粉土	0.3	1.5
	黏粒含量 $\rho_c < 10\%$ 的粉土	0.5	2.0
e 及 I_L 均小于 0.85 的黏性土		0.3	1.6
粉砂、细砂（不包括很湿与饱和时的稍密状态）		2.0	3.0
中砂、粗砂、砾砂和碎石土		3.0	4.4

注：① 强风化和全风化的岩石，可参照所风化成的相应土类取值，其他状态下的岩石不修正；
② 地基承载力特征值按《建筑地基基础设计规范》(GB 50007—2011)的深层平板载荷试验确定时 η_d 取 0；
③ 含水比是指土的天然含水量与液限的比值；
④ 大面积压实填土是指填土范围大于 2 倍基础宽度的填土。

5.9.3.2　《路桥地基规范》承载力表

由于历史和行业管理不同等原因，我国地基与基础设计规范至今尚未统一，不同规范的地基承载力确定方法，甚至地基承载力的称谓也有较大差异。由交通部制定的《公路桥涵地基与基础设计规范》(JTG 3363—2019)（本章中简称《路桥地基规范》）规定，设计中应尽可能采用载荷试验或其他原位测试取得地基承载力，但是由于桥涵基础所处环境特殊，在很多地点可能无法进行现场测试，因此，对中小桥梁、涵洞，或载荷试验和原位测试确有困难时，也可以按规范提供的地基承载力表采用，使用方法和步骤简单介绍如下：

（1）确定地基岩土分类

《路桥地基规范》将公路桥涵地基的岩土分为：岩石、碎石土、砂土、粉土、黏性土和特殊性土六大类。每一类土可以划分更细的类别，例如：黏性土既可以根据塑性指数 I_P 分为黏土和粉质黏土，又可以根据沉积年代的不同分为老黏性土、一般黏性土和新沉积黏性土。

（2）查地基承载力特征值 f_{a0} 表

根据岩土类别、状态及其物理力学特性指标，可查表得到地基承载力特征值 f_{a0}。

① 一般岩石地基可根据强度等级、节理按表 5.8 查得 f_{a0} 值。

② 碎石土地基可根据其类别和密实程度按表 5.9 查得 f_{a0} 值。

表 5.8 岩石地基承载力特征值 f_{a0}(kPa)

坚硬程度	节理发育程度		
	节理不发育	节理发育	节理很发育
坚硬岩、较硬岩	>3000	3000～2000	2000～1500
较软岩	3000～1500	1500～1000	1000～800
软岩	1200～1000	1000～800	800～500
极软岩	500～400	400～300	300～200

表 5.9 碎石土地基承载力特征值 f_{a0}(kPa)

土的类别	密实程度		
	密实	中密	松散
卵石	1200～1000	1000～650	500～300
碎石	1000～800	800～550	400～200
圆砾	800～600	600～400	300～200
角砾	700～500	500～400	300～200

注:① 由硬质岩组成,填充砂土者取高值;由软质岩组成,填充黏性土者取低值;
② 半胶结的碎石土按密实的同类土的 f_{a0} 值提高 10%～30%;
③ 松散的碎石土在天然河床中很少遇见,需特别注意鉴定;
④ 漂石、块石的 f_{a0} 值,可参照卵石、碎石适当提高。

③ 砂土地基可根据土的密实度和水位情况按表 5.10 查得 f_{a0} 值;
④ 粉土地基可根据土的天然孔隙比和天然含水量按表 5.11 查得 f_{a0} 值;
⑤ 老黏性土地基可根据压缩模量(E_{Si})按表 5.12 查得 f_{a0} 值;
⑥ 一般黏性土地基可根据液性指数(I_L)和天然孔隙比(e)按表 5.13 查得 f_{a0} 值;
⑦ 新近沉积黏性土地基可根据液性指数和天然孔隙比按表 5.14 查得 f_{a0} 值。

表 5.10 砂土地基承载力特征值 f_{a0}(kPa)

土名及水位情况		密实度			
		松散	密实	中密	稍密
砾砂、粗砂	与湿度无关	550	430	370	200
中砂	与湿度无关	450	370	330	150
细砂	水上	350	270	230	100
	水下	300	210	190	—
粉砂	水上	300	210	190	—
	水下	200	110	90	—

表 5.11 粉土地基承载力特征值 f_{a0}(kPa)

e	w(%)					
	10	15	20	25	30	35
0.5	400	380	355	—	—	—
0.6	300	290	280	270	—	—
0.7	250	235	225	215	205	—
0.8	200	190	180	170	165	—
0.9	160	150	145	140	130	125

表 5.12 老黏性土地基承载力特征值 f_{a0}(kPa)

E_{Si}(MPa)	10	15	20	25	30	35	40
f_{a0}(kPa)	380	430	470	510	550	580	620

注:当老黏性土 $E_{Si}<10$ MPa 时,承载力特征值 f_{a0} 按一般黏性土确定。

表 5.13 一般黏性土地基承载力特征值 f_{a0}(kPa)

e	I_L												
	0	0.1	0.2	0.3	0.4	0.5	0.6	0.7	0.8	0.9	1.0	1.1	1.2
0.5	450	440	430	420	400	380	350	310	270	240	220	—	—
0.6	420	410	400	380	360	340	310	280	250	220	200	180	—
0.7	400	370	350	330	310	290	270	240	220	190	170	160	150
0.8	380	330	300	280	260	240	230	210	180	160	150	140	130
0.9	320	280	260	240	220	210	190	180	160	140	130	120	100
1.0	250	230	220	210	190	170	160	150	140	120	110	—	—
1.1	—	—	160	150	140	130	120	110	100	90	—	—	—

注:① 土中含有粒径大于 2 mm 的颗粒质量超过总质量 30%以上者,f_{a0} 可适当提高;

② 当 $e<0.5$ 时,取 $e=0.5$;当 $I_L<0$ 时,取 $I_L=0$。此外,超过表列范围的一般黏性土,$f_{a0}=57.22E_{Si}^{0.57}$。

表 5.14 新近沉积黏性土地基承载力特征值 f_{a0}(kPa)

e	I_L		
	≤0.25	0.75	1.25
≤0.8	140	120	100
0.9	130	110	90
1.0	120	100	80
1.1	110	90	—

(3) 按基础深度、宽度修正后确定地基承载力特征值 f_a

地基承载力特征值 f_{a0} 实质上是对应于载荷试验地基土压力变形关系线性变形段内不超

过比例界限点的地基压力值，因此，根据第 5.9 节地基承载力理论，仍需对 f_{a0} 按基础的实际宽度、深度进行修正，修正后的地基承载力特征值 f_a 按下式计算：

$$f_a = f_{a0} + k_1\gamma_1(b-2) + k_2\gamma_2(h-3) \tag{5.76}$$

式中 f_a——修正后的地基承载力特征值，kPa；

b——基础底面的最小边宽，m，当 $b<2$ m 时，取 $b=2$ m，当 $b>10$ m 时，取 $b=10$ m；

h——基础埋置深度，m，自天然地面起算，有水流冲刷时自一般冲刷线起算，当 $h<3$ m 时，取 $h=3$ m，当 $h/b>4$ 时，取 $h=4b$；

k_1,k_2——基础深度、宽度修正系数，根据基底持力层土的类别按表 5.15 确定；

γ_1——基底持力层土的天然重度，kN/m^3，若持力层在水面以下且为透水者，应取浮重度；

γ_2——基底以上土层的加权平均重度，kN/m^3，换算时若持力层在水面以下且不透水，不论基底以上土的透水性如何一律取饱和重度；当透水时，水中部分土层则应取浮重度。

表 5.15 地基土承载力宽度、深度修正系数 k_1、k_2

系数	黏性土				粉土	砂土								碎石土			
	老黏性土	一般黏性土		新近沉积黏性土	—	粉砂		细砂		中砂		砾砂、粗砂		碎石、圆砾、角砾		卵石	
		$I_L\geqslant0.5$	$I_L<0.5$		—	中密	密实	中密	密实	中密	密实	中密	密实	中密	密实	中密	密实
k_1	0	0	0	0	0	1.0	1.2	1.5	2.0	2.0	3.0	3.0	4.0	3.0	4.0	3.0	4.0
k_2	2.5	1.5	2.5	1.0	1.5	2.0	2.5	3.0	4.0	4.0	5.5	5.0	6.0	5.0	6.0	6.0	10.0

注：① 对于稍密和松散状态的砂、碎石土，k_1、k_2 值可采用表列中密值的 50%；

② 强风化和全风化的岩石，可参照所风化成的相应土类取值；其他状态下的岩石不修正。

当持力层为不透水层时，基底以上的水柱压力可作为超载看待。

【例 5.6】 某桥梁基础，基础埋置深度（一般冲刷线以下）$h=5.2$ m，基础底面短边尺寸 $b=2.6$ m。地基土为一般黏性土，天然孔隙比 $e_0=0.85$，液性指数 $I_L=0.7$，土在水面以下的容积密度（饱和状态）$\gamma_0=27$ kN/m^3。要求按《路桥地基规范》：

(1) 查表确定地基土的承载力特征值 f_{a0}；

(2) 计算对基础宽度、埋深修正后的地基承载力特征值 f_a。

【解】 (1) 查表确定地基土的承载力特征值 f_{a0}

按 $e_0=0.85$，$I_L=0.7$，一般黏性土查表 5.13 得：$f_{a0}=195$ kPa

(2) 计算对基础宽度、埋深修正后的地基承载力特征值 f_a

一般黏性土按 $I_L=0.7$（$\geqslant0.5$）查表 5.15 得：$k_1=0$，$k_2=1.5$。持力层（一般黏性土）为水面以下的不透水层：$\gamma_2=27$ kN/m^3。

$$[f_a]=[f_{a0}]+k_1\gamma_1(b-2)+k_2\gamma_2(h-3)=195+0+1.5\times27\times(5.2-3)=284.10 \text{ kPa}$$

注：以上计算未考虑平均常水位、荷载组合及地基条件对容许承载力的修正。

【例 5.7】 已知某拟建建筑物场地地质条件，第①层为杂填土，层厚 1.0 m，$\gamma=$

18 kN/m^3；第②层为粉质黏土，层厚 4.2 m，$\gamma=18.5$ kN/m^3，$e=0.92$，$I_L=0.94$，地基承载力特征值 $f_{ak}=136$ kPa。试按以下基础条件分别求修正后的地基承载力特征值：

(1) 当基础底面为 4.0 m×2.6 m 的矩形独立基础，埋深 $d=1.0$ m；

(2) 当基础底面为 9.5 m×36 m 的箱形基础，埋深 $d=3.5$ m。

【解】 根据《建筑地基基础设计规范》

(1) 矩形独立基础下修正后的地基承载力特征值 f_a

基础宽度 $b=2.6$ m(<3 m)，按 3 m 考虑；埋深 $d=1.0$ m，持力层粉质黏土的孔隙比 $e=0.92$(>0.85)，查表 5.7 得：$\eta_b=0$，$\eta_d=1.0$。

$$
\begin{aligned}
f_a &= f_{ak}+\eta_b\gamma(b-3)+\eta_d\gamma_m(d-0.5)\\
&=136+0+1.0\times18\times(1.0-0.5)\\
&=145.0\ \text{kPa}
\end{aligned}
$$

(2) 箱形基础下修正后的地基承载力特征值 f_a

基础宽度 $b=9.5$ m(>6 m)，按 6 m 考虑；$d=3.5$ m，持力层仍为粉质黏土，$\eta_b=0$，$\eta_d=1.0$。

$$\gamma_m=(18\times1.0+18.5\times2.5)/3.5=18.4\ \text{kN/m}^3$$

$$f_a=136+0\times18.5+1.0\times18.4\times(3.5-0.5)=191.2\ \text{kPa}$$

【例 5.8】 某建筑物承受中心荷载的柱下独立基础底面尺寸为 2.5 m×1.5 m，埋深 $d=1.6$ m；地基土为粉土，土的物理力学性质指标：$\gamma=17.8$ kN/m^3，$c_k=1.2$ kPa，$\varphi_k=22°$。试确定持力层的地基承载力特征值。

【解】 由于基础承受中心荷载(偏心距 $e_k=0$)，根据土的抗剪强度指标计算持力层的地基承载力特征值 f_a。

根据 $\varphi_k=22°$ 查表 5.6 得：$M_b=0.61$，$M_d=3.44$，$M_c=6.04$。

$$
\begin{aligned}
f_a &= M_b\gamma b+M_d\gamma_m d+M_c c_k\\
&=0.61\times17.8\times1.5+3.44\times17.8\times1.6+6.04\times1.2\\
&=121.5\ \text{kPa}
\end{aligned}
$$

思考与练习题

5.1　什么是土的抗剪强度？什么是土的抗剪强度指标？试说明土的抗剪强度的来源。对一定的土类，其抗剪强度指标是否为一个定值？为什么？

5.2　何谓土的极限平衡状态和极限平衡条件？试用莫尔-库仑强度理论推求土体极限平衡条件的表达式。

5.3　土体中首先发生剪切破坏的平面是否就是剪应力最大的平面？为什么？在何种情况下，剪切破坏面与最大剪应力面是一致的？在通常情况下，剪切破坏面与大主应力面之间的夹角是多少？

5.4　分别简述直剪试验和三轴压缩试验的原理。比较二者之间的优缺点和适用范围。

5.5　什么是土的无侧限抗压强度？它与土的不排水强度有何关系？如何用无侧限抗压强度试验来测定黏性土的灵敏度？

5.6　试比较黏性土在不同固结和排水条件下的三轴试验中，其应力条件和孔隙水压力变化有何特点，并说明所得的抗剪强度指标各自的适用范围。

5.7　试说明在饱和黏性土的不固结不排水试验结果中(图 5.23)不管用总应力还是有效

应力表示，其莫尔应力圆的半径为何都不变。

5.8 何谓应力路径？如何用 K_f' 线来确定土的有效应力参数？举例说明在土木工程地基中常见的应力路径。

5.9 地基的剪切破坏有哪些形式？发生整体剪切破坏时 p-s 曲线的特征如何？

5.10 什么是塑性变形区？地基的 p_{cr} 和 $p_{1/4}$ 的物理概念是什么？在工程中有何实际意义？

5.11 什么是地基土的极限荷载 p_u？它与哪些因素有关？

5.12 浅基础有哪些类型和特点？

5.13 什么是地基承载力特征值？其内涵是什么？

5.14 某砂土试样在法向应力 $\sigma=100$ kPa 作用下进行直剪试验，测得其抗剪强度 $\tau_f=60$ kPa。试求：

(1) 用作图方法确定该土样的抗剪强度指标 φ 值；

(2) 如果试样的法向应力增至 $\sigma=250$ kPa，则土样的抗剪强度是多少？

(答案：$\varphi=31°$，$\tau_f=150$ kPa)

5.15 对饱和黏土试样进行无侧限抗压试验，测得其无侧限抗压强度 $q_u=120$ kPa。试求：

(1) 该土样的不排水抗剪强度；

(2) 与圆柱形试样轴成 60°交角面上的法向应力 σ 和剪应力 τ。

(答案：$c_u=60$ kPa；$\sigma=90$ kPa，$\tau=52$ kPa)

5.16 对两个相同的重塑饱和黏土试样，分别进行两种固结不排水三轴压缩试验。一个试样先在 $\sigma_3=170$ kPa 的围压下固结，试样破坏时的轴向偏应力 $(\sigma_1-\sigma_3)_f=124$ kPa。另一个试样施加的周围压力 $\sigma_3=427$ kPa，破坏时的孔隙水压力 $u_f=270$ kPa。试求该土样的 φ_{cu} 和 φ' 值。(提示：重塑饱和黏土试样的 $c_{cu}=c'=0$。)

(答案：$\varphi_{cu}=15.5°$，$\varphi'=29.9°$)

5.17 对内摩擦角 $\varphi=30°$ 的饱和砂土试样进行三轴压缩试验。首先施加 $\sigma_3=200$ kPa 围压，然后使最大主应力 σ_1 与最小主应力 σ_3 同时增加，且使 σ_1 的增量 $\Delta\sigma_1$ 始终为 σ_3 的增量 $\Delta\sigma_3$ 的 4 倍，试验在排水条件下进行。试求该土样破坏时的 σ_1 值。

(答案：$\sigma_1=1800$ kPa)

5.18 某条形基础 $b=3$ m，$d=12$ m，建于均质的黏土地基上，土层 $\gamma=18.5$ kN/m^3，$c=15$ kPa，$\varphi=20°$，试分别计算地基的 p_{cr} 和 $p_{1/4}$。

(答案：$p_{cr}=152.8$ kPa；$p_{1/4}=181.4$ kPa)

5.19 某方形基础受中心垂直荷载作用，$b=1.5$ m，$d=2.0$ m，地基为坚硬黏土，$\gamma=18.2$ kN/m^3，$c=30.0$ kPa，$\varphi=22°$，试分别按 $p_{1/4}$、太沙基公式及汉森公式确定地基的承载力(安全系数取 3)。

(答案：322.9 kPa，322.8 kPa，456.7 kPa)

5.20 某桥梁基础，基础埋置深度(一般冲刷线以下)$h=4.2$ m，基础底面短边尺寸 $b=2.6$ m。地基土为一般黏性土，天然孔隙比 $e_0=0.80$，液性指数 $I_L=0.75$，土在水面以下的容积密度(饱和状态)$\gamma_0=28$ kN/m^3。要求按《路桥地基规范》：

(1) 查表确定地基土的承载力特征值 f_{a0}；

(2) 计算对基础宽度、埋深修正后的地基承载力特征值 f_a。

[答案：(1) $[f_{a0}]=195$ kPa；(2) $[f_a]=245.4$ kPa]

5.21 已知某拟建建筑物场地地质条件，第①层为杂填土，层厚 1.0 m，$\gamma=18\ \text{kN/m}^3$；第②层为粉质黏土，层厚 4.2 m，$\gamma=18.5\ \text{kN/m}^3$，$e=0.85$，$I_L=0.75$，地基承载力特征值 $f_{ak}=130$ kPa。试按在以下基础条件时，分别计算修正后的地基承载力特征值：

(1) 当基础底面为 4.0 m×2.5 m 的矩形独立基础，埋深 $d=1.2$ m；

(2) 当基础底面为 9.0 m×42 m 的箱形基础，埋深 $d=4.2$ m。

[答案：(1) $f_a=142.7$ kPa；(2) $f_a=231.1$ kPa]

5.22 某建筑物承受中心荷载的柱下独立基础底面尺寸为 3.5 m×1.8 m，埋深 $d=1.8$ m；地基土为粉土，土的物理力学性质指标：$\gamma=17.8\ \text{kN/m}^3$，$c_k=2.5$ kPa，$\varphi_k=30°$。试确定持力层的地基承载力特征值。

（答案：$f_a=249.7$ kPa）

6 土压力及土坡稳定

【思政元素】

本章提要

在土木、水利、交通等工程中，经常会遇到修建挡土结构物的问题。用来支撑天然或人工斜坡不致坍塌，以保持土体稳定性的一种建筑物，俗称挡土墙。不论哪种形式的挡土墙，都要承受来自墙后填土的侧向压力——土压力。土压力通常是指挡土墙后的填土因自重或外荷载作用对墙背产生的侧压力。由于土压力是挡土墙的主要外荷载，因此，土压力是挡土结构物断面设计及验算其稳定性的主要荷载。

本章重点讨论了各种条件下朗金土压力及库仑土压力理论，并对两者的区别加以讨论。深入讨论了黏性土条件下库仑土压力理论，并介绍了《建筑地基基础设计规范》(GB 50007—2011)中的土压力计算法和楔体试算法。介绍了重力式挡土墙和板桩墙的概念及基本计算。最后介绍了无黏性土坡和黏性土坡的稳定性分析。

6.1 概　　述

土压力是挡土墙的主要外荷载，各类挡土结构在支撑土体的同时受到土体的侧向压力作用，即土压力。土压力的计算是挡土结构物断面设计和稳定性验算的重要依据，计算十分复杂，形成土压力的主要荷载一般包括土体自重引起的侧向压力、水压力、影响区域内的构筑物荷载、施工荷载、交通荷载等。挡土墙是防止填土或土体发生变形失稳的构筑物。如支撑建筑物周围填土的挡土墙、地下室侧墙、桥台、板桩墙、散料仓库、重力式码头的岸壁等，如图 6.1 所示。

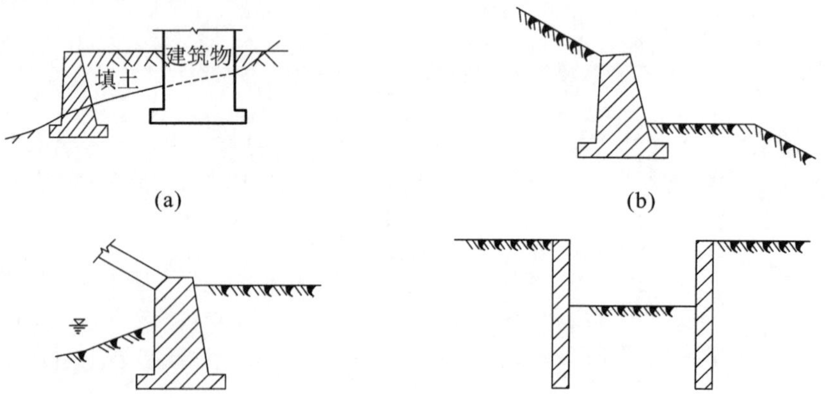

图 6.1　挡土墙应用举例

(a) 支撑建筑物周围填土的挡土墙；(b) 路堑或路堤挡土墙；(c) 桥台；(d) 基坑支护

土坡是指具有倾斜坡面的土体。土坡包括天然土坡和人工土坡，天然土坡是由于地质作用自然形成的土坡，如山坡、岸坡等；人工土坡是由人工填挖而形成的土坡，如路堑、路堤、土坝、基坑等土工建筑物的边坡。在工程建设中经常会遇到土坡稳定性问题，为了以后讨论方便，将土坡的形状和各部位的名称标示于图6.2中，该图给出的是滑动土块的一个垂直于走向的横断面，在以后讨论中都以这一横断面为代表来分析计算其稳定性，且该断面的厚度取作单位1，这并不影响一般性。土体重量以及渗透力等在坡体内引起剪应力，如果剪应力大于土的抗剪强度，就要产生剪切破坏。坡面局部土体下滑称为边坡失稳或滑坡破坏。

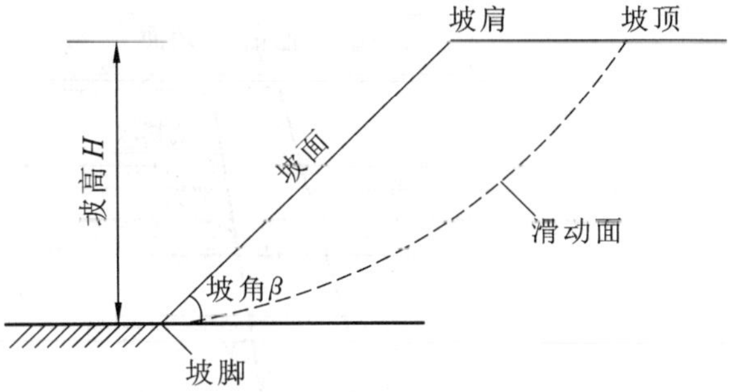

图6.2　边坡名称示意图

土坡失稳滑塌的原因从力学角度分析大致有两种：一种是土坡体内的应力平衡状态被破坏，如基坑开挖，土体自身重力场发生变化从而改变原有应力状态下的应力平衡；另一种是土坡体内的抗剪强度受外部因素的影响而降低，如外界气候变化引起土体的收缩膨胀或土坡附近的人为活动（打桩、爆破等）都会降低土体本身强度，引起土坡滑动、坍塌。所以保持土坡稳定具有重要的工程意义。

6.2　挡　土　墙

6.2.1　挡土墙的用途及名称

（1）挡土墙的用途

挡土墙是防止填土或土体发生变形失稳的构筑物。挡土墙就其结构形式可分为重力式挡土墙、薄壁式挡土墙、板桩墙及加筋土挡土墙等，它常用块石、砖、素混凝土和钢筋混凝土等材料建成。挡土墙广泛应用于房屋建筑、桥梁、铁路工程以及水利工程中。

（2）挡土墙的名称

挡土墙的各部分名称如图6.3(a)所示。在挡土墙横断面中，与被支承土体直接接触的部位称为墙背；与墙背相对的、临空的部位称为墙面；与地基直接接触的部位称为基底；与基底相对的墙的顶面称为墙顶；基底的前端称为墙趾；基底的后端称为墙踵。

6.2.2　挡土墙分类

（1）重力式挡土墙

重力式挡土墙是目前工程中用得较多的一种挡土结构，它是依靠自身重力支撑陡坡以保持土体稳定性的构筑物。它所承受的主要荷载是墙后土压力，其稳定性主要依靠墙身的自重来维持。由于要平衡墙后土体的土压力，因而需要较大的墙身截面，挡土墙较重，故而得名。重力式挡土墙一般由石块或者混凝土材料砌筑而成，具有结构简单，施工方便，可以就地取材等优点，是工程中应用较广的一种形式，适合山区建设。

（2）薄壁式挡土墙

薄壁式挡土墙属于钢筋混凝土结构，可以分为悬臂式和扶壁式两种。薄壁式挡土墙由立板、墙趾板和墙踵板三部分组成，如图6.3(b)所示。

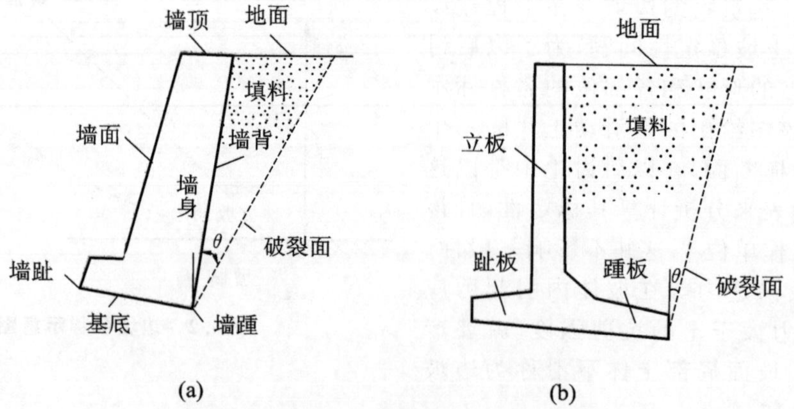

图 6.3 挡土墙各部分名称示意图

(a) 重力式；(b) 悬臂式

① 悬臂式挡土墙 一般用钢筋混凝土建造，它由三个悬臂板组成，即立臂、墙趾悬臂和墙踵悬臂。墙的稳定主要靠墙踵底板上的土重，而墙体内的拉应力则由钢筋承担。因此，这类挡土墙的优点是能充分利用钢筋混凝土的受力特性，墙体截面较小。初步设计时，可以按图 6.4 选择尺寸。其适合用于地基土质较差、墙高大于 5 m、当地缺少石料等情况。在市政工程以及厂矿储存库中广泛应用这种挡土墙。

② 扶壁式挡土墙 当墙高大于 10 m，为了增强悬臂式挡土墙中立臂的抗弯性能，常沿墙的纵向每隔一定距离[(0.3～0.6)H]设一道扶壁，故称为扶壁式挡土墙。墙体稳定靠扶壁间填土重维持，一般用于重要的大型土建工程。扶壁式挡土墙的设计可以按构造要求选取尺寸，再将墙身及墙踵作为三边固定的板，用有限元或者有限差分进行优化设计。

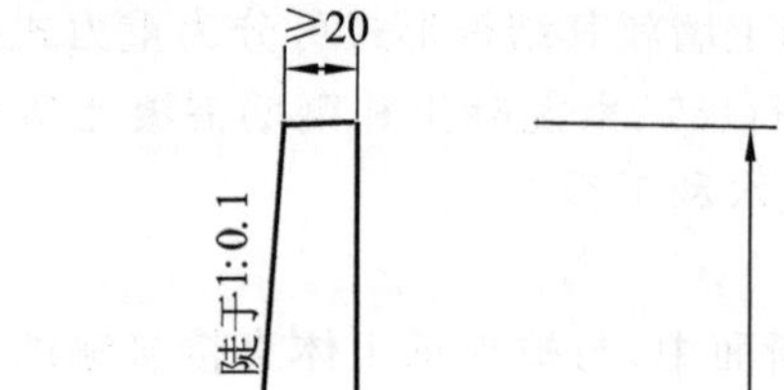

图 6.4 悬臂式挡土墙构造

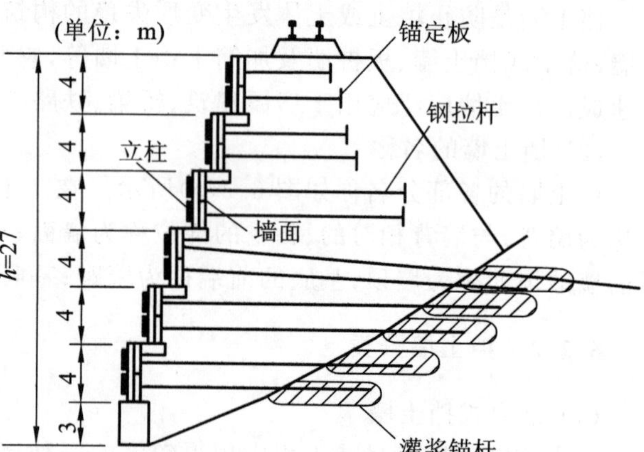

图 6.5 锚定式挡土墙实例

(3) 锚定式挡土墙(图 6.5)

通过一端埋设在破裂面外侧稳定区内的锚杆或锚定板等所提供的抗拔力或被动土抗力支持墙面，挡住下滑土体的侧向推力。锚定式挡土墙主要由预制钢筋混凝土面板、立柱、钢拉杆和埋在土中锚定板组成，稳定由拉杆和锚定板来维持。锚定式挡土墙可以分为锚定板式挡土墙、锚杆式挡土墙。

① 锚杆式挡土墙主要由预制的钢筋混凝土立柱和挡土板构成墙面，墙面与水平或倾斜的

钢锚杆联合作用支挡土体。锚杆是一种新型的受拉杆件，它的一端与工程结构物联结，另一端通过钻孔、插入锚杆、灌浆、养护等工序锚固在稳定的地层中，以承受土压力对结构物所施加的推力，从而利用锚杆与地层间的锚固力来维持结构物的稳定。

② 锚定板式挡土墙则将锚杆换为拉杆，在其土中的末端连上锚定板。它不适用于路堑、路堤。锚定板式挡土墙特点：

a. 结构质量轻，与重力式挡土墙相比，可以节约大量的砖石材料和节省工程投资；

b. 利于挡土墙的机械化、装配化施工，提高劳动效率；

c. 不需要开挖大量基坑，避免不良地基基坑开挖，并利于施工安全。

此外，施工工艺要求较高，要有钻孔、灌浆等配套的专用机械设备，且要耗用一定的钢材。适用场合：一般适用于岩质路堑地段，但其他具有锚固条件的路堑墙也可使用，还可应用于陡坡路堤。

(4) 加筋土挡土墙及其他挡土墙

加筋土挡土墙是利用加筋土技术修建的支挡结构物，如图 6.6 所示。加筋土是一种在土中加入拉筋的复合土，利用拉筋与土之间的摩擦作用，把土的侧压力削减到土体中，改善土体的变形条件和提高土体的工程性能，从而达到稳定土体的目的。加筋土挡土墙由填料、在填料中布置的拉筋以及墙面板三部分组成，加筋土挡土墙属于柔性结构，对地基变形适应性大，建筑高度也可很大，适用于填土路基；但须考虑其挡板后填土的渗水稳定及地基变形对其影响，需要通过计算分析选用。此外，还有混合式挡土墙、板桩墙、一级土工合成材料挡土墙等。

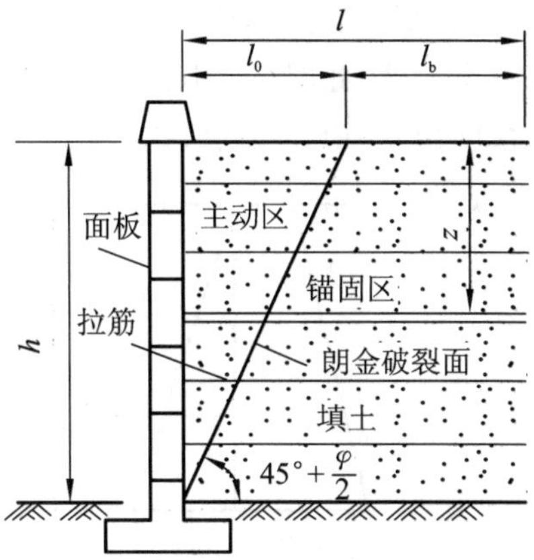

图 6.6 加筋土挡土墙

6.3 土压力的分类及静止土压力计算

6.3.1 土压力的分类

土压力是挡土墙的主要外荷载，各类挡土结构在支撑土体的同时受到土体的侧向压力作用，即土压力。土压力的计算是挡土结构物断面设计和稳定性验算的重要依据，计算十分复杂，形成土压力的主要荷载一般包括土体自重引起的侧向压力、水压力、影响区域内的构筑物荷载、施工荷载、交通荷载等。在某些特定的条件下，还需要计算在地震荷载作用下挡土墙上可能引起的侧向土压力，即动土压力。挡土墙土压力的大小及其分布规律受到的影响因素主要有：

① 填土的类型，包括填土的重度 γ、含水量 w、内摩擦角 φ 和黏聚力 c、填土表面的形状（水平、向上倾斜或向下倾斜）等。

② 挡土墙的类型、墙背的光滑程度和结构形式。

③ 挡土墙的位移方向和位移量等。

上述各因素中，以挡土墙的位移方向和位移量为主要影响因素。根据墙的位移情况和墙后土体所处的应力状态，土压力可分为以下三种：

（1）静止土压力[图 6.7(*a*)]

挡土墙在土压力作用下不发生任何位移或转动，墙后土体处于弹性平衡状态，这时作用在墙背的土压力称为静止土压力。作用在单位长度挡土墙上静止土压力的合力用 E_0（kN/m）表示，静止土压力强度用 σ_0（kPa）表示。

（2）主动土压力

若挡土墙在土压力作用下向前移动或转动，这时作用在墙后的土压力将逐渐减小，当墙后土体达到极限平衡状态，并出现连续滑动面而使得土体下滑时，土压力减至最小值，此时的土压力称为主动土压力。主动土压力的合力用 E_a（kN/m）表示，主动土压力强度用 σ_a（kPa）表示，如图 6.7(b)所示。

（3）被动土压力

若挡土墙在外荷载作用下，向填土方向移动或转动，这时作用在墙后的土压力将逐渐增大，直至墙后土体达到极限平衡状态，并出现连续滑动面，墙后土体将向上挤出隆起，土压力增至最大值，此时的土压力称为被动土压力。被动土压力的合力用 E_p（kN/m）表示，被动土压力强度用 σ_p（kPa）表示，如图 6.7(c)所示。

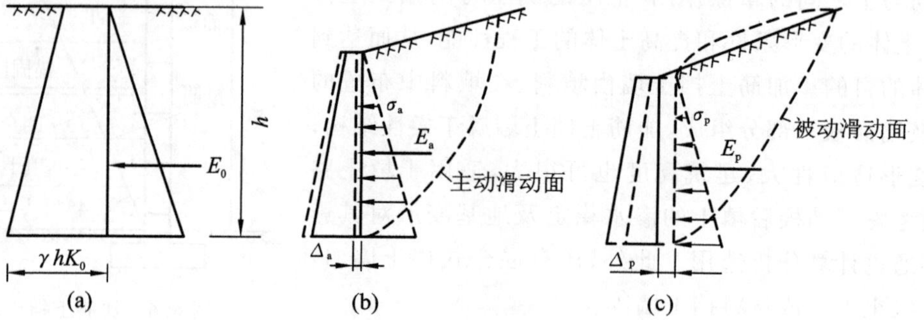

图 6.7 土压力类型

(a) 静止土压力；(b) 主动土压力；(c) 被动土压力

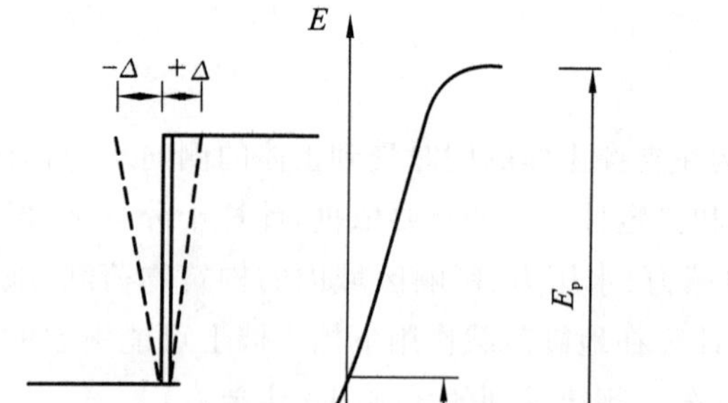

图 6.8 土压力与挡土墙位移关系

实验研究表明，在挡土墙高度和填土条件相同时，三种土压力有如下关系：

$$E_a < E_0 < E_p$$

土压力大小及分布除与挡土墙的位移方向有关外，还与挡土墙的位移大小有关。图 6.8 给出了土压力与挡土墙位移关系。可以看出，在相同条件下，产生被动土压力时所需的位移量 Δ_p 远大于产生主动土压力时所需的位移量 Δ_a。

根据大量的试验观测和研究，可以给出砂土和黏性土中产生图 6.8 所示土压力与挡土墙位移关系主动和被动土压力所需要的墙顶水平位移参考值，详见表 6.1。

表 6.1 产生主动和被动土压力所需的墙顶水平位移

土 类	应力状态	运动形式	所需位移(h 表示挡土墙高度)
砂 土	主动	平行于墙体	0.001h
	主动	绕墙趾转动	0.001h
	被动	平行于墙体	0.05h
	被动	绕墙趾转动	>0.1h
黏 土	主动	平行于墙体	0.004h
	主动	绕墙趾转动	0.004h

6.3.2 静止土压力计算

静止土压力犹如半空间弹性变形体,在土的自重应力作用下无侧向变形时的水平侧压力[图 6.7(a)]。可按下述方法计算,在填土表面下任意深度 z 处取一微小单元体,其上作用着竖向的土自重应力 γz,则该处的静止土压力强度可按下式计算:

$$\sigma_0 = \sigma_x = K_0 \gamma z \tag{6.1}$$

式中 σ_0——静止土压力强度,kPa;

γ——填土的重度,kN/m^3;

K_0——静止土压力系数。

静止土压力系数 K_0 与土的性质、密实度等有关,可以通过自钻式旁压仪在现场实测、侧限压缩试验等测定,也可按参考值选取:砂土为 0.35~0.45;黏性土为 0.5~0.7。

理论上:$K_0=\dfrac{\mu}{1-\mu}$,其中 μ 为土的泊松比,因其很难确定,对于砂土、正常固结黏性土,可以经验公式计算,即 $K_0=1-\sin\varphi'$(φ'为土的有效内摩擦角)。

由式(6.1)可知,静止土压力沿墙高为三角形分布,如果取单位墙长,则作用在墙上的静止土压力为:

$$E_0 = \int_0^H K_0 \gamma z \, dz = \frac{1}{2} \gamma h^2 K_0 \tag{6.2}$$

静止土压力的方向垂直指向墙背,合力 E_0 的作用点在距离墙底 1/3 处,单位:kN/m。

当墙后土体为成层土且有超载时(图 6.9),第 n 层土底面处静止土压力分布大小可按下式计算,即:

$$\sigma_{0n} = K_{0n}\left(\sum_{i=1}^{n} \gamma_i h_i + q\right) \tag{6.3}$$

式中 γ_i——第 i 层土的重度,kN/m^3;

h_i——第 i 层土的厚度,m;

K_{0n}——第 n 层土的静止土压力系数;

q——填土面上的均布荷载,kPa。

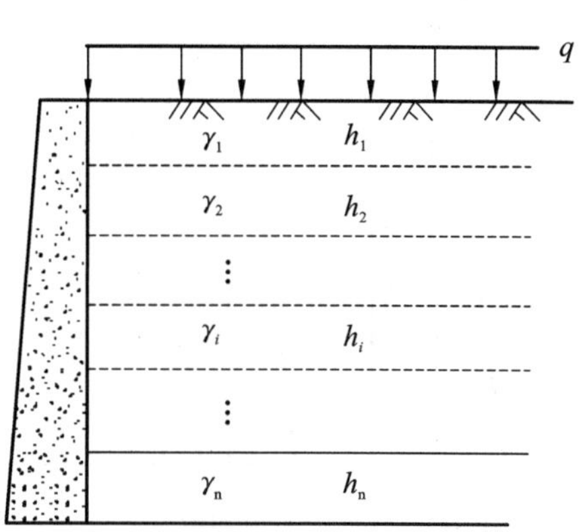

图 6.9 成层土且有超载的挡土墙

尚须注意:当墙后有地下水时,水下应取有效重度,同时应考虑静水压力作用。

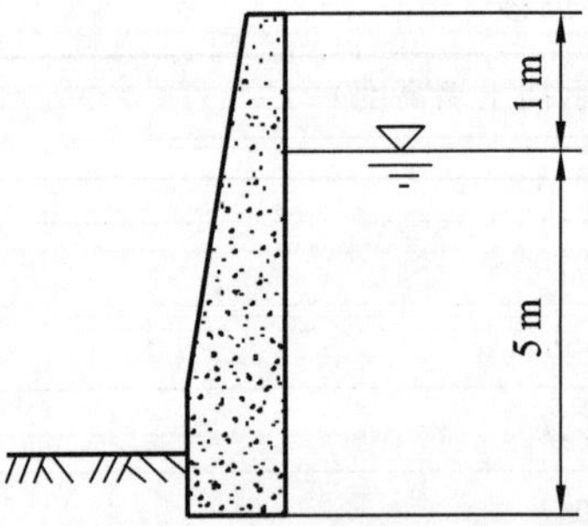

图 6.10 例题 6.1 图

【例 6.1】 图 6.10 所示某重力式挡土墙墙高 $h=6$ m，墙背直立光滑。水位自墙脚算起高为 $h_1=5$ m，现拟用 $\gamma=19$ kN/m³，$\gamma_s=25.9$ kN/m³，摩擦角 $\varphi=30°$，含水量 $w=18\%$ 的细砂作为填料，当填土至水位高度时（填土表面水平），墙后填土处于弹性平衡状态，且此时填土的泊松比为 0.25。试求此时作用在每延米挡土墙上的静止土压力。

【解】 计算地下水位有效重度 γ'，有：

$$\gamma'=\frac{(\gamma_s-\gamma_w)\gamma}{(1+w)\gamma_s}=\frac{(25.9-10)\times 19}{(1+18\%)\times 25.9}=10\ \text{kN/m}^3$$

计算静止土压力系数 K_0：

$$K_0=\mu/(1-\mu)=\frac{0.25}{1-0.25}=0.333$$

由于填土处于弹性平衡状态时，填土在水位高度，故计算时静止土压力作用的挡土墙高为 5 m，即：

$$E_0=0.5K_0\gamma' h_1^2=0.5\times 0.333\times 10\times 5^2=42\ \text{kN/m}$$

6.4 朗金土压力理论

6.4.1 基本原理与假定

朗金土压力理论是土压力计算中两个著名古典土压力理论之一，因其概念明确，方法简单，至今仍得到广泛应用。它是根据半空间的应力状态和土的极限平衡条件而得出的土压力计算方法。

假定墙背直立、光滑，墙后填土面水平，土体为均质各向同性体。图 6.11(a)表示一表面为水平面的半空间，即土体向下和沿水平方向都伸展至无穷，在离地表 z 处取一单位微体 M，当整个土体都处于静止状态时，各点都处于弹性平衡状态。设土的重度为 γ，因墙背与填土间没有摩擦力，所以剪应力为零，墙背为主应力面。显然 M 单元水平截面上的法向应力等于该处土的自重应力，即 $\sigma_1=\sigma_z=\gamma z$，而竖直截面上的法向应力为 $\sigma_3=\sigma_x=K_0\gamma z$。由于土体内每一竖直面都是对称面，因此竖直截面和水平截面上的剪应力都等于零，因而相应截面上的法向应力 σ_z 和 σ_x 都是主应力，此时用 σ_1、σ_3 作出的莫尔圆表示为如图 6.11(d)所示的圆Ⅰ，由于该点处于弹性平衡状态，故莫尔圆和抗剪强度包线不相切。

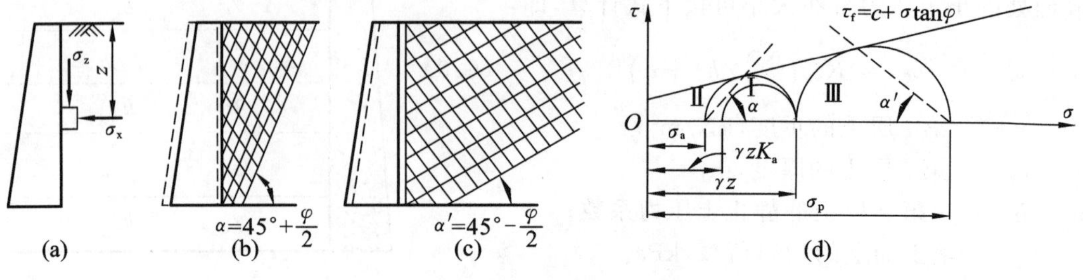

图 6.11 半空间的极限平衡状态

(a) 墙背单元微体；(b) 主动朗金状态；(c) 被动朗金状态；(d) 莫尔应力圆表示的朗金状态

设想由于某种原因将使整个土体在水平方向均匀地伸展或压缩，使土体由弹性平衡状态转为塑性平衡状态。如果土体在水平方向伸展即挡土墙离开土体向左移动时[图 6.11(b)]，M 单元在水平截面上的法向应力 σ_z 不变而竖直截面上的法向应力却逐渐减少，σ_z、σ_x 仍为大、小主应力，直至满足极限平衡条件为止。此时 σ_x 达到最低限值主动土压力强度 σ_a。因此，σ_a 是小主应力，而 σ_z 是大主应力，并且莫尔圆与抗剪强度包线相切，如图 6.11(d)中圆Ⅱ所示。此时土体形成一系列滑裂面，面上各点都处于极限平衡状态，此种状态称为主动朗金状态。若土体继续伸展，则只能造成塑性流动，而不致改变其应力状态。反之，如果土体在水平方向压缩即挡土墙朝向土体向右移动[图 6.11(c)]，那么 σ_x 不断增加而 σ_z 却仍保持不变，当 σ_x 超过 σ_z 时，σ_x 为大主应力，σ_z 为小主应力。直到满足极限平衡条件时，σ_x 达到最大限值 σ_p，这时，σ_p 是大主应力而 σ_z 是小主应力，莫尔圆为图 6.11(d)中的圆Ⅲ，此时土体形成一系列滑裂面，面上各点都处于极限平衡状态，此种状态称为被动朗金状态。

由于土体处于主动朗金状态时大主应力所作用的面是水平面，故剪切破坏面与水平面的夹角为 $\left(45°+\dfrac{\varphi}{2}\right)$[图 6.11(b)]，当土体处于被动朗金状态时，大主应力所作用的面是竖直面，故剪切破坏面与水平面的夹角为 $\left(45°-\dfrac{\varphi}{2}\right)$[图 6.11(c)]，因此，整个土体由互相平行的两簇剪切面组成。

朗金将上述原理应用于挡土墙土压力计算中，他设想用墙背直立的挡土墙代替半空间左边的土，如果墙背与土的接触面上满足剪应力为零的边界应力条件以及产生主动或被动朗金状态的边界变形条件，则墙后土体的应力状态不变。由此可以推导出主动和被动土压力计算公式。

6.4.2 朗金土压力计算

6.4.2.1 朗金主动土压力计算

通过前述分析，根据土的强度理论可知，当土体中某点处于极限平衡状态时，大主应力 σ_1 和小主应力 σ_3 之间应满足以下关系式：

黏性土：

$$\sigma_1=\sigma_3\tan^2\left(45°+\frac{\varphi}{2}\right)+2c\tan\left(45°+\frac{\varphi}{2}\right) \tag{6.4a}$$

$$\sigma_3=\sigma_1\tan^2\left(45°-\frac{\varphi}{2}\right)-2c\tan\left(45°-\frac{\varphi}{2}\right) \tag{6.4b}$$

无黏性土：

$$\sigma_1=\sigma_3\tan^2\left(45°+\frac{\varphi}{2}\right) \tag{6.5a}$$

$$\sigma_3=\sigma_1\tan^2\left(45°-\frac{\varphi}{2}\right) \tag{6.5b}$$

根据假定墙背垂直、光滑，填土面水平[图 6.12(a)]，当墙后土处于主动朗金状态时，朗金主动土压力强度 σ_a 为小主应力 σ_3，而 $\sigma_z=\gamma z$ 为大主应力。则有：

$$\sigma_a=\sigma_3=\gamma z\tan^2\left(45°-\frac{\varphi}{2}\right)-2c\tan\left(45°-\frac{\varphi}{2}\right) \tag{6.6}$$

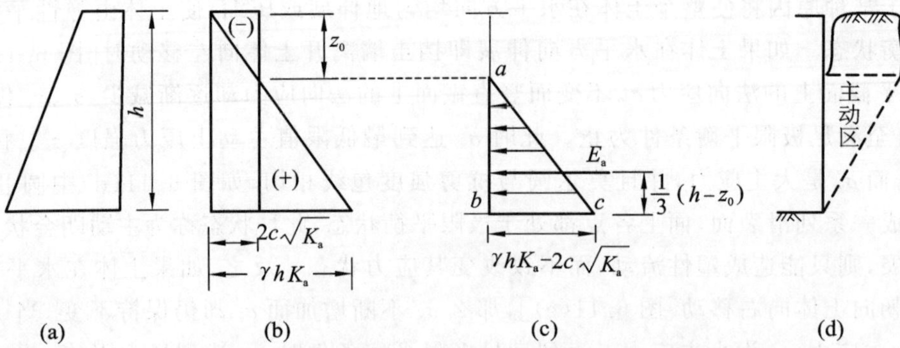

图 6.12 朗金主动土压力计算

(a) 挡土墙；(b) 主动土压力强度组成；(c) 主动土压力强度叠加结果；(d) 开裂区

令 $K_a=\tan^2\left(45°-\dfrac{\varphi}{2}\right)$，即：

$$\sigma_a=\gamma zK_a-2c\sqrt{K_a} \tag{6.7}$$

式中 σ_a——朗金主动土压力强度，kPa；

γ——填土的重度，地下水位以下取有效重度，kN/m³；

z——计算点距填土表面的深度，m；

c——填土的黏聚力，kPa；

φ——填土的内摩擦角，°；

K_a——朗金主动土压力系数，$K_a=\tan^2\left(45°-\dfrac{\varphi}{2}\right)$。

(1) 无黏性土的主动土压力

非黏性土 $c=0$，即：

$$\sigma_a=\gamma zK_a \tag{6.8}$$

由上式可见，主动土压力强度 σ_a 与深度成正比，沿墙高呈三角形分布。则单位墙长上的主动土压力为：

$$E_a=\frac{1}{2}\gamma h^2K_a \tag{6.9}$$

合力 E_a 作用方向垂直于墙背，作用点在$\dfrac{h}{3}$处，单位：kN/m。

(2) 黏性土的主动土压力

对于黏性土，$c\neq0$，则主动土压力强度为 $\sigma_a=\gamma zK_a-2c\sqrt{K_a}$，挡土墙后的土压力强度由正负两部分叠加而成[图 6.12(b)]，一部分是由土自重引起的土压力 γzK_a，为正值；另一部分是由于黏性土黏聚力的存在而引起的负侧压力 $2c\sqrt{K_a}$，两部分叠加结果如图 6.12(c)所示。当 $z=0$ 时，$\sigma_{a0}=-2c\sqrt{K_a}$，其中 a 点至墙顶部分是负侧压力，对墙背是拉力。事实上，由于填土与墙背之间不可能承受拉应力，因此在拉应力区域内将出现裂缝[图 6.12(d)]。一般在计算时不考虑拉力区的作用。当 $\sigma_a=0$ 时，可得出拉应力区的深度，即 a 点离填土面的深度 z_0 称为临界深度(开裂深度)，此处的主动土压力大小为零。即：

$$\gamma z_0 K_a - 2c\sqrt{K_a} = 0$$

$$z_0 = \frac{2c}{\gamma\sqrt{K_a}} \tag{6.10}$$

单位墙长上的主动土压力为：

$$E_a = \frac{1}{2}(\gamma h K_a - 2c\sqrt{K_a})(h - z_0) \tag{6.11}$$

将式(6.10)代入式(6.11)得：

$$E_a = \frac{1}{2}\gamma h^2 K_a - 2ch\sqrt{K_a} + \frac{2c^2}{\gamma} \tag{6.12}$$

尚须注意：当填土面有超载时，不能套用式(6.10)计算临界深度，此时应按照 $\sigma_a = 0$ 解方程的方法求出 z_0。

主动土压力合力 E_a 垂直于墙背，作用点通过三角形的形心、距墙底在 $(h - z_0)/3$ 处，单位：kN/m。

【例 6.2】 如图 6.13 所示，某重力式挡土墙墙高 $h = 6$ m，墙背直立、光滑，墙后填土面水平。填土的主要物理力学指标为 $c = 10$ kPa，$\varphi = 30°$，$\gamma = 20$ kN/m³。试求该挡土墙上的主动土压力与被动土压力，并画出沿墙高的分布图。

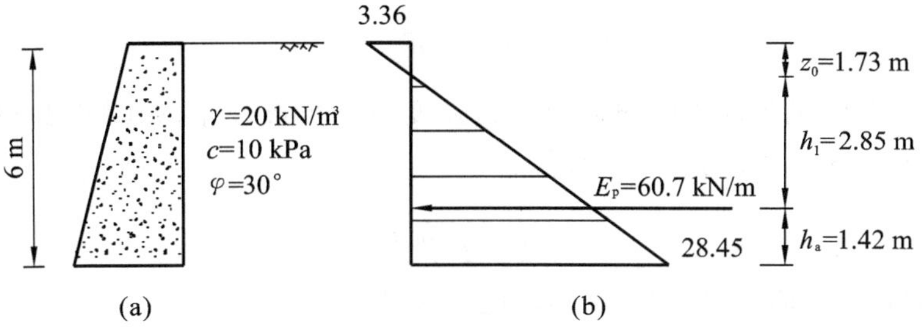

图 6.13 例题 6.2 图

(a) 挡土墙；(b) 压力强度分布图

【解】 主动土压力系数 $K_a = \tan^2\left(45° - \frac{\varphi}{2}\right) = \tan^2\left(45° - \frac{30°}{2}\right) = 0.333$

$$\sigma_a = \gamma z K_a - 2c\sqrt{K_a}$$

临界深度 $z_0 = \frac{2c}{\gamma\sqrt{K_a}} = \frac{2 \times 10}{20 \times \sqrt{1/3}} = 1.73$ m

墙底处 $\sigma_a = \gamma h K_a - 2c\sqrt{K_a} = 20 \times 6/3 - 2 \times 10\sqrt{1/3} = 28.45$ kPa

总主动土压力为 $E_a = (0 + 28.45) \times (6 - 1.73)/2 = 60.74$ kN/m

其分布如图 6.13(b)所示。

6.4.2.2 朗金被动土压力计算

由前所述，当出现被动朗金状态时，σ_x 达到最大限值 σ_p（σ_p 是大主应力），也就是被动土压力强度，而 σ_z 则是小主应力，如图 6.14(a)所示。同理，由极限平衡条件得出被动土压力强度 σ_p 的计算公式为：

$$\sigma_p = \gamma z \tan^2\left(45° + \frac{\varphi}{2}\right) + 2c\tan\left(45° + \frac{\varphi}{2}\right) \tag{6.13}$$

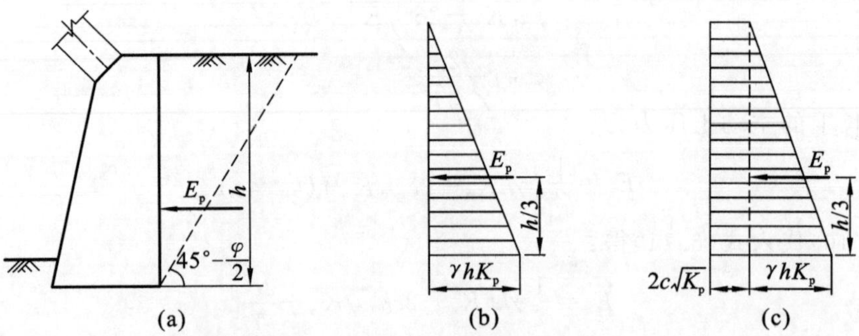

图 6.14 朗金被动土压力分析

(a) 土中应力状态；(b) 无黏性土；(c) 黏性土

令 $K_p=\tan^2\left(45°+\frac{\varphi}{2}\right)$，称为朗金被动土压力系数。则有：

$$\sigma_p=\gamma zK_p+2c\sqrt{K_p} \tag{6.14}$$

(1) 无黏性土的被动土压力

对于无黏性土，$c=0$，则被动土压力强度为：

$$\sigma_p=\gamma z\tan^2\left(45°+\frac{\varphi}{2}\right) \tag{6.15}$$

由式(6.15)可知，无黏性土的被动土压力强度呈三角形分布，如图 6.14(b)所示，取单位墙长计算，则被动土压力 E_p 可由下式计算：

$$E_p=\frac{1}{2}\gamma h^2K_p \tag{6.16}$$

其作用方向垂直于墙背，作用点在离墙底 $h/3$ 处。

(2) 黏性土的被动土压力

对于黏性土，$c\neq0$，则被动土压力强度为式(6.14)。

被动土压力由两部分叠加而成，如图 6.14(c)所示，则单位墙长上的被动土压力为：

$$\begin{aligned}E_p&=\frac{1}{2}\gamma hK_p\cdot h+2c\sqrt{K_p}h\\&=\frac{1}{2}\gamma h^2K_p+2ch\sqrt{K_p}\end{aligned} \tag{6.17}$$

E_p 的作用方向垂直于墙背，其作用点通过梯形的形心，距墙底的高度 h_p 可用合力矩定理解出：

$$h_p=\left(\frac{1}{2}\gamma h^2K_p\cdot\frac{h}{3}+2ch\sqrt{K_p}\cdot\frac{h}{2}\right)\Big/E_p \tag{6.18}$$

6.4.2.3 几种典型情况下朗金土压力计算

(1) 填土面有均布荷载

土墙后填土面有连续均布荷载 q 的超载作用时，将均布荷载换算成地表以上的当量的土重，即用假想的土重代替均布荷载。如图 6.15 所示。

当填土面水平时，当量的土层厚度为 $h'=\frac{q}{\gamma}$，再以总高度为$(h'+h)$的挡土墙（墙背为 $a'b$）、填土面没有荷载来计算土压力。

填土面 a 点的主动土压力强度为：

$$\sigma_{aa}=\gamma h' K_a-2c\sqrt{K_a}=qK_a-2c\sqrt{K_a} \quad (6.19)$$

墙底 b 点的土压力强度为：

$$\sigma_{ab}=\gamma(h+h')K_a-2c\sqrt{K_a}=(q+\gamma h)K_a-2c\sqrt{K_a} \quad (6.20)$$

临界深度处的土压力强度为：

$$\sigma_{az_0}=(q+\gamma h)K_a-2c\sqrt{K_a}=0 \quad (6.21)$$

以式(6.21)来计算临界深度 z_0。

压力分布如图 6.15 所示，土压力的作用点在梯形的重心。$z_0>0$ 时，拉应力部分不计算；无黏性土按 $c=0$ 计算。

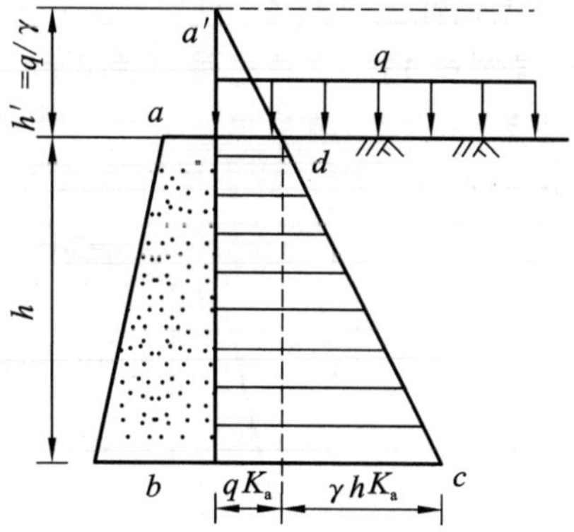

图 6.15 填土表面有均布荷载

(2) 填土为成层填土

如图 6.16 所示，当挡土墙后填土为不同种类的水平成层填土时，将每层土视为作用于下层土的均布荷载并化为当量土层厚度，按填土面有均布荷载情况处理。或者第一层土压力按均质土计算，计算第二层土压力时，将上层土按重度换算成与第二层重度相同的当量土层计算，当量土层厚度为 $h_1'\left(h_1'=\frac{h_1\gamma_1}{\gamma_2}\right)$，然后以 $(h+h_1')$ 为墙高，按均质土计算土压力，但只在第二层土层厚度范围内有效，以下各层类似。必须注意，由于各层土的性质不同，主动土压力系数 K_a 也不同。图 6.16 所示的土压力强度计算是以黏性填土主动土压力为例。

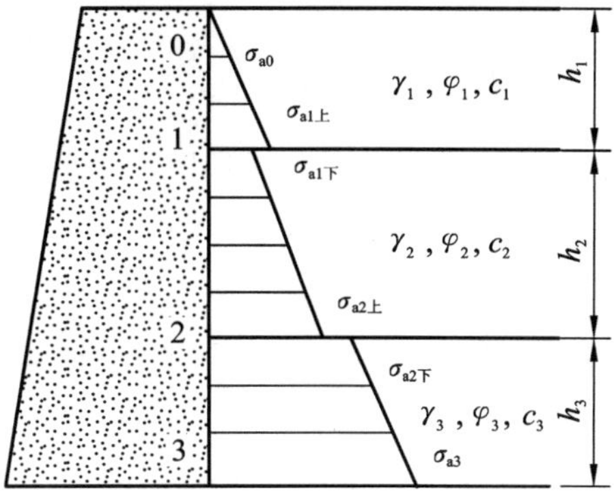

图 6.16 墙后成层填土

0 点：$\sigma_{a0}=0$

1 点：$\sigma_{a1上}=\gamma_1 h_1 K_{a1}-2c_1\sqrt{K_{a1}}$ (6.22a)

同理：

$$\sigma_{a1下}=\gamma_2 h_1' K_{a2}-2c_2\sqrt{K_{a2}}=\gamma_2\frac{\gamma_1 h_1}{\gamma_2}K_{a2}-2c_2\sqrt{K_{a2}}=\gamma_1 h_1 K_{a2}-2c_2\sqrt{K_{a2}} \quad (6.22b)$$

2 点：$\sigma_{a2上}=(\gamma_1 h_1+\gamma_2 h_2)K_{a2}-2c_2\sqrt{K_{a2}}$ (6.23a)

$\sigma_{a2下}=(\gamma_1 h_1+\gamma_2 h_2)K_{a3}-2c_3\sqrt{K_{a3}}$ (6.23b)

3 点：$\sigma_{a3}=(\gamma_1 h_1+\gamma_2 h_2+\gamma_3 h_3)K_{a3}-2c_3\sqrt{K_{a3}}$ (6.24)

无黏性土计算时，只要 $c_1=c_2=c_3=0$ 即可。

【例 6.3】 某挡土墙高为 6 m，墙背垂直、光滑，填土面水平，土面上作用有连续均匀荷载，大小为 36 kPa，墙后填土为两层性质不同的土层，其他物理力学指标见图 6.17。试计算作用于该挡土墙上的主动土压力及其分布。

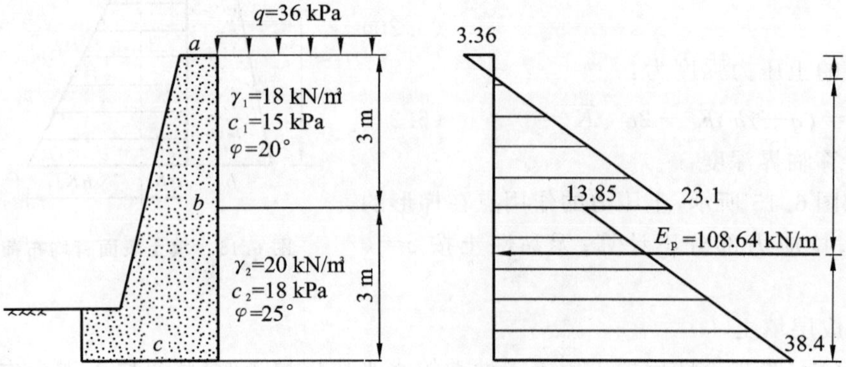

图 6.17 例题 6.3 图

【解】 先求主动土压力系数：$K_{a1}=\tan^2\left(45°-\dfrac{\varphi}{2}\right)=\tan^2(45°-\dfrac{20°}{2})=0.49$

$$K_{a2}=\tan^2\left(45°-\frac{\varphi}{2}\right)=\tan^2\left(45°-\frac{25°}{2}\right)=0.41$$

临界深度：$z_0=\dfrac{2c_1}{\gamma_1\sqrt{K_{a1}}}-\dfrac{q}{\gamma_1}=0.38\ \text{m}$

再求各控制点的土压力强度。

土层①：

上表层 $\sigma_a=qK_{a1}-2c_1\sqrt{K_{a1}}=36\times0.49-2\times15\times\sqrt{0.49}=-3.36\ \text{kPa}$

下表面 $\sigma_a=(\gamma_1 z_1+q)K_{a1}-2c_1\sqrt{K_{a1}}=(18\times3+36)\times0.49-2\times15\times\sqrt{0.49}=23.1\ \text{kPa}$

土层②：

上表面 $\sigma_a=(\gamma_1 z_1+q)K_{a2}-2c_2\sqrt{K_{a2}}=(18\times3+36)\times0.41-2\times18\times\sqrt{0.41}=13.85\ \text{kPa}$

墙底处 $\sigma_a=(\gamma_1 z_1+\gamma_2 z_2+q)K_{a2}-2c_2\sqrt{K_{a2}}$

$$=(18\times3+20\times3+36)\times0.41-2\times18\times\sqrt{0.41}=38.4\ \text{kPa}$$

由合力矩定理，作用点距离墙底 $h_p=1.99$ m。

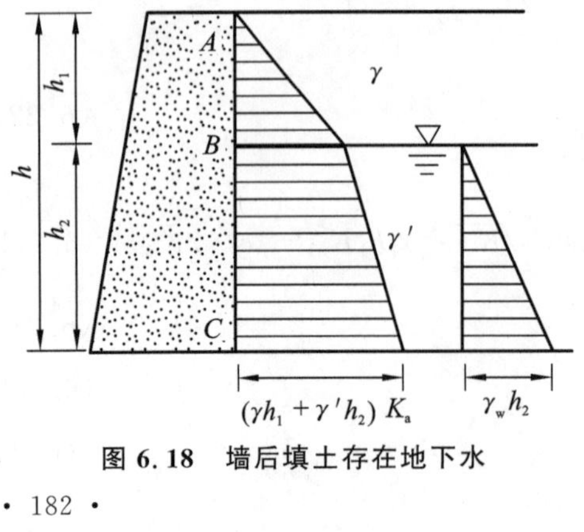

图 6.18 墙后填土存在地下水

(3) 墙后填土存在地下水

挡土墙后的回填土常会部分或全部处于地下水位以下(图 6.18)，由于地下水的存在将使土的含水量增加，抗剪强度降低，从而使土压力增大，因此，挡土墙应该有良好的排水措施。砂土由于具有很好的透水性，工程上一般忽略水对砂的抗剪强度指标的影响，对于重大工程要考虑地下水将使 c、φ 值减小，从而使土压力增大，应适当地降低抗剪强度指标 c 和 φ 的值。

当墙后填土有地下水时，作用在墙背上的侧压力有土压力和水压力两部分，一般有“水土分算”和“水土合算”两种思路。对于无黏性土和粉土，可以按水土分算的原则；对于黏性土可以根据工程经验和现场情况，按水土分算或者水土合算的原则计算。下面简单介绍一下这两种基本方法：

① 水土分算法

分别计算土压力和水压力，即采用有效重度计算土压力，同时计算静水压力，然后将两者叠加，以黏性土为例：

$$\sigma_a' = \gamma' z \tan^2\left(45° - \frac{\varphi'}{2}\right) - 2c'\tan\left(45° - \frac{\varphi'}{2}\right) = \gamma' z K_a' - 2c'\sqrt{K_a'} \tag{6.25}$$

式中 K_a'——按有效应力强度计算的主动土压力系数；

φ'——有效内摩擦角，°；

c'——有效黏聚力，kPa。

在工程应用中，常用抗剪强度指标 c 和 φ 的值代替有效应力强度指标 c' 和 φ'。

② 水土合算法

对于地下水位以下的黏性土，可以用饱和重度来计算总的水土压力强度 σ_a，即：

$$\sigma_a = \gamma_{sat} z \tan^2\left(45° - \frac{\varphi}{2}\right) - 2c\tan\left(45° - \frac{\varphi}{2}\right) = \gamma_{sat} z K_a - 2c\sqrt{K_a} \tag{6.26}$$

式中 K_a——按总应力强度指标计算的主动土压力系数。

(4) 有限填土挡土墙土压力

① 对土质边坡(图 6.19)，边坡主动土压力应按式(6.27)进行计算。当填土为无黏性土时，主动土压力系数可按库仑土压力理论确定。当支挡结构满足朗金条件时，主动土压力系数可按朗金土压力理论确定。黏性土或粉土的主动土压力也可采用楔体试算法图解求得。

$$E_a = \frac{1}{2}\psi_a \gamma h^2 K_a \tag{6.27}$$

式中 ψ_a——主动土压力增大系数，挡土墙高度小于 5 m 时宜取 1.0，高度为 5～8 m 时宜取 1.1，高度大于 8 m 时宜取 1.2；

K_a——主动土压力系数。

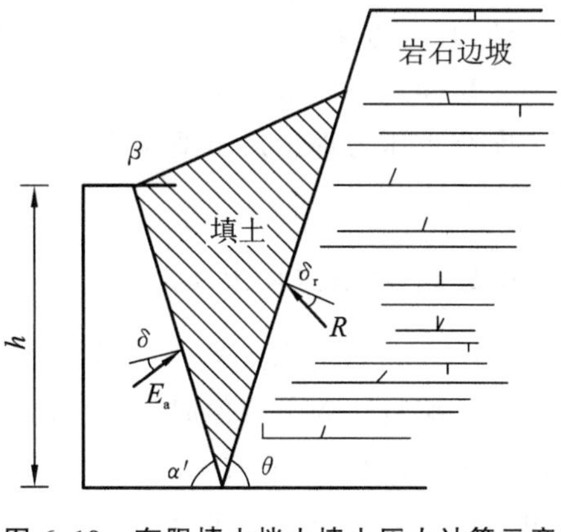

图 6.19 有限填土挡土墙土压力计算示意

② 当支挡结构后缘有较陡峻的稳定岩石坡面，岩坡的坡角 $\theta > (45° + \varphi/2)$ 时，应按有限范围填土计算土压力，取岩石坡面为破裂面。根据稳定岩石坡面与填土间的摩擦角按下式计算主动土压力系数：

$$K_a = \frac{\sin(\alpha' + \theta)\sin(\alpha' + \beta)\sin(\theta - \delta_r)}{\sin^2\alpha'\sin(\theta - \beta)\sin(\alpha' - \delta + \theta - \delta_r)} \tag{6.28}$$

式中 θ——稳定岩石坡面倾角，°；

δ_r——稳定岩石坡面与填土间的摩擦角，°，根据试验确定，当无试验资料时，可取 $\delta_r = 0.33\varphi_k$；

φ_k——填土的内摩擦角标准值，°。

【例 6.4】 某挡土墙墙背直立、光滑，高 6 m，填土面水平，墙后填土为透水的砂土，其天然重度 $\gamma=16.8\ \text{kN/m}^3$，内摩擦角 $\varphi=35°$，原来地下水位在基底以下，后由于其他原因使地下水位突然上升至距墙顶 2 m 处。水中砂土重度 $\gamma'=9.3\ \text{kN/m}^3$，$\varphi$ 假定不受地下水位的影响仍为 35°，试求墙背侧向水平力的变化。

【解】 $K_{a1}=\tan^2(45°-35°/2)=0.27$

无黏性土原地表压力 $\sigma_a=0\ \text{kPa}$

原挡土墙底 $\sigma_a=\gamma h K_a=16.8\times6\times0.27=27.22\ \text{kPa}$

$E_a=0.5\gamma h^2 K_a=0.5\times16.8\times36\times0.27=81.65\ \text{kPa}$

水位上升后，地表压力 $\sigma_a=0\ \text{kPa}$

水位标高处 $\sigma_a=\gamma h_1 K_a=16.8\times2\times0.27=9.07\ \text{kPa}$

原挡土墙底 $\sigma_a=\gamma h_1 K_a+\gamma' h_2 K_a=9.07+9.3\times4\times0.27=19.12\ \text{kPa}$

$\sigma_w=\gamma_w h_2=10\times4=40\ \text{kPa}$

$E_a=0.5\times9.07\times2+0.5\times4\times(9.07+19.12+40)=145.45\ \text{kN/m}$

作用点距离墙底 $h=1.71$ m。

6.5 库仑土压力理论

库仑土压力理论是根据墙后土体处于极限平衡状态并形成一滑动楔体时的静力平衡条件得出的，其三点假设条件为：①当墙后填土达到极限平衡状态时，其滑动面为一平面；②墙后填土为无黏性均质的散粒土体（$c=0$）；③滑动土楔体可视为刚体。

库仑土压力理论最早适用于砂土或碎石料的挡土墙计算，后来又推广到黏性土的挡土墙计算。

6.5.1 库仑主动土压力计算

如图 6.20(a)所示，当挡土墙向前移动或转动时，墙后土体作用在墙背上的土压力逐渐减少。当位移量达到一定值时，填土面出现通过墙踵的滑动面 BC，土楔 ABM 向下滑动而处于主动极限平衡状态，此时，二者之间的相互作用力即为主动土压力。所以，主动土压力的大小可由土楔体的静力平衡条件来确定。

(1) 取滑动土楔体 ABM 为隔离体进行受力分析，作用于土楔 ABM 上的力有：

① 土楔体的自重 $G=S_{\Delta ABM}\cdot\gamma$。$\gamma$ 为填土的重度，只要破坏面 BM 的位置确定，G 的大小就是已知值，其方向向下，即：

$$G=S_{\triangle ABM}\cdot\gamma=\frac{1}{2}\gamma\cdot BC\cdot AM$$

在三角形 ABM 中，利用正弦定理可得：

$$\frac{AM}{\sin(90°-\alpha+\beta)}=\frac{AB}{\sin(\theta-\beta)}$$

因

$$AB=\frac{h}{\cos\alpha}$$

则

$$AM=h\,\frac{\cos(\beta-\alpha)}{\cos\alpha\sin(\theta-\beta)}$$

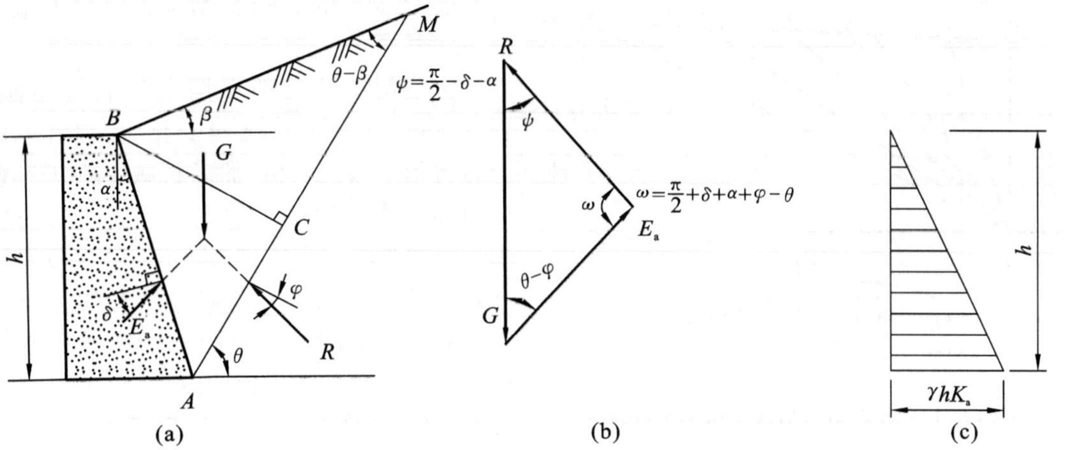

图 6.20 库仑主动土压力计算

(a) 土楔上的作用力;(b) 力矢三角形;(c) 主动土压力强度分布

三角形 ABM 中 AM 边上的垂线 BC：

因
$$BC=AB\sin(90°-\theta+\alpha)=h\frac{\cos(\alpha-\theta)}{\cos\alpha}$$

则有：
$$G=\frac{1}{2}\gamma h^2\frac{\cos(\alpha-\theta)\cos(\beta-\alpha)}{\cos^2\alpha\sin(\theta-\beta)} \tag{6.29}$$

② 破坏面 BM 上的反力 R。R 为破裂面 AM 上土楔体重力的法向分力与该面土体间的摩擦力的合力，作用在 AM 面上，其大小是未知的，但其方向则是已知的。反力 R 与破坏面 BM 的法线之间的夹角等于土的内摩擦角 φ，当楔体下滑时，该力位于法线的下侧。

③ 墙背对土楔体的反力 E。与它大小相等、方向相反的作用力就是墙背上的土压力，反力 E 的方向与墙背法线成 δ 角。当土楔下滑时，该力位于法线的下侧。

(2) 土楔体静力平衡

滑动土楔体在自重、滑动面上的反力以及挡土墙的支撑力 E 三者作用下处于平衡状态，可以得到封闭的力矢三角形。如图 6.20(b)所示，按正弦定理可得：

$$\frac{E}{G}=\frac{\sin(\theta-\varphi)}{\sin[180°-(\theta-\varphi+\psi)]}=\frac{\sin(\theta-\varphi)}{\sin(\theta-\varphi+\psi)}$$

即
$$E=G\frac{\sin(\theta-\varphi)}{\sin(\theta-\varphi+\psi)}$$

将式(6.29)代入上式，得：

$$E=\frac{\gamma h^2}{2}\frac{\cos(\alpha-\beta)\cos(\theta-\alpha)\sin(\theta-\varphi)}{\cos^2\alpha\sin(\theta-\beta)\sin(\theta-\varphi+\psi)} \tag{6.30}$$

式中，$\psi=90°-\alpha-\delta$，其余符号如图 6.20 所示。

(3) 求极值 $dE/d\theta=0$，找出真正的滑裂面

式(6.30)中 γ、h、α、β 和 φ、δ 都是已知的，滑动面 AM 的倾角 θ 未知。如图 6.21 所示，不同的 θ 值可绘出不同的滑动面，得出不同的 G 和 E 值，因此，E 是 θ 的函数，显然存在下面两种极端情况：

① 当 $\theta=\varphi$ 时，R 与 G 重合，$E=0$；

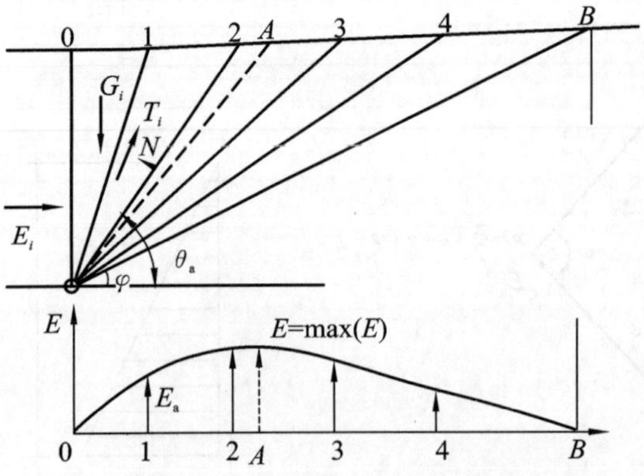

图 6.21　土压力 E 与滑动破裂角 θ 之间的关系

② 当 $\theta=90°+\alpha$ 时，滑动面 AM 与墙背重合，$E=0$。

上述两个 θ 角都不是真正的滑面倾角。当 θ 在 φ 至 $(90°+\alpha)$ 之间变化时，墙背上的土压力将由零增至极值，然后再减小到零。这个极值即为墙上的总主动土压力 E_a，其相应的 AM 面即为墙后土体的滑面，θ_{cr} 称为破裂滑面倾角。E 的最大值 E_{max} 即为墙背的主动土压力。其所对应的滑动面即是土楔最危险的滑动面。按微分学求极值的方法，可由式(6.30)按 $dE/d\theta=0$ 的条件求得 E 为最大值(即主动土压力 E_a)时的 θ_{cr} 角。将求极值得到的 θ 角代入式(6.30)，即可得出作用于墙背上的主动土压力合力 E_a 的大小，经整理后其表达式为：

$$E_a=\frac{1}{2}\gamma h^2\frac{\cos^2(\varphi-\alpha)}{\cos^2\alpha\cdot\cos(\alpha+\delta)\left[1+\sqrt{\dfrac{\sin(\varphi+\delta)\cdot\sin(\varphi-\beta)}{\cos(\alpha+\delta)\cdot\cos(\alpha-\beta)}}\right]^2}$$

令

$$K_a=\frac{\cos^2(\varphi-\alpha)}{\cos^2\alpha\cdot\cos(\alpha+\delta)\left[1+\sqrt{\dfrac{\sin(\varphi+\delta)\cdot\sin(\varphi-\beta)}{\cos(\alpha+\delta)\cdot\cos(\alpha-\beta)}}\right]^2}\tag{6.31}$$

则有：

$$E_a=\frac{1}{2}\gamma h^2K_a\tag{6.32}$$

式中　δ——土对挡土墙背的摩擦角(外摩擦角)，可由试验确定，无试验资料时，根据墙背粗糙程度取 $\delta=\left(\frac{1}{3}\sim\frac{2}{3}\right)\varphi$，也可参考表 6.2 中的数值。

表 6.2　土与墙背的摩擦角 δ

挡土墙情况	外摩擦角
墙背平滑、排水不良	$(0\sim0.33)\varphi_k$
墙背粗糙、排水良好	$(0.33\sim0.5)\varphi_k$
墙背很粗糙、排水不良	$(0.5\sim0.67)\varphi_k$
墙背与填土间不可能滑动	$(0.67\sim1.0)\varphi_k$

注：φ_k——墙背填土的内摩擦角标准值；

K_a——库仑主动土压力系数，K_a 与角 α、β、δ、φ 有关，而与 γ、h 无关，用公式或查表确定；

γ——墙后填土的重度，kN/m^3；

α——墙背与竖直线之间的夹角，以竖直线为准，逆时针方向为正(俯斜)，顺时针方向为负(仰斜)；

β——墙后填土面的倾角，水平面以上为正，水平面以下为负。

由式(6.31)可知：随着土的内摩擦角 φ 和墙土摩擦角 δ 的增加，以及墙背倾角 α 和填土面坡角 β 的减少，K_a 值相应减少，主动土压力也随之减少。可见，在工程中应注意选取 φ 值较高的填料(如砂砾石土),保证填土排水通畅,增大 δ 值,都将对减小作用在挡土墙上的主动土压力有积极意义。

当墙背垂直($\alpha=0$),光滑($\delta=0$),填土面水平($\beta=0$)时,由 $E_a=\frac{1}{2}\gamma h^2 K_a$ 得出:

$$E_a=\frac{1}{2}\gamma h^2\ \tan^2\left(45°-\frac{\varphi}{2}\right)$$

库仑主动土压力公式与朗金总主动土压力公式完全相同,说明当 $\alpha=0,\delta=0,\beta=0$ 时,库仑理论与朗金理论结果一致。

离墙顶任意深度 z 处的主动土压力强度 $\sigma_a=\frac{dE_a}{dz}$,即:

$$\sigma_a=\frac{dE_a}{dz}=\frac{d}{dz}\left(\frac{1}{2}\gamma z^2 K_a\right)=\gamma z K_a \tag{6.33}$$

可见,σ_a 沿墙高呈三角形分布,σ_a 作用点在距墙底 $h/3$ 处,方向与墙背法线的夹角为 δ。但这种分布形式只表示土压力大小,并不代表实际作用在墙背上的土压力方向。

结论:主动土压力强度沿墙高呈三角形分布。主动土压力的合力作用点在离墙底 $h/3$ 处,方向与墙背法线顺时针成 δ 角,与水平面成($\alpha+\delta$)角。

【例 6.5】 挡土墙高 4 m,墙背俯斜 $\alpha=10°$,填土面坡角 $\beta=25°$,填土重度 $\gamma=17\ kN/m^3$,内摩擦角 $\varphi=30°$,黏聚力 $c=0$,填土与墙背的摩擦角 $\delta=10°$。试求库仑主动土压力的大小及作用点位置。

【解】 根据 $\alpha=10°,\beta=25°,\varphi=30°$,由式(6.31)得主动土压力系数 $K_a=0.622$,由式(6.30)得主动土压力值如下:

在墙顶 $\sigma_a=\gamma z K_a=0$

在墙底 $\sigma_a=\gamma z K_a=17\times4\times0.622=42.30\ kN/m$

土压力的合力为强度分布图面积,即:

$$E_a=\frac{1}{2}\times42.3\times4=84.60\ kN/m$$

也可按式(6.32)直接求出:

$$E_a=\frac{1}{2}\gamma h^2 K_a=\frac{1}{2}\times17\times4^2\times0.622=84.59\ kN/m$$

土压力合力作用点位置距墙底为 $h/3=4/3=1.33$ m,与墙背法线成10°角且上倾。土压力强度分布如图 6.22 所示。

注意:该强度分布图只表示大小,不表示作用方向。

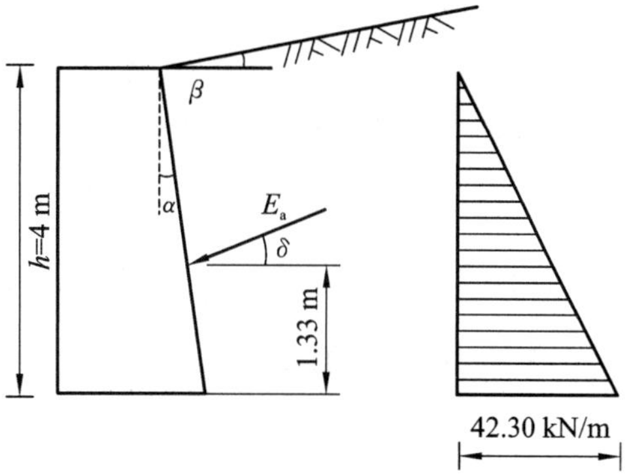

图 6.22 例题 6.5 图

6.5.2 库仑被动土压力计算

当挡土墙在外力作用下推向土体时,墙后填土作用在填背上的压力随之增大,当位移量达到一定值时,填土中出现过墙踵的滑动面 BC,形成三角形土楔体[图 6.23(a)],此时,土体处于极限平衡状态。取 ABC 为隔离体,利用其上各作用力的静力平衡条件[图 6.23(b)],R 和 E 的方向都分别在 BC 和 AB 面法线的上方。另外,与主动土压力不同之处还在于被动土压

力 E_p 为最小值时的滑动面才是真正的破坏滑动面，因为这时楔体所受阻力最小，最容易被向上推出。按上述求主动土压力同样的原理，可求得被动土压力的库仑公式为：

$$E_p = \frac{1}{2}\gamma h^2 K_p \tag{6.34}$$

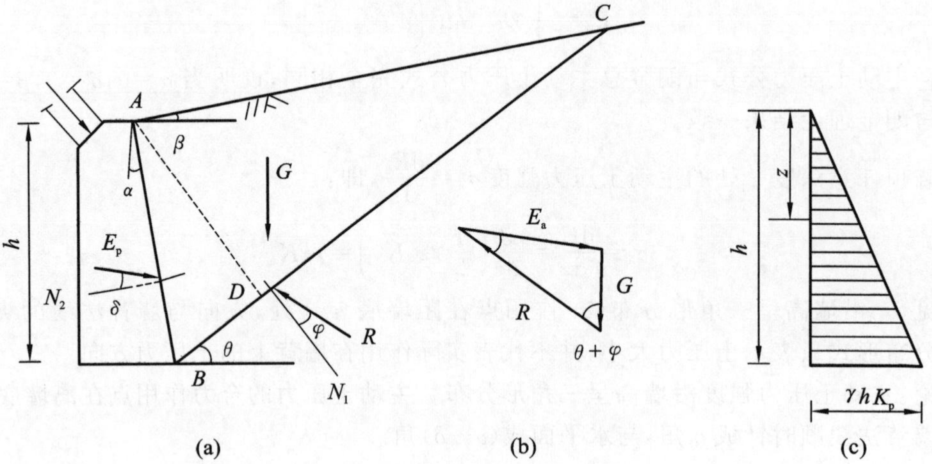

图 6.23 库仑被动土压力计算

(a) 土楔上的作用力；(b) 力矢三角形；(c) 被动土压力强度分布

其中：
$$K_p = \frac{\cos^2(\varphi+\alpha)}{\cos^2\alpha \cdot \cos(\alpha-\delta)\left[1-\sqrt{\dfrac{\sin(\varphi+\delta)\cdot\sin(\varphi+\beta)}{\cos(\alpha-\delta)\cos(\alpha-\beta)}}\right]^2} \tag{6.35}$$

当墙背垂直($\alpha=0$)、光滑($\delta=0$)、填土面水平($\beta=0$)时，则：

$$E_p = \frac{1}{2}\gamma h^2 \tan^2\left(45° + \frac{\varphi}{2}\right) \tag{6.36}$$

说明当 $\alpha=0, \delta=0, \beta=0$ 时，库仑理论与朗金理论结果一致。

被动土压力强度按下式计算：

$$\sigma_p = \frac{dE_p}{dz} = \frac{d}{dz}\left(\frac{1}{2}\gamma z^2 K_p\right) = \gamma z K_p \tag{6.37}$$

结论：被动土压力强度 σ_p 沿墙高呈三角形分布[图 6.23(c)]，E_p 作用点在距墙底 $h/3$ 处。

6.5.3 黏性土的库仑土压力

库仑土压力理论假设墙后填土是无黏聚力砂性土。但实际工程中挡土墙填料常采用黏聚性填料。此时，土的黏聚力 c 对土压力的大小及其分布将产生显著影响。这个问题至今尚未得到较为满意的解答。在工程中常常采用近似计算方法，下面介绍几种方法。

6.5.3.1 "广义库仑理论"

"广义库仑理论"考虑了墙后填土超载、填土有黏聚力、填土与墙背有黏聚力以及填土表面附近有裂缝深度等因素，根据图 6.24 所示，可以求出主动土压力系数：

$$K_a = \frac{\cos(\alpha-\beta)}{\cos\alpha\cos^2\psi}\{[\cos(\alpha-\beta)\cos(\alpha+\delta)+\sin(\varphi-\beta)\sin(\varphi+\delta)]k_q + 2k_2\cos\varphi\sin\psi + k_1\sin(\alpha+\varphi-\beta)\cos\psi + k_0\sin(\beta-\varphi)\cos\psi - 2\sqrt{G_1 G_2}\} \tag{6.38}$$

式中 $k_q=\frac{1}{\cos\alpha}\left[1+\frac{2q}{\gamma h}\xi-\frac{h_0}{h^2}\left(h_0+\frac{2q}{\gamma}\right)\xi^2\right]$

$$k_0=\frac{h_0^2}{h^2}\left(1+\frac{2q}{\gamma h_0}\right)\frac{\sin\alpha}{\cos(\alpha-\beta)}\xi$$

$$k_1=\frac{2c'}{\gamma h\cos(\alpha-\beta)}\left(1-\frac{h_0}{h}\xi\right)$$

$$k_2=\frac{2c}{\gamma h}\left(1-\frac{h_0}{h}\xi\right)$$

$$\xi=\frac{\cos\alpha\cos\beta}{\cos(\alpha-\beta)}$$

$$h_0=\frac{2c}{\gamma}\cdot\frac{\cos\alpha\cos\varphi}{1+\sin(\alpha-\varphi)}$$

$$G_1=k_q\sin(\delta+\varphi)\cos(\delta+\alpha)+k_2\cos\varphi+\cos\psi[k_1\cos\delta-k_0\cos(\alpha+\delta)]$$

$$G_2=k_q\cos(\alpha-\beta)\sin(\varphi-\beta)+k_2\cos\varphi$$

$$\psi=\alpha+\delta+\varphi-\beta$$

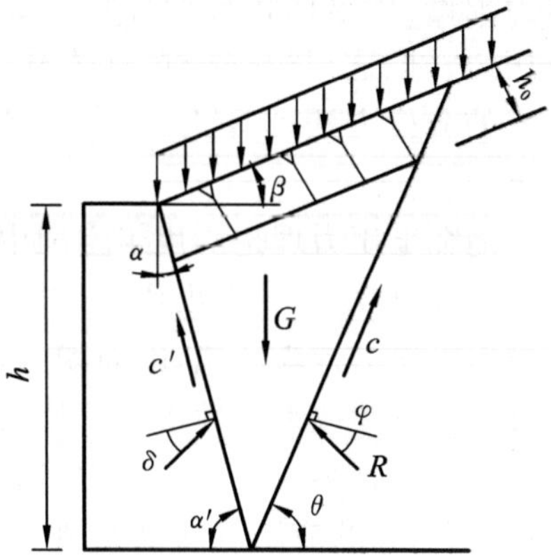

图 6.24 广义土压力理论示意图

式中 q——填土表面均布荷载,kPa;

h_0——地表裂缝深度,m;

c——填土的黏聚力,kPa;

c'——墙背与填土间的黏聚力,kPa。

6.5.3.2 《建筑地基基础设计规范》推荐公式

《建筑地基基础设计规范》推荐采用上述“广义库仑定理”解答,地表裂缝深度 h_0 及墙背与填土间的黏聚力 c' 均不计为 0。并注意到此时墙背倾角 $\alpha=90°-\alpha'$ (图 6.24),从而可得:

$$K_a=\frac{\cos(\alpha'+\beta)}{\cos^2\alpha'\sin^2(\alpha'+\beta-\varphi-\delta)}\{k_q[\sin(\alpha'+\beta)\sin(\alpha'-\delta)+\sin(\varphi-\beta)\sin(\varphi+\delta)]+2\eta\sin\alpha'\cos\varphi\cos(\alpha'+\beta-\varphi-\delta)-2\sqrt{[k_q\sin(\alpha'+\beta)\sin(\varphi-\beta)+\eta\sin\alpha'\cos\varphi][k_q\sin(\alpha'-\delta)\sin(\varphi+\delta)+\eta\sin\alpha'\cos\varphi]}\}\tag{6.39}$$

式中 $k_q=1+\frac{2q}{\gamma h}\cdot\frac{\sin\alpha'\cos\beta}{\sin(\alpha'+\beta)}$

$$\eta=\frac{2c}{\gamma h}$$

其他符号意义同前。

6.6 朗金土压力和库仑土压力理论的比较

由于挡土墙上的土压力与许多因素有关。一直以来尽管关于影响土压力因素的研究较多,但总体上,土压力尚不能准确地计算,在很大程度上是一种估算。主要原因是天然土体的离散性、不均匀性和多样性,朗金和库仑土压力理论对实际问题作了一些简化和假设。下面对其中一些问题作简单的讨论。

朗金和库仑两种土压力理论都是研究土压力问题的简单方法,均属于极限平衡状态土压力理论,用这两种理论计算出的土压力都是墙后土体处于极限平衡状态下的主动与被动土压力。但这两种理论在具体分析时,研究的出发点和途径不同,分别根据不同的假设,以不同的分析方法计算土压力,两者只有在简单情况下($\alpha=0,\beta=0,\delta=0$)才有相同的理论结果。

朗金土压力理论应用半空间中的应力状态和极限平衡状态理论,从图 6.24 中一点的极限平衡条件出发,首先求出作用在挡土墙竖直面上的土压力强度及分布,然后通过积分原理进而推导出土压力计算公式,因而朗金理论属于极限应力法。其概念明确,公式简单,便于记忆,计算公式对黏性或无黏性土均可使用,在工程中得到了广泛应用。但为了使挡土墙墙后土体的应力状态符合半无限体的应力状态,必须假设墙背是光滑、直立的,墙后填土水平并延伸至无穷远,因而它的应用范围也受到了很大限制。由于朗金理论不考虑墙背与填土存在摩擦力的事实,使计算得到的主动土压力偏大,而计算的被动土压力偏小。

库仑土压力理论是根据挡土墙后滑动土楔体的整体静力平衡条件推导出土压力计算公式,先求作用在墙背上的总土压力,根据需要再通过对计算深度 z 求导计算出土压力强度及分布形式,因而库仑理论属于滑动楔体法。库仑土压力理论推导时考虑了实际墙背与土之间的摩擦力,因而应用更广泛。但库仑理论假设墙后土体为无黏性土,因而对于黏性土体挡土墙,不能直接采用原库仑土压力公式进行计算,虽然后来又发展出了一些新的方法,但一般都比较复杂。

库仑土压力理论假定墙后土体的破坏是通过墙踵的某一平面滑动的,这一假定虽然大大简化了计算,但实际破坏面是一曲面,因而与实际情况有较大差别。工程实践表明,只有当墙背倾角较小($\alpha<15°$),墙背与墙后土体间的摩擦角较小($\delta<15°$),考虑主动土压力时,滑动面才接近于平面,一般情况下这种偏差在计算主动土压力时误差约为 2%～10%,其精度满足工程需要;但在计算被动土压力或黏性土体时,滑动面呈明显的曲面,接近于对数螺旋线,故计算结果误差较大,有时可达到 2～3 倍,甚至更大。当土体内摩擦角 $\varphi=5°\sim45°$、墙土摩擦角 $\delta\leqslant\varphi/3$ 时,用朗金理论计算的结果与用库仑理论计算的结果比较接近,但是当墙土摩擦角 $\delta=\frac{2}{3}\varphi$ 时,用朗金理论计算的结果比用库仑理论计算的结果大 5%～21%。

总的说来,朗金理论在理论上较为严密,但只能得到理想简单边界条件下的解答,在应用上受到限制,而库仑理论虽然在推导时作了明显的近似处理,但由于能适用于各种较为复杂的边界条件或荷载条件,且在一定程度上能满足工程上所要求的精度,因而应用更广。

6.7 重力式挡土墙

重力式挡土墙,是目前工程中用得较多的一种挡土结构,它是依靠自身重力支撑陡坡以保持土体稳定性的构(建)筑物。墙面暴露于外,根据墙背倾斜方向的不同,墙身断面形式可分为俯斜、垂直、仰斜和衡重式等几种,如图 6.25 所示。凸形折线墙背是将仰斜式挡土墙的上部墙背改为俯斜,以减小上部断面尺寸,故其断面较为经济,多用于路堑墙,也可用于路肩墙。衡重式墙背可视为在凸形折线式的上下墙之间设一衡重台,并采用陡直的墙面。上墙俯斜墙背的坡度通常为 1∶0.25～1∶0.45,下墙仰斜墙背的坡度一般在 1∶0.25 左右,上下墙的墙高比一般为 2∶3,适用于山区地形陡峻处的路肩墙和路堤墙,也可用于路堑墙,毛石挡土墙的墙顶宽度不宜小于 400 mm，混凝土挡土墙的墙顶宽度不宜小于 200 mm。墙高一般小于 8 m，当墙高在 8～12 m 时，宜采用衡重式挡土墙。

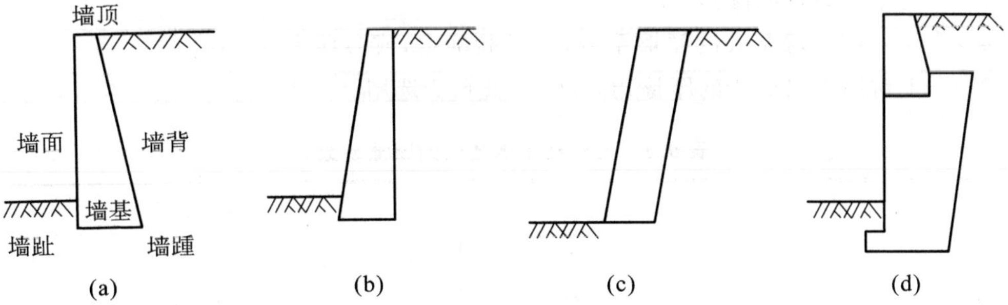

图 6.25 重力式挡土墙的形式

(a) 俯斜；(b) 垂直；(c) 仰斜；(d) 衡重式

重力式挡土墙的设计原则与步骤：

(1) 综合现场工程条件选择合适的挡土墙形式。

(2) 根据工程需要和实际情况，按经验和工程类比法确定挡土墙尺寸。

(3) 验算（满足要求时则可，不满足时重新选定尺寸或采取其他措施）。主要包括：地基变形验算；稳定性验算（抗倾覆稳定性验算和抗滑移稳定性验算）；地基承载力验算；墙身强度验算。

其中，地基承载力验算的方法及要求见浅基础内容；墙身强度验算应根据墙身材料分别按砌体结构、素混凝土结构或钢筋混凝土结构的有关计算方法进行。

6.7.1 挡土墙的计算

根据《建筑地基基础设计规范》(GB 50007—2011)计算挡土墙、地基或滑坡稳定以及基础抗浮稳定时，作用效应按承载能力极限状态下作用的基本组合，但其分项系数均为 1.0；计算基础或支挡结构内力、确定配筋和验算材料强度时，上部结构传来的作用效应和相应的基底反力、挡土墙土压力以及滑坡推力，应按承载能力极限状态下作用的基本组合，采用相应的分项系数。

6.7.1.1 挡土墙抗倾覆稳定性验算

挡土墙的破坏大部分属于倾覆破坏。挡土墙的抗倾覆稳定性是指挡土墙抵抗绕墙趾 O 向外转动倾覆的能力，用抗倾覆稳定系数 K_t 表示（图 6.26），即：

$$K_t=\frac{\text{抗倾覆力矩}}{\text{倾覆力矩}}=\frac{G\cdot x_0+E_{az}\cdot x_f}{E_{ax}\cdot z_f}\geqslant 1.6 \quad (6.40)$$

式中 E_{ax}——E_a 的水平分力，kN/m，$E_{ax}=E_a\cdot\sin(\alpha-\delta)$；

E_{az}——E_a 的竖向分力，kN/m，$E_{az}=E_a\cdot\cos(\alpha-\delta)$；

x_f——土压力作用点离 O 点的水平距离，m，$x_f=b-z\cos\alpha$；

z_f——土压力作用点离 O 点的高度，m，$z_f=z-b\tan\alpha_0$；

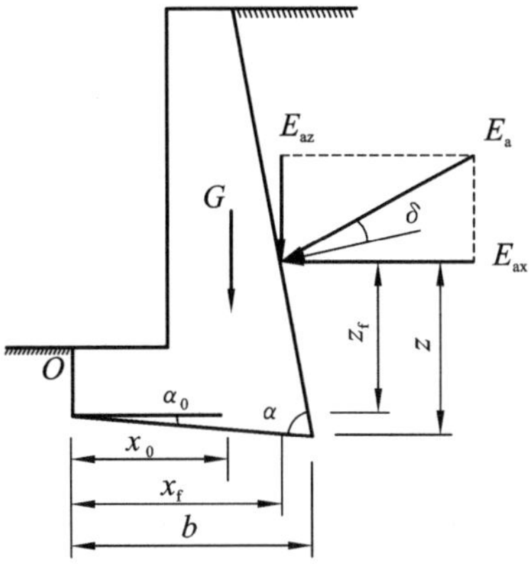

图 6.26 抗倾覆稳定性验算

G——挡土墙每延米自重,kN;

α_0——挡土墙基底的倾角,°;

α——挡土墙墙背的倾角,°;

μ——土对挡土墙基底的摩擦系数,由试验确定,或参照表 6.3;

δ——土对挡土墙墙背的摩擦角,°,可按表 6.2 选用。

表 6.3　土对挡土墙基底的摩擦系数 μ

土的类别		摩擦系数 μ
砂土、黏性土	可塑	0.25～0.30
	硬塑	0.30～0.35
	坚硬	0.35～0.45
粉土		0.30～0.40
中砂、粗砂、砾砂		0.40～0.50
碎石土		0.40～0.60
软质岩		0.40～0.60
表面粗糙的硬质岩		0.65～0.75

注:① 对易风化的软质岩和塑性指数 I_p 大于 22 的黏性土,基底摩擦系数应通过试验确定;

② 对碎石土,可根据其密实程度、填充物状况、风化程度等确定。

在软弱地基上倾覆时,墙趾可能陷入土中,导致力矩中心点前移,抗倾覆稳定性系数降低,有时甚至会沿着圆弧滑动而发生整体破坏,故验算时应注意土的压缩性。

若验算结果不能满足上述要求时,可采取下列措施:

① 增大断面尺寸,增加挡土墙自重,使抗倾覆力矩增大,但同时工程量随之加大;

② 将墙背仰斜,以减小土压力;

③ 选择衡重式挡土墙或带卸荷台的挡土墙,如图 6.27 所示,均可起到减小总土压力,增大抗倾覆能力的作用;

④ 伸长墙趾,加大自重力臂。但墙趾过长,若厚度不够,则需配置钢筋。

(a)　　(b)

图 6.27　衡重式或带卸荷台的挡土墙

6.7.1.2　挡土墙抗滑动稳定性验算

在土压力作用下,挡土墙可能沿着基础底面发生滑动。将 G 和 E_a 分解为垂直和平行于基底的分力，抗滑力与滑动力之比称为抗滑安全系数，用 K_s 表示。应符合下式要求：

$$K_s=\frac{抗滑力}{滑动力}=\frac{\mu(G_n+E_{an})}{E_{at}-G_t}\geqslant 1.3 \tag{6.41}$$

式中 G_n——挡土墙自重在垂直于基底平面方向的分力，$G_n=G\cos\alpha_0$；

G_t——挡土墙自重在平行于基底平面方向的分力，$G_t=G\sin\alpha_0$；

E_{an}——E_a 在垂直于基底平面方向的分力，$E_{an}=E_a\sin(\alpha+\alpha_0+\delta)$；

E_{at}——E_a 在平行于基底平面方向的分力，$E_{at}=E_a\cos(\alpha+\alpha_0+\delta)$；

μ——土对挡土墙基底的摩擦系数，宜按试验确定，也可按表 6.3 选用。

若验算结果不能满足上述要求时，可采取下列措施：

① 增大挡土墙断面尺寸，增加墙身自重以增大抗滑力；

② 在挡土墙基底铺砂石垫层，提高摩擦系数 μ，增大抗滑力；

③ 将挡土墙基底做成逆坡，利用滑动面上部分反力抗滑；

④ 在墙踵后加钢筋混凝土拖板，利用拖板上的填土自重增大抗滑力。

尚须注意：土质较弱时，可能产生接近于圆弧状的滑动面而丧失稳定性。此时可采用条分法进行分析验算。

6.7.2 重力式挡土墙的体型选择和构造措施

合理地选择墙型，对安全和经济地设计挡土墙具有重要意义。

(1) 墙背的倾斜形式

重力式挡土墙按墙背倾斜方向可分为仰斜、直立和俯斜三种形式。对于墙背不同倾斜方向的挡土墙，如用相同的计算方法和计算指标进行计算，其主动土压力以仰斜为最小，直立居中，俯斜最大。因此，就墙背所受的主动土压力而言，仰斜墙背较为合理。如在开挖临时边坡以后筑墙，采用仰斜墙背可与边坡紧密贴合，而俯斜墙则须在墙背回填土，因此，仰斜墙比较合理。反之，如果在填方地段筑墙，仰斜墙背填土的夯实比俯斜墙或直立墙困难，此时，俯斜墙和直立墙比较合理。

从墙前地形的陡缓看，当较为平坦时，用仰斜墙背较为合理。如墙前地形较陡，则宜用直立墙，因为俯斜墙的土压力较大，而用仰斜墙时，为了保证墙趾与墙前土坡面之间保持一定距离，就要加高墙身，使砌筑工程量增加。因此，墙背的倾斜形式应根据使用要求、地形和施工等情况综合考虑确定。

(2) 墙面坡度的选择

当墙前地面较陡时，墙面坡度可取 1∶0.05～1∶0.2，亦可采用直立的截面。在墙前地形较为平坦时，对于中、高挡土墙，墙面坡度可较缓，但不宜缓于 1∶0.4，以免增高墙身或增加开挖宽度。仰斜墙背坡度愈缓，主动土压力愈小，但为了避免施工困难，仰斜墙背坡度一般不宜缓于 1∶0.25，墙面坡应尽量与墙背坡平行。

① 基底逆坡坡度

在墙体稳定性验算中，滑动稳定常比倾覆稳定不易满足要求，为了增加墙身的抗滑稳定性，将基底做成逆坡是一种有效方法。但是基底逆坡过大，可能使墙身连同基底下的一块三角形土体一起滑动。因此，一般土质地基的基底逆坡不宜大于 0.1∶1，对岩石地基一般不宜大于 0.2∶1。

② 墙趾台阶和墙顶宽度

当墙高较大时，基底压力常常是控制截面的重要因素。为了使基底压力不超过地基承载力设计值，可加墙趾台阶，以便扩大基底宽度，这对墙的倾覆稳定也是有利的。墙趾台阶的高宽比可取 $h:a=2:1$，a 不得小于 200 mm，此外，基底法向反力的偏心距应满足 $e \leqslant b_1/4$ 的条件（b_1 为无台阶时的基底宽度）。挡土墙的顶宽如无特殊要求，对于一般块石挡土墙不应小于 0.5 m，对于混凝土挡土墙最小可为 0.2～0.4 m。

(3) 排水措施

挡土墙所在地段往往由于排水不良，大量雨水经墙后填土下渗，结果使墙后土的抗剪强度降低，重度增高，土压力增大，有的还受水的渗流或静水压力影响，在一定条件下，或因土压力过大，或因地基软化，结果造成挡土墙的破坏。据某地区挡土墙调查，仅 1966 年由于排水不良或未做排水处理而发生挡土墙破坏的有十多处，为当地发生事故的 70%～80%。挡土墙应设置泄水孔，其间距宜取 2～3 m，外斜 5%，孔眼尺寸宜不小于 100 mm。墙后要做好反滤层和必要的排水盲沟，在墙顶地面宜铺设防水层。当墙后有山坡时，还应在坡下设置截水沟。图 6.28 给出了两个排水处理的工程实例。

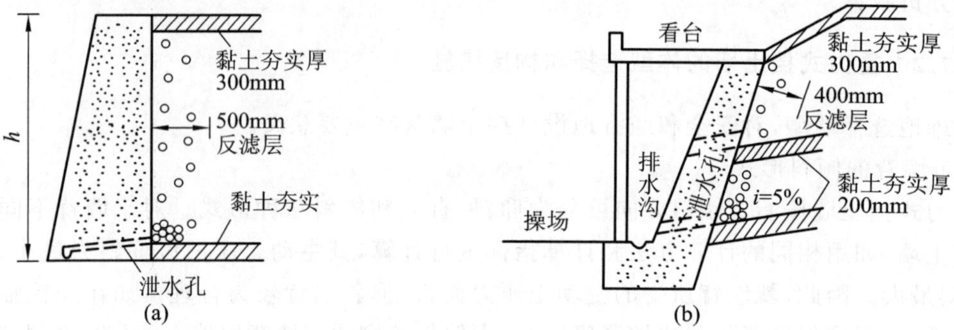

图 6.28 挡土墙排水措施举例

(4) 填土质量要求

挡土墙的墙后填土宜选用透水性较强的填料，例如砂土、砾石、碎石等，因为这类土的抗剪强度较稳定，易于排水。不应采用淤泥、耕植土、膨胀性黏土等作为填料，填土料中还不应杂有大的冻结土块、木块或其他杂物。当采用黏性土作填料时，宜掺入适量的块石。对于重要的、高度较大的挡土墙，用黏土作回填土料是不合适的，因为黏性土的性能不稳定，在干燥时体积收缩，而在雨季时膨胀，由于回填土的交错收缩与膨胀可在挡土墙上产生较大的侧压力。这种侧压力在设计中往往无法考虑，其数值还可能比计算压力大许多倍，它可使挡土墙外移，甚至使挡土墙失去作用。在工程中曾有因将黏性土作为填料而引起的事故。

填土压实质量是挡土墙施工中的一个关键问题。填土时应分层夯实。

6.8 板 桩 墙

板桩墙的作用是挡住基坑四周的土体，防止土体下滑和防止水从坑壁周围渗入或从坑底上涌，避免渗水过大或形成流砂而影响基坑开挖。根据基坑深度和水深，一般可采用无支撑、单支撑和多支撑板桩墙。板桩墙主要承受土压力和水压力，由于它大多是临时结构物，因此常采用比较粗略的近似计算，即不考虑板桩墙的实际变形，仍沿用古典土压力理论计算作用于板桩墙上的土压力。一般用朗金理论来计算不同深度 z 处每延米宽度内的主、被动土压力强度，因此，板桩墙本身也是挡土墙，但又非一般刚性挡墙，它在承受水平压力时是弹性变形较大的柔性结构，它的受力条件与板桩墙的支撑方式、支撑的构造、板桩和支撑的施工方法以及板桩入土深度密切相关，需要进行专门的设计计算。

本节结合板桩墙的不同形式主要讨论静力平衡法、等值梁法和弹性支点法。

6.8.1 静力平衡法

该法先根据假定给出支挡结构所受的主动、被动土压力的大小、方向、作用点的位置，然后根据静力平衡条件进行解答。采用如图 6.29 的计算简图，由作用在板桩墙上的主动土压力和被动土压力对桩底端 C 点的力矩平衡条件以一个集中力 E_p' 代替板桩底出现的被动土压力，由 $\sum M_C = 0$ 得板桩墙的有效嵌固深度 t：

$$\sum E(h + u + t - h_a) - E_p \frac{t}{3} = 0 \tag{6.42}$$

因为 $E_p = \gamma(K_p - K_a)t\frac{t}{2} = \frac{\gamma}{2}(K_p - K_a)t^2$，代入式(6.42)得：

$$t^3 - \frac{6\sum E}{\gamma(K_p - K_a)}t - \frac{6\sum E(h + u - h_a)}{\gamma(K_p - K_a)} = 0 \tag{6.43}$$

式中 t——板桩墙的有效嵌固深度，m；

$\sum E$——作用在板桩墙后侧 AO 段上净土压力，kN/m；

K_a，K_p——主动、被动土压力系数；

h——基坑开挖深度，m；

h_a——$\sum E$ 作用点距地面的距离，m；

u——土压力零点距基坑底面的距离，m。

均质土条件下，净土压力为零的点深度可根据墙前与墙后土压力强度相等的条件算出(不考虑地下水及顶面均布荷载的影响，$c=0$，$q_0=0$)：

$\gamma u K_p = \gamma(u + h)K_a$，则 $u = \frac{K_a h}{K_p - K_a}$，代入式(6.43)求解方程后可求得未知量 t，为了保证板桩墙的稳定，基坑底面以下最小入土深度按下式计算：

$$t_c = u + K_t' t \tag{6.44}$$

式中 K_t'——插入深度增大系数，通常取 1.1～1.4。

最大弯矩在桩体剪力为零处，如图 6.29 所示，设 O 点以下 x_m 处的剪力有 $\sum Q = 0$，即：

$$\sum E - \frac{\gamma}{2}(K_p - K_a)x_m^2 = 0$$

得：

$$x_m = \sqrt{\frac{2\sum E}{\gamma(K_p - K_a)}} \tag{6.45}$$

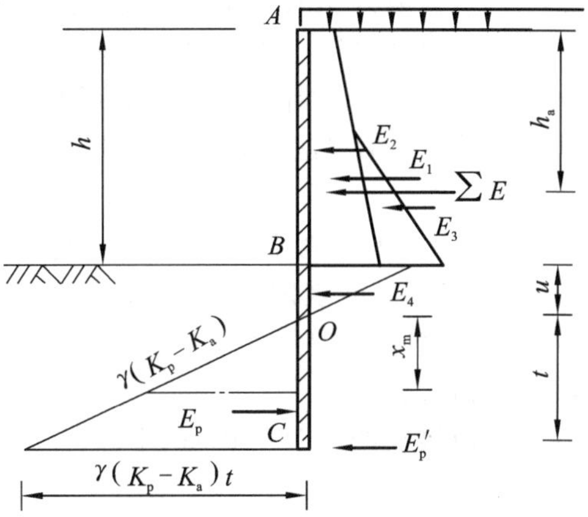

图 6.29 板桩墙的计算

将 x_m 代入弯矩计算公式得板桩墙的最大弯矩值：

$$M_{max}=\sum E(h+u+x_m-h_a)-\frac{\gamma}{6}(K_p-K_a)x_m^3 \tag{6.46}$$

如果在板桩墙体后侧有水压力及地面超载等，可将它们的影响叠加在净土压力 E 上，然后按上述方法计算。

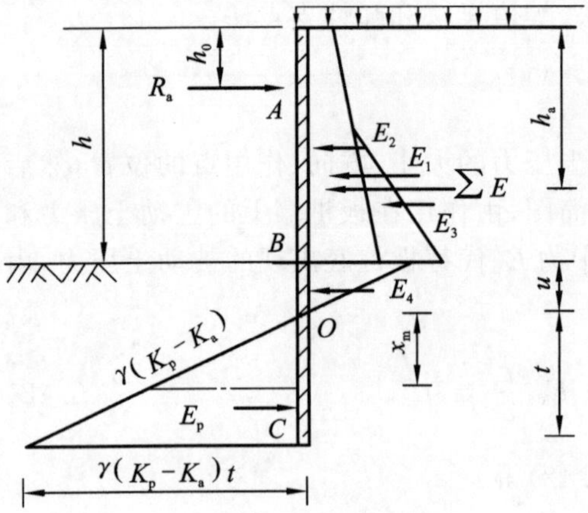

图 6.30　单支撑点板桩墙的计算

对于单支撑点板桩墙(图 6.30)，如果下端入土较浅，其下端可产生转动，板桩墙在土压力作用下将产生弯曲变形。此时板桩墙前后的被动和主动土压力对支锚点的力矩相等，板桩墙处于极限平衡状态，板桩墙可看作支锚点绞支而下端自由的结构。先假定板桩墙的有效嵌固深度 t，根据锚定点 A 的力矩平衡方程 $\sum M_A=0$ 可得：

$$E(h_a-h_0)-E_p\left(h-h_0+u+\frac{2}{3}t\right)=0 \tag{6.47}$$

由式(6.47)经过试算可得板桩墙有效嵌固深度 t。板桩墙在基坑底以下的最小入土深度仍按式(6.44)确定。

根据水平方向的力平衡方程求出支点 A 处水平力 R_a：

$$R_a=\sum E-E_p \tag{6.48}$$

根据剪力为零的条件，可以求得最大弯矩的位置：

$$x_m=\sqrt{\frac{2(\sum E-R_a)}{\gamma(K_p-K_a)}} \tag{6.49}$$

由此可求出板桩截面最大弯矩：

$$M_{max}=\sum E(h+u+x_m-h_a)-R(h+u+x_m-h_0)-\frac{1}{2}\gamma x_m^2K_a\frac{1}{3}x_m \tag{6.50}$$

6.8.2　等值梁法

当板桩墙入土较深时，其底端向后倾斜，板桩墙的前后均出现被动土压力，板桩墙在土中处于弹性嵌固状态，相当于上端简支而下端嵌固的超静定梁。工程上常采用等值梁法计算。如图 6.31 所示，图(a)中表示一根一端(c 点)固定而另一端(a 点)自由的简支梁；图(b)中弯矩的反弯点在点 b，该点弯矩为零，如果在点 b 将梁切开，并规定 b 点为左端梁的简支点，这样在 ab 段内的弯矩保持不变，由此把梁 ab 称为 ac 梁 ab 段的等值梁。

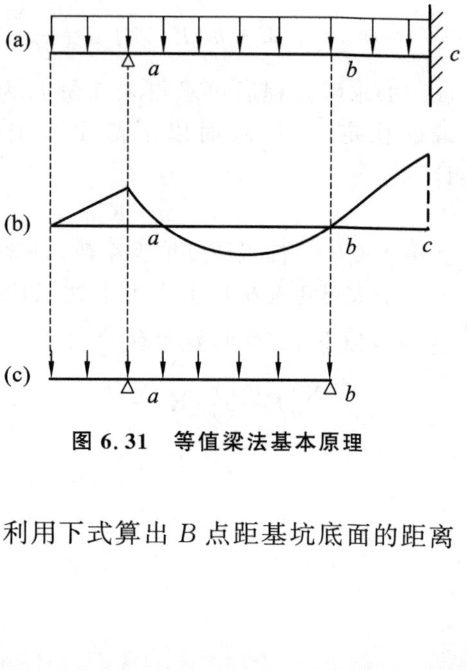

图 6.31　等值梁法基本原理

等值梁法的计算简图如图 6.32 所示，其计算步骤如下：

(1) 计算净土压力分布

根据净土压力分布确定净土压力为零的 B 点位置，利用下式算出 B 点距基坑底面的距离

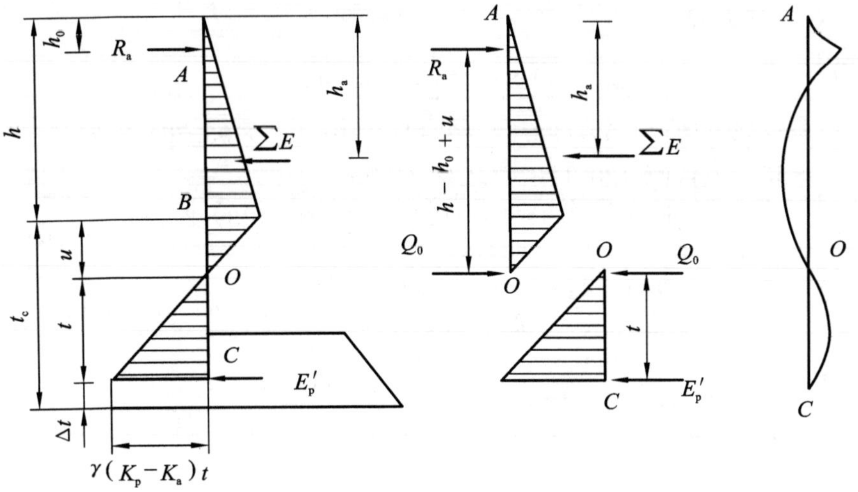

图 6.32 等值梁法简化计算

$u(c=0,q_0=0)$：

$$u=\frac{K_a h}{K_p-K_a}$$

(2) 根据平衡方程，计算支撑反力 R_a 及剪力 Q_0：

$$R_a=\frac{E(h+u-h_a)}{h+u-h_0} \tag{6.51}$$

以 A 点为力矩中心：

$$Q_0=\frac{\sum E(h_a-h_0)}{h+u-h_0} \tag{6.52}$$

(3) 取 OC 段为隔离体，取 $\sum M_c=0$ 计算板桩的入土深度 t：

$$t=\sqrt{\frac{6Q_0}{\gamma(K_p-K_a)}} \tag{6.53}$$

取板桩墙在基坑以下的最小入土深度 t_c 仍按式(6.44)确定。

(4) 各力已经求出，最大弯矩即可解出。

【例 6.6】 某单支撑板桩围护结构如图 6.33 所示，试用等值梁法计算板桩长度及板桩内力。

【解】 ① 土压力计算

$K_a=\tan^2(45°-\varphi/2)=0.49 \quad K_p=\tan^2(45°+\varphi/2)=2.04$

$e_{a1}=qK_a-2c\sqrt{K_a}=28\times0.49-2\times6\times\sqrt{0.49}=5.32\ \text{kPa}$

$e_{a2}=(q+\gamma h)K_a-2c\sqrt{K_a}=(28+18\times10)\times0.49-2\times6\times\sqrt{0.49}=93.52\ \text{kPa}$

② u 的计算

$$\gamma uK_p+2c\sqrt{K_p}=(\gamma h+q)K_a+\gamma uK_a-2c\sqrt{K_a}$$

$$u=\frac{(\gamma h+q)K_a-2c(\sqrt{K_a}+\sqrt{K_p})}{\gamma(\sqrt{K_p}-\sqrt{K_a})}=\frac{e_{a2}-2c\sqrt{K_p}}{\gamma(\sqrt{K_p}-\sqrt{K_a})}$$

$$=\frac{93.52-2\times6\times\sqrt{2.04}}{18\times(2.04-0.49)}=2.74\ \text{m}$$

③ 计算 R_a 及剪力 Q_0

$$E=e_{a1}\times H+\frac{1}{2}(e_{a2}-e_{a1})\times H+\frac{1}{2}\times e_{a2}\times u$$
$$=5.32\times10+0.5\times(93.52-5.32)\times10+0.5\times93.52\times2.74$$
$$=53.2+441+128.12=622.32\ \text{kN/m}$$

$$h_a=\frac{53.2\times5+441\times2/3\times10+128.12\times(10+1/3\times2.74)}{622.32}=7.40\ \text{m}$$

$$R_a=\frac{E(h+u-h_a)}{h+u-h_0}=\frac{622.32\times(10+2.74-7.4)}{10+2.74-1.0}=283.07\ \text{kN/m}$$

$$Q_0=\frac{E(h_a-h_0)}{h+u-h_0}=\frac{622.32\times(7.4-1.0)}{10+2.74-1.0}=339.25\ \text{kN/m}$$

④ 入土深度 t 的计算

$$t=\sqrt{\frac{6Q_0}{\gamma(K_p-K_a)}}=\sqrt{\frac{6\times339.25}{18\times(2.04-0.49)}}=8.54\ \text{m}$$

$$t=(1.1\sim1.2)t_0=(1.1\sim1.2)\times11.28=12.41\sim13.54\ \text{m}$$

取 $t=13.0$ m，板桩长 $=10+13=23$ m

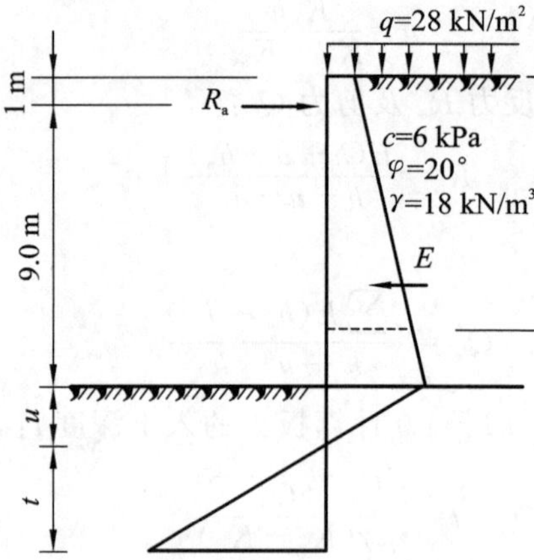

图 6.33　例题 6.6 图

⑤ 内力计算

求 $Q=0$ 的位置 h_q

$$R_a-5.32h_q-\frac{1}{2}h_q\frac{h_q}{10}(93.52-5.32)=0$$

$$283.07-5.32h_q-4.41h_q^2=0$$

$$h_q=7.43\ \text{m}$$

$$M_{max}=R_a(h_q-h_0)-e_{a1}\cdot\frac{h_q^2}{2}-\frac{1}{2}\cdot\frac{h_q}{10}(e_{a2}-e_{a1})\cdot h_q\cdot\frac{h_q}{3}$$
$$=283.07\times(7.43-1.0)-\frac{1}{2}\times5.32\times7.43^2-\frac{7.43^3\times(93.52-5.32)}{60}$$
$$=2569.94\ \text{kN}\cdot\text{m}$$

6.8.3 弹性支点法

弹性支点法，工程界又称为弹性抗力法、地基反力法。将桩墙看成竖直置于土中的弹性地基梁，基坑以下土体以连续分布的弹簧来模拟，基坑底面以下的土体反力与墙体的变形有关。计算方法如下：

(1) 墙后土压力分布常见的有三角形分布的土压力模式[图 6.34(a)]、矩形分布的土压力模式[我国较多采用，如图 6.34(b)所示]。

(2) 地基抗力分布：基坑开挖面以下的土抗力分布 σ_x 根据文克尔地基模型计算：

$$\sigma_x = k_s y \tag{6.54}$$

式中 k_s——地基土的水平基床系数，kN/m^3；

y——土体的水平变形，m。

(3) 支点按刚度系数 k_z 的弹簧进行模拟，建立桩墙的基本挠曲微分方程，解方程可得到支护结构的内力和变形。

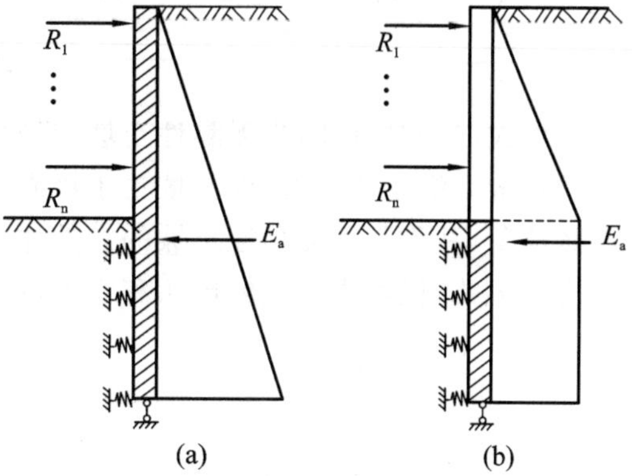

图 6.34 弹性支点法计算简图

(a) 三角形土压力模式；(b) 矩形土压力模式

以“m”法为例（详见基础工程），基坑开挖面以下围护结构的基本挠曲方程：

$$EI\frac{d^4y}{dz^4} + m \cdot z \cdot b \cdot y - e_a \cdot b_s = 0 \tag{6.55}$$

式中 EI——板桩墙的抗弯刚度，kN/m^2；

z——竖向坐标，m；

b——板桩墙结构计算宽度，m；

b_s——主动侧荷载作用宽度，m；

e_a——主动土压力强度，kPa。

通过式(6.55)解可得到支护结构的内力和变形，通常可用杆系有限元法求解。首先将支护结构进行离散，支护结构采用梁单元，支撑或锚杆用弹性支撑单元，外荷载为支护结构后侧的主动土压力和水压力，其中水压力既可单独计算（即采用水土分算模式），也可与土压力合并计算（即水土合算模式）。

6.9 无黏性土坡的稳定性

土坡是指临空面为倾斜坡面的土体。由粗颗粒土($c=0$)所堆筑的土坡称为无黏性土坡。在分析无黏性土的土坡稳定时，根据实际观测结果，通常均假设滑动面为平面。因此常用平面滑动面的假定对其进行稳定性分析，主要分两种情况进行讨论。

6.9.1 无渗流作用时的无黏性土坡

如图 6.35 所示，一简单土坡，土坡高为 h，坡角为 β，土的重度为 γ，无黏性土黏聚力 $c=0$，土的抗剪强度 $\tau_f=\sigma\tan\varphi$。若假定滑动面是通过坡角 A 的平面 AC，AC 的倾角为 α，并沿土坡长度方向截取单位长度进行分析，则其滑动土楔体 ABC 的重力为：

$$W=\gamma\times V_{ABC}$$

土坡滑动稳定安全系数为：

$$F_s=\frac{\text{抗滑力}}{\text{滑动力}}=\frac{T'}{T}=\frac{W\cos\alpha\tan\varphi}{W\sin\alpha}=\frac{\tan\varphi}{\tan\alpha} \tag{6.56}$$

当 $\alpha=\beta$ 时，滑动稳定安全系数最小，即：

$$F_{smin}=\frac{\tan\varphi}{\tan\beta} \tag{6.57}$$

由式(6.57)可知，当无黏性土坡的坡角与土的内摩擦角相等时，作用于土坡坡面上任意质点的抗滑力等于滑动力，即土坡处于极限平衡状态。即无黏性土坡稳定的极限坡角等于土的内摩擦角，并称其为无黏性土坡的自然休止角。无黏性土坡的稳定性与土坡的高度及其他土性指标无关，仅取决于土坡坡角和土的内摩擦角大小。为了保证土坡有足够的安全储备，一般要求 $F_s>1.3\sim1.5$。

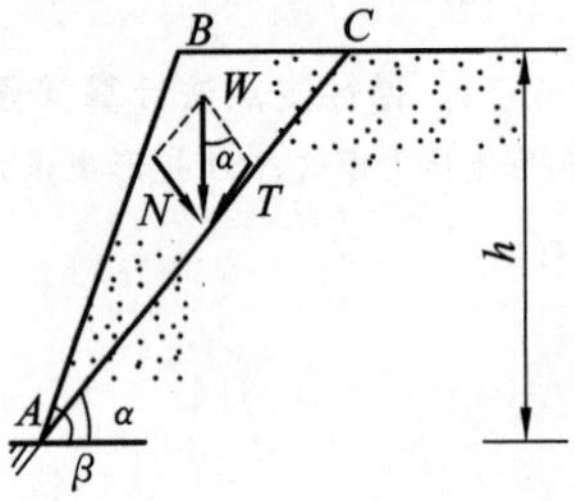

图 6.35　无渗流无黏性土坡产生平面滑动

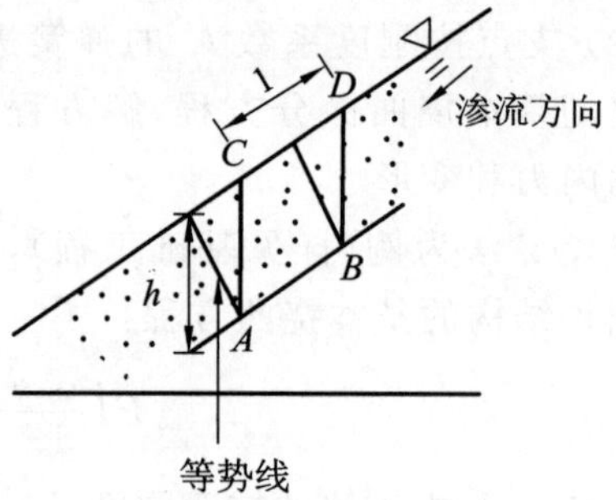

图 6.36　有渗流无黏性土坡产生平面滑动

6.9.2　有渗流作用的无黏性土坡

当降暴雨时，土坡斜面上有平行于坡面的渗流水(水位与土坡坡面基本一致)，渗流力的介入不仅增大了该土块的滑动力，同时减少了其抗滑力。此时土坡坡面一层土体受力情况如图 6.36 所示。

坡面上 A 点的水位为：

$$H_p=h\cos^2\alpha$$

作用于 AB 面上的孔隙水压力为：

$$u=\gamma_w H_p=\gamma_w h\cos^2\alpha$$

土体单元 $ABCD$ 的重度为 γ_{sat}，其重力为：

$$W=\gamma_{sat}h\cos\alpha$$

作用于 AB 面上的垂直压应力和下滑剪切力分别为：

$$\sigma=W\cos\alpha=\gamma_{sat}h\cos^2\alpha$$

$$\tau=W\sin\alpha=\gamma_{sat}h\cos\alpha\sin\alpha$$

在 AB 斜面上的有效应力为：

$$\sigma'=\sigma-u=\gamma_{sat}h\cos^2\alpha-\gamma_w h\cos^2\alpha=\gamma' h\cos^2\alpha$$

土坡稳定安全系数为：

$$F_s=\frac{抗滑力}{滑动力}=\frac{\tau_f \cdot 1}{\tau \cdot 1}=\frac{\sigma' \tan\varphi}{\tau}=\frac{\gamma' h \cos^2\alpha \tan\varphi}{\gamma_{sat} h \cos\alpha \sin\alpha}=\frac{\gamma' \tan\varphi}{\gamma_{sat} \tan\alpha} \tag{6.58}$$

上式中$\frac{\gamma'}{\gamma_{sat}}$比值一般在 0.4～0.5 范围内，$F_s$ 变小，可知土坡更易于滑动，这就是为什么遇暴雨时粗颗粒土坡比干燥情况下更易滑动的原因。

6.10 黏性土坡的稳定性

根据一些实测的资料，黏性土坡的滑动面常常为曲面。破坏前，一般在坡顶首先出现张力裂缝，然后沿某一曲面产生整体滑动。此外，滑动体沿纵向也有一定范围，并且也是曲面，为了简化，分析时往往按条形平面应变问题处理，拟滑动的面的断面可为圆弧形。对于简单的均质土坡，当 $\varphi=0$ 时，其稳定性可采用整体圆弧滑动法；对 $\varphi\neq0$ 的均质土坡或非均质土坡，进行稳定分析的实用方法之一就是条分法。

6.10.1 整体圆弧滑动法

1915 年，瑞典彼得森(K. E. Peterson)首先用圆弧滑动法分析边坡的稳定性，后由费伦纽斯(Fellenius)在 20 世纪 30 年代发展了用圆弧滑动面来计算土坡的稳定性。这一方法被土力学界人士所接受，亦被称为土坡稳定性分析的瑞典圆弧法。

如图 6.37 所示，表示一个均质黏性土坡，滑动面为 AC 弧，其弧长为 l，圆弧的半径为 R。把滑动土体当成一个刚体，滑动土块 ABC 的重量为 W，土体黏聚力为 c，内摩擦角 $\varphi=0$。滑块 ABC 滑动时相当于绕圆心 O 转动，转动力矩为 $M_s=Wd$；另一项是抗滑力矩 $M_R=clR$。反力 R_f 的大小和方向应该与土的内摩擦角 φ 有关，但对于 $\varphi=0$ 时，滑动面是一个光滑面，反力的方向必垂直于滑动面，即通过圆心 O，不产生力矩。

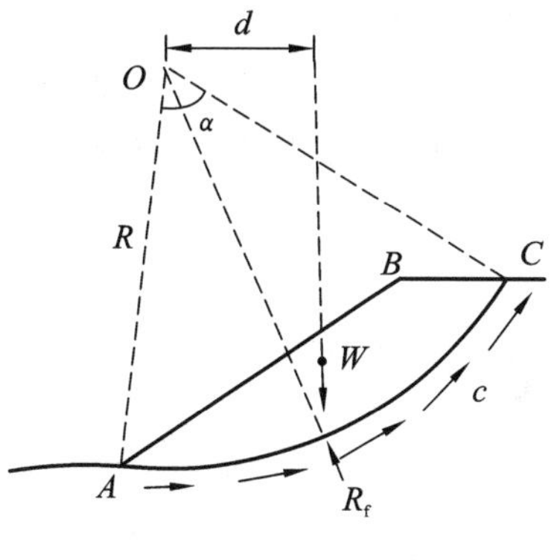

图 6.37 圆弧滑动法计算示意图

稳定安全系数为：

$$F_s=\frac{M_R}{M_s}=\frac{clR}{Wd}>1.3\sim1.5 \tag{6.59}$$

上式即是整体圆弧滑动法计算边坡稳定的公式，它只适用于 $\varphi=0$ 的情况。当 $\varphi>0$ 时，作用在圆弧 AC 上的抗滑摩阻力应由该圆弧面上的 τ_f 沿弧线积分求出，而 $\tau_f=c+\sigma\tan\varphi$，这里涉及滑移面上每一点的正应力 σ 和 φ 值，正应力 σ 的大小、方向随点的变化而变化，难以计算。故当$\varphi>0$时将用其他方法来求解其稳定性。

6.10.2 瑞典条分法

整体圆弧滑动法只适用于 $\varphi=0$ 的均质土坡。对于非均质土坡或比较复杂的土坡(如土坡形状比较复杂，或土坡上有荷载作用，或土坡中有水渗流时，或考虑动荷载作用)均不适用，费伦纽斯提出的条分法是解决这一问题的基本方法，至今仍得到广泛应用。条分法就是将滑动土体竖直分成若干土条，把土条当成刚体，分别求作用于各土条上的力对圆心的滑动力矩和抗滑力矩，然后按式(6.60)求土坡的稳定安全系数，如图 6.38 所示。

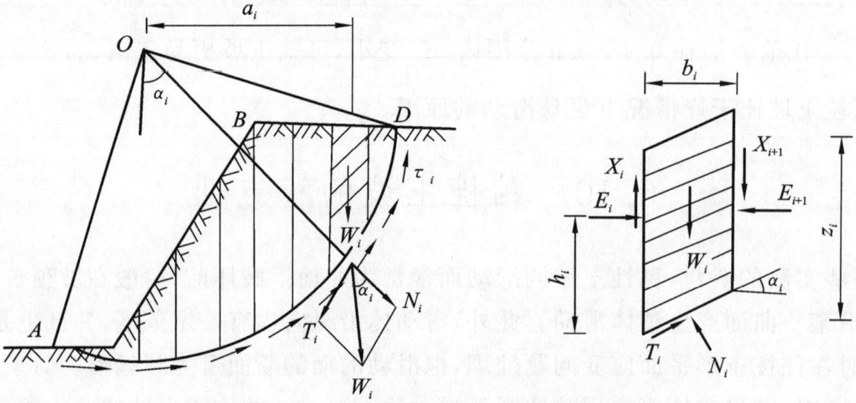

图 6.38　用条分法计算土坡稳定示意图

(1) 土坡的稳定安全系数

首先将土坡剖面按比例画出，可能的滑动面是一圆弧 AD，圆心为 O，半径为 R。

现将该滑块 ABD 分成若干个竖向土条。取第 i 个土条分析，该土条底面中点的法线与竖直线的夹角为 α_i，宽度为 b_i，高度为 z_i，作用在土条上的力有：

① 重力 $W_i=\gamma b_i z_i$ (kN/m)，作用于土条的中垂线上，可分解为滑动力 $T_i=W_i\sin\alpha_i$ 和法向力 $N_i=W_i\cos\alpha_i$。

② 法向反力 $N_i'=\sigma_i l_i$（式中 σ_i 为土条滑裂面上法向应力，l_i 为滑弧段长度），且有：$N_i'=N_i$。

③ 抗滑力 T_i'，为土条圆弧面上抗剪强度总和，即：

$$T_i'=\tau_i l_i=(c_i+\sigma_i\tan\varphi_i)l_i$$
$$=c_i l_i+N_i\tan\varphi_i=c_i l_i+W_i\cos\alpha_i\tan\varphi_i$$

④ 条间力（为土条之间侧面作用力）假设大小相等方向相反，即 $F_i=F_{i+1}$，则稳定安全系数为：

$$F_s=\frac{\text{抗滑力矩}}{\text{滑动力矩}}=\frac{\sum_{i=1}^{n}T_i'R}{\sum_{i=1}^{n}T_iR}=\frac{\sum_{i=1}^{n}(c_i l_i+W_i\cos\alpha_i\tan\varphi_i)}{\sum_{i=1}^{n}W_i\sin\alpha_i} \tag{6.60}$$

上述分析过程是对某一假定滑动面而求得的稳定安全系数，实际上它并不一定是真正的滑动面位置，而真正的滑动面是对应于最小稳定安全系数的滑动面，因此欲求解其真正滑动面位置，必须按上述方法反复试算求取。

(2) 试算法确定最危险的滑动面

选择多个不同位置的圆心，分别通过坡脚作圆弧，用上述方法分别求出相应的稳定安全系数。稳定安全系数最小的圆弧就是最危险的滑裂面。用这种试算法，如手算，其工作量很大，可利用计算机通过相应的计算程序确定。

对于简单土坡，高为 H，首先确定 B 点，然后依据 β_1、β_2（可查表 6.4）确定 A 点。作直线 AB，费伦纽斯指出，最危险滑动面的圆心在 AB 线上的 A 点附近。

表 6.4 黏性土临界圆圆心的 β_1、β_2 值

$\tan\alpha$	1 : 0.58	1 : 1	1 : 1.5	1 : 2	1 : 3	1 : 4	1 : 5
α	60°	45°	33°41′	26°34′	18°25′	14°02′	11°19′
β_1	29°	28°	26°	25°	25°	25°	25°
β_2	40°	37°	35°	35°	35°	36°	37°

当 $\varphi=0$ 时，最危险滑动面的圆心在 A 点上；当 $\varphi\geqslant 0$ 时，最危险滑动面的圆心在 A 点以上，为确定出该点，首先在 AB 线上 A 点以上取若干点 1、2、3、4，过坡脚分别作圆弧，用上述条分法分别计算各自的稳定安全系数 F_s，并画出稳定安全系数曲线，由分布曲线可得到最小稳定安全系数的圆心 O_1 点。危险圆心是在 AB 线附近，不一定在直线 AB 上。因此，再通过 O_1 作 AB 线的垂直线，并在此垂直线 CD 上再定几个圆弧中心，求出若干个 F_s，仿照在 AB 线上的做法得出 CD 线上最小的稳定安全系数对应圆心 O_2，此时的圆弧中心 O_2 才认为是通过坡脚滑移时的最危险滑动圆弧的中心。对应的稳定安全系数最小，记为 F_{smin}，要求 $F_{smin}>1.3\sim1.5$。

从上面分析可见，根据费伦纽斯提出的方法，虽然可以把最危险滑动面的圆心位置缩小到一定范围，但其试算工作量还是很大的。

6.10.3 毕肖普条分法

瑞典条分法未考虑每个土条两侧边的力，毕肖普（A. N. Bishop，1955）提出了考虑土条侧面作用力的土坡稳定分析法，假定各土条底部滑动面上的抗滑安全系数均相等，即等于整个滑动面的平均安全系数，取单位长度土坡按平面问题计算，对于图 6.38 中，假定 $X_{i+1}=X_i$，这实际上认为不存在条间力 X_i。考虑竖直方向作用力的平衡，则有：

$$W_i+(X_{i+1}-X_i)=N_i\cos\alpha_i+T_i\sin\alpha_i \tag{6.61}$$

稳定安全系数 $K_s=\dfrac{1}{T_i}(c_il_i+N_i\tan\varphi_i)$

则：

$$T_i=\frac{1}{K_s}(c_il_i+N_i\tan\varphi_i) \tag{6.62}$$

将式(6.62)代入式(6.61)得：

$$N_i=\frac{1}{m_{\alpha_i}}\left[W_i+(X_{i+1}-X_i)-\frac{1}{K_s}c_il_i\sin\alpha_i\right] \tag{6.63}$$

其中 $m_{\alpha_i}=\cos\alpha_i+\dfrac{1}{K_s}\tan\varphi_i\sin\alpha_i$。

然后取整个滑动土体对圆心 O 的力矩平衡，此时相邻土条之间侧壁作用力的力矩将互相抵消。正压力 N_i 作用在滑移面的法线方向，即通过圆心不产生力矩，只有重力 W_i 和滑移面上的切向力 T_i 对圆心产生力矩，故有：

$$\sum_{i=1}^{n}W_ia_i=\sum_{i=1}^{n}T_iR \tag{6.64}$$

考虑到 $a_i=R\sin\alpha_i$，将式(6.62)代入式(6.64)，有：

$$\sum_{i=1}^{n}W_iR\sin\alpha_i=\sum_{i=1}^{n}R\frac{1}{K_s}(c_il_i+N_i\tan\varphi_i) \tag{6.65}$$

简化得：

$$K_s = \frac{\sum_{i=1}^{n} \frac{1}{m_{\alpha_i}} (c_i b_i + W_i \tan\varphi_i)}{\sum_{i=1}^{n} W_i \sin\alpha_i} \tag{6.66}$$

上式就是简化毕肖普法计算土坡稳定性安全系数的公式。式中参数 m_{α_i} 包含有安全系数 K_s。因此不能直接求出安全系数，需要采用试算的办法，迭代求出 K_s 值。通常迭代 3～4 次即可满足工程精度要求，且迭代总是收敛的。为了便于迭代计算，可采用已经编制的 m_α-α 关系曲线进行计算。

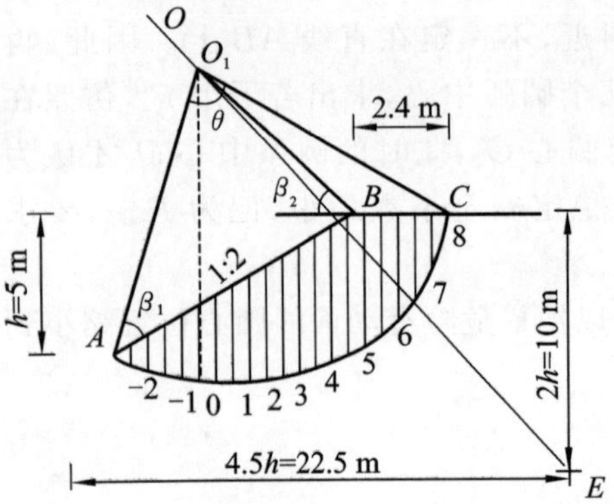

图 6.39 例题 6.7 图

【例 6.7】 一均质土坡，坡高 5 m，坡度 1∶2，土的重度 $\gamma=18\ \mathrm{kN/m^3}$，黏聚力 $c=10$ kPa，内摩擦角 $\varphi=15°$，试用简化毕肖普法计算土坡稳定安全系数。

【解】 (1)按比例绘出土坡剖面图，假定滑弧圆心及相应的滑弧位置。因为是均质土坡，坡度 1∶2，查表得 $\beta_1=25°$，$\beta_2=35°$，作 EO 延长线，在该延长线上取任一点 O_1 作为第一次试算的圆弧中心，通过坡脚作相应的圆弧 AC，其半径为 $R=10.4$ m。

(2) 将滑动土体 ABC 分成若干土条，并对土条编号。为了计算方便，土条宽度可取滑弧半径的 1/10，即 $b=0.1R=1.04$ m，土条编号如图 6.39 所示。

计算数据见表 6.5。

表 6.5 简化毕肖普法计算

土条编号	h_i	$\sin\alpha_i$	$\cos\alpha_i$	$h_i\sin\alpha_i\cos\alpha_i$	$h_i(\sin\alpha_i)^2$	l_i	$l_i\cos\alpha_i$
−2	1.1	−0.2	0.980	−0.2156	−0.0440	1.39	1.3622
−1	1.7	−0.1	0.995	−0.1692	−0.0170	1.05	1.0448
0	2.3	0	1.000	0	0	1.00	1.0000
1	2.8	0.1	0.995	0.2786	0.0280	1.05	1.0448
2	3.1	0.2	0.980	0.6076	0.1240	1.06	1.0388
3	3.5	0.3	0.954	1.0017	0.3150	1.09	1.0399
4	3.5	0.4	0.916	1.2824	0.5600	1.14	1.0442
5	3.4	0.5	0.866	1.4722	0.8500	1.20	1.0392
6	3.3	0.6	0.800	1.5840	1.1880	1.30	1.0400
7	2.6	0.7	0.715	1.3013	1.2740	1.45	1.0368
8	1.5	0.8	0.600	0.7200	0.9600	2.80	1.6800
$\sum$	28.8			7.863	5.238	14.53	12.3707

由于该土坡为均质土坡，则稳定安全系数按式(6.66)得：

$$K_s=\frac{\sum_{i=1}^{n}(c_ib_i+W_i\tan\varphi_i)}{m_{\alpha_i}\sum_{i=1}^{n}W_i\sin\alpha_i}=\frac{\sum_{i=1}^{n}(c_ib_i+W_i\tan\varphi_i)}{\gamma b\sum_{i=1}^{n}h_i\sin\alpha_i\left(\cos\alpha_i+\frac{1}{K_s}\tan\varphi_i\sin\alpha_i\right)}$$

$$=\frac{c\sum_{i=1}^{n}l_i\cos\alpha_i+\gamma b\tan\varphi\sum_{i=1}^{n}h_i}{\gamma b\left(\sum_{i=1}^{n}h_i\sin\alpha_i\cos\alpha_i+\frac{\tan\varphi}{K_s}\sum_{i=1}^{n}h_i\sin\alpha_i\sin\alpha_{i_i}\right)}$$

$$=\frac{10\times12.3707+18\times1.04\times\tan15^\circ\times28.8}{18\times1.04\left(7.863+\frac{\tan15^\circ}{K_s}\times5.238\right)}$$

$$=\frac{268.17}{147.20+\frac{26.27}{K_s}}$$

第一次试算假定 $K_s=1$，求得 $K_s=\frac{268.17}{173.47}=1.54$。

第二次试算求得 $K_s=1.63$，第三次试算求得 $K_s=1.64$，第四次仍为 1.64。故取 $K_s=1.64$。

6.11 土坡稳定性的影响

影响土坡稳定有多种因素，包括土坡的边界条件、土质条件和外界条件。具体因素有以下几种：

(1) 土坡坡度

土坡坡度有两种表示方法：一种以高度与水平尺度之比来表示；另一种以坡角 θ 的大小表示，θ 越小土坡越稳定，但不经济。

(2) 土坡高度

在相同条件下，H 越小，土坡越稳定。

(3) 土的性质

土的性质越好，土坡越稳定。例如，土的重度和抗剪强度指标值大的土坡比其值小的土坡安全。

(4) 气象条件

如果天气晴朗，土坡处于干燥状态，土的强度大，土坡稳定性好。若在雨季，尤其是连续的大暴雨，大量雨水渗入地下，使土的强度降低，可能导致滑坡。

(5) 地下水

在许多情况下，土体内都存在着孔隙水压力。例如，土体内水的渗流所引起的渗透压力或者因填土而引起的超静孔隙水压力。孔隙水压力的大小在有些情况下比较容易确定，而在有些情况下则较难确定或无法确定。例如稳定渗流引起的渗透压力一般可以根据流网比较准确地确定，而在施工期、水位骤降期以及地震时产生的孔隙水压力就比较难以确定。另外，土坡在滑动过程中的孔隙水压力变化目前几乎还没有办法确定。

(6) 强烈地震

在地震区遇强烈地震，会使土的强度降低。

思考与练习题

6.1 挡土墙和土压力的概念及分类？

6.2 影响土压力的因素有哪些？其中主要因素有哪些？

6.3 朗金土压力和库仑土压力理论的优缺点和各自的适用范围？

6.4 重力式挡土墙的稳定性计算包括哪些内容？

6.5 板桩墙设计三种不同的计算方法及区别？

6.6 对无黏性土有渗流作用的土坡稳定与无渗流作用的土坡稳定相比有何变化？

6.7 砂性土土坡的稳定性只要坡角不超过其内摩擦角，坡高 H 可不受限制，而黏性土土坡的稳定性还同坡高有关，试分析其原因。

6.8 黏性土土坡稳定分析有哪些方法？各种分析方法的适用条件是什么？

6.9 土坡稳定分析圆弧法的最危险滑弧如何确定？

6.10 某挡土墙高 6 m，墙背竖直光滑，墙后填土面水平，$\gamma=19\ \mathrm{kN/m^3}$，$c=10\ \mathrm{kPa}$，$\varphi=30°$。计算作用在挡土墙上的静止土压力、主动土压力和被动土压力，并画出土压力分布图。

(参考答案：$E_0=171\ \mathrm{kN/m}$，$E_a=54.45\ \mathrm{kN/m}$，$E_p=1233.8\ \mathrm{kN/m}$)

6.11 一挡土墙高 10 m，墙背竖直光滑，墙后填土面水平，并有 20 kPa 均布荷载，墙后填土分为两层：上层为中砂，$\gamma_1=19\ \mathrm{kN/m^3}$，$\varphi_1=30°$，$h_1=3.0\ \mathrm{m}$；下层为粗砂，$\gamma_2=19\ \mathrm{kN/m^3}$，$\varphi_2=35°$，地下水位离墙顶 6.0 m 位置，水下粗砂的饱和重度 $\gamma_{sat}=20\ \mathrm{kN/m^3}$。计算在此挡土墙上的总主动土压力和水压力。

(参考答案：$E_a=297.49\ \mathrm{kN/m}$，$E_w=80\ \mathrm{kN/m}$)

6.12 某挡土墙(图 6.40)墙背竖直光滑，墙后填土面水平，墙顶表面处作用均布荷载 $q=20\ \mathrm{kPa}$，填土为两层，墙后有地下水位，具体资料详见图 6.40，试求挡土墙后主动土压力及总侧压力。

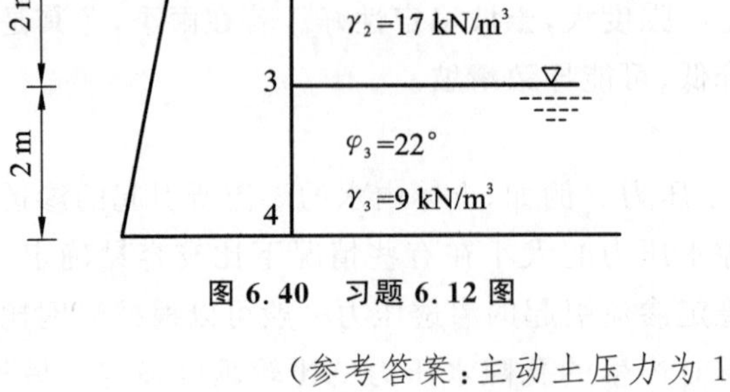

图 6.40 习题 6.12 图

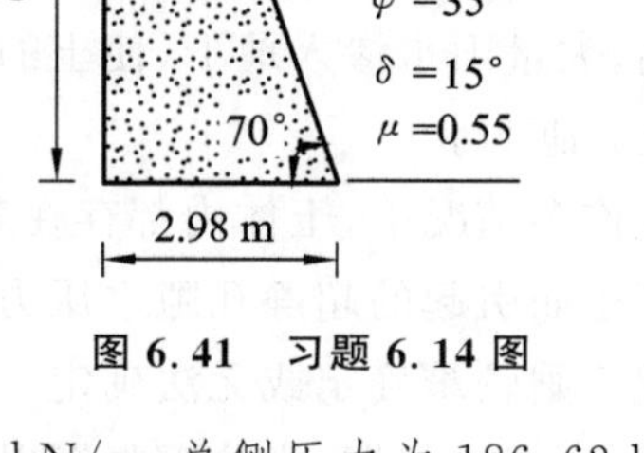

图 6.41 习题 6.14 图

(参考答案：主动土压力为 166.62 kN/m，总侧压力为 186.62 kN/m)

6.13 某挡土墙，墙背面倾角 $\varepsilon=30°$，墙高 5 m，墙后无黏性土的比重 $\gamma=17.6\ \mathrm{kN/m^3}$，内

摩擦角 $\varphi=30°$，外摩擦角 $\delta=20°$，试用库仑土压力理论计算总的主动土压力的大小、方向和作用点的位置。取 $\varphi_0=\varphi=30°$。

（参考答案：主动土压力 $E_a=147$ kN/m，主动土压力作用点距墙底垂直距离为 5/3 m）

6.14　某重力式挡土墙如图 6.41 所示，砌体重度为 $\gamma_k=18$ kN/m^3，其他参数见图 6.41，验算该挡土墙的抗倾覆稳定性及抗滑移稳定性。

（参考答案：1.73；1.37）

6.15　已知某悬臂式板桩墙，下端为固定支承条件，基坑开挖深度为 4 m，土水位以上的重度为 $\gamma=18$ kN/m^3，水位以下的重度为 18 kN/m^3，$\varphi_1=28°$，$c=30$ kPa，地下水位埋深为 2 m，坑底地下水位为 1 m，确定该板桩墙的入土深度。

（参考答案：8.0 m）

6.16　某砂土场地需放坡开挖基坑，已知砂土的自然休止角 $\varphi=32°$，试求：

(1) 放坡时的极限坡角 β_{cr}；

(2) 若取安全系数 $K=1.3$，求稳定坡角 β；

(3) 若取坡角 $\beta=23°$，求稳定安全系数 K。

（参考答案：$\beta_{cr}=32°$；$\beta=25.7°$；$K=1.47$）

7 土的动力特性

【思政元素】

本章提要

本章首先阐明动荷载的定义和类型，动荷载都是在很短的时间内施加的，按加荷次数可分为三种类型。土体在动荷载作用下强度和变形特性都将受到影响，且与静力加载条件下有很大差异，可造成土体的破坏，也可用于改善不良土体的性质。随后介绍了在冲击荷载或不规则荷载作用下土体的强度、强度曲线、破坏标准及其测试方法，详细介绍了土的振动液化。土的振动液化问题已成为工程抗震设计中的重要内容之一。简单介绍了周期荷载作用下土的变形、强度特性以及土的动强度。

7.1 概　　述

在本章以前所研究的问题，不论是土体的变形问题或稳定问题，都认为荷载是静止的，不随时间而变化，称为静力问题。即使在土压力和边坡稳定分析中考虑地震作用时，也是把惯性力当成静力处理。动荷载则是指荷载的大小、方向、作用位置随时间而变化，而且对作用体系所产生的动力效应不能忽略。一般情况下，当荷载变化的周期为结构自振周期的5倍以上时，就可以简化为静荷载计算。

在土木工程建设中，土体经常会遇到天然振源的地震、波浪、风，或人工振源的车辆、爆炸、打桩、强夯、动力机器基础等引起的动荷载作用。在这些动荷载作用下，土的强度和变形特性都将受到影响。动荷载可能造成土体的破坏，必须加以充分重视；动荷载也可能被用于改善不良土体的性质，如地基处理中的爆炸法、强夯法、换填垫层法等。

天然振源和人工振源的振动频率、振动次数和振动波形各不相同。天然振源发生随机振动荷载，其振动周期、幅值及方向都是不规则的；人工振源有瞬时的冲击荷载，一次作用时间很短，但土的动应变较大；也有规则的周期荷载，土的动应变属小应变范围。在不同的动荷载作用下，土的强度和变形各不相同，其共同特点是受到加荷速率和加荷次数的影响。动荷载都是在很短的时间内施加的，一般为百分之几秒到十分之几秒，如爆炸荷载只有几毫秒。按动荷载的加荷次数，可以分为：①一次快速施加的瞬时荷载，加荷时间非常短，所引起土体的振动，由于受到阻尼作用，振幅在不长时间内衰减为零，称为冲击荷载[图 7.1(a)]，例如爆炸和爆破作业等；②加荷几次至几十次甚至千百次的动荷载，荷载随时间的变化没有规律可循，称为不规则荷载[图 7.1(b)]，例如地震、打桩以及低频机器和冲击机器引起的振动等；③加荷几万次以上的动荷载，以同一振幅和周期反复循环作用的荷载，称为周期荷载[图 7.1(c)]，例如车辆行驶对路基的作用、往复运动和旋转运动的机器基础对地基的作用等。

当地基土特别是饱和松散的砂土和粉土受到动荷载作用（如地震作用）时，地震造成建（构）筑物的破坏，除地震直接引起结构破坏外，还有场地条件的原因，如地震引起的地裂、滑坡和土的振动液化等，从而发生地表喷水冒砂、振陷、滑坡、上浮（贮罐、管道等空腔埋置结构）及

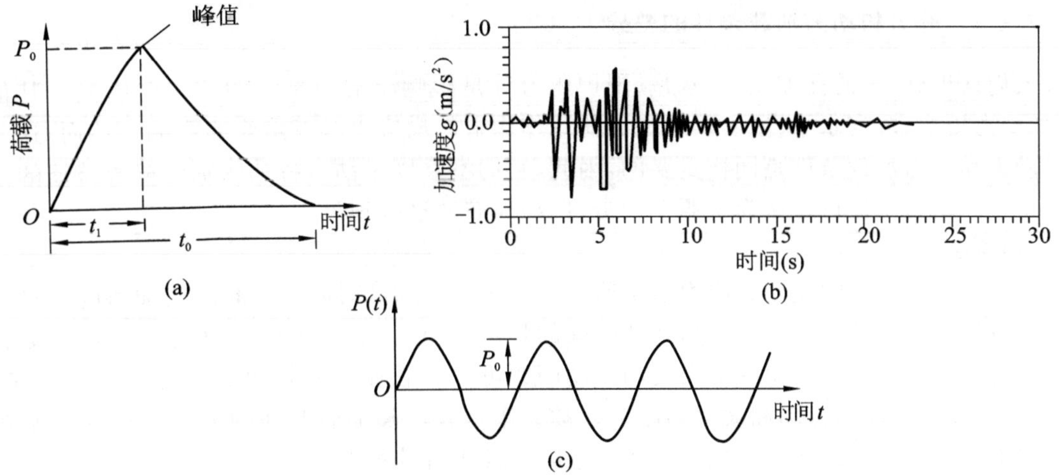

图 7.1 动荷载的类型

(a) 冲击荷载;(b) 不规则荷载;(c) 周期荷载

地基失稳等,最终导致建筑物或构筑物的破坏。1976 年唐山大地震时,液化区喷水高度达 8 m,厂房沉降量达 1 m,很多房屋、桥梁和道路路面结构出现破坏。特别需要指出的是,地震可以引起大面积甚至深层的土体液化,常能造成场地的整体性失稳,具有面积广、破坏性严重等特点。因此,土的振动液化问题已成为工程抗震设计中的重要内容之一。

有许多工程问题与土在动力荷载作用下的性能有关。但由于地区的差异性和动力加载条件的复杂性,对土的动力问题不容易建立起学科体系,并把所有问题以适当的方法加以分类。然而,如果按照与静力问题的主要区别对土的动力问题进行分类,则可以对土的动力特性作出一些综合性的评价。

7.1.1 应变范围

有关静力问题的经典土力学,主要关心的问题是估计基础或土工结构抵抗破坏的安全度,其基本的方法是估计土体的强度,并与外部荷载引起的土体中的应力进行比较。地基或结构物的沉降是与土的变形有关的另一个主要关心的问题,而黏土的固结则是经典土力学的一个主要分支学科。

众所周知,土的破坏通常发生在应变水平为百分之几的量级,由于固结或压缩引起的沉降,大多数情况下应变水平在 10^{-3} 量级或更大。这样,在小应变下土的现象通常是不被关心的。

与此相反,在土动力学中,土在运动中的状态是需要研究的课题。因此,惯性力是不能被忽视的因素。在简谐运动作用下,惯性力的大小是与该运动的频率成正比的。假如应变水平是无限小,则随着运动频率的快速增加,惯性力可能变得明显的大,以至于在工程实践中不能再忽略其影响。鉴于这一原因,在土动力学中,有必要引起对应变水平低至 10^{-6} 量级的土的性能的注意,而在静力问题的经典土力学中,这是完全可以忽略的。这一点正是动力问题和静力问题最重要的区别之一。

7.1.2 静力和动力加载条件的差异

人们认识到，土的孔隙比、含水量、围护压力等是影响土的力学性能的主要因素。其他因素，如应力历史、应变水平、温度等对土在荷载作用下的反应也起着重要的影响。然而，这些因素对静力和动力加载条件是同样重要的，因此，它们不是度量动力特征区别于静力特征的基本要素。土的动力特征可以认为来源于冲击、振动和波动这些现象。

(1) 加载速度

在土中产生一定的应变或应力水平所需要的时间为加载时间。荷载的施加速度自然是描述动力特征的一个基本要素。根据加载时间的长短，工程上的动力可以分为几类有意义的问题。具有较短周期或较高频率的振动和波动问题可以被看作是有较短加载时间的一类现象。相反，具有较长周期的振动和波动问题可以被看作是有较长加载时间的另一类现象。加载时间可以近似地视为荷载重复周期的1/4。施加荷载所持续的时间大于数十秒的一类问题，一般地可视为静力问题，反之，则须视为动力问题。施加荷载所持续时间的长短也可以用加载速度或应变速率来表示，它们被称为加载速度效应或速率效应。

(2) 重复加载效应

所谓动力现象，就是荷载以一定频率重复施加多次。加载的重复性是用来划分动力问题的另一个基本要素。在工程实践中通常遇到的动力问题也可按加载的重复性进行分类。

与快速施加单一脉冲有关的问题可以用冲击来表示，如爆炸引起的振动。荷载的时间持续 10^{-3}～10^{-2} s，这种荷载一般称为脉冲或冲击荷载。地震时主震通常包含10～20次不同幅值的重复加载，且地震荷载是一个不规律的时间过程，每个脉冲的周期在0.1～3.0 s，相应的加载时间在0.02～1.0 s。在打桩情况下，施加于土的荷载重复次数达100～1000次，振动频率为10～60 Hz。电机或压缩机基础通常受到类似频率的振动作用，但荷载的重复次数更大。

另一类土的动力问题是交通或水波引起的重复加载问题。铁(公)路路堤下的土在铁(公)路的设计使用期内受到次数很大的重复加载作用，但加载时间可以认为在0.1 s至几秒量级。这种类型的荷载以重复加载次数很大为特征，虽然荷载的强度并不大，但荷载的积累效应可能是不可以忽略的。在这种情况下，由于重复加载次数可以认为是无限大，因此这类动力问题必须理解为疲劳现象。重复加载对土的性能的影响称为重复加载效应。

本章主要讨论土的动强度、土的振动液化、周期荷载作用下土的强度和变性特征等内容。

7.2 土的动强度

7.2.1 冲击荷载作用下土的动强度

冲击荷载的强度很大，持续时间很短，如图7.1(a)所示。如爆破荷载、打桩时的冲击荷载等，可表示为：

$$P(t)=P_0\phi\left(\frac{t}{t_0}\right) \tag{7.1}$$

式中 P_0——冲击荷载的峰值；

$\phi\left(\frac{t}{t_0}\right)$——描述冲击荷载形状的无因次时间函数。

早在1948年，美国学者卡萨格兰德(A. Cassagrande)就设计了多种冲击试验仪，以测定冲击荷载作用下土的动力特性。以后各国学者继续对这一问题进行研究，典型的试验结果简述如下。

(1) 砂土

用干砂做冲击试验得到的应力-应变关系如图7.2所示。若以瞬态破坏荷载的峰值应力σ_{tp}与周围压力σ_3之和为大主应力σ_1，整理出最大主应力比$(\sigma_1/\sigma_3)_{max}$与加荷时间$t$的关系如图7.3所示。图7.2和图7.3表明加荷时间对干砂强度的影响不超过20%，而对模量的影响则更小。

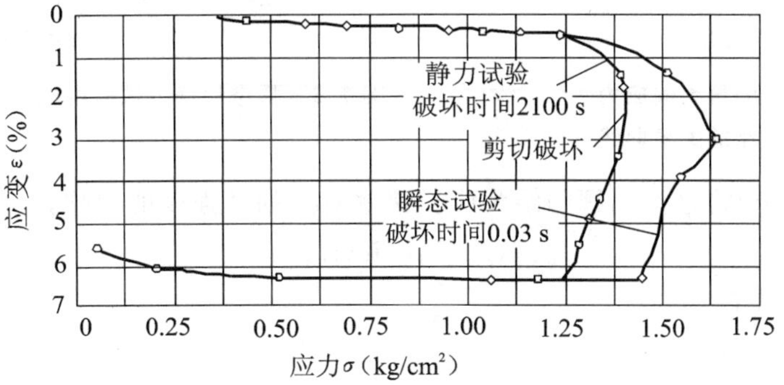

图7.2 瞬态和静力试验中干砂的应力-应变关系

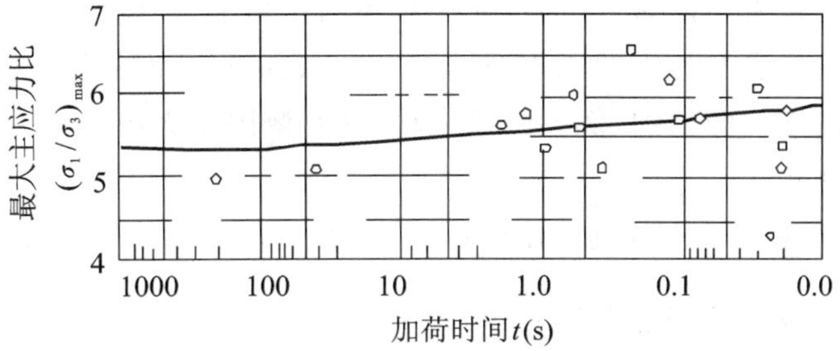

图7.3 瞬态试验中干砂的最大主应力比与加荷时间的关系

饱和砂受冲击荷载作用，由于加载的时间很短，相当于不排水条件，因此密砂和松砂表现出不同的特性。密砂由于有剪胀趋势，产生负孔隙水压力，强度有较明显的提高。松砂则相反，由于剪缩趋势产生正孔隙水压力，动强度较静强度有所降低，如图7.4所示。图7.4中纵坐标为最大偏应力，对于快速瞬态试验(即冲击试验)，就是指试件到达剪切破坏时所承受的冲击应力的峰值σ_{tp}。试验曲线表明，对该试验所用的砂，当$\sigma_3=2\ kg/cm^2$条件下，临界孔隙比大约为0.79。小于该孔隙比时，冲击荷载的强度大于静荷载的强度；而大于该孔隙比时，冲击荷载的强度则小于静荷载的强度。

(2) 黏性土

用黏性土进行静荷载和冲击荷载下土的强度试验，典型曲线如图7.5所示。曲线表明，与静荷载相比，冲击荷载作用下土的动强度和动模量均有很大的提高。加载时间为0.02 s的动强度，约为加载时间为8 min时的静强度的1.5～2.0倍，模量也提高2倍左右。

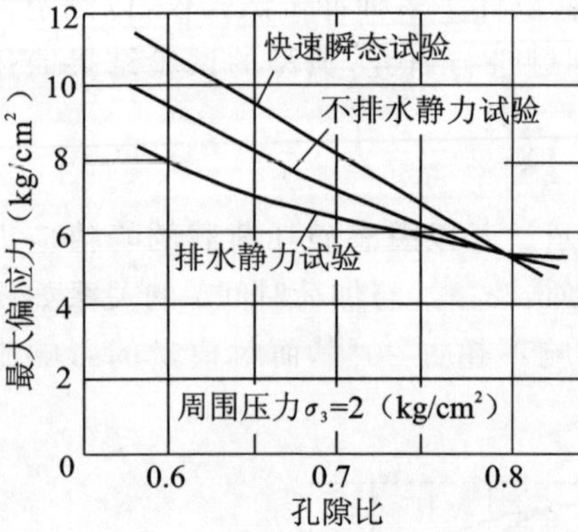

图 7.4　饱和砂的最大偏应力与孔隙比的关系曲线

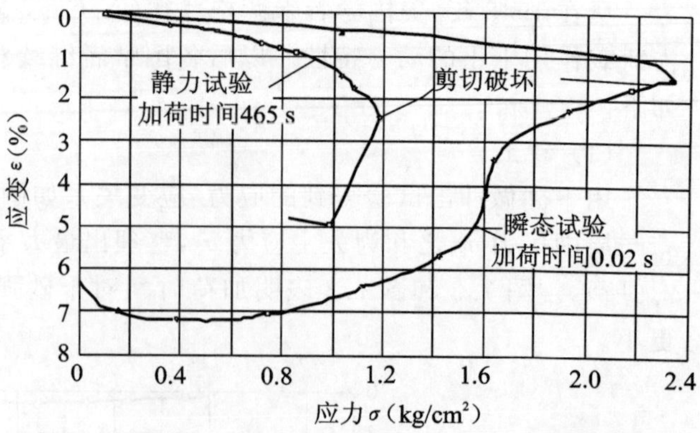

图 7.5　瞬态和静力试验中黏性土的应力-应变关系

理查德(Richart)将这类问题归结为应变速率对土的动强度的影响,并用下式表示:

$$(\tau_{\max})_d = K(\tau_{\max})_s \tag{7.2}$$

式中　$(\tau_{\max})_d$——土的动强度;

$(\tau_{\max})_s$——土的静强度;

K——应变速率系数。

K 值的变化有如下规律:

① 与土的性质关系密切。对于干砂,在一般周围压力下,当应变速率为0.02%～1000%,K 值约为1.1～1.15;饱和黏性土的 K 值为1.5～3.0;部分饱和黏性土为1.5～2.0。

② 随侧限压力的增加而增加,例如同样一种密砂,侧限压力小于588 kPa时,$K=1.07$,而在高压力下 K 值可达1.2。

由此可见,应变速率对砂土的动强度的影响不大,但对黏性土影响较大。

7.2.2　不规则荷载作用下土的动强度

荷载随时间的变化没有规律可循,即为不规则荷载,如地震荷载。图7.1(b)是唐山地震在迁安测得的余震记录,就是一种不规则荷载。

地震荷载是不规则荷载,目前在实验室内重现各种不规则荷载以研究土的动强度已完全可能,技术稍微复杂。不过地震荷载的变化规律难以预估,因此要确定将要发生的地震在土体内引起什么样的动力过程是十分困难的。工程上为简化计算,通常把不规则荷载简化成等价的均匀周期荷载处理。

(1) 不规则荷载的等价循环周数

假定每一次应力循环所具有的能量对材料都要起破坏作用,这种破坏作用与能量的大小成正比而与应力循环的先后次序无关。根据这种假定,就可以直接利用动强度曲线将一系列不规则荷载等价成为应力幅值为 τ_{eq},周数为 N_{eq} 的均匀周期荷载。图7.6(a)表示一条不规则动应力时程曲线,其最大动应力幅值为 $\tau_{\max}$。若取 $\tau_{eq}=R\tau_{\max}$ 作为等效均匀循环应力的幅值,其中 R 可以是任意小于1的数值,习惯上取为0.65。然后把不规则动应力时程曲线按幅值的大小分成若干组,例如组数为 K。分别计算出每一种幅值应力波的等价循环周数。例如,在这一列不规则应力波中，幅值为 τ_i 的循环周数为 n_i。从图 7.6(b)的动强度曲线查出，当幅值为 τ_i 时的破坏振次为 N_{if}。现取 $\tau_{eq}=0.65\tau_{max}$ 为均匀循环荷载的等价幅值，从动强度曲线查得幅值为 τ_{eq} 时的破坏次数为 N_{ef}。若认为每一应力循环的能量与应力幅值成正比，则幅值为 τ_i 时的一次振动的破坏作用相当于幅值为 τ_{eq} 时的 N_{ef}/N_{if}。因此，幅值为 τ_i 的 n_i 次振动相当于幅值为 τ_{eq} 的等价次数为：

$$n_{eqi}=n_i\frac{N_{ef}}{N_{if}} \tag{7.3}$$

故整个不规则动应力曲线等价于幅值为 τ_{eq} 的均匀周期荷载，其等价循环周数为：

$$N_{eq}=\sum_{i=1}^{K}n_{eqi}=\sum_{i=1}^{K}n_i\frac{N_{ef}}{N_{if}} \tag{7.4}$$

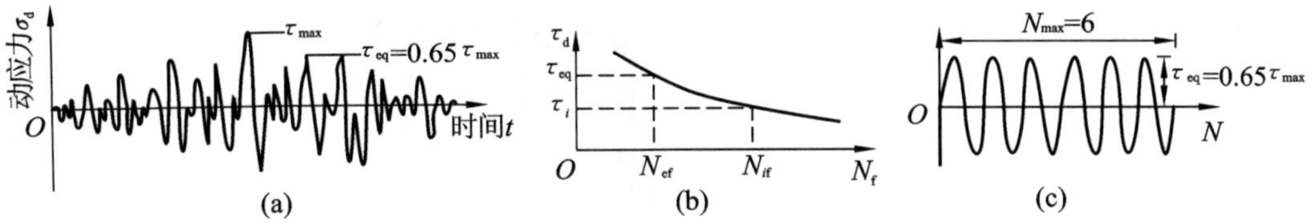

图 7.6　不规则荷载的等价循环周数

(2) 地震的等价震次

西特(Seed)和伊德利斯(Idriss)等人对一系列地震记录进行统计分析，以$0.65\tau_{max}$作为均匀周期荷载的幅值，得出震级和等价循环周数关系曲线如图 7.7 所示。在此基础上他们提出表 7.1 的地震等效循环周数。

表 7.1　地震等效循环周数

震级	等效循环应力幅值	等效循环周数
7.0	$0.65\tau_{max}$	12
7.5	$0.65\tau_{max}$	20
8.0	$0.65\tau_{max}$	30

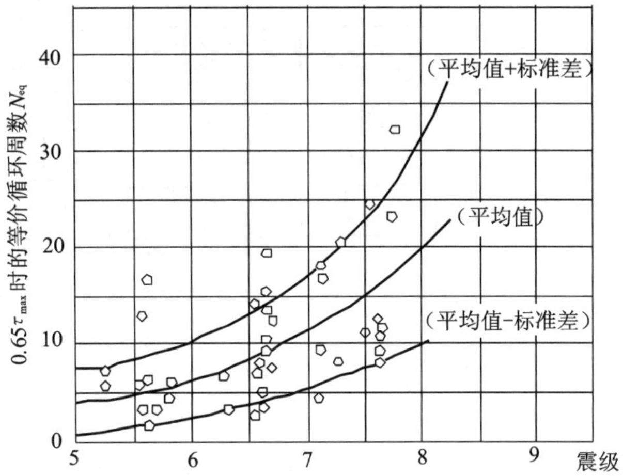

图 7.7　震级和等价循环周数关系曲线

需要注意的是，图 7.7 和表 7.1 中确定的等价振次都是以震级为依据，而不是以烈度为依据。把不规则动应力简化成均匀周期应力后，就可以按前述方法确定土单元体是否破坏或求出动强度指标 c_d 和 ϕ_d，进一步分析土体的整体动力稳定性。

7.2.3　动强度的测试方法

地震荷载或波浪荷载在土工建筑物或地基原有应力(自重应力和建筑物引起的附加应力)

的基础上，增加一个动应力。显然土的动强度与振前的应力状态密切相关，因此测试土的动强度必须模拟振前的静应力状态。目前采用的室内试验设备有多种，其中最常用的是动三轴试验仪(图 7.8)。它的基本构造类似于静三轴剪力仪，但增加了一套轴向的动力加载装置，所以构造要复杂得多。

动三轴试验的土试件是一个圆柱体，装在压力室内，先施加周围压力 σ_3 和轴应力 σ_1 使试件固结，以模拟土体振动前的应力状态。振动前应力状态通常以 σ_3 和固结应力比 $K_c=\sigma_1/\sigma_3$ 表示。土样固结后，通过动力加载系统对试件施加均匀的周期应力，常用的是简谐应力 σ_d ($\sigma_d=\sigma_{d0}\sin\omega t$，$\sigma_{d0}$ 称为动应力幅值)。在加动力的试验过程中，用传感器测出试件的动应力、动应变和孔隙水压力的时程曲线。从记录曲线和破坏标准，可以找出这种动应力幅下的破坏振次 N_f。

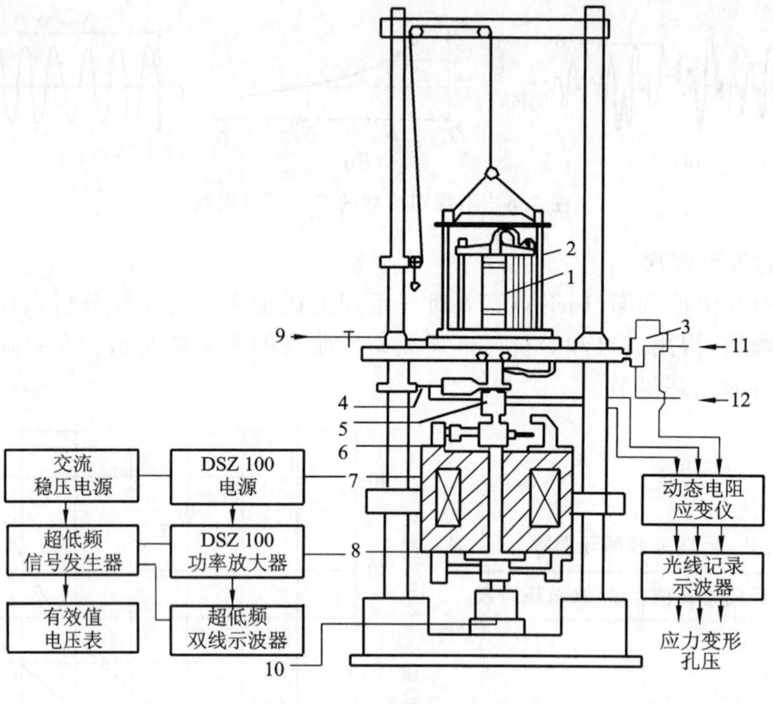

图 7.8 动三轴仪示意图

1—试样；2—压力室；3—孔隙压力传感器；4—变形传感器；5—拉压力传感器；6—导轮；
7—励磁线圈(定圈)；8—激振线圈(动圈)；9—接侧压力稳压罐系统；10—接垂直压力稳压罐系统；
11—接反压力排水系统；12—接静孔隙压力测量系统

除了动三轴试验外，土的动强度还可以用振动单剪仪、振动扭剪仪等测试手段测定。

7.2.4 动强度曲线

以几个土质相同的试件为一组，在同样的 σ_1 和 σ_3 下固结稳定后，加以幅值 σ_{d0} 不相同的周期荷载，加载过程中，测得图 7.9 所示的曲线，然后根据已经确定的破坏标准即可从实测曲线上查得与该动应力幅相对应的破坏振次 N_f。以 $\lg N_f$ 为横坐标，以试件 45°面上的动剪应力 τ_d (即动应力幅 σ_{d0} 的一半)或动应力比 $\sigma_{d0}/2\sigma_3$ 为纵坐标，绘制曲线如图 7.10 所示。这种曲线称为土的动强度曲线。根据这种曲线，土的动强度可理解为：某种静应力状态下(即 σ_1 和 σ_3 一定)，周期荷载使土试件在某一预定的振次下发生破坏，这时试件45°面上的动剪应力幅值($\sigma_{d0}/2$)即为土的动强度。所以动强度并不仅仅取决于土的性质，而且与振前的应力状态和预定的振次有关。一般土的测试结果，动强度随周围压力 σ_3 和固结应力比 K_c 的增加而增加。只有很松散、结构很不稳定的土，才会出现固结应力比增加，动强度反而下降的现象。

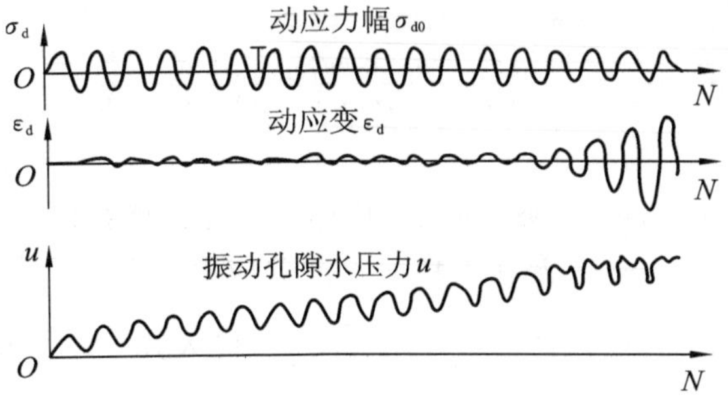

图7.9　动力试验实测曲线

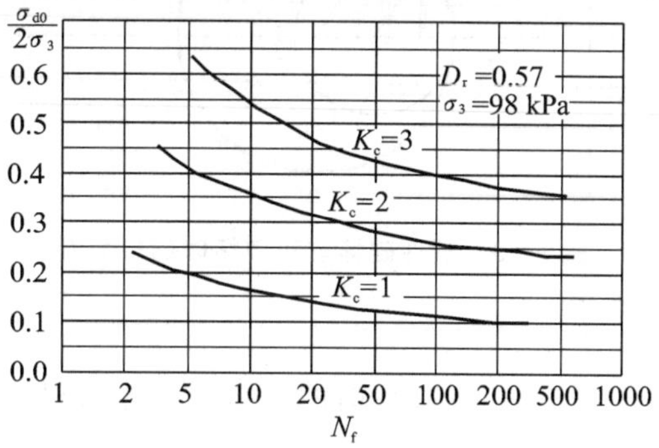

图7.10　动强度曲线

7.2.5　土的动强度指标

用上述动强度的概念只能判别某种静力状态下的土单元体在一定的动应力作用下(即一定的应力幅和振次下)是否破坏，而不能判别整个土体是否稳定。判别土体的整体稳定性，最实用的方法仍然是圆弧法或滑动楔体法。用这种方法来分析动力稳定问题，在土的抗剪强度指标中必须同时考虑静力和动力的作用。这时，常用的强度指标是动强度指标 c_d 和 φ_d。其方法如下：将固结应力比 K_c 相同、周围压力 σ_3 不同的几个动力试验为一组，根据作用在每一试件上的固结应力比 K_c 和 σ_3，可从图7.10的动强度曲线上查得与某一规定振次 N_f 相应的动应力幅值 σ_{d0}，把 σ_{d0} 叠加在 σ_1 上并在 τ-σ 坐标上绘出相应的破坏应力圆(如图7.11中破坏应力圆①和②)，这几个破坏应力圆的公切线即为动强度破坏包线。动强度破坏包线给出土的动强度指标 c_d 和 φ_d。它可用于静力和动力共同作用下土体的整体稳定性分析，例如地震情况下边坡的稳定分析就应当采用这种动强度指标。

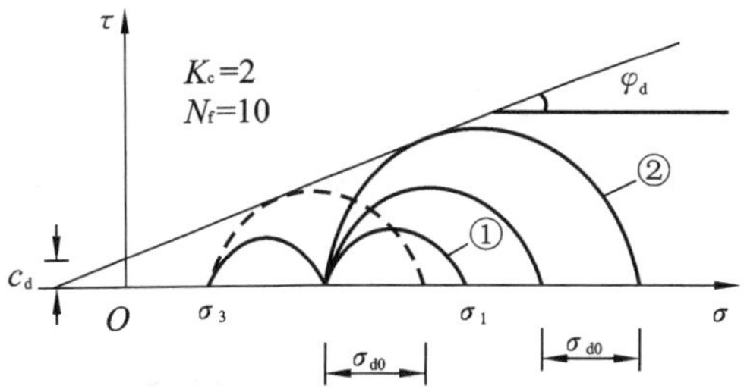

图7.11　动强度破坏包线

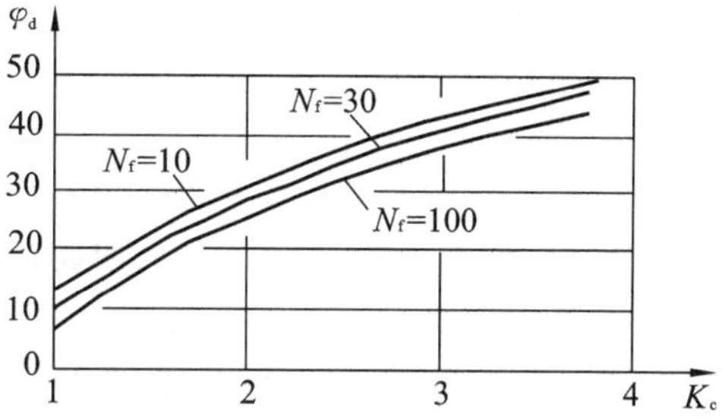

图7.12　某种砂的 N_f-K_c-φ_d 曲线

应该特别注意的是，一种动强度指标是对应于某一规定的破坏振次 N_f 和振前的固结应力比 K_c 的。图7.12为某砂土的 N_f-K_c-φ_d 关系曲线。K_c 是代表土体整体滑动时，滑动面上的平均固结应力比。在对土体已进行过应力-应变分析的情况下，可取滑动面所通过的各个单元的固结应力比的平均值。当没有进行过土体的应力-应变分析时，可根据滑动面的稳定安

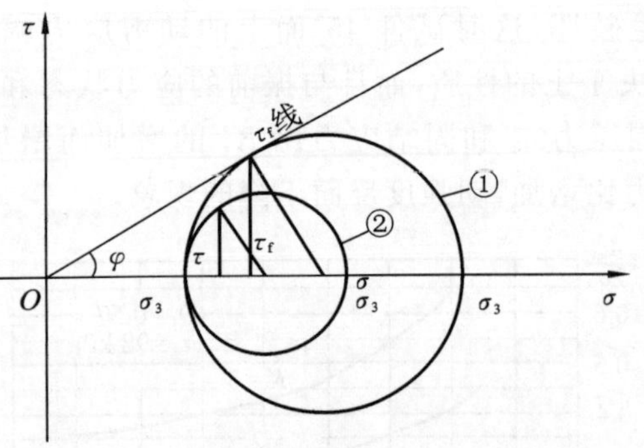

图 7.13 试件破坏前和破坏时的应力圆

全系数 F_s，用下述方法求滑动面的平均固结应力比。为阐述简明起见，以无黏性土为例。图 7.13 中应力圆①为土的极限状态应力圆，应力圆②是与周围应力 σ_3 相同，但土试样处于弹性状态的应力圆，土体处于这种弹性应力状态时，其安全系数为：

$$F_s=\frac{\tau_f}{\tau}=\frac{1/2(\sigma_{1f}-\sigma_3)\cos\varphi}{1/2(\sigma_1-\sigma_3)\cos\varphi}=\frac{\sigma_{1f}-\sigma_3}{\sigma_1-\sigma_3}=\frac{K_{cf}-1}{K_c-1} \tag{7.5}$$

式中 τ_f——破坏面上的剪应力，即抗剪强度；

τ——潜在破坏面上的剪应力；

K_{cf}——破坏时的固结应力比，根据极限平衡条件，$K_{cf}=\frac{\sigma_{1f}}{\sigma_3}=\frac{1+\sin\varphi}{1-\sin\varphi}$，代入式（7.5）简化后得：

$$K_c=\frac{1}{F_s}\frac{2\sin\varphi}{1-\sin\varphi}+1 \tag{7.6}$$

假定滑动土体沿某一滑动面各处的安全系数相同，则滑动面所通过的土体，其平均固结应力比 K_c可以用式(7.6)估算。

当 K_c和 N_f 确定以后，就可以从图 7.12 中查找与这种应力状态相适应的动力内摩擦角 φ_d。c_d 和 φ_d 是总应力指标，也即振动所产生的孔隙水压力对强度的影响，已在指标中得到反映。在动力稳定分析中，也可以采用有效应力法。这时试验中必须测出破坏时的孔隙水压力 u_f。将总应力扣去孔隙水压力 u_f，绘制破坏时的有效应力圆，即可得到有效应力强度包线。有效应力强度包线给出有效应力法的动强度指标 c'_d、φ'_d。许多研究结果表明，土的有效应力动强度指标 c'_d、φ'_d与有效应力静强度指标 c'、φ'十分接近，所以用静力指标代替动力指标不会引起很大的误差。

7.2.6 破坏标准

在动强度试验的资料整理中，目前常用的有如下三种破坏标准：

(1) 极限平衡标准

假定土的静力极限平衡条件也适用于动力试验中，而且动载和静载的莫尔-库仑破坏包线相同，即土的动力有效内摩擦角 φ'_d 等于静力有效内摩擦角 φ'。图 7.14 中，应力圆①表示试件振前的应力状态。应力圆②表示加动荷载过程中最大的应力圆，也就是动应力等于幅值 σ_{d0} 瞬间的应力圆。如果加动荷载的过程中，试件内的孔隙水压力不断发展，显然用有效应力表示时，应力圆②将不断向破坏包线移动。当孔隙水压力达到临界值 u_{cr} 时，应力圆与破坏包线相切。按极限平衡条件，这时试件达到破坏状态。根据几何条件，可以推导极限平衡状态时的孔隙水压力：

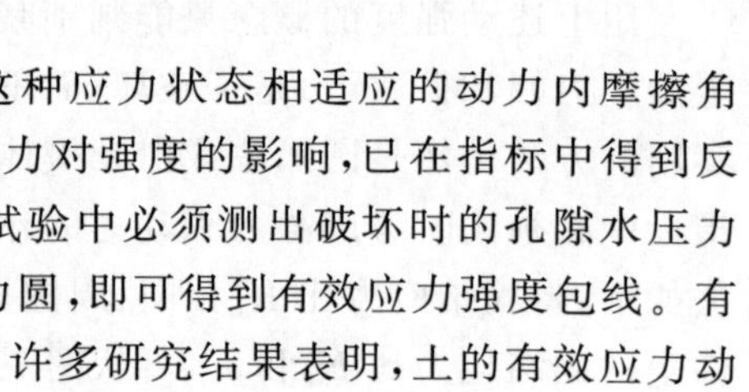

图 7.14 临界孔隙水压力

$$u_{cr}=\frac{\sigma_1+\sigma_3}{2}-\frac{\sigma_1-\sigma_3-\sigma_{d0}(1-\sin\varphi')}{2\sin\varphi'}+c'/\tan\varphi' \tag{7.7}$$

式中　φ'——土的静力有效内摩擦角；

c'——土的静力有效黏聚力；

σ_{d0}——动应力幅值。

计算出 u_{cr}后，在试验中所记录的孔隙水压力发展曲线上可找到孔隙水压力等于 u_{cr} 的振次，它就是动应力幅为 σ_{d0} 时的破坏振次 N_f。

应该指出，由于动应力是随时间而不断变化的，图 7.14 中的破坏圆③，仅发生于动应力达到幅值 σ_{d0} 的瞬间。过后，动应力减小，应力圆相应缩小。土试件若在瞬间不破坏，则又恢复其稳定状态，这点与静载的应力保持不变有较大的差异。实际上，在某些情况下，例如对于饱和松砂，且固结应力比 $K_c=1.0$ 时，按这一标准，土试件确实已接近于破坏。而对于另外一些情况，例如土的密度较大，固结应力比 $K_c>1.0$，则虽然达到瞬时极限平衡状态，但试件仍能继续承担荷载，距离破坏尚远。一般来说，用这种标准将过低估计土的动强度，因而具有过高的安全度。

(2) 液化标准

当周期荷载所产生的累积孔隙水压力 $u=\sigma_3$，即 $\sigma_3=0$ 时，土完全丧失强度，处于黏滞液体状态，称为液化状态。以这种状态作为土的破坏标准，即为液化标准。通常只有饱和松散的砂或粉土，且振前的应力状态为固结应力比 $K_c=1.0$ 时，才会出现累积孔压 $u=\sigma_3$ 的情况。有关土的液化概念，将在下节进一步阐述。

(3) 破坏应变标准

对于不出现液化破坏的土，随着振次增加，孔隙水压力增长的速率将逐渐减缓并趋向于一个小于 σ_3 的稳定值，但是变形却随振次而继续发展。因此也如静力试验一样，对于周期荷载也可以规定一个限制应变作为破坏标准。例如等压固结，即 $K_c=1.0$ 时，常用双幅轴向动应变 $2\varepsilon_d$ 等于 5%或 10%作为破坏应变。$K_c>1.0$ 时则常以总应变(包括残留应变 ε_r 和动应变 ε_d)达 5%或 10%作为破坏应变，如图 7.15 所示。

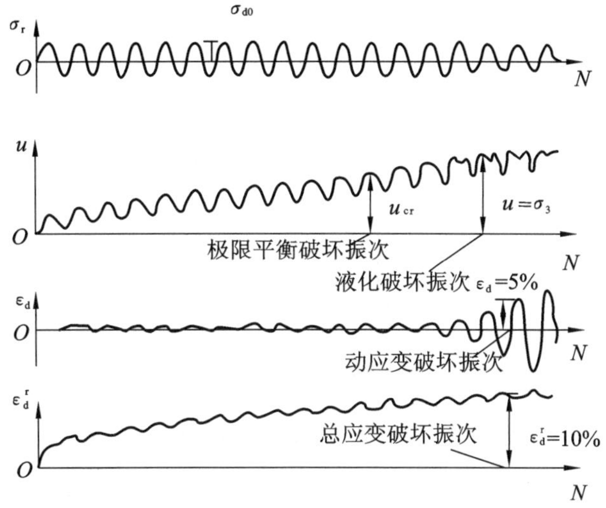

图 7.15　动力试验破坏标准

在以上三种破坏标准中，当土不可能液化时，常以限制应变值作为破坏标准。

7.3 土的振动液化

振动液化是土动强度中的一个特殊问题。在前节讲述动强度的破坏标准中指出，对砂性土，当 $u=\sigma_3$ 时，土处于液化状态。液化是地震中经常发生的主要震害，危害很大。近几十年来，它已成为国内外土动力学界所致力研究的主要课题。

7.3.1 土的振动液化机理及其试验分析

土特别是饱和松散砂土、粉土，在振动荷载作用下，土中(超)孔隙水压力逐渐累积，有效应力下降，当孔隙水压力累积至总应力时，有效应力为零，土处于悬浮状态，表现出类似于水的性质，而完全丧失抗剪强度，这种现象称为土的振动液化。地震、波浪以及车辆荷载、打桩、爆炸、机器振动引起的振动力，均可能引起土的振动液化，振动力通常可引起无黏性土、低塑性黏性土、粉土、粉煤灰等的振动液化。

饱和砂土振动液化的基本原理可以用图 7.16 说明。假定砂土是一些均匀的圆球，排列如图 7.16 所示。若振前处于松散状态，当受水平方向的振动荷载作用后，颗粒被挤密，最终形成紧密的排列。在由松变密的过程中，如果土是饱和的，孔隙内充满水，且孔隙水在振动的短时间内排不出去，就将出现从松到密的过渡阶段。这时颗粒离开原来位置，而又未落到新的稳定位置上，与四周颗粒脱离接触，处于悬浮状态。这种情况下颗粒的自重，连同作用在颗粒上的荷载将全部由水承担。图 7.16 中容器内装填饱和砂，并在砂中装一测压管，摇动容器即可见测压管水位迅速上升。这种现象表明饱和砂中因振动出现超静孔隙水压力。根据有效应力原理，土的抗剪强度为：

$$\tau_f=(\sigma-u)\tan\varphi' \tag{7.8}$$

无黏性土抗剪强度公式为：

$$\tau'_f=\sigma'\tan\varphi' \tag{7.9}$$

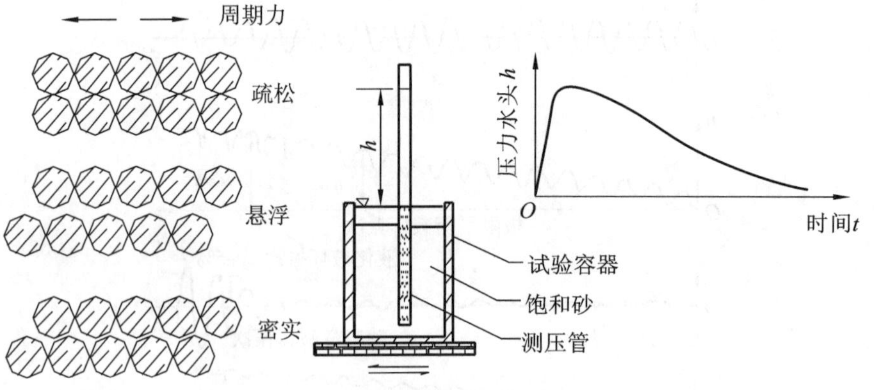

图 7.16 土的液化机理

显然，孔隙水压力增加，抗剪强度随之减小。如果振动强烈，孔隙水压力增长很快而又消散不了，则可能发展至 $u=\sigma$，导致 $\tau_f=0$。这时，土颗粒完全悬浮于水中，成为黏滞流体，抗剪

强度 τ_f 和抗剪刚度 G 几乎都等于零，土体处于流动状态，这就是液化现象，或称为“完全液化”。广义的“液化”通常还包括振动时孔隙水压力升高而丧失部分强度的现象，有时也称为“部分液化”。

若地基由几层土所组成，且较易液化的砂层被覆盖在不易液化的土层下面。地震时，往往地基内部的砂层首先发生液化，在砂层内产生很高的超静孔隙水压力，引起自下而上的渗流。当上覆土层中的渗流坡降大于临界坡降时，原来在振动中没有液化的土层，在渗透水流的作用下也处于气悬浮状态，砂层以及上覆土层中的颗粒随水流喷出地面，这种现象称为“渗流液化”。这种情况下，表征地基液化的喷水冒砂现象在地震过程中并未表现出来，而在地震结束后才出现，并且要持续相当长的时间，因为液化砂层中的孔隙水压力通过渗流消散，需要一段相当长的时间。

当振动作用到土上时，土骨架会因振动的影响而受到一定的惯性力和干扰力。它们在各个土粒上引起大小、方向明显不同的动附加应力，当其超过一定的数值时，就会破坏土颗粒之间原来的连接强度与结构状态，使砂粒彼此之间脱离接触。原先由砂粒通过接触点所传递的压力，就要传给孔隙水来承担，引起孔隙水压力骤然增高。此时，一方面孔隙水在一定超静水压力的作用下力图向上排出，另一方面土颗粒在其重力作用下又力图向下沉落，这就有可能使土在结构破坏的瞬间或一定时间内，土颗粒因其向下的沉落被孔隙水的向上排出所阻碍，处于局部或全部悬浮状态，土的抗剪强度局部或全部丧失，出现不同程度的变形或完全液化（振动液化）。此后，随着孔隙水逐渐挤出，孔隙水压力逐渐减小，土颗粒又逐渐沉落，重新堆积排列，压力重新由孔隙水传给土颗粒承受，砂土即达到新的稳定状态（振动压密）。

由此可见，饱和砂土发生液化现象必须同时具备两个基本条件：①振动作用足以使土体的结构发生破坏；②在土体结构发生破坏后，土颗粒发生移动的趋势不是松胀而是压密。密砂在遭受振动作用使结构发生破坏时，伴随出现的土颗粒移动趋势不是压密而是松胀，此时，孔隙水力图填充胀出的空间，土颗粒向上胀，孔隙水向下移，完全丧失了土颗粒受悬浮而发生液化的条件，因此它不易发生振动液化。

根据强度的液化应力条件基本公式：

$$\tau_f=\sigma'\tan\varphi'+c'=(\sigma-u)\tan\varphi'+c' \tag{7.10}$$

当 $u=\sigma$ 时，抗剪强度 $\tau_f=0$（对砂土 $c'=0$），就会发生砂土的液化现象。可以证明，在动力三轴试验条件下，液化的判别标准应该是动孔压等于侧向固结压力，即 $u_d=\sigma_{3c}$；在动单剪试验条件下，液化的判别标准应该是动孔压等于轴向固结压力，即 $u_d=\sigma_{1c}=\sigma_v$。在一般条件下，液化的判别标准应该是动孔压等于轴向压力，又等于侧向压力，即原来的固结压力要经过变形过程的调整，在液化时达到动孔隙水压力，$\sigma_1=\sigma_3=u_d$。这些结论已经为试验结果所证实。当孔压达到液化的应力条件而发生初始液化时，如果作用动应力在一些瞬时或一些时段又小于液化的应力条件或密实的土有剪胀出现，则土又会出现非液化状态，使动力过程表现出液化状态与非液化状态的交织变化，动应力的每一次循环只引起土的有限变形或流动，使变形不断增长，土最终达到破坏。如土的松胀或土在荷载作用下的硬化较强，甚至只会产生往返活动性的液化，而不再有变性增长的发生。

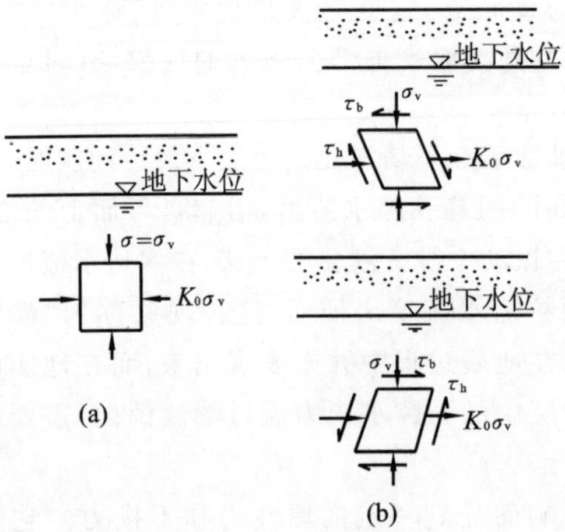

图 7.17　地震前、地震时微单元土体的应力状态

(a) 地震前；(b) 地震时

土的振动液化可由室内试验研究分析，但室内试验必须模拟现场土体的实际受力状态。图 7.17(a)表示现场微单元体在地震前的应力状态，此时，单元体的竖向有效应力和水平方向的有效应力分别为 σ_v 和 σ_h（$\sigma_h = K_0\sigma_v$），其中 K_0 为静止侧压力系数；图 7.17(b)表示地震作用时，单元土体的应力状态，此时，震动引起的往复剪应力 τ_h 作用在单元体上。因此，任何室内研究液化问题的试验，都必须模拟这样的一种应力状态，有不变的法向应力和往复的剪应力作用在土样的某一平面上。

室内研究液化问题的试验方法很多，如周期加荷三轴试验、周期加荷单剪试验等。其中周期加荷三轴试验是最普遍使用的试验。饱和砂样的室内周期加荷三轴试验，其方法是先给土样施加周围压力 σ_3 完成固结，然后仅在轴向作用大小为 σ_d 的往复荷载，并不允许排水(图 7.18)。在往复加荷过程中，可以测出轴向应变和超孔隙水压力。

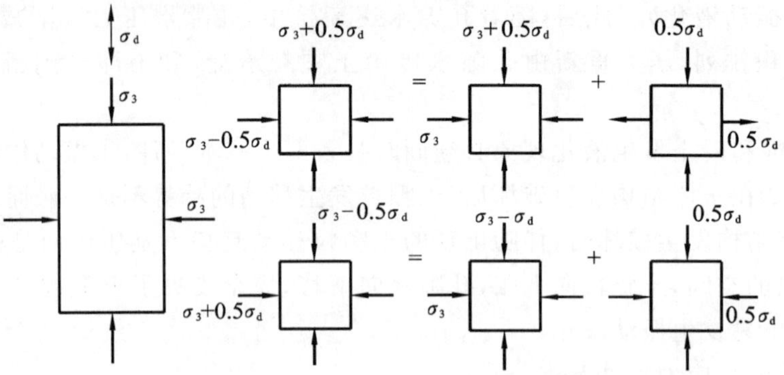

图 7.18　周期加荷三轴试验剪切面上往复应力的模拟

图 7.19 是 Seed 和 Lee 用饱和砂样做的周期加荷三轴试验典型结果。砂样的初始孔隙比为 0.87，初始周围压力和初始孔隙水压力分别为 98.1 kPa 和 196.2 kPa，在周围固结压力 $\sigma_3 = 98.1$ kPa 作用下，往复动应力 σ_d(38.2 kPa) 以 2 周/秒的频率作用在土样上。从图7.19 中可以看出，每次应力循环后都残留一定的孔隙水压力，随着动应力循环次数的增加，孔隙水压力累积而逐渐上升直至孔隙水压力等于总应力而有效应力等于零时，应变突然增到很大，土体强度骤然下降而发生液化。图 7.20 是上述试验中土样发生液化时的 σ_d 值与往复加荷次数之间的关系曲线。可以看出，往复加荷次数随 σ_d 值的减小而增加。这种试验得到的曲线是土体振动液化分析的基本依据。

试验研究与分析发现，并不是所有的饱和砂土、低塑性黏土、粉土等在地震时都发生液化现象。因此，必须充分了解影响土液化的因素，才能做出正确的判断。

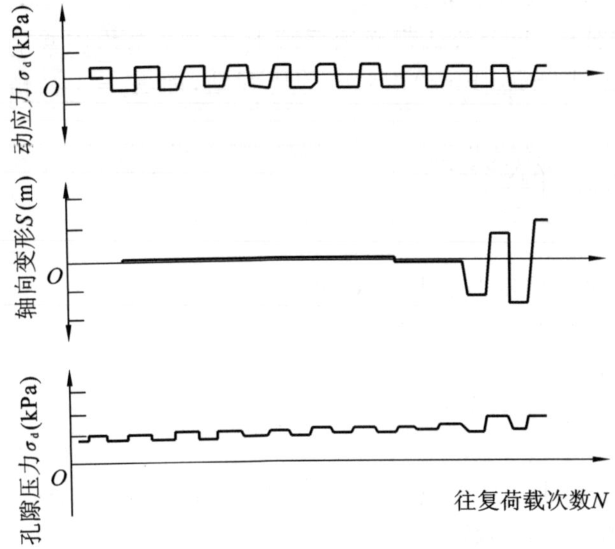

图 7.19 某饱和松散砂样的往复荷载试验

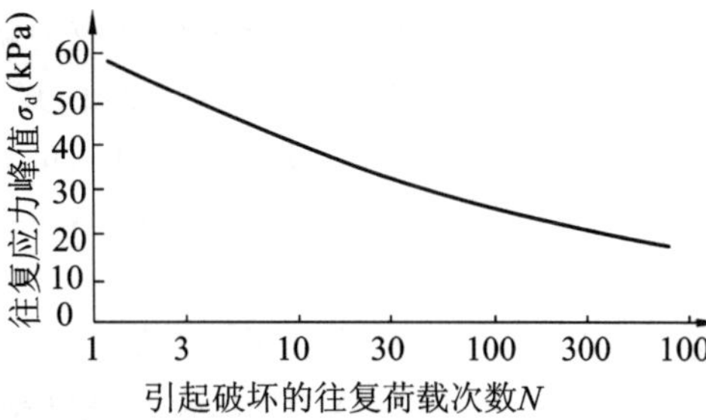

图 7.20 某砂样液化时 σ_d 与 N 的关系

(初始孔隙比 $e=0.87$,$\sigma_3=98.1$ kPa)

7.3.2 振动孔隙水压力的发展

土在排水的条件下受剪切将发生体胀或体缩,而在不排水条件下受剪切,则体积的变化趋势表现为超静孔隙水压力的发展,其值可正可负。土受周期荷载作用,实际上是受反复的剪切作用,因此在不排水的条件下必然伴随着孔隙水压力的生成和发展。不过,与静应力作用有一点不同,就是不论是松砂或密砂,每一次应力循环都要引起正值的孔隙水压力的增加,松砂增加得快,密砂增加得慢。

关于周期荷载作用下孔隙水压力的发展规律,从理论上说是一个很复杂的问题。目前尚没有较好的理论解答。实验研究结果表明,振动孔隙水压力的发展主要取决于如下几个因素:

(1) 土的性质

土受振动时容易变密,渗透系数较小、孔隙水压力不易消散的土类,如较松的中、细粉砂和粉土等都容易生成和发展振动孔隙水压力。

(2) 振前应力状态

振前应力状态用周围压力 σ_3 和固结应力比 K_c 表示。周围压力 σ_3 在土体内不引起剪应力,它对振动孔隙水压力的影响主要是通过土的密度起作用,σ_3 愈大,土愈密,孔隙水压力的发展愈慢。对振动孔隙水压力发展影响更大的是固结应力比 K_c。它表示振前土体已经承受的剪切程度。在"土的剪切性状"中已有讲述,随着剪切应变的发展,孔隙水压力的发展速度从快变慢,到了一定的剪应变后,将产生负值孔隙水压力。周期应力作用下,虽然总是产生正的孔隙水压力,但是 K_c 愈大的土,由于振前已发生较大的剪切变形,孔隙水压力的发展速度愈慢,且最终的累积值也愈小。

(3) 动荷载的特点

动荷载是引起孔隙水压力发展的外因。显然,动应力的幅值愈大,循环的次数愈多,积累的孔隙水压力也愈高。至于频率的影响,试验研究的结果表明,对于粗粒土,在试验常用的频率范围内，频率对孔隙水压力发展的影响很小，一般可不考虑。

目前有许多估算振动孔隙水压力发展的公式，每个公式都必须反映上述三个基本因素的作用。较典型的如西特-芬恩的反正弦函数公式（Seed-Finn）。对于等压固结，即 $K_c=1$ 的情况该公式为：

$$\frac{u}{\sigma_3}=\frac{\pi}{2}\sin^{-1}\left(\frac{N}{N_f}\right)^{\frac{1}{\theta}} \tag{7.11}$$

式中 u——N 次循环所累积的孔隙水压力；

N_f——破坏振次，可根据动应力幅值，从动强度曲线上查取；

θ——表示土性质的试验参数，其值与土的种类和密度有关。

对于 $K_c>1.0$ 的情况，式(7.11)可修改为：

$$\frac{u}{\sigma_3}=\frac{1}{2}+\frac{1}{\pi}\sin^{-1}\left[\beta\left(\frac{N}{N_{50}}\right)^{\frac{1}{\theta}}-1\right] \tag{7.12}$$

式中 N_{50}——在孔隙水压力发展曲线（即 u-N' 曲线）上，当 $u=0.5\sigma_3$ 时所对应的循环周数，它与 N_f 类似，也是反映应力幅大小的参数；

β——土质参数，一般可取 1.0；

θ——与固结应力比 K_c 有关的土质参数，可表示为 $\theta=\alpha_1K_c+\alpha_2$，$\alpha_1$ 和 α_2 直接由试验测定。

图 7.21 表示不同 K_c 和 θ 值，用式(7.12)计算的孔隙水压力发展规律，可供参考。

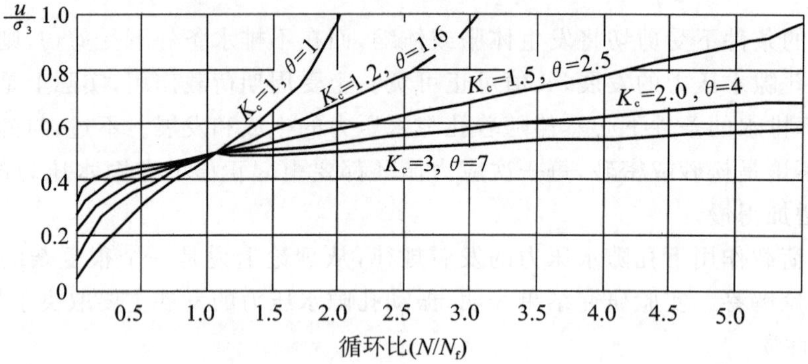

图 7.21 振动孔压发展曲线

7.3.3 土液化的主要影响因素

如前所述，上述影响孔隙水压力发展的因素也就是影响土体液化的因素。不过振动荷载一般都要在土体内引起孔隙水压力的积累，但不一定能达到液化的程度。是否能发生液化，主要是取决于土的性质。总结国内外现场调查和试验研究的结果表明，液化是土体内孔隙水压力发展至 $u=\sigma_3$ 的一种现象。因此，就土的种类而言，一般只能发生于饱和土。中、细、粉砂是最容易发生振动液化的土。粉土和砂粒含量较高的砂砾土也属于可液化土。砂土的抗液化性能与平均粒径 d_{50} 的关系很密切。在 $d_{50}=0.07\sim1.0$ mm 范围的土，抗液化性能最差。黏性土由于有黏聚力，振动不容易使其发生体积变化，也就不容易产生较高的孔隙水压力，所以是非液化土。粒径较粗的土，如砾石、卵石等渗透系数很大，孔隙水压力消散很快，难以累积到较高的数值，通常也不会液化。图 7.22 表示可液化土的范围，可供参考。

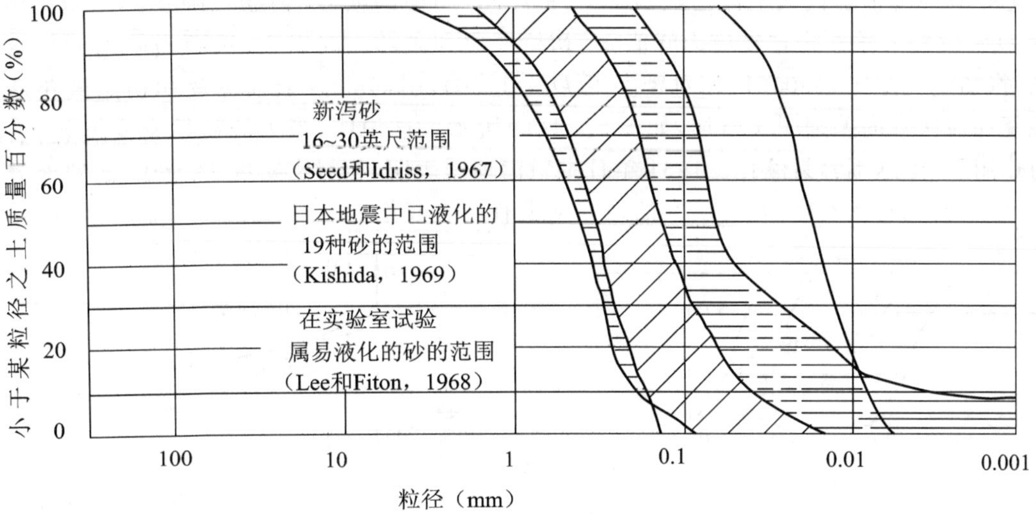

图 7.22 可液化土的范围

土液化的影响因素主要有土类、土的初始密实度、初始固结压力、往复应力强度与次数，现介绍如下：

(1) 土类的影响

黏性土具有黏聚力，即使超孔隙水压力等于总应力，有效应力为零，抗剪强度也不会完全消失，难以发生液化；砾石等粗粒土因为透水性大，超孔隙水压力能迅速消散，不会造成孔隙水压力累积至总应力而使有效应力为零，也难以发生液化；只有中等粒组的砂土和粉土易发生液化。图 7.23 给出了颗粒均匀(即级配不良)和级配良好的土易发生液化的级配曲线范围。但由于沿此范围边界的级配曲线形状都是相似的，所以不能仅以级配特征确定是否液化。一般情况下，塑性指数高的黏土不易液化，低塑性和无塑性土易液化。在振动作用下发生液化的饱和土，一般平均粒径小于 2 mm 黏粒的含量低于 10%～15%，塑性指数低于 7。

土的颗粒越粗，动力稳定性越高，粗砂、中砂、细砂、粉砂的液化可能性逐渐增大；不均匀系数超过 10 的砂土一般较难发生液化，缺少中间粒径或者卵砾石等大颗粒的含量不足以形成稳定骨架，而以细粒为主的砂砾石土，都具有较低的抗液化强度；土中黏粒含量达到一定程度(例如 10%以上)时，土的动力稳定性将有所增大。

排列结构稳定和胶结状况良好的土均具有较高的抗液化能力。由于土的结构受沉积年代、应力历史、应变历史等的影响，故原状土比重塑土难液化，古砂层比新砂层难液化，遭受过地震的砂土比未遭受地震的砂土难液化，土粒排列中主要接触方向角大的比方向角小的土难液化。经过预压的试样有较高的抗液化能力，湿法制样较干法制样有较高的抗液化能力，振动法制样较舂捣法制样有较高的抗液化能力，低频振动制样较高频振动制样有较高的抗液化能力，均匀级配砂较良好级配砂有较高的抗液化能力，圆粒砂较角砾砂有较高的抗液化能力，粒状砂较片状砂有较高的抗液化能力等。

(2) 土的初始密实度

土的初始密实度对液化的影响表示在图 7.24 中(周期加荷三轴压缩试验结果)。土中孔隙水压力等于固结压力 σ_3 是产生液化的必要条件，此时定义为初始液化。在大多数场合下，

20%的全幅应变值被认为土样已经破坏。图 7.24(a)中的松砂(初始孔隙比$e=0.87$,相对密实度 $D_r=0.38$),给一定往复应力峰值 σ_d,初始液化和破坏同时发生;然而当砂的初始密实度增加时(初始孔隙比 $e=0.61$,相对密实度 $D_r=1.00$),引起 20%全幅应变和初始液化所需要的往复加荷次数的差别明显增加,如图 7.24(b)所示。这说明,当土的初始密实度越大,在振动力作用下,土越不容易液化。1964 年日本新泻地震表明,相对密实度 $D_r=0.50$ 的地方普遍发生液化,而相对密实度 $D_r>0.70$ 的地方则没有发生液化。

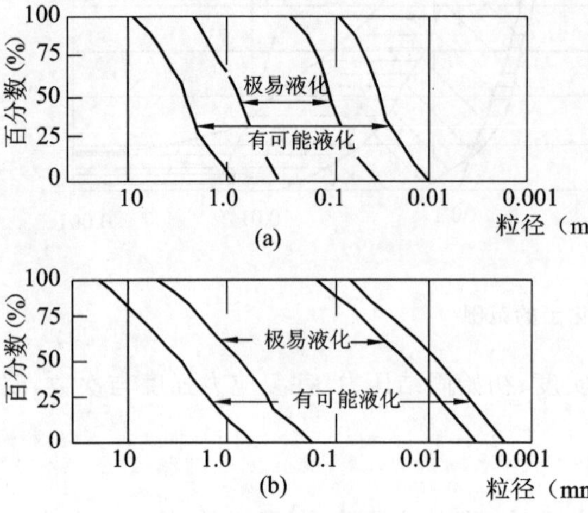

图 7.23 易发生液化的级配曲线

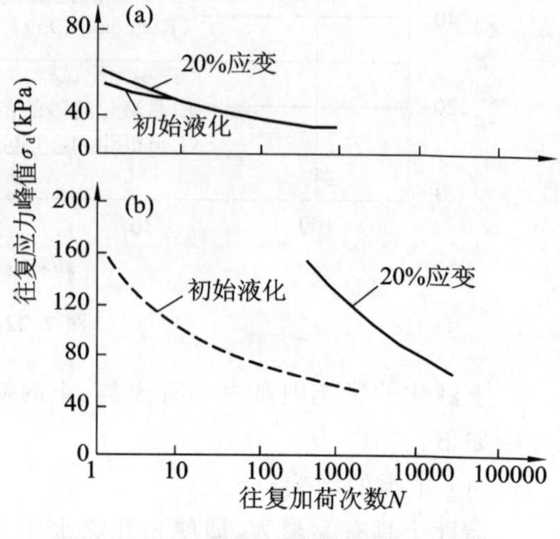

图 7.24 初始密实度对某砂液化的影响

(a) $e=0.87, D_r=0.38, \sigma_3=98.1$ kPa;

(b) $e=0.61, D_r=1.00, \sigma_3=98.1$ kPa

(3) 土的初始固结压力

图 7.25 为固结压力(周围压力 σ_3)对液化的影响(周期加荷三轴压缩试验结果)。图7.25(a)为固结压力对初始液化的影响,而图 7.25(b)表示固结压力对 20%的全幅应变(土样破坏)的影响。从图 7.25 中可以看出,对于给定的初始孔隙比($e=0.61$)、初始相对密实度($D_r=1.00$)和往复应力峰值,引起初始液化和 20%全幅应变所需的往复荷载次数都将随着固结压力的增加而增加(对所有的相对密实度都适用)。这说明在其他条件相同的情况下,周围压力越大越不容易发生液化。地震前地基土的固结压力可以用土层有效的覆盖压力乘以侧压力系数来表示,因此,地震时土层埋藏越深,越不易液化。

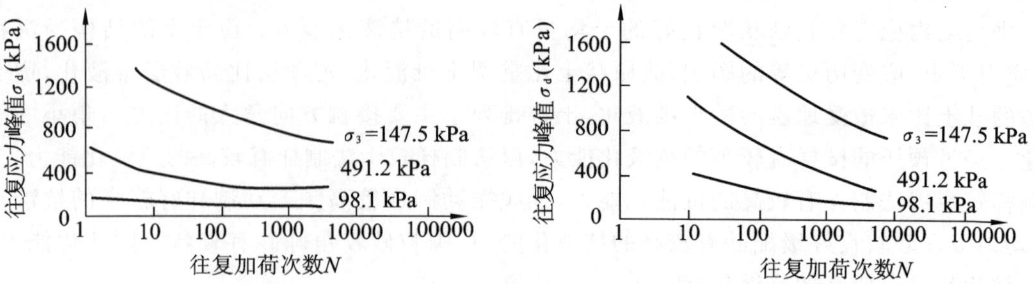

图 7.25 σ_3 对某砂样液化的影响

(a) 初始液化;(b) 20%的全幅应变(土样破坏)

(4) 往复应力强度与往复次数

图 7.26 为单剪仪液化试验的典型结果。从图中可以看出,对于给定的固结压力 σ_c 和不同相对密实度 D_r,就同一种土类而言,往复应力越小,则需越多的振动次数才可产生液化,反之,则在很少振动次数时,就可产生液化。

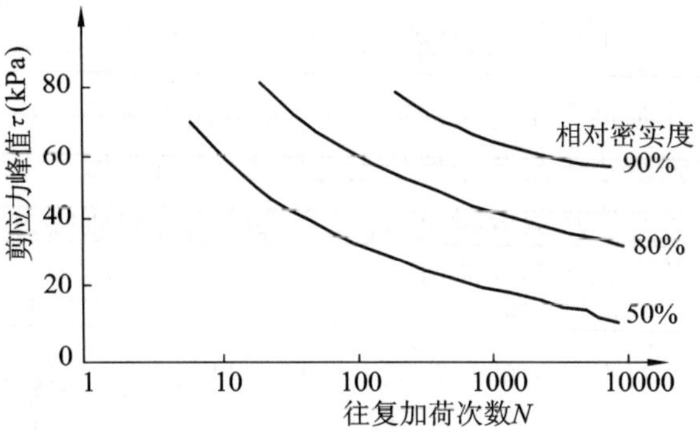

图 7.26 单剪试验的初始液化曲线($\sigma_c=784.8$ kPa)

以上关于砂土的振动液化可能性影响因素的讨论,对我们在多种因素共同起作用的条件下分析饱和砂土振动液化的特性十分重要。只有在了解了各因素的可能影响后才可以根据具体条件进行综合分析。这些基本性质的结论,将是我们在具体判定液化可能性和为防止液化现象提供相应措施的基础。

7.3.4 液化危害性分析

当地基中有液化土层存在时并不一定存在危害,并不意味着必须采取直接加固的措施。如果砂层较薄且埋藏层较深,上部为轻型结构,则它发生液化的危害性将远远小于某浅而厚的砂层发生液化时的危害性。如果液化并不足以危及建筑物的稳定性,则可以不去花费巨大财力来对它做过度的处理。可液化土的处理应按建筑物的特性及液化的实际危害性来采取必要的处理方法和处理程度。

液化的危害性与地基中可液化土层的埋深 Z_1、可液化土层的厚度 D_c、可液化土层的液化势 L、超过抗液化势 R 的程度,以及可液化土层上非液化土层的厚度 D_1 等一系列因素有关。埋深愈小,可液化土层上的非液化土层愈薄,液化的危害性愈大。液化的危害性与基础的埋置深度 D_f、基础的形式和基础荷载传递的均匀程度有关。基础埋深愈小,荷载偏心愈大,液化的危害性愈大。液化的危害还与上部结构的形式、刚度、质量分布和使用特点有关。因为形式、刚度和质量分布的影响可以通过结构的基本周期来反映。在地震作用下,当可液化土层由硬变软时,地基土的自振周期增长。这样,对于本来具有较长周期的建筑物会使其地震反应增大,而遭到更大的破坏,增大液化的危害性。

7.3.5 地基液化判别与防治

7.3.5.1 饱和砂土振动液化可能性的估计与判别

判定饱和砂土振动液化的可能性的方法有:临界孔隙比法、振动稳定密度法、临界标贯击数法、标准爆破沉降量法、抗液化剪应力法、剪切波速法、综合指标法、静力触探法、统计法和室内外试验综合法等。它们的共同特点是用对比促使液化方面和阻抗液化方面的某种代表性物理量的相对大小的方法做出液化可能性的判断。

图 7.10 所示的动强度曲线,如果绘制时是以 $u=\sigma_3$ 为破坏标准,这类曲线即为液化强度曲线,它给出液化破坏时动应力幅与循环次数的关系。如果通过某种分析方法(目前常用的是动力有限元法),能够计算出土单元体的动剪应力时程曲线,则可以通过等价方法,取 $0.65\tau_{max}$ 为等价幅值 τ_{eq},利用液化强度曲线和式(7.4)计算出等价周数 N_{eq}。再用 N_{eq} 从液化强度曲线

上查取发生液化破坏的动剪应力幅 τ_d，在动荷三轴试验中，$\tau_d=\frac{\sigma_{d0}}{2}$。如果 $\tau_d>\tau_{eq}$，说明土的液化强度大于等价动剪应力，该单元土体处于稳定状态，不会发生液化破坏。若 $\tau_d\leqslant\tau_{eq}$，即液化强度小于或等于等价动剪应力，土单元体要产生液化破坏。因此，只要对土工建筑物或地基进行动力反应分析，求得各个土单元的动剪应力时程曲线，就可用上述方法判别是否发生液化以及液化区的发展范围。

7.3.5.2　液化的初步判别

在场地的初步勘察阶段和进行地基失效区划时，常利用已有经验，采取对比的方法，把一大批明显不会发生液化的地段勾画出来，以减轻勘察任务、节省勘察时间与费用。这种利用各种界限勾画不液化地带的方法，被称为液化的初步判别。我国根据对邢台、海城、唐山等地地震液化现场资料的研究，发现液化与土层的地质年代、地貌单元、黏粒含量、地下水位深度和上覆非液化土层厚度有密切关系。

对于饱和的砂土或粉土(不含黄土)，当符合下列条件之一时，可初步判别为不液化或可不考虑液化影响：

(1) 地质年代为第四纪晚更新世(Q_3)及其以前时，7 度、8 度时可判为不液化土。

(2) 粉土的黏粒(粒径小于 0.005 mm 的颗粒)含量，7 度、8 度和 9 度分别不小于 10%、13%和 16%时，可判为不液化土(注：用于液化判别的黏粒含量系采用六偏磷酸钠作分散剂测定，采用其他方法时应按有关规定换算)。

(3) 天然地基的建筑，当上覆非液化土层厚度和地下水位深度符合下列条件之一时，可不考虑液化影响：

$$d_u>d_0+d_b-2$$

$$d_w>d_0+d_b-3$$

$$d_u+d_w>1.5d_0+2d_b-4.5$$

式中　d_w——地下水位深度，m，宜按设计基准期内年平均最高水位采用，也可按近期内年最高水位采用；

d_u——上覆盖非液化土层厚度，m，计算时宜将淤泥和淤泥质土层扣除；

d_b——基础埋置深度，m，不超过 2 m 时应采用 2 m；

d_0——液化土特征深度，m，对于饱和粉土，7 度、8 度、9 度时，分别取 6 m、7 m、8 m，对于饱和砂土，则分别取 7 m、8 m、9 m。

(4) 基础埋置深度不超过 2 m 的天然地基，可根据图 7.27 中规定的上覆非液化土层厚度 d_u 或地下水位深度 d_w，判定土层是否考虑液化影响。

经初步判定有可能液化的土层，可通过标准贯入试验(有成熟经验时亦可采用其他方法)，进一步判定土层是否液化。

7.3.5.3　液化判别方法

(1)《建筑抗震设计规范》方法

《建筑抗震设计规范》(GB 50011—2010)规定：当饱和砂土、粉土的初步判别认为需进一步进行液化判别时，应采用标准贯入试验判别法判别地面下 20 m 范围内土的液化；但对《建筑抗震设计规范》(GB 50011—2010)规定可不进行天然地基及基础的抗震承载力验算的各类建筑，可只判别地面下 15 m 范围内土的液化。当饱和土标准贯入锤击数(未经杆长修正)小于或等于液化判别标准贯入锤击数临界值时，应判为液化土。当有成熟经验时，尚可采用其他

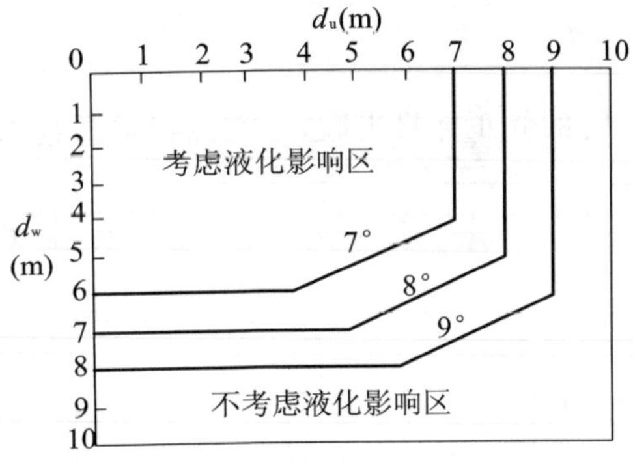

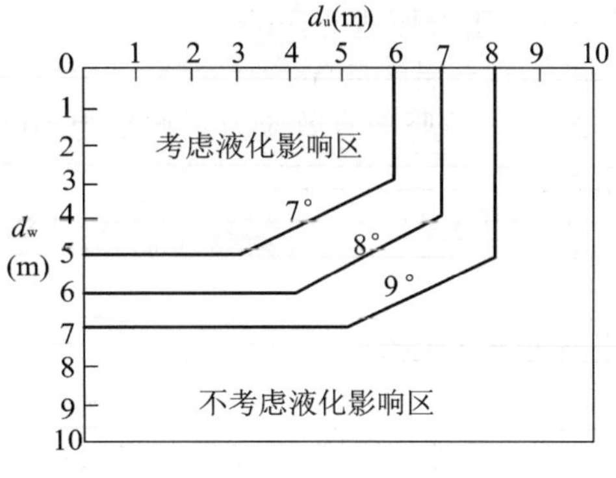

图 7.27 液化初判图

(a) 砂土;(b) 亚砂土

判别方法。

在地面下 20 m 深度范围内,液化判别标准贯入锤击数临界值可按下式计算:

$$N_{cr}=N_0\beta[\ln(0.6d_s+1.5)-0.1d_w]\sqrt{3/\rho_c} \tag{7.13}$$

式中 N_{cr}——液化判别标准贯入锤击数临界值;

N_0——液化判别标准贯入锤击数基准值,可按表 7.2 采用;

d_s——饱和土标准贯入点深度,m;

d_w——地下水位,m;

ρ_c——黏粒含量百分率,当小于 3 或为砂土时,应采用 3;

β——调整系数,设计地震第一组取 0.80,第二组取 0.95,第三组取 1.05。

表 7.2 液化判别标准贯入锤击数基准值 N_0

设计基本地震加速度(g)	0.10	0.15	0.20	0.30	0.40
液化判别标准贯入锤击数基准值	7	10	12	16	19

(2) Seed 的经验方法

Seed 以世界各国的资料(包括中国)为基础,提供了地震剪应力比 τ/σ' 与修正标准贯入锤击数 N_1 的关系图(图 7.28),在 (τ/σ')-N_1 的关系图中,临界液化剪应力比 $(\tau/\sigma')_{cr}$ 可近似表示为:

$$(\tau/\sigma')_{cr}=0.011\,N_1 \tag{7.14}$$

图层中的等效地震剪应力比 $(\tau_{av}/\sigma'_v)_E$ 按下式计算:

$$(\tau_{av}/\sigma'_v)_E=0.1(M-1)\frac{a_{max}}{g}\frac{\sigma_v}{\sigma'_v}(1-0.015d_s) \tag{7.15}$$

式中 σ'_v——竖向有效应力,kPa;

σ_v——竖向总应力,kPa;

M——震级;

a_{max}——地面水平向峰值加速度,m/s^2;

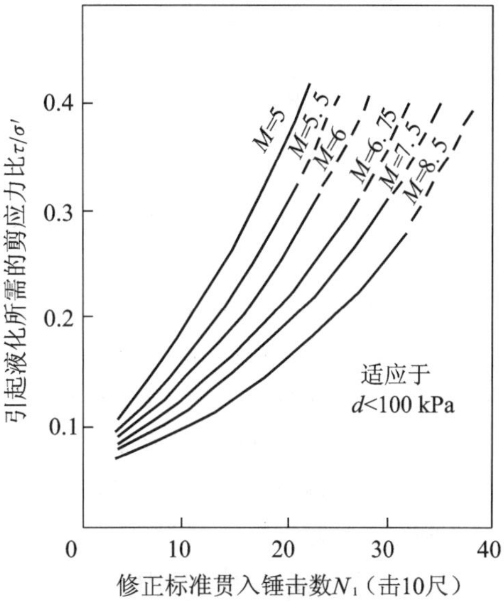

图 7.28 判别砂土液化的 H.B. Seed 经验方法图

g——重力加速度，m/s^2；

d_s——土层深度，m。

N_1——将竖向有效应力 σ'_v 调整为 100 kPa 时的修正标贯击数，与实测标贯击数 N 的近似关系为：

$$N_1 = C_N N \tag{7.16}$$

$$C_N = 10/\sqrt{\sigma'_v} \tag{7.17}$$

当满足下述关系时：

$$(\tau_{av}/\sigma'_v)_E > (\tau/\sigma')_{cr} \tag{7.18}$$

判别为液化；否则，判别为不液化。应当指出，式(7.18)在 $(\tau/\sigma')_{cr}$ 取值 0.1～0.3 时有足够的精度，大于 0.3 之后取值偏小即偏于安全。

7.3.5.4 液化土层的液化等级划分

对存在液化土层的地基，应探明各液化土层的深度和厚度。按下式计算每个钻孔的液化的指数，并按表 7.3 综合划分地基的液化等级：

$$I_{lE} = \sum_{i=1}^{n}(1 - N_i/N_{cri})d_i W_i \tag{7.19}$$

式中 I_{lE}——液化指数；

n——在判别深度范围内每一个钻孔标准贯入试验点的总数；

N_i，N_{cri}——i 点标准贯入锤击数的实测值和临界值，当实测值大于临界值时取临界值；

d_i——i 点所代表的土层厚度，m，可采用与标准贯入试验点相邻的上、下两标准贯入试验点深度差的一半，但上界不高于地下水位的深度，下界不深于液化深度；

W_i——i 土层单位土层厚度的层位影响权函数值，m^{-1}，若判别深度为 15 m，当该层中点深度不大于 5 m 时采用 10，等于 15 m 时采用零值，5～15 m 时按线性内插计算取值；若判别深度为 20 m，当该层中点深度不大于 5 m 时采用 10，等于 20 m 时采用零值，5～20 m 时按线性内插计算取值。

表 7.3 液化等级(GB 50011—2010)

液化等级	轻微	中等	严重
液化指数 I_{lE}	$0<I_{lE}\leqslant 6$	$6<I_{lE}\leqslant 18$	$I_{lE}>18$

7.3.5.5 地基液化防治

对于可能产生液化的地基，必须采取相应的工程措施加以防治，可以采用避开、挖换、加密、增压、围封、排水或深基(桩基)等处理途径，按具体情况比较选用。

在选择建筑物场地及地基时，尽量不要把建筑物放在容易发生液化的地段，即地下水位高、砂层埋藏浅、相对密度低、颗粒级配差、覆盖土层薄等情况下的地段。若一定要在此地段建建筑物时，将可液化土挖除(部分挖除，或全部挖除)并用非液化土置换。上部回填的土层还有利于防止下部砂层的液化破坏。

也可采用桩基础或其他深基础、全补偿筏板基础、箱形基础等防治地基液化。当采用桩基时，桩端伸入液化深度以下稳定土层中的长度(不包括桩尖部分)，应按计算确定，且对碎石土，砾、粗、中砂，坚硬黏性土和密实粉土尚不应小于 0.5 m，对其他非岩石土尚不宜小于 1.5 m；采用深基础时，基础底面应埋入液化深度以下的稳定土层中，其深度不应小于 0.5 m。对于穿过液化土层的桩基础，桩周摩擦力应视土层液化可能性大小，或全部扣除，或作适当折减。对于液化指数不高的场地，仍可采用浅基础，但适当调整基底面积，以减小基底压力和荷载偏心；或者选用刚度和整体性较好的基础形式，如筏板基础等。

还可以采用振冲、振动加密、挤密碎石桩、强夯、胶结等地基处理方法防治地基液化，也可用非液化土替换全部液化土层来防治地基液化。加固时，应处理至液化深度下界。振冲或挤密碎石桩加固后，桩间土的标准贯入锤击数不宜小于规范规定的液化判别标准贯入锤击数临界值；采用加密法或换土法处理时，在基础边缘以外的处理宽度，应超过基础底面下处理深度的 1/2 且不小于基础宽度的 1/5。胶结法包括使用添加剂的深层搅拌和高压喷射注浆，设置排水通道往往与挤密结合起来，材料可以用碎石和砂。

7.4 周期荷载下土的强度和变形特征

以同一振幅和周期往复循环作用的荷载称为周期荷载。其中最简单的是简谐荷载。简谐荷载随时间 t 的变化规律可用正弦或余弦函数表示：

$$P(t)=P_0\sin(\omega t+\theta) \tag{7.20}$$

式中 P_0——简谐荷载的单幅值；

ω——圆频率，rad/s；

θ——初相位角。

2π 弧度相当于一个加载循环。单位时间内所完成的循环数 $f=\dfrac{\omega}{2\pi}$，称为频率，即每秒内的循环次数，单位为赫兹(Hz)。完成一个循环所需的时间称为周期，以 T 表示：

$$T=\frac{1}{f}=\frac{2\pi}{\omega} \tag{7.21}$$

简谐荷载是工程中常用的荷载，许多机械振动(电机、汽轮机等)以及一般波浪荷载都属于这种荷载，所以在实验室中的动力试验也常采用这种荷载。

20 世纪 60 年代以来，特别是 1964 年日本新泻地震和美国阿拉斯加大地震以后，人们对地震造成的灾害十分重视。灾害的产生许多是由于动荷载作用下地基失去稳定所导致，因而引起人们系统地开展对土的动强度的研究。1966 年邢台地震以后，我国很多科学工作者也致力于这方面的工作。地震荷载虽然是一种不规则荷载，但在研究中往往将其等价成简单的均匀周期荷载。与此同时，由于开发海洋油、气资源的要求，需建造很多大型的近海、离岸海工建筑物和海底管线，作用于这类建筑物和海床上的一种经常性荷载是波浪荷载。波浪荷载是一种典型的周期荷载。因此，周期荷载作用下土的动强度成为土动力学中的一个主要的研究课题。

图 7.29 反映了荷载作用次数对土强度的影响。图中 τ_f 为静力破坏强度，τ_{df} 为动应力幅值，τ_0 是在加动应力前对土样所施加的一个小于 τ_f 的初始剪应力。由图 7.29 所示，动荷载反复作用次数越少，动强度($\tau_0+\tau_{df}$)越高，随着反复作用次数的增加，土的强度逐渐降低，当反复作用 100 次(压实黏性土)或 50 次(饱和软黏土)时，动强度已接近或低于静强度了，若作用次数再增加，则低于静强度。动强度还与初始剪应力的大小有关，初始剪应力越大，荷载作用次数对土强度的影响越小。

土的动强度可以用数种动力试验方法确定。根据加载方式的不同，动力试验方法可分为四种类型，如图 7.30 所示。

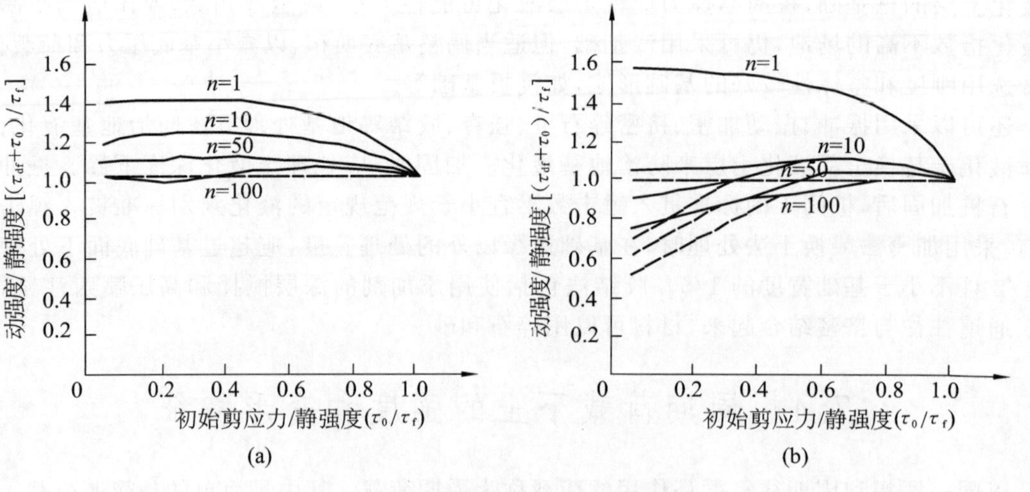

图 7.29　荷载振次 n 对土强度的影响

(a) 压实性黏土；(b) 饱和软黏土

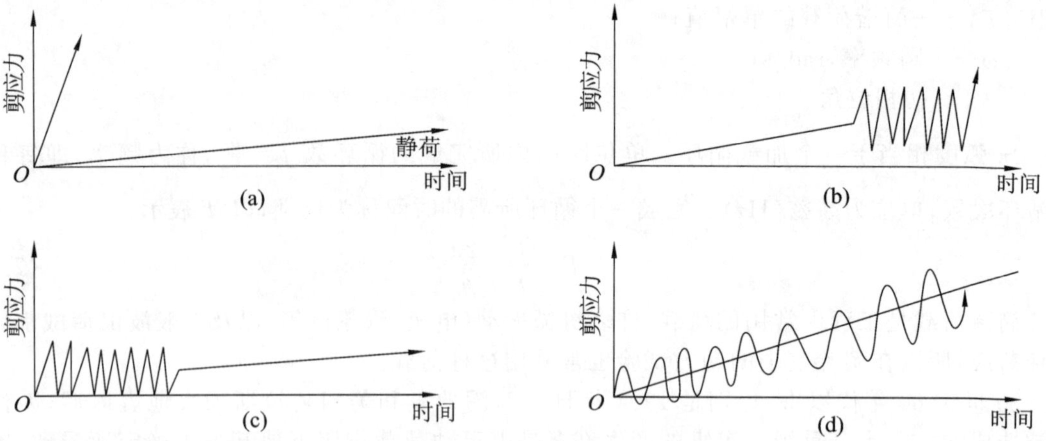

图 7.30　动力试验的加载方式

(a) 单调加载；(b) 单调-循环加载；(c) 循环-单调加载；(d) 单调增加循环加载

图 7.30(a)所示的单调加载试验的加载速率是可变的。传统的静力加载试验所用的加载速率控制在使试样达到破坏的时间在几分钟的数量级，单调加载试验的加载速率控制在使试样达到破坏的时间小于数秒时称为快速加载试验。快速加载试验或瞬时加载试验用于确定土在爆炸荷载作用下的强度。

图 7.30(b)所示的单调-循环加载方式用于确定土在地震作用下的强度。初始阶段施加的单调静剪应力用于模拟地震前土中的静应力状态，例如斜坡场地中土单元的应力状态，后续阶段施加的循环荷载模拟地震运动作用下土中的循环剪应力。

图 7.30(c)所示的循环-单调加载方式用来研究土在地震运动作用下的强度和刚度衰减或降低。在若干次循环荷载结束后，土样变得软弱，土的静强度和变形性能与加循环荷载前的初始状态不一样，因此，这种试验的土体性能可用于地震后土坝或路堤的稳定性分析。

图 7.30(d)所示的单调增加循环加载方式有时用于研究受到震动影响的土的静强度。地基中靠近桩或板桩的土体，由于受到打桩引起的振动影响，土的静强度可能会有所降低，在这

种情况下土的强度，可采用土样放在振动台上进行振动试验。

图 7.31、图 7.32 反映了反复荷载作用下土的变形特性。图 7.31 表示受竖向应力 σ_z 作用下海滩砂振动的一些试验结果。所用这些试样的起始相对密实度为 $D_r=0.6$，荷载作用的频率为 1.8～6 Hz，由图可知，应变随作用次数的增加而增加，随动应力与竖向应力之比 σ_d/σ_z 值的增加而增加。图 7.32 表示室内条形基础的模型试验，砂土上的模型基础尺寸为 75 mm×228 mm，在反复荷载的作用下，砂土的沉降随作用次数的增加而增加，随动应力与单轴抗压强度之比 σ_d/q_u 值的增加而增加。

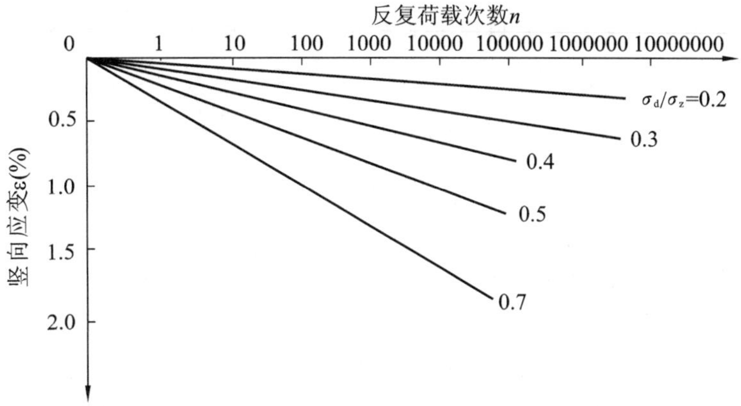

图 7.31 在竖向应力作用下某砂的振动压实

（$D_r=0.6$，$\sigma_z=138.2$ kPa）

同样，动荷载加载的速度也将对土的强度与变形产生影响。如图 7.33 所示，加载速度越慢，其强度越低，但承受的应变范围越大。

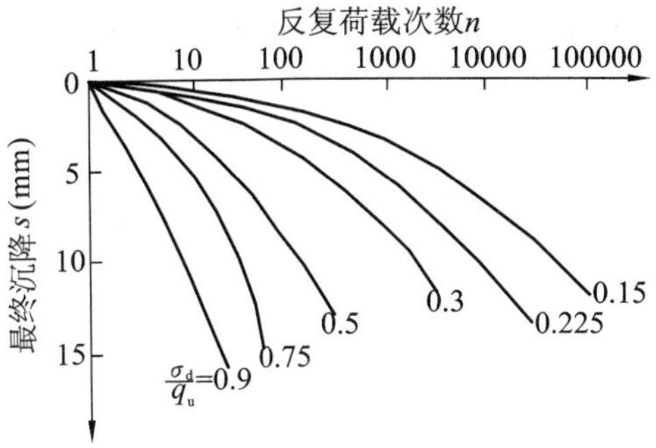

图 7.32 条形基础模型试验中由反复荷载引起的塑性变形

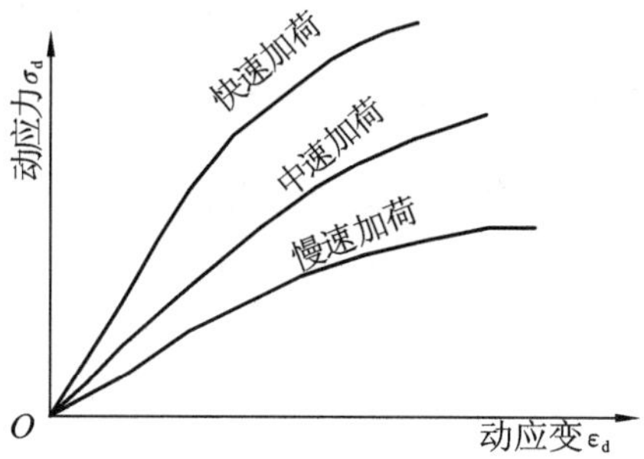

图 7.33 加荷速度对土的应力-应变的影响

思考与练习题

7.1 试述土的振动液化机理及其影响因素。

7.2 为什么黏性土和砾石土一般难以发生液化？

7.3 土的液化初步判别有何意义？如何判别？土的液化判别方法有哪些？

8 地基勘察和测试

【思政元素】

本章提要

本章首先简单介绍了地基和基础的定义及其分类，简要阐述了工程地质作用、地质年代及各类岩石、常见不良地质作用的概念。详细讲述了地基勘察的目的、要求及任务，地基勘察及测试的各类方法，举例说明了岩土工程勘察报告的要求及内容。

8.1 概　　述

任何建筑物都是建造在地基之上的，地基岩土的工程地质条件将直接影响建筑物安全。因此，在对建筑物进行设计之前，必须通过各种勘察手段和测试方法进行地基勘察，调查研究和分析评价建筑场地和地基的工程地质条件，为设计和施工提供可靠的工程地质资料。具体内容可参考《岩土工程勘察规范》(GB 50021—2001，2009 年版)的有关规定。

在工程实践中，地基基础事故较其他事故更多见。不少地区已有不经勘察而盲目进行地基基础设计和施工而造成工程事故的实例。但是更常见的是，贪快图省，勘察不详，结果反而延误建设进度，浪费大量资金，甚至遗留后患。当前，高层建筑日益增多，新开发区不断扩大，从事建筑物设计和施工的人员，务必重视场地和地基的勘察工作，对勘察内容和方法有所了解，以便正确地向勘察部门提出勘察任务和要求，并学会分析和使用工程地质勘察报告。

8.1.1 地基的定义及分类

建筑物的全部荷载最终由其下的地层来承担，承受建筑物全部荷载的那一部分地层称为地基(图 8.1)。地基分为天然地基和人工地基。

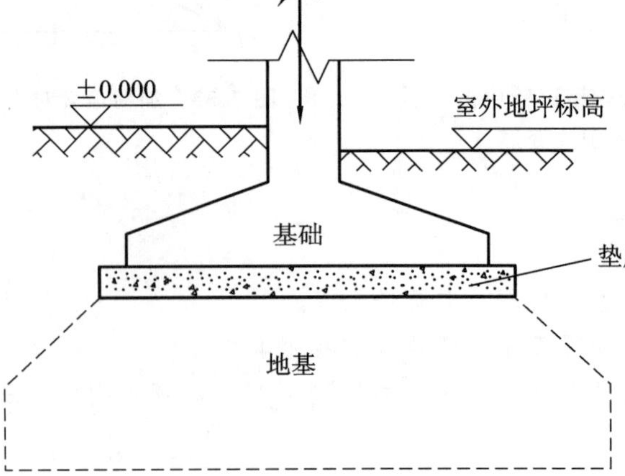

图 8.1　地基与基础

(1) 天然地基

力学性能满足建筑物的承载和变形能力要求的地层称为天然地基。建筑物的基础可直接设置在该天然地层上。

承载能力和抗变形能力是地层能否作为天然地基的基本要求。承载能力要求是指该地层必须具有足够的强度和稳定性,以及相应的安全储备;抗变形能力要求是指该地层承受建筑物荷载后不能产生过量的沉降和过大的不均匀沉降。

(2) 人工地基

当天然地层无法满足承受建筑物全部荷载的承载能力和抗变形能力基本要求时,可对一定深度范围内的天然地层进行加固处理,使其能发挥持力层作用,这部分地层经过人工改造后的地基称为人工地基。

8.1.2 基础的定义

由于地层土的压缩性大、强度低而不能直接承担通过墙和柱等竖向传力构件传来的建筑物的上部结构荷载,所以只能在竖向传力构件(墙和柱等)等直接与地基的接触处设置一层尺寸大于墙或柱断面的结构来将荷载扩散后安全地传递给地基,这种起到扩散墙、柱等竖向传力构件荷载的建筑物最下部的结构称为基础(图 8.2)。

基础是连接上部结构与地基的结构构件,基础结构应符合上部结构使用要求,技术上合理以及施工方便,满足地基的承载能力和抗变形能力要求。基础按埋置深度和传力方式可分为浅基础和深基础。

8.1.2.1 浅基础

相对埋深(基础埋深与基础宽度之比)不大,采用普通方法与设备即可施工的基础称为浅基础。浅基础按结构形式分为:独立基础、条形基础、板式基础、筏式基础、箱形基础、壳体基础等。根据基础所用的材料来分,浅基础可分为无筋扩展基础、钢筋混凝土扩展基础和钢筋混凝土梁板式基础。

(1) 无筋扩展基础

无筋扩展基础又称为刚性基础,是指由灰土、三合土、砖、毛石或混凝土等材料组成的墙下条形基础或柱下独立基础。由于组成无筋扩展基础的材料抗拉、抗弯强度低,该基础的外伸宽度受限制,所以此类基础的相对高度较大。

无筋扩展基础可分为墙下条形基础和柱下独立基础,其中墙下刚性条形基础应用得较多,在北方(环境干燥地区)用于五层以下丙级民用建筑,在南方(环境相对潮湿地区)一般用于四层以下的丙级民用建筑。

(2) 钢筋混凝土扩展基础

钢筋混凝土扩展基础又分为墙下钢筋混凝土条形基础和柱下钢筋混凝土独立基础。由于采用了钢筋混凝土结构,基础的抗弯等可通过配置钢筋来承担,基础的扩展宽度不受宽高比限制,比无筋扩展基础的扩展宽度大得多,特别适用于"宽基浅埋"的情况。图 8.2(a)、(b)为墙下扩展条形基础,图 8.2(c)～(e)为柱下独立基础。

(3) 钢筋混凝土梁板式基础

钢筋混凝土梁板式基础分为柱下钢筋混凝土条形基础、柱下十字交叉基础、筏板基础和箱形基础。

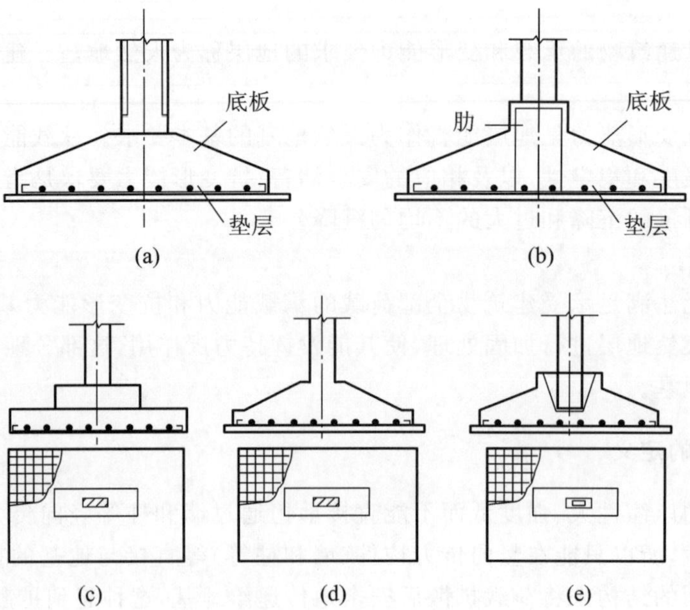

图 8.2 钢筋混凝土扩展基础

(a) 墙下无肋扩展条形基础；(b) 墙下有肋扩展条形基础；(c)～(e) 柱下独立基础

① 柱下钢筋混凝土条形基础

当上部结构荷载较大、地基较软弱的情况下，若采用柱下单独基础，基底面积可能很大，以至于互相接近时可将同一排的柱基础连通做成钢筋混凝土条形基础(图 8.3)。

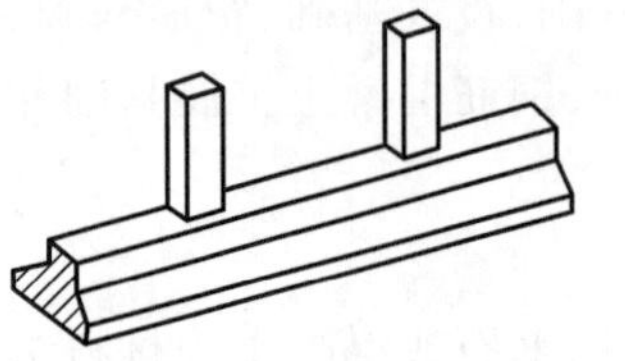

图 8.3 柱下钢筋混凝土单向条形基础

② 柱下十字交叉基础

当上部荷载较大、地基土质较差，采用条形基础不能满足地基承载力要求，或是需要增强基础的整体刚度来减少不均匀沉降时，可在柱网下纵横两方向设置钢筋混凝土条形基础形成如图 8.4 所示的十字交叉基础。

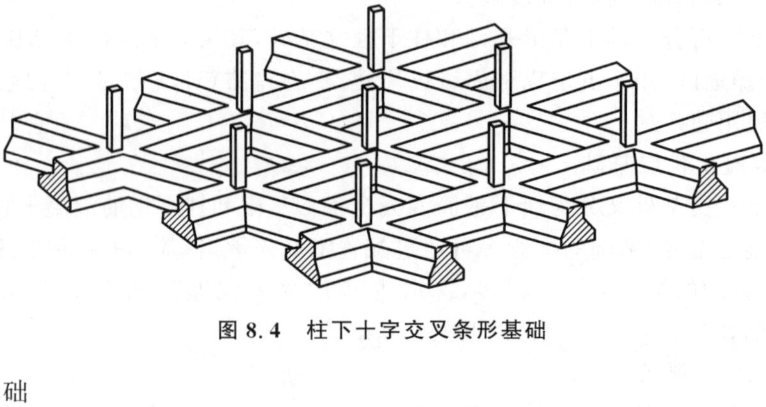

图 8.4 柱下十字交叉条形基础

③ 筏板基础

当上部荷载大、地基特别软弱或有地下室时，可采用钢筋混凝土筏板基础。筏板基础像一个倒置的整体刚度很大的无梁楼盖，它能很好地适应上部结构荷载的变化，调整地基的不均匀沉降。按构造的不同，筏板基础可分为平板式和梁板式两类。平板式筏板基础是柱子直接支承在钢筋混凝土底板上，形若倒置的无梁楼盖。按梁板的位置不同，梁板式筏板基础又可分为上梁式筏板基础和下梁式筏板基础，其中下梁式筏板基础底板表面平整，可作为建筑物底层地面。

④ 箱形基础

为使基础具有更大刚度，基础可做成由钢筋混凝土整片底板、顶板和若干钢筋混凝土纵横墙组成的箱形基础，见图 8.5。这种基础整体抗弯刚度相当大，基础的空心部分可做地下室。另外，由于埋深较大和基础空腹，卸除了基底处原有的地基自重压力，大大减少了基础底面的附加压力，所以这种基础又称为补偿基础。箱形基础在高层建筑及重要的建筑物中常被采用。

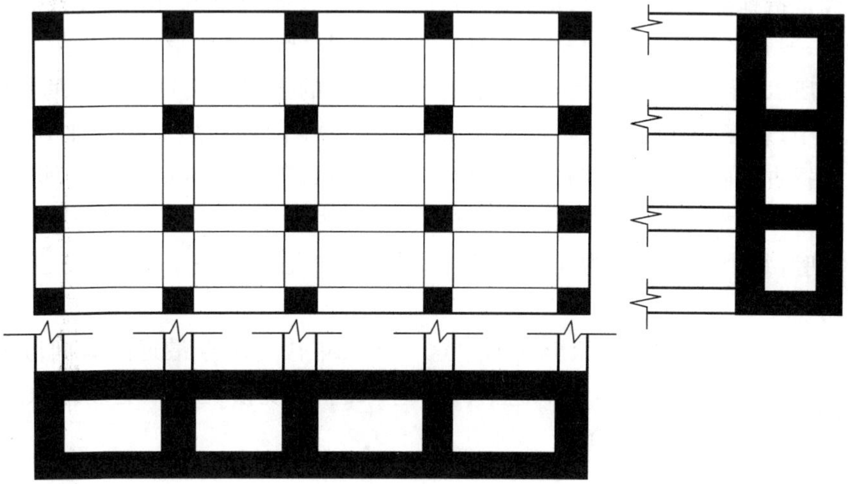

图 8.5 箱形基础

8.1.2.2 深基础

当建筑物荷载较大且上层土质较差，采用浅基础无法承担建筑物荷载时，需将基础埋置于较深的土层上，通过特殊的施工方法将建筑物荷载传递到较深土层的基础称为深基础。深基础可分为：桩基础、墩基础、沉井基础和地下连续墙等。

8.2 工程地质概述

8.2.1 地质作用和地质年代

8.2.1.1 地质作用的概念

由自然动力引起地球和地壳物质组成、内部结构和地壳形态不断变化和发展的作用，称为地质作用。地质作用实质上是组成地球的物质以及由其传递的能量发生运动的过程，地质作用的发生常常引发灾害。掌握地质作用的概念，对分析地基的工程性质具有很重要的意义。

地质作用按照动力来源的不同，可划分为内力地质作用、外力地质作用及工程地质作用。内力地质作用由地球内部放射性元素蜕变产生的辐射热能，以及地球旋转能和重力能引起，主要在地下深处进行，并可波及地表。内力地质作用包括构造运动、地震作用、岩浆作用、变质作用等。外力地质作用主要由地球以外的太阳辐射能引起，主要有风化作用、剥蚀作用、搬运作用、沉积作用等。在地壳演化过程中，内外动力地质作用相互依存和相互作用，形成了复杂多变的地质构造、地貌形态以及多种成因类型的岩石和土。工程地质作用实际上是人为地质作用。例如采矿移动大量岩体，引起地表变形、崩塌、滑坡；石油、天然气和地下水开采，因岩土层内疏干排水造成地面沉降；土木工程建设中，开挖引起的滑坡、洞室围岩塌方、地基失稳。

8.2.1.2 地质年代的概念

地质年代是指地壳发展历史与地壳运动、沉积环境及生物演化相应的时代段落。在漫长的地质历史中，地壳经历了一系列复杂的演变过程，不同地质年代形成的岩土，其工程性质有很大的差别。所以，了解土的成土年代对正确评价它们的工程性质具有一定的实际意义。

工程地质中，岩石和土的形成年代通常采用地质学中的相对地质年代来划分。所谓相对地质年代是根据古生物演化顺序和岩层的相对新老关系，即形成的先后顺序，将地壳历史划分成若干时间段落。相对地质年代把整个地质年代划分为若干个“纪”，纪可分为若干个“世”，世再分为若干“期”，每个期又可分为几个“时”。此外，几个纪合为一个“代”，代还可以进一步合并为“宙”。

大多数土是在第四纪(Q)沉积形成的。这一地质年代是距今最近的时间段落，指大约距今 100 万年以来的时段。在第四纪中包括四个世，从早到晚依次为早更新世(Q_1)、中更新世(Q_2)、晚更新世(Q_3)和全新世(Q_4)。

(1) 绝对年代的确定

基于放射性元素具有固定的衰变系数，测出矿物中放射性同位素蜕变后剩余的母体同位素含量(N)与蜕变而成的子体同位素含量(D)，根据下式计算出该矿物从其形成到现在的实际年龄，即代表岩石的绝对年代。

$$t=\ln(D/N)/\lambda \tag{8.1}$$

式中 t——岩石的绝对年代；

λ——衰变系数。

(2) 地质年代表

通过对全球各个地区地层划分和对比，以及对各种岩石进行同位素年龄测定，按年代先后进行系统性的编年，列出“地质年代表”(表 8.1)。它的内容包括地质年代单位、名称、代号和绝对年龄值等。

地质年代表使用不同级别的地质年代单位和年代地层单位。地质年代单位包括宙、代、纪、世，与其相对应的年代地层单位分别是宇、界、系、统。宙是地质年代的最大单位，与宙相对应的年代地层单位为宇。代是地质年代的二级单位，与代相对应的年代地层单位为界。纪是地质年代的三级单位，与纪相对应的年代地层单位为系。世是纪下面的次一级地质年代单位，与世相对应的年代地层单位为统。

表 8.1　地质年代表

代	纪	世	距今时间（百万年）	主要运动	主要现象
新生代 K_z	第四纪 Q	全新世 Q_4 晚更新世 Q_3 中更新世 Q_2 早更新世 Q_1	2～3	喜马拉雅运动	冰川广布，黄土形成，地壳发育成现代趋势，人类出现、发展
	第三纪 R　晚第三纪 N	上新世 N_2 中新世 N_1	25		地壳初具现代轮廓，哺乳动物、鸟类急速发展，并开始分化
	第三纪 R　早第三纪 E	渐新世 E_3 始新世 E_2 古新世 E_1	70	燕山运动	
中生代 M_z	白垩纪 K	上白垩世 K_2 下白垩世 K_1	135		地壳强烈运动，岩浆活动
	侏罗纪 J	上侏罗世 J_3 中侏罗世 J_2 下侏罗世 J_1	180	印支运动	除西藏等地区外，中国广大地区已上升为陆地，恐龙极盛，出现鸟类
	三叠纪 T	上三叠世 T_3 中三叠世 T_2 下三叠世 T_1	225	海西运动（华力西运动）	华北为陆地，华南为浅海，恐龙、哺乳动物发育
古生代 P_z　上古生代 P_{z2}	二叠纪 P	上二叠世 P_2 下二叠世 P_1	270		华北为陆地，华南为浅海。冰川广布，地壳运动强烈，兼有火山爆发
	石炭纪 C	上石炭世 C_3 中石炭世 C_2 下石炭世 C_1	350		华北时陆时海，华南为浅海，陆生植物繁盛，珊瑚、腕足类、两栖类动物繁盛
	泥盆纪 D	上泥盆世 D_3 中泥盆世 D_2 下泥盆世 D_1	400	加里东运动	华北为陆地，华南为浅海，火山运动，陆生植物发育，两栖类动物发育，鱼类极盛
下古生代 P_{z1}	志留纪 S	上志留世 S_3 中志留世 S_2 下志留世 S_1	440		华北为陆地，华南为浅海，局部地区火山爆发，珊瑚、笔石发育
	奥陶纪 O	上奥陶纪 O_3 中奥陶纪 O_2 下奥陶纪 O_1	500		海水广布，三叶虫、腕足类、笔石极盛
	寒武纪 ε	上寒武世 ε_3 中寒武世 ε_2 下寒武世 ε_1	600	蓟县运动	浅海广布，生物开始大量发展，三叶虫极盛
元古代 P_t　晚元古代 P_{t2}	震旦纪 Z_z		700		浅海与陆地相间出露，有沉积岩形成，藻类繁盛
	青白口纪		1000		
	蓟县纪 Z_j		1400±50		
	长城纪 Z_c		1700±	吕梁运动	
早元古代 P_{t1}			2050±	五台运动	
太古代 A_r			2400～2500		海水广布，构造运动及岩浆活动强烈，并出现原始生命现象
地球初期发展阶段			3650 6000	鞍山运动	

8.2.2 矿物、岩石的类型及特征

(1) 主要造岩矿物

岩石为自然形成的矿物集合体。矿物是地壳中具有一定的化学成分和物理性质的天然元素或化合物,是影响岩石特征和工程性质的主要因素之一。矿物种类大约有 250 多种,其中构成岩石的矿物称为造岩矿物。最常见造岩矿物有数十种,如长石、石英、云母、角闪石、辉石、绿泥石、方解石、黄铁矿、石膏等。造岩矿物的物理特征主要有形状、颜色、硬度、解理、光泽、断口等。物理特征是野外鉴别矿物的主要依据之一。

(2) 岩石成因类型及主要特征

岩石按其成因可分为岩浆岩(火成岩)、沉积岩和变质岩三大类。

① 岩浆岩

岩浆岩是指岩浆高温熔融体侵入地壳或喷出地表,由于热量散失而冷凝硬结形成的岩石。岩浆喷出地表后形成的岩石称为喷出岩;未喷出地表,在地下一定深处冷凝硬结的岩石为侵入岩。侵入岩按距地表的深浅又可分为深成岩和浅成岩。常见的岩浆岩有:花岗岩、闪长岩、辉长岩、流纹岩、安山岩、玄武岩、辉绿岩等。

② 沉积岩

沉积岩是由岩石、矿物在内外动力的作用下破碎成碎屑物质后,再经水流、风吹和冰川等的搬运,堆积在大陆低洼地带或海洋,再经胶结、压密等成岩作用而形成的岩石。沉积岩是最常见的岩石,在地表分布最广,约占地表面积的 3/4。按其成因可分为碎屑沉积、化学沉积(如岩盐)、生物沉积(如煤及某些灰岩)。最常见的沉积岩有:砾石、砂岩(长石砂岩、石英砂岩)、粉砂岩、页岩(黏土岩)、石灰岩、白云岩等。

③ 变质岩

变质岩是沉积岩或岩浆岩在高温、高压或其他因素作用下,经变质所形成的岩石。母岩经变质作用后,矿物重新结晶形成新的矿物,同时,岩石的结构、构造亦有所变化。但变质岩的矿物成分和结构都受原岩的影响,常有各种残存的标志。变质岩在构造方面最大特点是大多数具有片理构造。常见的变质岩有:片岩、片麻岩、板岩、石英岩、大理岩等。

8.2.3 第四纪沉积物

第四纪沉积物是指第四纪以来,地壳表面岩石经过风化、剥蚀、搬运、沉积而形成的松散结构物。这种松散物质即是通常所说的“土”。土形成后可以直接残留在原地,也可以在某种外力(如风力、水力等)作用下被搬运到别处。岩石碎屑中的一部分经受化学风化产生新的物质,称为次生矿物;另一部分只是受到物理风化,即破碎剥蚀、搬运与再沉积形成原生矿物。时代较老的土体在上覆沉积物的自重压力及地下水的作用下,并经受成岩作用(固结作用),逐渐固结成岩。土体固结成岩后,在适宜条件下,又可能再经受风化、搬运、沉积,周而复始,岩石又成为土。任何一种土,从形成至今,都要经过长期复杂的变化过程,土的成分和结构就是在这种长期演变过程中形成的。

根据第四纪沉积物形成的原因,可以将其划分成若干类型,如残积物、坡积物、洪积物、冲积物等。

（1）残积物

残积物是由岩石经物理、化学风化作用破碎后，未经搬运残留于原地的堆积物。其分布主要受地形控制。在宽广的分水岭地带，由雨水产生的地表径流流速很小，风化物易于保存，残积土就比较厚。在平缓山坡上也常有残积土覆盖。

残积物成分与母岩的岩性密切相关。残积物没有明显的层理构造，但保留母岩构造遗迹。原岩经受强烈风化后，孔隙度较大，透水性较强，不同层次颗粒粗细变化很大。由于残积物一般情况下没有经过搬运，因而颗粒具有明显的棱角。残积物中的地下水赋存情况因其补给和排泄条件而异。

（2）坡积物

坡积物是指高处的风化碎屑物由于本身的重力作用或经受水力、风力等的搬运而在斜坡或坡脚停积形成的堆积物。

坡积物成分与高处残积物的物质成分基本一致，其工程性质也很接近。坡积物由于经过了一段距离的搬运，往往具有一定的磨圆度，而成为亚圆形。由于重力和阻力的平衡作用，比较粗大的颗粒搬运距离较短，而细小的颗粒则搬运距离较长。

坡积物厚度变化较大。在坡脚地段堆积较厚，可达一二十米，而在斜坡较陡地段较薄。坡积物中地下水一般属于潜水，有时会形成上层滞水。坡积物没有经过良好的分选作用，一般见不到层理。新近堆积的坡积物结构显得比较疏松，一般具有较高的压缩性。坡积地段作为建筑场地时，应慎重处理沉降与稳定问题，防止可能给工程带来的危害。

（3）洪积物

洪积物是指暂时性山洪带来的碎屑物质在冲沟的出口处堆积而成的土体。山洪携带大量碎屑物质出山口后，由于水流的散开，流速骤然降低，使碎屑物在山口呈扇形沉积下来，形成洪积扇或洪积锥（图 8.6）。

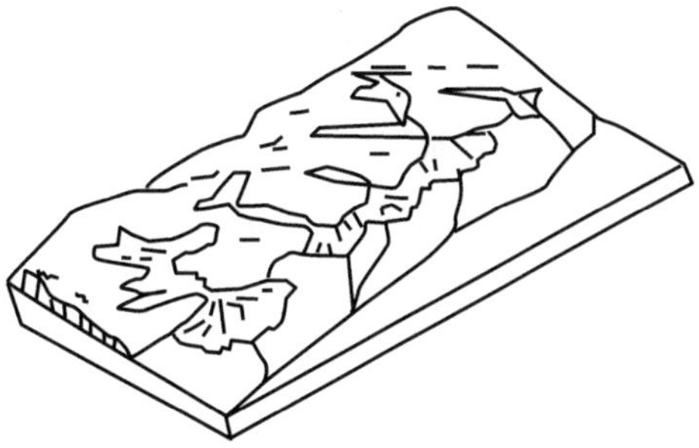
图 8.6　洪积扇群

距山口较近处，洪积扇上部沉积的粗碎屑土强度高、压缩性低、透水性强，可作为建筑物的良好地基。由此向下距山口稍远的地方，沉积物颗粒变细，主要为砂土，此处修筑建筑物开挖基坑时，应特别注意流砂现象。在砂土与黏性土过渡地段，地形坡度平缓，潜水埋藏浅，往往溢出地表形成泉、湖泊。在距离山区更远的地段，沉积的多为更细的细颗粒土。此地段土的工程性质因其压密程度而异。

（4）冲积物

冲积物是由于河流的流水作用，将碎屑物搬运堆积在平缓的河谷地段而形成的土体。根据其形成条件可分为：

① 山区河谷冲积物

山区河谷冲积物主要由颗粒粗大的卵石、碎石等组成，分选性较差，大小不均。有时成为水平排列的透镜体和不规则的夹层。一般情况下，山区河谷冲积物承载力较高。但如果是河流侧向侵蚀带来了大量的细小颗粒，这样，粗细颗粒沉积层交织在一起，承载力也会降低。

② 平原河谷冲积物

平原河谷冲积物中的粗粒由于在远距离搬运过程中相互磨蚀，其磨圆度较好，颗粒形状一般为亚圆形或圆形，这与洪积物的砾石层有着明显的差别。颗粒粒径沿河流上游向下游逐渐变细，具有水平层理，在每一层中，岩性成分比较均匀，具有良好的分选性。

平原河谷冲积物可分为：河床冲积物、河漫滩冲积物、牛轭湖冲积物和阶地冲积物(图 8.7)。

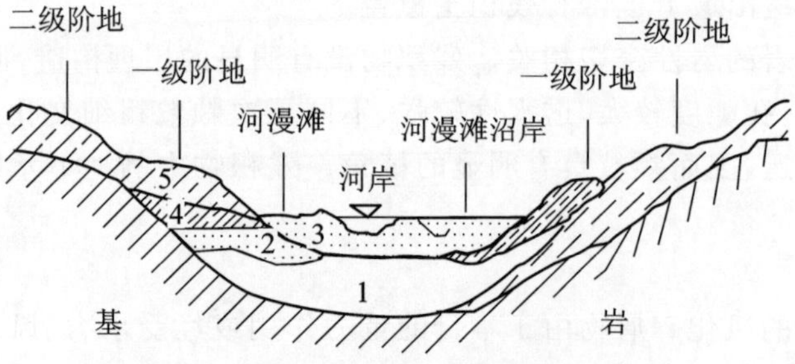

图 8.7　平原河谷横断面示例(垂直比例尺放大)

1—砾卵石；2—中粗砂；3—粉细砂；4—亚黏土；5—轻亚黏土

③ 三角洲冲积物

三角洲冲积物是由河流携带的大量细小碎屑物(如砂、粉土、粉质黏土、黏土等)在入海或入湖的地方堆积而形成的冲积物。其颗粒较细，含水量大，地下水位埋藏较浅，一般呈饱和状态，压缩性高，强度低，其上层干燥后，盐分堆积于孔隙中，土的强度较下面略高。

总之，各种成因类型的土都有着各自不同的特征，反映到工程地质性质上，亦有明显的差别。即使同一成因类型的土，如果其物质组成不同，其工程地质性质也迥然不同。由此可见，土的工程地质性质在土的形成过程中已经基本形成。

8.2.4　地下水

存在于地面下土和岩石的孔隙、裂隙或溶洞中的水叫作地下水。

一般来说，建筑场地的水文地质条件主要包括地下水的埋藏条件，地下水位及其动态变化，地下水化学成分及其对混凝土的腐蚀性等。

(1) 地下水的埋藏条件

地下水的埋藏条件可分为上层滞水、潜水和承压水三种类型(图 8.8)。

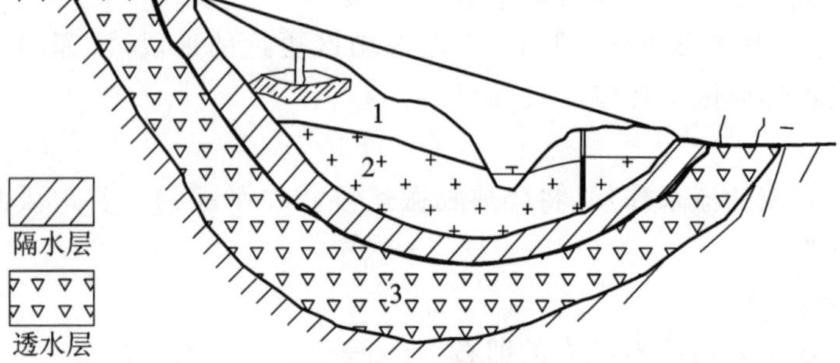

图 8.8　各种类型地下水埋藏示意图

1—上层滞水；2—潜水；3—承压水

① 上层滞水：是指埋藏在地表浅处，局部隔水透镜体的上部，且具有自由水面的地下水。

它的分布范围有限，其来源主要是大气降水。因此，它的动态变化与气候、隔水透镜体厚度及分布范围等因素有关。上层滞水地带只有在融雪后或大量降水时才能聚集较多的水，因而只能被作为季节性的或临时性的水源。

② 潜水：埋藏在地表以下第一个稳定隔水层以上的具有自由水面的地下水称为潜水。潜水一般埋藏在第四纪沉积层及基岩的风化层中。潜水直接受雨水渗透或由河流渗入土中而得到补给，同时也由于蒸发或流入而排泄，它的分布区与补给区是一致的。因此，潜水水位变化直接受气候条件变化的影响。

③ 承压水：是指充满于两个稳定隔水层之间的含水层中的地下水。它承受一定的静水压力，在地面打井至承压水层时，水便在井中上升至承压水位面；在自流区打井，承压水沿井孔上升喷出地表，形成所谓的自流井。由于承压水的上面存在隔水顶板的作用，它的埋藏区与地表补给区不一致。因此，承压水的动态变化受局部气候因素影响不明显。

(2) 地下水(土)的腐蚀性

此处主要介绍地下水对建筑材料的腐蚀性，也涉及土对建筑材料腐蚀性的一些规定。这方面的内容很多，专业性很强，这里只介绍了最简要的常识。

地下水对混凝土建筑物的腐蚀是一项复杂的物理化学过程，在一定的工程地质和水文地质条件下，对建筑物材料耐久性影响很大。为了评价地下水对建筑物结构的腐蚀性，必须在现场同时取两个水样。两个水样在现场立即密封后送实验室分析。根据水样的化学分析结果，对照《岩土工程勘察规范》(GB 50021—2001，2009 年版)第 12.2 条规定，并参照该规范附录 G 确定建筑物场地类别和含水层的透水性进行地下水侵蚀性评价，并且还应结合场地的地质条件和物理风化条件综合考虑。

8.2.5 常见的不良地质作用

不良地质作用指的是由地球内力或外力(含人类活动)产生的，对工程可能造成危害的地质作用。对常见的不良地质作用，本节仅简单介绍滑坡与崩塌、泥石流、活动断层、采空区和岩溶。

(1) 滑坡与崩塌

滑坡指的是斜坡岩土体整体向下滑移。而崩塌则是较陡斜坡上，沿倾角结构面切割的岩土体突然快速地坠落。滑坡与崩塌的主要特征对比见表 8.2。

表 8.2 滑坡与崩塌的主要特征对比

不良地质类型	滑坡	崩塌
岩土体	软弱面或软硬相间	层厚、坚硬、性脆
地形地貌	各种地形坡度、较深层的破坏	高陡斜坡前缘
运动矢量	水平方向为主	铅直方向为主
依附(滑移)面	有	无
运动特点	一般较缓慢，且具有整体性	突然发生、快速运动

① 滑坡

滑坡是边坡破坏的较常见形式。滑坡发育过程通常可划分为三个阶段，即蠕动变形阶段、滑动破坏阶段和渐趋稳定阶段。对天然或人工形成的斜坡，在出现侧向临空面且坡体内某处土体达到极限平衡状态时，就出现局部剪切破坏，发生蠕动变形。当整体滑动面逐渐形成后，滑动体开始与滑坡床完全分离(图 8.9)，滑动面抗剪强度随之急剧减小，滑坡体整体向下滑动。滑坡后壁逐渐增高，滑坡体的各种特征逐渐形成，为滑坡破坏阶段。受滑坡的影响，建筑物以及市政设施往往发生严重的破坏，在滑体上还可见到呈东倒西歪的树木形成的"醉林"，有时还有泉水溢出。经剧滑之后，滑体的重心降低，位移速度越来越慢，往往历经数年变形才能稳定。稳定后地表典型特征是：原有滑坡体上东倒西歪的"醉林"，又重新向上生长为呈上直下斜状的"刀马树"。值得重视的是，在滑坡体趋于稳定之后，如果导致滑坡的因素不断地积累，或出现突出的诱发因素(如强烈地震、暴雨等)，老滑坡可能再次滑动。

对于滑坡，应坚持按"预防为主、治理为辅"的方针。应根据实际情况，单独使用或结合使用防渗、排水、坡体支挡、坡顶卸载、坡底反压等措施，进行有效治理。

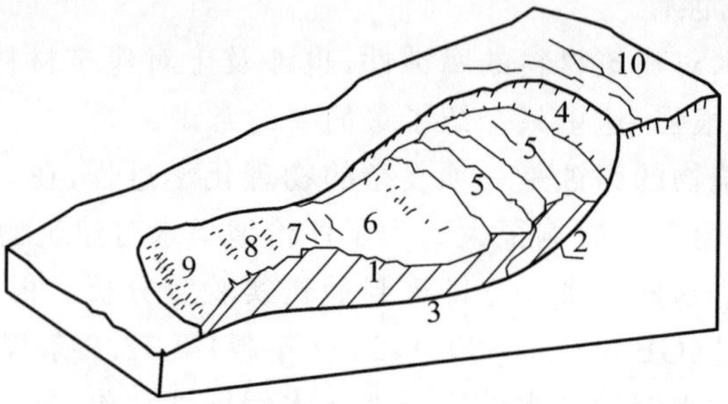

图 8.9 滑坡示意图

1—滑坡体；2—滑动面；3—滑坡床；4—滑坡壁；5—滑坡台地；6—鼓胀裂缝；
7—滑坡鼓丘；8—滑坡舌；9—扇形裂缝；10—后缘裂缝

② 崩塌

崩塌是斜坡破坏的另一种形式。发生崩塌时，岩土体以突然跳跃、翻滚的形式坠落。崩塌的破坏力取决于坠落位置的高度和坠落块体的质量。规模巨大的崩塌称为山崩，个别岩体的崩落称为坠石。崩塌的发育程度与岩性、地形地貌、构造、地震和人类活动等因素有关。其中岩性与地形地貌两个因素尤为重要。

对崩塌的防治，应坚持尽量根治的原则。对重要区域或重要交通线，要力求防止发生崩塌。当不能根治时，可采取拦截、支护、注浆、截渗排水等措施，以消除崩塌造成的危害。

(2) 泥石流

泥石流是发生在山区的、夹带大量泥沙与石块的特殊洪流。泥石流的特点是：爆发突然、能量巨大、历时短暂、复发频繁，往往具有摧毁级的破坏力。《岩土工程勘察规范》根据泥石流发生的频率、规模及其危害的严重性，将泥石流沟谷划分为高频率和低频率两大类，而这两大类又依据其严重程度各分为三亚类。

泥石流的全程可以形象地划分为三个区。在其发生区，久旱之后的暴雨产生的高强度地表径流，将先期堆储的大量泥石等固体介质推入沟谷。底坡陡峻的沟谷是泥石流的通过区。夹带着大量泥石、动能极大的山洪，汹涌澎湃地通过并冲出沟谷，在沟口的开阔地因为洪流扩散而逐渐停积下来。沙石的停积区就是洪积扇。泥石流的发生必须同时具备地貌、地质和水文气象三方面的条件。山高坡陡、高低悬殊、切割强烈的地貌是易发生泥石流的环境特征。它为泥石流的形成、运动(搬运)提供了场所。发生地区的地质构造复杂、岩石风化破碎、强烈地震频发是泥石流形成的内因。我国中西部地区的南北向地震带就是这样的地带。久旱而降暴雨的特殊气象条件,是泥石流爆发的外因。一个地区如果同时具备上述所有条件,则泥石流发生的频率就很高了。

防治泥石流危害的对策是:以防为主,兼施治理。在治理中,标本结合,力求治本。根据泥石流的形成条件和影响因素,宜尽量预先避让或加以引导。必要时,可采取改良植被、稳固山体、筑坝拦截、设场储淤等防范措施。

(3) 活动断层

《岩土工程勘察规范》中定义,在全新地质时期(一万年内)有过地震活动或近期正在活动,和今后100年内可能继续活动的断层,为全新活动断裂(简称断裂)。在全新活动断裂中,近期(近500年来)发生过地震震级 $M \geqslant 5$ 级的断裂,或在今后100年内,可能发生震级 $M \geqslant 5$ 级的断裂,可定为发震断裂。而在一万年以前活动过、一万年以来没有活动过的断裂,则定义为非全新活动断裂。

《岩土工程勘察规范》规定,对抗震设防烈度大于或等于7度的重大工程场地应进行断裂的勘察。断裂勘察应查明断裂的位置和类型,分析其活动性和地震效应,评价断裂对工程建设可能产生的影响,并提出处理方案。重大工程是指对社会有重大价值或有重大影响的工程。重大工程应根据有关规范进行界定。

对重大工程的建设场地,在可行性研究勘察阶段,应进行发震断裂的勘察,并应按《建筑抗震设计规范》(GB 50011—2010,以下简称《抗震规范》)的规定,依据抗震设防烈度、是否为全新活动断裂、覆盖层厚度等因素,判定是否应该避让发震断层。对判定为应该避让时,则应按《抗震规范》规定的距离加以避让(表8.3)。

表8.3 发震断层的最小避让距离

抗震设防烈度	建筑抗震设防类别			
	甲	乙(m)	丙(m)	丁
8	专门研究	200	100	—
9	专门研究	400	200	—

(4) 采空区

采空区是由于人类活动(多数是开采地下矿物)所形成的地下空间。地下采空后,对其上部岩体的支撑必然被削弱,平衡条件受到破坏,围岩产生变形,应力状态也随之调整。如果无法达到新的平衡状态,则很可能导致出现地面塌陷等地质灾害。为了保证地下采矿以及地表建筑物和市政设施的安全,必须对采空区进行专项勘察,并根据勘察成果对场地的稳定性和适宜性作出评价。

《岩土工程勘察规范》分别对老采空区、现采空区和未采空区的勘察做出了不同的规定。对采空区的勘察,应根据地表移动特征及其所处阶段、地表变形值大小等,对其作为建筑物场地的适宜性作出评价。规范规定下列地段不宜作为建筑场地:

① 在开采过程中,地表可能出现非连续变形(如产生台阶、塌陷等)的地段;

② 地表移动处于活跃阶段的地段;

③ 特厚矿层和倾角大于55°的厚矿层露头地段；

④ 由于地表移动和变形可能引起边坡失稳和山崖崩塌的地段；

⑤ 地表倾斜大于10 mm/m，地表曲率大于0.6 mm/m²或地表水平变形大于6 mm/m的地段。

(5) 岩溶

岩溶是指可溶性岩石在一定条件下被水溶解所产生的各种特殊的地质形态的总称。据《岩土工程手册》知悉，就出露面积而言碳酸盐系地层约占22%。岩溶地貌在我国各省均有分布，其中黔、桂、湘诸省分布最广，其中贵州高达50%以上。碳酸盐类等地层，在一定条件下，以水为介质通过化学与物理作用形成了复杂地质形态。图8.10所示的石芽、溶蚀洼地、漏斗、落水洞、溶沟、溶洞、暗河、溶蚀裂隙、钟乳石等，总称为岩溶。由于岩溶地貌的复杂性，往往导致工程基础方案的确定成为难题。

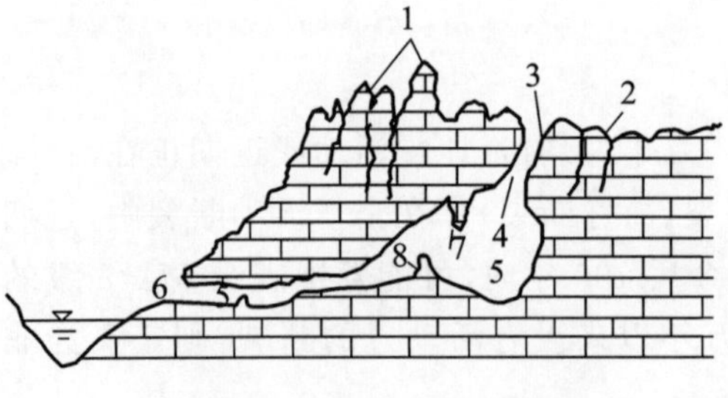

图8.10 岩溶剖面示意图

1—石芽、石林；2—溶沟；3—漏斗；4—落水洞；5—溶洞；6—暗河；7—钟乳石；8—石笋

8.3 地基勘察的任务

8.3.1 勘察的目的

岩土工程勘察是基本建设中一个不可缺少的重要环节。勘察成果是项目决策、设计和施工的重要依据，直接关系到工程建设的经济效益、环境效益和社会效益。

一个优良的设计方案，必须以准确的岩土工程勘察资料为依据。工程师对地基土层的分布、土的松密、压缩性高低、强度大小，尤其是均匀性，是否存在局部软硬异常的情况，以及地下水的埋深与水质，土质是否会产生液化等条件，进行全面和深入的研究，才能做好设计，防止地基事故的发生，确保工程质量。对于重要的工程、一级建筑或场地复杂的工程，岩土工程勘察的目的，不仅提供岩土工程条件和评价作为设计、施工的依据，而且应当确保工程安全且经济，提高投资效益。

岩土工程勘察的目的在于以各种勘察手段和方法，调查研究和分析评价建筑场地和地基的工程地质条件，为设计和施工提供所需的工程地质资料。地基勘察工作应该遵循基本建设程序，先勘察，再设计和施工；要采取必要的勘察手段和方法，提供准确无误的地基勘察报告。

8.3.2 勘察的要求

8.3.2.1 一般要求

岩土工程勘察应按工程建设各勘察阶段的要求，正确反映工程地质条件，查明不良地质作用和地质灾害，精心勘察、精心分析，提供资料完整、评价正确的勘察报告。具体要求有：

(1) 资料的完整性

岩土工程勘察的目的是为了获取工程场地及其有关地区的工程地质条件的原始资料，通过岩土工程勘察应获得拟建工程场地及其临区的以下资料：

① 地形、地貌条件，地层、地质构造的分布；

② 所见岩土的各项物理力学性质指标；

③ 地下水埋藏情况、类型、水位及其变化；

④ 土和水对工程材料的腐蚀性；

⑤ 不良地质现象。

(2) 经济上的合理性

从岩土工程勘察资料的完整性和精确性的角度上讲，勘察工作应越充分越好，即应尽量多地增加工程量。但是，岩土工程勘察工作需要大量的人力、物力和设备的投入。所以，实际工程中在满足资料完整性要求的前提下，应尽量减小工程量，即应考虑经济上的合理性。为此，要做到以下几点：

① 要有明确的目的性和针对性。岩土工程勘察是为确定的工程建设服务的，勘察设计应针对具体工程类别、重要性及当地的地质和环境特点等合理布置工程量。

② 要与设计阶段相适应。在我国工程建设中，工程设计一般可分为规划、可行性研究、方案设计、初步设计或扩大初步设计、施工图设计等几个阶段，每个阶段都有其具体任务、应解决的问题、重点工作内容和工作方法以及工作量等。勘察设计应根据工程的具体建设阶段的要求合理布置工程量。

(3) 过程的规范化

岩土工程勘察的成果将直接作为工程设计的依据，因此，岩土工程勘察工作是直接关系人类的生命和财产安全的重要工作，应该受到有关规范的约束。对于大多数工程的勘察应满足《岩土工程勘察规范》(GB 50021—2001，2009 年版)的要求，对于某些行业或部门的特殊工程，可以按照行业或部门的专门勘察规范的要求进行。具体地说就是有国家规范的应符合国家规范要求，特别是国家规范中的所有强制性条文都必须严格执行；没有国家规范的应符合与工程类别相适应的行业或地区规范要求。若有多个国家规范可以选用时应优先选用专门性规范，当国家规范与行业或地区规范的要求不一致时，应与委托方协商确定所采用的规范或从安全的角度考虑以要求高的规范为准。

8.3.2.2　特殊要求

(1) 拟建工程场地或其附近存在对工程安全有影响的岩溶、滑坡、危岩、崩塌、泥石流，或有发生滑坡、危岩、崩塌、泥石流的条件时，应进行专门的岩土工程勘察。

(2) 在抗震设防烈度大于或等于 6 度的地区进行勘察时，应划分场地类别，划分对抗震有利、不利或危险的地段。

(3) 凡判别为可液化的土层应按现行国家标准《建筑抗震设计规范》(GB 50011—2010)的规定确定其液化指数和液化等级。地震液化的进一步判别应在地面以下 15 m 范围内进行。对于桩基和基础埋深大于 5 m 的天然地基，判别深度应加深至 20 m。为判别液化而布置的勘探点不应少于 3 个，勘探孔深度应大于液化判别深度。勘察报告除应阐明可液化的土层、各孔的液化指数外，还应根据各孔液化指数综合确定场地液化等级。

(4) 进行膨胀土地区的场地评价，应查明工程场地内膨胀土的分布及地形地貌条件，根据工程地质特征及土的自由膨胀率等指标综合进行。必要时，还应进行土的矿物成分鉴定及其他试验。

(5) 黄土地区的场地评价，应查明黄土层的时代、成因、厚度、湿陷类型和湿陷等级的平面分布、湿陷系数随深度的变化、地下水位升降的可能性等工程地质条件，并应结合工程的要求进行，对场地工程地质条件无法满足工程要求的工程地质环境应提出处理措施的建议。

(6) 一级边坡工程应进行专门的岩土工程勘察。二、三级边坡工程可与主体工程勘察一并进行，但应满足边坡勘察的深度和精度要求；大型的和地质环境条件复杂的边坡宜分阶段勘察；地质环境复杂的一级边坡工程还应进行施工勘察。

8.3.3 工程勘察等级

一个岩土工程勘察项目可根据其工程的重要性、场地的复杂程度和地基的复杂程度三方面因素进行岩土工程勘察等级的划分。根据国家标准《岩土工程勘察规范》(GB 50021—2001，2009 年版)，等级的划分步骤是：先将工程重要性等级、场地等级和地基等级各分为三级，然后根据三者的不同组合确定岩土工程勘察等级。

(1) 工程重要性

一级工程、主要工程，后果很严重；二级工程、一般工程，后果严重；三级工程、次要工程，后果不严重。

(2) 场地等级划分

① 符合下列条件之一者为一级场地(复杂场地)：

a. 对建筑抗震危险的地段；b. 不良地质作用强烈发育；c. 地质环境已经或可能受到强烈破坏；d. 地形地貌复杂；e. 有影响工程的多层地下水、岩溶裂隙水，或其他水文地质条件复杂、需专门研究的场地。

② 符合下列条件之一者为二级场地(中等复杂场地)：

a. 对建筑抗震不利的地段；b. 不良地质作用一般发育；c. 地质环境已经或可能受到一般破坏；d. 地形地貌较复杂；e. 基础位于地下水位以下的场地。

③ 符合下列条件者为三级场地(简单场地)：

a. 抗震设防烈度小于或等于 6 度，或对建筑抗震有利的地段；b. 不良地质作用不发育；c. 地质环境基本未受破坏；d. 地形地貌简单；e. 地下水对工程无影响。

场地等级划分时应从一级开始，向二级、三级推定，以最先满足的为准。以下确定地基等级时也是如此。

(3) 地基等级划分

根据地基的复杂程度，可按下列规定分为三个地基等级。

① 符合下列条件之一者为一级地基(复杂地基)：

a. 岩土种类多，很不均匀，性质变化大，需特殊处理；b. 严重湿陷、膨胀、盐渍、污染的特殊性岩土，以及其他情况复杂、需作专门处理的岩土。

② 符合下列条件之一者为二级地基(中等复杂地基)：

a. 岩土种类较多，不均匀，性质变化较大；b. 除严重湿陷、膨胀、盐渍、污染等特殊性岩土外的其他特殊性岩土。

③ 符合下列条件者为三级地基(简单地基)：

a. 岩土种类单一、均匀，性质变化不大；b. 无特殊性岩土。

(4) 岩土工程勘察等级划分

根据场地复杂程度等级和地基复杂程度等级，将岩土工程勘察等级分为三级，即甲级、乙级和丙级。划分标准如下：

① 甲级：场地复杂程度和地基复杂程度等级中，有一项或多项为一级；

② 乙级：除勘察等级为甲级和丙级以外的勘察项目；

③ 丙级：场地复杂程度和地基复杂程度等级均为三级。

对于岩质地基，勘察等级的划分另作规定。由于场地地质条件的复杂程度是岩质地基的控制因素，对于建筑在岩质地基上的一级工程，当场地复杂程度等级和地基复杂程度等级均为三级时，岩土工程勘察等级可定为乙级。

8.3.4 地基勘察内容的准备工作

当收到建设单位委托岩土工程勘察任务书后，应首先进行前期各项准备工作。包括收集资料、编制岩土工程勘察纲要等工作。

(1) 搜集资料

搜集岩土工程勘察有关资料极为重要：需要有建筑场地的地形图；需要有建筑规划的平面图与建筑物层数。包括建筑场地是否三通一平，是否存在旧民宅未拆除的建筑物和堆物堆料情况，尤其对地下隐蔽工程各类管线的位置与走向都需查明。实际工程中勘察钻孔打破下水管道以及照明、通信电缆，甚至燃气管道的事故时有发生，应吸取教训，认真做好收集资料的工作。

(2) 编制岩土工程勘察纲要

① 工程名称、工程地点及工程概况；

② 建设单位和设计单位；

③ 勘察等级、勘察阶段及勘察目的；

④ 对已有岩土工程资料和经验的分析；

⑤ 勘察应执行的规范、规程和标准；

⑥ 勘察工作布置，包括勘察方法、工作量及技术要求；

⑦ 资料整理及勘察报告编写的内容要求；

⑧ 勘察工作中可能遇到的问题及措施；

⑨ 钻孔间距的取值、深度的确定。

(3) 机具检验与人员落实等

① 钻机型号与数量；

② 原位测试设备，动力触探、静力触探及旁压仪等；

③ 原状取土器、铁皮衬筒及密封设备；

④ 人员配备，每一机设机长 1 人，副机长兼描述员 1 人，勘察工 3 人，共 5 人；

⑤ 交通运输；

⑥ 进度计划。

(4) 现场踏勘定位

在进行或完成上述各项准备工作时，勘察工程主持人应约机长到勘察工地现场踏勘，查明现场环境，进行钻孔定位打木桩。实际工程中常常会遇到各种障碍物，影响正常勘察工作。为此，实际勘察对原定勘探点孔位往往要进行适当的移位或调整。

8.3.5 勘察工作的布置及规定

地基勘察应与设计阶段相适应，分阶段进行。勘察阶段可分为选址(可行性研究)勘察阶段、初步勘察阶段和详细勘察阶段。对场地复杂或有特殊要求的工程，还应进行施工勘察。对地质条件简单、建筑物占地面积不大的场地，或有建设经验的地区，可适当简化勘察阶段。

8.3.5.1 可行性研究勘察

可行性研究勘察时应对拟建场地的稳定性和适宜性作出评价，并应符合下列要求：

① 搜集区域地质、地形地貌、矿产、地震、当地的工程地质和岩土工程等资料；

② 踏勘了解场地的地层、构造、岩性、不良地质作用和地下水等工程地质条件；

③ 当拟建场地工程地质条件复杂，已有资料不能满足要求时，应根据具体情况进行工程地质测绘和必要的勘探工作；

④ 当有两个或两个以上拟选场地时，应进行对比分析。

在选址时，宜避开下列地段：

① 不良地质现象发育且对场地稳定性有直接危害或潜在威胁的；

② 地基土性质严重不良地段；

③ 对建筑抗震不利地段；

④ 洪水或地下水对建筑场地有严重不良影响地段；

⑤ 地下有未开采的有价值的矿藏或未稳定的地下采空区；

⑥ 地上、地下有应保护的重要文物。

8.3.5.2 初步勘察

这一阶段主要任务是对建筑地段的稳定性作出岩土工程评价。依据资料：建筑区范围的地形图；可行性研究阶段岩土工程勘察报告及有关的工程性质、规模的文件。勘察要求：初步查明地层、构造、岩土物理力学性质、地下水埋藏条件以及冻结深度；查明场地不良地质现象的成因、分布、对场地稳定性的影响及其发展趋势；对抗震设防烈度大于或等于7度的场地，应判定场地和地基的地震效应；初步勘察还应调查地下水类型、补给和排泄条件，实测地下水位，并初步确定其变化幅度，以及判别地下水对基础的影响。

8.3.5.3 详细勘察

当进行详细勘察时，应按单体建筑物或建筑群提出详细的岩土工程资料和设计、施工所需的岩土参数；对建筑地基作出岩土工程评价，并对地基类型、基础形式、地基处理、基坑支护、工程降水和不良地质作用的防治等提出建议。进行详细勘察的主要工作内容如下：

① 搜集拟建工程的有关文件、工程地质和岩土工程资料以及工程场地地形图；

② 初步查明地质构造、地层结构、岩土工程特性、地下水埋藏条件；

③ 查明场地不良地质作用的成因、分布、规模，并对场地的稳定性作出评价；

④ 对抗震设防烈度大于或等于6度的场地，应对场地和地基的地震效应作出初步评价；

⑤ 对于季节性冻土地区，应调查场地土的标准冻结深度；

⑥ 初步判定水和土对建筑材料的腐蚀性；

⑦ 进行高层建筑初步勘察时，应对可能采取的地基基础类型、基坑开挖与支护型式给出建议；

⑧ 对需要进行沉降计算的建筑物，提出地基变形计算参数，预测建筑物的变形特征；

⑨ 查明埋藏的河道、沟渠、墓穴、防空洞、孤石等对工程不利的埋藏物。

8.3.5.4　探井的布置

在复杂地质条件、膨胀岩土、风化岩、湿陷性土和残积土地区，宜适量布置探井。

(1) 详细勘察的探点间距可根据地基复杂程度等级按表 8.4 确定

表 8.4　详细勘察的勘探点间距(m)

地基复杂程度等级	勘探点间距
一级(复杂)	10～15
二级(中等复杂)	15～30
三级(简单)	30～50

(2) 勘探点的布置方式和规定

① 勘探点宜按建筑物周边线和角点布置，对无特殊要求的其他建筑物可按建筑物或建筑群的范围布置；

② 同一建筑范围内的主要受力层或有影响的下卧层起伏较大时，应加密勘探点，查明其变化。

(3) 勘探孔的深度

勘探孔的深度自基础底面算起，应符合下列规定：

① 勘探孔深度应能控制地基主要受力层，当基础底面宽度小于或等于 5 m 时，勘探孔的深度应大于条形基础底面宽度的 3 倍或单独柱基的 1.5 倍，且不应小于 5 m。

② 对高层建筑和需作变形计算的地基，控制性勘探孔的深度应超过地基变形计算深度。其一般性勘探孔应达到基底下 5～10 倍的基础宽度，并深入稳定分布的地层。

③ 对仅有地下室的建筑或高层建筑的裙房，控制性勘探孔的深度可适当减小，但应深入稳定分布地层。当不能满足抗浮设计要求，需设置抗浮桩或锚杆时，勘探孔深度应满足抗拔承载力的要求。

④ 当有大面积地面堆载或软弱下卧层时，应适当加深控制性勘探孔的深度。

⑤ 在上述规定深度内，当遇基岩或厚层碎石土等稳定地层时，勘探孔深度应根据情况进行调整。

8.3.6　地基勘察的程序

地基勘察的工作程序见图 8.11。

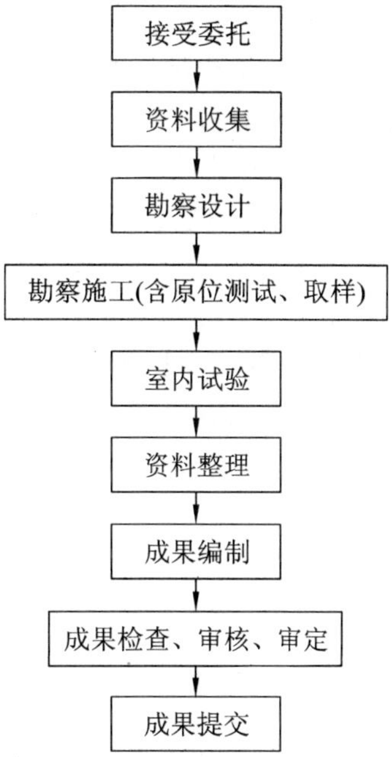

图 8.11　地基勘察的工作程序

8.4　地基勘察方法

为顺利实现岩土工程勘察的目的，必须有一套勘察方法来配合实施。岩土工程勘察的基本方法有工程地质测绘、工程地质勘探与取样、工程地质现场测试与长期观测、工程地质资料室内整理等。

8.4.1 工程地质测绘和调查

(1) 工程地质测绘和调查的任务

工程地质测绘和调查是岩土工程勘察的早期工作,它的任务是在综合分析测区内已有的地形地质、工程地质、水文地质等地质资料的基础上,编制测区的工程地质测绘工作底图,再利用工作底图填绘出测绘区内的地表工程地质图,为工程地质勘探、取样、试验、监测等的规划、设计和实施提供基础资料。测绘的内容包括拟建场地的地层、岩性、地质构造、地貌、水文地质条件、不良地质现象、已有工程的位置等。

(2) 工程地质测绘和调查的精度

工程地质测绘和调查的精度可以通过测绘的比例尺和地质界线及地质点的测绘精度来控制。

① 测绘的比例尺

测绘的比例尺一般根据岩土工程勘察的阶段来确定。在可行性研究勘察阶段可选用1∶5000～1∶50000,在初步勘察阶段可选用1∶2000～1∶10000,在详细勘察阶段可选用1∶500～1∶2000。对于工程地质条件复杂和对工程有重要影响的地质单元,可适当加大比例尺。

② 测绘和调查的精度

对于图上尺寸不低于3 mm地质单元体的地质界线和地质观测点均应进行测绘和调查。

(3) 工程地质测绘方法

工程地质测绘方法有相片成图法和实施测绘法等多种方法。相片成图法是利用地面摄影或航空(卫星)摄影的相片,在室内根据判释标志,综合所掌握的区域地质资料,把判明的地层岩性、地质构造、地貌、水系和不良地质现象等,转绘在图纸上,并在新绘成的图纸上选择需要进一步调查的地点和路线进行实地调查,对图纸进行校核修正和补充,得到工程地质图。工程地质测绘主要依靠野外实地测绘来完成。实地测绘法有三种:

① 路线穿越法

路线穿越法是指沿着在测区内选择的一些线路,穿越测绘场地,将沿线所遇到的地层、构造、不良地质现象、水文地质、地形、地貌等界线和特征点填绘在工作底图上的方法。为了能用较少的工作量获得较多的工程地质资料,提高工作效率,测绘线路应尽量选择在与岩层走向、构造线方向及地貌单元相垂直,且露头多、覆盖层薄的方向上。

② 界线追索法

界线追索法是指沿地层走向线、地质构造线、不良地质现象边界线等重要的工程地质界线进行追踪测绘的方法。

③ 测点法

测点法是指在测区内设若干观测点,再根据这些观测点的记录资料和工程地质图作图的原理进行工程地质测绘。

以上三种方法的选择往往是视测区内的地形、地质条件分布而定。由于路线穿越法具有工作量少、效率高的特点,因此,在有条件的地区应首先选用。尤其是当地形较为平坦,布设测绘线路较为方便时,一般选用路线穿越法。测点法由于其不利于测区内地质模型的判断或建立，一般仅用于地形复杂，不宜布设测绘线路的地区，或作为测绘线路附近的特殊观测点的补充使用。界线追索法则适用于重要的地质界线的专门测绘，多作为路线穿越法的补充。当然，在实际工程中测区内的地形、地质条件是千变万化的，常常需要将三种方法灵活运用。一般采用以路线穿越法为基础，对测绘线路附近的特殊观测点增加临时测点，对测绘线路附近的重要地质界线采用临时增加追索线路的办法，可以取得较为理想的效果。

(4) 地质观测点的布置、密度和定位

地质观测点的布置、密度和定位应满足下列要求：

① 地质构造线、地层接触线、岩性分界线、标准层位和每个地质单元体上应有地质观测点；

② 地质观测点的密度应根据场地的地貌、地形条件、成图比例和工程要求等确定，并应具有代表性；

③ 地质观测点应充分利用天然和已有的人工露头，当露头少时，应根据具体情况布置一定数量的探坑或探槽；

④ 地质观测点的定位应根据精度要求选用适当方法，地质构造线、地层接触线、岩性分界线、软弱夹层、地下水露头和不良地质作用等特殊地质观测点，宜用仪器定位。

(5) 工程地质测绘和调查的内容

① 查明地形、地貌特征及其地层、构造、不良地质作用的关系，划分地貌单元；

② 查明岩土的年代、成因、性质、厚度和分布，对岩层应鉴定其风化程度，对土层应区分新近沉积土、各种特殊性土；

③ 查明岩体结构类型，各类结构面(尤其是软弱结构面)的形状和性质，岩、土接触面和软弱夹层的特性等，新构造活动的行迹及其与地震活动的关系；

④ 查明地下水的类型、补给来源、排泄条件，井泉位置，含水层的岩性特征、埋藏深度、水位变化、污染情况及其与地表水体的关系；

⑤ 搜集气象、水文、植被、土的标准冻结深度等资料，调查最高洪水位及其发生时间、淹没范围；

⑥ 查明岩溶、土洞、滑坡、崩塌、泥石流、冲沟、地面沉降、断裂、地震震害、地裂缝、岸边冲刷等不良地质作用的形成、分布、形态、规模、发育程度及其对工程建设的影响；

⑦ 调查人类活动对场地稳定性的影响，包括人工洞穴、地下采空、大挖大填、抽水排水和水库诱发地震等；

⑧ 建筑物的变形和工程经验。

8.4.2 开挖勘探

开挖勘探是指直接开挖，对局部地质条件进行详细观察和描述的勘探方法。根据开挖体空间形状的不同，开挖勘探可分槽探、坑探、井探和硐探等几种类型。

(1) 槽探

槽探是在地表挖掘呈长条形的沟槽(通常称探槽)进行地质观察和描述的勘探方法。它主要用于地层分界线、地质构造线或断裂破碎带、岩脉等比较集中的地质剖面的测绘。

探槽的开挖深度一般小于 3 m，其断面有矩形、梯形和阶梯形等多种形式。一般采用矩形，当探槽深度较大时常用梯形；当探槽深度很大且探槽的两壁地层的稳定性较差时，则需要采用阶梯形来保证探槽两壁地层的稳定。

(2) 坑探

凡揭露勘探挖掘空间的三向尺寸相差不大时称挖掘空间为探坑,与之相应的勘探称为坑探。坑探主要用于非局部地质现象的重点勘探,深度一般为 1～2 m。坑探也称为掘探法,即在建筑场地开挖探坑,直接观察地基土层情况,并从坑中取高质量原状土样进行试验分析。这是一种不必使用专门机具的常用的勘探方法。当场地条件比较复杂,而要了解的土层埋藏不深,且地下水位较深时,利用坑探能取得直观资料和原状土样,但坑探可达的深度很浅。探坑开挖过程中的土石方必须堆放在离坑边缘至少 1.0 m 以外的地方。雨季施工应在坑口设防雨棚,开排水沟,防止地面水及雨水流入坑内。图 8.12 是坑探的示意图。

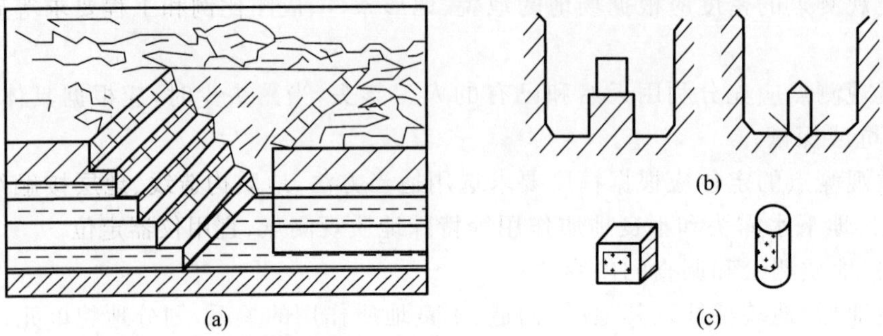

图 8.12 坑探示意图

(a) 坑探;(b) 在探坑中取原状土样;(c) 原状土样

(3) 井探

凡揭露勘探挖掘空间的平面长度和宽度相差不大,而深度远大于长度和宽度时称挖掘空间为探井,与之相应的勘探称为井探。井探主要用于局部地质现象随深度变化情况的重点勘探。探井深度一般为 3～15 m,断面形状有方形、矩形和圆形等。当在易坍塌的地层中开挖时要采取支护措施。

(4) 硐探

当需要对坡体以下某一标高的某一水平方向的工程地质条件进行重点勘探时,常采用在指定标高的指定方向开挖地下硐室的方法来完成。此种勘探方法称为硐探,所开挖的地下硐室称为探硐。

由上所述可以看出,揭露勘探,特别是井探和硐探的成本是比较高的,为了提高资金的使用效率,工程中除了利用揭露勘探掌握勘探区域的工程地质现象外,还常利用开挖过程进行试验取样、现场试验等工作。

8.4.3 钻探

8.4.3.1 工程地质钻探的概念

钻探是勘探方法中最常用的一种,是通过钻机向地下钻进成孔,以鉴别和划分土层、观测地下水位、采取原状土样以进行室内试验测得土的物理力学性质指标。在必要时还可在钻孔中进行触探试验和其他原位试验。目前国内土木工程的工程地质钻探工作主要按《建筑工程地质钻探技术标准》(JGJ 87—1992)进行。

8.4.3.2 工程地质钻探的分类

(1) 根据钻孔分类

钻孔从孔口到孔底的总深度称为孔深。根据钻孔的孔深，工程地质钻探可分为浅层钻探和深层钻探。

浅层钻进可采用以下方法：小口径麻花钻（或提土钻）钻进、小口径勺形钻钻进和洛阳铲钻进。深层钻进使用钻机钻进，钻进方法有：回转式、冲击式、振动式和冲洗式。

(2) 根据钻进过程中破碎岩土的方式分类

根据钻进过程中破碎岩土方式的差异，工程地质钻探可分为回转钻探、冲击钻探等。每种方法各有特点，分别适用于不同的地层，根据《岩土工程勘察规范》的规定，钻探方法可根据岩土类别和勘察要求按表8.5选用。

表8.5 钻探方法的适用范围

钻探方法		钻进地层					勘察要求	
		黏性土	粉土	砂土	碎石土	岩石	直观鉴别、采取不扰动试样	直观鉴别、采取不扰动试样
回转	螺旋钻探	++	+	+	−	−	++	++
	无岩芯钻探	++	++	++	+	++	−	−
	岩芯钻探	++	++	++	+	++	++	++
冲击	冲击钻探	−	+	++	++	−	−	−
	锤击钻探	++	++	++	+	−	++	++
振动钻探		++	++	++	+	−	+	++
冲洗钻探		+	++	++	−	−	−	−

注："++"代表适用；"+"代表部分适用；"−"代表不适用。

8.4.3.3 钻孔规格

钻探口径应根据钻探目的和钻探工艺确定，应满足取样、测试以及钻进工艺的要求。采取原状土样的钻孔，口径不得小于91 mm；仅需鉴别地层的钻孔，口径不宜小于36 mm；在湿陷性黄土中，钻孔口径不宜小于150 mm。

钻进深度和岩土分层深度的测量精度，不应低于±5 cm。孔斜测量：对垂直孔，每50 m测量一次垂直度，每100 mm允许偏差为±2°；对斜孔，每25 m测量一次倾斜角和方位角，允许偏差应根据勘察设计要求确定。钻孔斜度及方位偏差超过规定时，应及时采取纠斜措施。

8.4.3.4 钻进要求

在地基勘察中，对岩土的钻探有如下具体要求：

(1) 非连续取芯钻进的回次进尺，对螺旋钻探应在1 m以内，对岩芯钻探应在2 m以内，钻进深度、岩土分层深度的量测误差范围应为±0.05 m。

(2) 岩芯钻探的岩芯采取率，对一般岩石不应低于80%，对破碎岩石不应低于65%。一般来说，各种钻探的钻孔直径与钻具规格均应符合现行技术标准的规定，尤其注意钻孔直径应满足取样、测试及钻进工艺的要求。对浅部土层进行钻探，可采用小径麻花钻（或提土钻）、小径勺形钻或洛阳铲钻进。

(3) 对要求鉴别地层和取样的钻孔，均应采用回转方式钻进，取得岩土样品。遇到卵石、漂石、碎石、块石等类地层不适用于回转钻进时，可采用振动回转方式钻进。

(4) 对鉴别地层天然湿度的钻孔，在地下水位以上应进行干钻，当必须加水或使用循环液时，应采用双层岩芯管钻进。

(5) 钻进宜采用金刚石钻头。

(6) 在湿陷性黄土中必须采用螺旋钻头钻进。

8.4.3.5 地下水位观测

(1) 钻进中遇到地下水时，应停钻量测初见水位。为测得单个含水层的初见水位，对砂土和碎石土停钻时间不少于 30 min，对粉土和黏性土不少于 8 h，并应在全部钻孔结束后，同一天量测各孔的静止水位。水位允许误差为±2.0 cm。

(2) 若钻探深度内有两个含水层，如有要求，应分别量测。

(3) 因采用泥浆护壁影响地下水位观测时，应设置专用的地下水位观测孔。

8.4.4 物探

物探是地球物理勘探的简称，它是利用岩土间的电学性质、磁性、重力场特征等物理性质的差异探测场区地下工程地质条件的勘探方法的总称。其中利用岩土间的电学性质差异而进行的勘探称电法勘探；利用岩土间的磁性变化而进行的勘探称磁法勘探；利用岩土间的地球引力场特征差异而进行的勘探称重力勘探；利用岩土间传播弹性波的能力差异而进行的勘探称地震勘探。此外，还有利用岩土的放射性、热辐射性质的差异而进行的地球物理勘探方法。

物探虽然具有速度快、成本低的优点，但由于其仅能对物理性质差异明显的岩土进行辨别，且勘察过程中无法对岩土进行直接的观察、取样及其他的试验测试。因此，物探主要用于特定的工程地质环境中精度要求较低的早期勘察阶段对大型构造物、空区、地下管线等的探测。

8.5 岩土工程测试

岩土工程测试除了要查明工程地质环境中的工程地质条件外，还应为工程设计提供大量的设计参数。为了获得这些参数就必须进行大量的现场和室内的岩土工程测试工作。因此，岩土工程测试工作也是岩土工程勘察的重要组成部分。岩土工程测试工作包括试验设计、取样、试验操作和资料整理等几个步骤。

8.5.1 试验设计

岩土工程测试的所有工作都是按照试验进行设计的，在试验设计中应注意以下几点：

(1) 应根据设计要求合理设计试验工作量

一方面，岩土的物理力学性质指标种类繁多，对具体工程而言，并不一定需要对所有的指标都进行测定；另一方面，工程地质环境中所包含的岩土层也非常多，并不一定需要对所有的岩土层都进行指标测定。在试验设计上应以满足每一个计算岩土层都有取样点，每一个计算指标都有试验数据为准。

(2) 合理设计试验方法

对于岩土工程测试而言，每一个试验指标的测试方法是多种多样的，既可以通过现场测试,也可以通过室内试验测试,每一种测试方法都各有优缺点。一般来说,现场测试的数据比较可靠,但试验成本较高;室内试验数据的可靠性较差,但试验成本较低。在实际工程中,只要选择可以满足具体工程设计规范要求的试验方法即可。

8.5.2　取样

取样就是为岩土的物理力学性质指标试验采取试样。由于工程岩土的工程特性非常复杂,特别是土的工程特性与其所处的状态关系极为密切,因此,取样是岩土工程测试工作中的关键工作之一。在取样过程中应满足所取试样有代表性,取样方法要与试验设计要求相一致。

(1) 土试样的采取

土样有扰动的和不扰动的两种。扰动土样的原状结构已被破坏,只能用来测定土的颗粒成分、含水量、可塑性及定名等。不扰动土样(又称原状土样)是指土的原始应力状态虽已改变,但其结构、密度和含水量变化很小的土样,用来测求土的物理力学性质。土样受扰动的程度不同,所能进行的试验也不同。扰动土样的采取比较容易,可自探坑或钻孔中采取 0.5~1.0 kg 保持天然级配和湿度的土装入瓶内或塑料袋内即可。不扰动土样的采取难度要大一些,在钻孔中取样时应采用取土器法,在探坑(井)中取样时采用铁皮取土筒法,在土样的运输过程中应避免振动、暴晒或冰冻。严格意义上土样采取过程中的扰动是不可避免的,为此,《岩土工程勘察规范》(GB 50021—2001,2009 年版)中将土试样按其采取过程中受扰动的程度可分为表 8.6 所示的 4 个质量等级,并对各类土样可以试验的指标范围做出了规定。

表 8.6　土试样质量等级

级别	扰动程度	试验内容
Ⅰ	不扰动	土类定名、含水量、密度、强度试验、固结试验
Ⅱ	轻微扰动	土类定名、含水量、密度
Ⅲ	显著扰动	土类定名、含水量
Ⅳ	完全扰动	土类定名

注:① 不扰动是指原位应力状态虽已改变,但土的结构、密度和含水量变化很小,能满足室内试验各项要求;

② 除地基基础设计等级为甲级的工程外,在工程技术要求允许的情况下可用Ⅱ级土试样进行强度和固结试验,但宜先对土试样受扰动程度作抽样鉴定,判定用于试验的适宜性,并结合地区经验使用试验成果。

为保证取样工作的规范化,我国专门制定了原状土取样的规范——《原状土取样技术标准》(JGJ 89—1992),在《岩土工程勘察规范》(GB 50021—2001,2009 年版)中也对土样采取作了比较详细的说明。在实际取样过程中,为保证土样少受扰动,应注意以下几点:

① 合理选择钻进和取样方法,具体的方法应根据土层的特点按表 8.7 选用。

② 取土钻孔的孔径要适当,即取土器与孔壁之间要有一定的间距,避免下放取土器时切削孔壁,挤进过多的废土。尤其在软土钻孔中,经常有缩颈现象,特别应注意加大取土器与孔壁的间隙。

③ 钻孔应保持孔壁垂直,以避免取土器切刮孔壁。

④ 取土前的一次钻孔不宜过深,以免下部拟取土样部位的土层受扰动,并且在正式取土

前，把已受一定程度扰动的孔底土柱清洗掉，避免过多废土进入取土器顶部挤压土样。

⑤ 取土深度和进土深度等尺寸，在取土前都应准确测量。

⑥ 取土器在使用前应仔细检查，保证其清洁、完好。

⑦ 提升和拆卸取土器时均应细致稳妥。

⑧ 在土样封存、运输和开工做试验时应严防振动、日晒、雨淋和冻结。

表 8.7　不同质量等级土试样取土工具和方法

土试样质量等级	取样工具和方法		适用土类										
			黏性土					粉土	砂土				砾砂、碎石土、软岩
			流塑	软塑	可塑	硬塑	坚塑		粉砂	细砂	中砂	粗砂	
Ⅰ	薄壁取土器	固定活塞	++	++	+	−	−	+	+	−	−	−	−
		水压固定活塞	++	++	+	−	−	+	+	−	−	−	−
		自由活塞	−	+	++	−	−	+	+	−	−	−	−
		敞口	+	+	+	−	−	+	+	−	−	−	−
	回转取土器	单动三重管	−	+	++	++	+	++	++	++	−	−	−
		双动三重管	−	−	−	+	++	−	−	−	++	++	+
	探井(槽)中刻取块状土样		++	++	++	++	++	++	++	++	++	++	++
Ⅱ	薄壁取土器	水压固定活塞	++	++	+	−	−	+	+	−	−	−	−
		自由活塞	+	++	++	−	−	+	+	−	−	−	−
		敞口	++	++	++	−	−	+	+	−	−	−	−
	回转取土器	单动三重管	−	+	++	++	+	++	++	++	−	−	−
		双动三重管	−	−	−	+	++	−	−	−	++	++	++
	厚壁敞口取土器		+	++	++	++	++	+	+	+	+	+	−
Ⅲ	厚壁敞口取土器		++	++	++	++	++	++	++	++	++	+	−
	标准贯入器		++	++	++	++	++	++	++	++	++	++	−
	螺纹钻头		++	++	++	++	++	+	−	−	−	−	−
	岩芯钻头		++	++	++	++	++	++	+	+	+	+	+
Ⅳ	标准贯入器		++	++	++	++	++	++	++	++	++	++	−
	螺纹钻头		++	++	++	++	++	+	−	−	−	−	−
	岩芯钻头		++	++	++	++	++	++	++	++	++	++	++

注：① ++为适用，+为部分适用，−为不适用；

② 采取砂土试样应有防止试样失落的补充措施；

③ 有经验时，可用束节式取土器代替薄壁取土器。

(2) 岩石试样采取

岩样一般在钻孔、探井内采取。在探井中取样时，不得采取受爆破影响的岩块作试样。同一组试样必须属于同一岩层和同一岩性。对于干缩湿胀和易风化的岩石，取样后应立即密封。直剪试验的软弱夹层或裂隙岩体，取样时应防止剪切面受扰动。岩样应贴好标签，注明层位及方向。运输途中应防止受猛烈振动或被撞坏。

8.5.3 试验操作

8.5.3.1 室内土工试验

包括直剪试验、单剪试验、环剪试验、侧限压缩试验以及三轴试验等。具体测定指标如下：

(1) 黏性土天然重度、天然含水量、相对密度、液限、塑限、压缩系数及抗剪强度的测定；

(2) 砂土颗粒分析，天然重度、天然含水量、相对密度及自然休止角等测定；

(3) 碎石土可作颗粒分析，对含黏性土较多的碎石土，宜测定黏性土的天然含水量、液限和塑限；

(4) 岩石作饱和单轴极限抗压强度试验；

(5) 地下水对混凝土的侵蚀性测定。

8.5.3.2 现场原位测试

原位测试是在岩土原来所处的位置上，基本保持其天然结构、天然含水量及天然应力状态下进行的测试。它与室内试验是相辅相成、取长补短的。原位测试包括地基静载荷试验、静力触探试验、动力触探试验、土的现场剪切试验、地基土的动力参数的测定、桩的静载荷试验、旁压试验、波速试验等等。有时，还要进行地下水位变化和抽水试验等测试工作。原位测试能在现场条件下直接测定土的性质，避免试样在取样、运输以及室内试验操作过程中被扰动后导致测定结果的失真，因而其结果较为可靠。

在工程施工过程中或结束以后的一段时期内，有时还要对场地或建筑物进行专门的工程地质长期观测工作(例如沉降观测等)。

(1) 载荷试验

载荷试验是在天然地基上模拟建筑物的基础荷载条件，通过承压板向地基施加竖向荷载，观察研究地基土的变形和强度规律的一种原位试验。其利用弹性力学半无限体表面作用集中荷载的沉降计算公式(布辛奈斯克解)来确定地基承载力。载荷试验一般只能反映深度为两倍承压板宽度范围内的土性特征。

载荷试验包括平板载荷试验和螺旋板载荷试验。平板载荷试验适用于浅层地基，螺旋板载荷试验适用于深层地基或地下水位以下的土层。本节仅介绍平板载荷试验。

平板载荷试验应布置在有代表性地点和基础底面的标高处，基坑宽度不应小于承压板宽度或直径的 3 倍，应注意保持试验土层的原状结构和天然湿度，宜在拟试压表面用不超过 20 mm 厚的粗、中砂找平。载荷试验宜用重物或液压千斤顶均匀加荷。图 8.13 为“堆载-千斤顶”载荷试验示意图，承压板形状宜采用圆形，面积可采用 0.25～0.5 m^2，在岩层中，承压板尺寸应根据节理裂隙的密度确定。

试验时，荷载应分级增加，加荷等级不应少于 8 级。最大加载量不应少于荷载设计值的两倍。每级加载后，按间隔 10 min、10 min、10 min、15 min、15 min，以后为每隔 30 min 读一次沉降，当连续 2 h 内，每小时沉降量小于 0.1 mm 时，则认为已趋稳定，可加下一级荷载。当出现下列情况之一时，即可终止加载：

① 承压板周围的土有明显的侧向挤出、隆起或裂纹；

② 24 h 内沉降随时间近似等速或加速发展；

③ 沉降量急剧增加，超过承压板直径或宽度的 1/12；

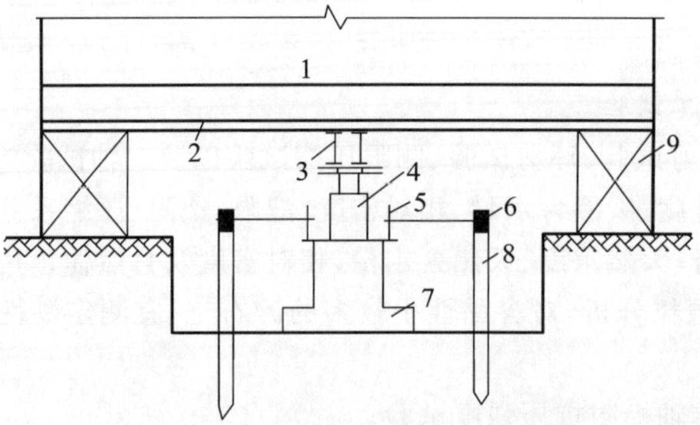

图 8.13　堆载-千斤顶静载荷试验示意图

1—堆载；2—排钢梁；3—钢梁；4—千斤顶；5—百分表；

6—基准梁；7—承压板；8—基准桩；9—支墩

④ 当达不到极限荷载时，最大压力应达预期设计压力的 2.0 倍或超过第一个拐点至少三级荷载。

满足前三种情况之一时，其对应的前一级荷载可定为极限荷载。

根据试验结果，可绘制如图 8.14(b)所示的压力 p 与稳定沉降量 s 的关系曲线 p-s 曲线和图 8.14(a)所示各级荷载下的沉降量与时间的关系曲线 s-t 曲线。

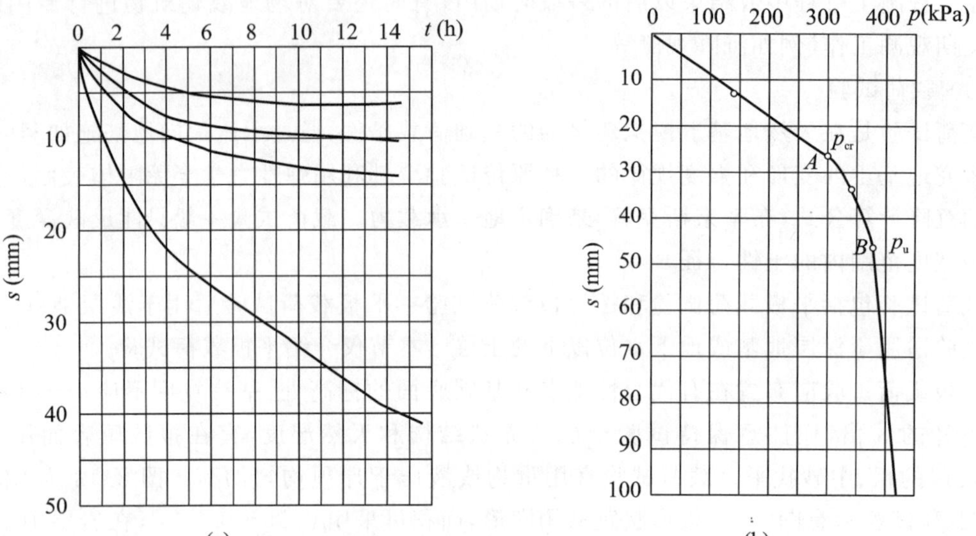

图 8.14　载荷试验的沉降曲线

根据 p-s 曲线的直线变形阶段，按均质各向同性半无限弹性介质假定，可求得承压板下 $2b$～$3b$ 深度范围内土层的平均变形模量：

$$E_0 = \omega(1-\mu^2)\frac{p}{s}b \tag{8.2}$$

式中　ω——与荷载板的刚度和形状有关的系数，对刚性承压板，方形 $\omega=0.88$，圆形 $\omega=0.79$；

μ—— 土的泊松比；

p,s——OA 段曲线上比例界限值 p_o，相应的沉降；

b——承压板宽度。

利用 p-s 曲线和 s-t 曲线的特征点，还可以确定临塑荷载和极限荷载，并提供地基承载力。但不能同时确定 E 和 μ 两个参数。

(2) 静力触探试验

静力触探试验是通过静压力将一个内部装有传感器的触探头，以匀速压入土中，由于地层中各种土的软硬不同，探头所受阻力自然也不一样，传感器将这种大小不同的贯入阻力通过电信号输入电子测量仪中。因此，通过贯入阻力变化情况，可以达到了解土层工程性质的目的。

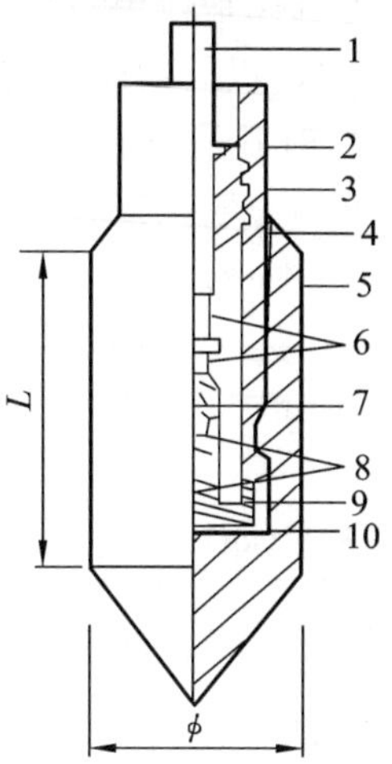

图 8.15 单桥探头结构示意图

1—四芯电缆；2—密封圈；3—探头管；4—防水塞；5—外套管；6—导线；7—空心柱；8—电阻片；9—防水盘根；10—顶柱；ϕ—探头锥底直径；L—有效侧壁长度

静力触探设备主要由三部分组成：触探头、触探机和记录器。其中触探头是静力触探设备中的核心部分，它的类型很多，目前国内大多采用电阻应变式触探头。当触探杆将探头匀速压入土层时，一方面引起锥尖以下局部土层的压缩，于是产生了作用于锥尖的阻力。另一方面又在孔壁周围形成一圈挤密层，从而导致作用于探头侧壁的摩阻力。探头的这两种阻力是土的力学性质的综合反映。探头贯入土中时产生的这两种阻力通过贴于探头内的电阻应变片转变成电信号，并由仪表量测出来。探头按其结构可分为单桥和双桥两种。

单桥探头(图 8.15)测得的是包括锥尖阻力和侧壁摩阻力在内的总贯入阻力 P(kN)，通常用比贯入阻力 P_s(kPa)表示，即：

$$P_s=\frac{P}{A} \tag{8.3}$$

式中 A——探头截面面积，m^2。

双桥探头可以同时分别测得锥尖阻力和侧壁摩阻力。用 Q_c(kN)和 P_f(kN)分别表示锥尖总阻力和侧壁总摩阻力。则单位面积锥尖阻力 q_c(kPa)和侧壁摩阻力 f_s(kPa)表示为：

$$q_c=\frac{Q_c}{A} \tag{8.4}$$

$$f_s=\frac{P_f}{F_s} \tag{8.5}$$

式中 F_s——外套筒的总侧面积，m^2。

根据锥尖阻力 q_c 和侧壁阻力 f_s，可计算同一深度处的摩阻比 R_c：

$$R_c=\frac{f_s}{q_c}\times 100\% \tag{8.6}$$

测试时可由静力触探自动记录仪绘制出深度 z 与阻力的关系曲线。

地基土的承载力取决于土本身的力学性质，而静力触探所得的比贯入阻力等指标在一定程度上反映了土的某些力学性质。根据静力触探资料可间接地按地区性的经验关系推定土的承载力、压缩性指标和桩承载力计算指标等。

静力触探试验适用于黏性土、粉土、砂土及含少量碎石的土层。尤其是对地层变化较大的复杂场地以及不易取得原状土样的饱和砂土和高灵敏度软黏土地层的勘察，静力触探显示出其独特的优越性，但是静探不能直接识别土层，而且对碎石类土和较密实的砂土层难以贯入，所以必须与钻探配合才能完成工程地质勘察任务。

(3) 动力触探试验

动力触探是利用一定的锤击能量，将一定形式的探头贯入土中，并记录贯入一定深度所需的锤击次数，以此判断土的性质。动力触探依照探头形式分为标准贯入试验和圆锥动力触探(表 8.8)，前者采用下端呈刃形的管形探头，后者采用圆锥形探头。以下简要介绍标准贯入试验和圆锥动力触探试验。

表 8.8 动力触探类型

<table>
<tr><th colspan="2" rowspan="2">类型</th><th colspan="4">圆锥动力触探</th><th rowspan="2">标准贯入试验(N)</th></tr>
<tr><th>轻型(N_{10})</th><th>中型(N_{23})</th><th>重型($N_{63.5}$)</th><th>超重型(N_{120})</th></tr>
<tr><td colspan="2">落锤重量(kg)</td><td>10</td><td>28</td><td>63.5</td><td>120</td><td>63.5</td></tr>
<tr><td colspan="2">落距(cm)</td><td>50</td><td>80</td><td>76</td><td>100</td><td>76</td></tr>
<tr><td rowspan="2">探头</td><td>直径(mm)</td><td>40</td><td>61.8</td><td>74</td><td>74</td><td>外径 51
内径 35</td></tr>
<tr><td>锥角(°)</td><td>60</td><td>60</td><td>60</td><td>60</td><td></td></tr>
<tr><td colspan="2">贯入指标</td><td>贯入 30 cm 锤击数</td><td>贯入 10 cm 锤击数</td><td>贯入 10 cm 锤击数</td><td>贯入 10 cm 锤击数</td><td>贯入 30 cm 锤击数</td></tr>
</table>

① 标准贯入试验(SPT)

标准贯入试验主要适用于砂土、粉土及一般黏性土。其设备主要由标准贯入器、触探杆和穿心锤三部分组成(图 8.16)。触探杆一般采用直径为 42 mm 的钻杆，穿心锤重 63.5 kg。试验时，用穿心锤以 76 cm 落距自由落下，先将贯入器垂直打入土层中 15 cm，然后记录每打入土层 30 cm 的锤击数，即为实测锤击数 N'。拔出贯入器，取出贯入器中的土样进行鉴别描述。当钻杆长度大于 3 m 时，锤击数应按下式进行钻杆长度修正：

$$N=\alpha N' \tag{8.7}$$

式中 N——标准贯入试验锤击数；

α——触探杆长度修正系数，可按表 8.9 确定。

表 8.9 触探杆长度修正系数

触探杆长度(m)	≤3	6	9	12	15	18	21
α	1.00	0.92	0.86	0.81	0.77	0.73	0.70

根据标准贯入锤击数，并结合地区经验可以确定地基土的承载力，并对砂土的密实度、黏性土的稠度以及砂土、粉土的液化势等作出评价。

② 圆锥动力触探

根据锤击能量将圆锥动力触探分为轻型、中型、重型和超重型四种。其中轻型圆锥动力触探应用较多，试验设备主要由探头、触探杆、穿心锤三部分组成(图 8.17)。试验时，先用轻便钻具钻至试验土层标高，然后对所需试验土层连续进行触探，使穿心锤自由下落，将触探杆竖直打入土层中，记录每打入土中 300 mm 的锤击数 N_{10}。此试验设备简单，操作方便，一般用于贯入深度小于 4 m 的土层。对于土质较硬或深度较大时，可采用标准贯入试验。而对于密实砂土、碎石土，为了避免对贯入器的损坏，可采用重型或超重型的圆锥动力触探。

根据圆锥动力触探试验指标，并结合地区经验，可以判定不同地基土的工程特性，利用轻型触探锤击数 N_{10}，可以确定黏性土与素填土的承载力标准值以及判定砂土的密实度；采用重型动力触探的锤击数 $N_{63.5}$，可以确定砂土、碎石土的孔隙比和砂土的密实度，还可以确定地基土的承载力以及单桩承载力标准值；采用超重型动力触探锤击数 N_{120}，可以确定各类砂土和碎石土的承载力等。

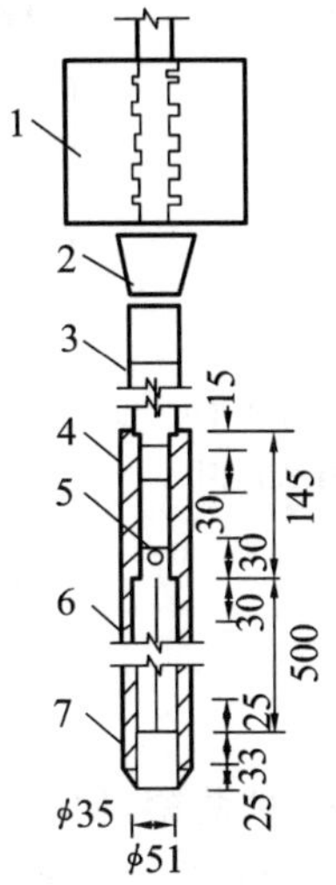

图 8.16 标准贯入试验设备(单位：mm)

1—穿心锤；2—锤垫；3—触探杆；
4—贯入器头；5—出水孔；
6—由两半圆形管合成的贯入器身；
7—贯入器靴

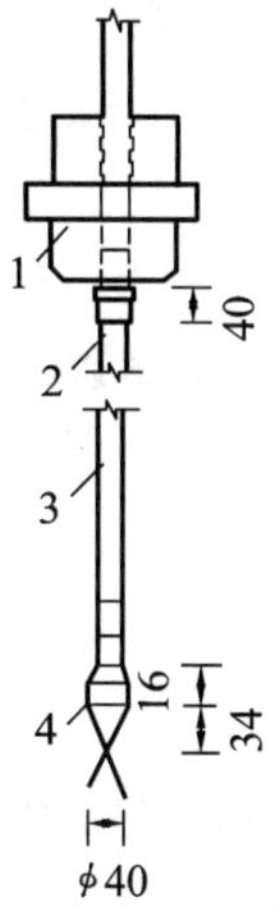

图 8.17 轻便触探试验设备(单位：mm)

1—穿心锤；2—锤垫；
3—触探杆；4—探头

(4) 十字板剪切试验

这种试验是将十字形钢板插入土中，施加扭矩达到最大值 T_{max} 时，十字板在土中被扭动，通过这个扭矩计算土的抗剪强度，见图 8.18。对于野外试验，板高与外直径之比一般为 $H/D=2$。对于各向同性的土抗剪强度：

$$\tau_f = \frac{6}{7}\frac{T_{max}}{\pi D^3} \tag{8.8}$$

实际上，现场土常常是各向异性的，对于正常固结土，水平面上抗剪强度一般大于垂直面的抗剪强度。用上式计算的 τ_f 一般偏大，常需修正后使用。这种试验可用于软塑到硬塑状态的黏土，对于饱和软黏土，它测得的抗剪强度 τ_f 相当于不排水抗剪强度 c_u。

(5) 旁压试验

这种试验使用的设备是旁压仪。它是将一个圆柱形探头插入地基土中，有预钻式和自钻式两种，前者是将探头插入预先钻好的孔中；后者是这种探头自己能钻入土中。在试验时，其探头的空腔中加压力水，量测所施加压力与探头体积间的关系，得到 P-V 曲线。合理地分析试验曲线可以确定地基土的变形和强度性质及相关参数。这种试验原则上适用于任何地基土。其设备和试验曲线如图 8.19 所示。

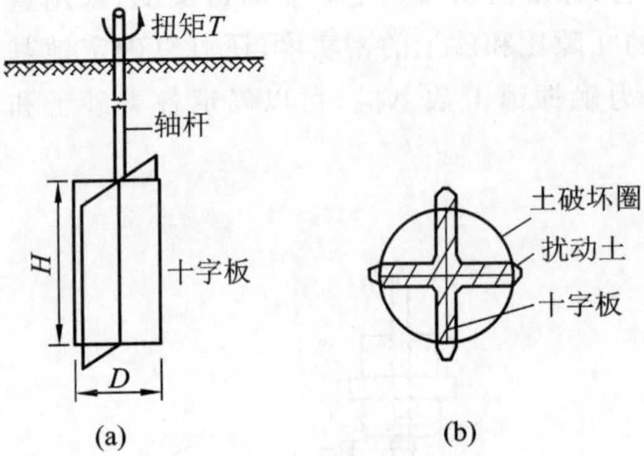

图 8.18　十字板剪切试验

(a) 仪器简图；(b) 断面图

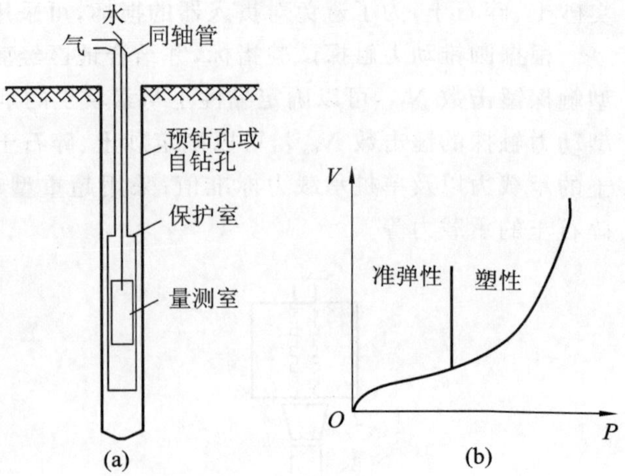

图 8.19　旁压试验

(a) 探头简图；(b) 旁压试验曲线

8.6　地基勘察报告

岩土工程勘察报告是对岩土工程勘察工作的说明、总结和对勘察区域内工程地质条件的综合评价及相应图表的总称。它一般由岩土工程勘察报告及附件两个部分组成。

8.6.1　岩土工程勘察报告

8.6.1.1　*岩土工程勘察报告的要求*

岩土工程勘察报告是岩土工程勘察成果中的文字说明部分，主要对岩土工程勘察工作进行说明和总结，并对勘察区域内的工程地质条件进行综合评价。它应达到以下要求：

(1) 原始资料应进行整理、检查、分析，并确认无误后方可使用；

(2) 内容完整、真实，数据正确，图表清晰，结论有据，建议合理，重点突出，有明确的工程针对性；

(3) 便于使用和长期保存。

8.6.1.2　*岩土工程勘察报告的内容*

岩土工程勘察报告的内容应根据任务要求、勘察阶段、工程特点和地质条件等具体情况编写。通常包括：

(1) 勘察目的、任务要求和依据的技术标准；

(2) 拟建工程概况；

(3) 勘察方法和勘察工作布置；

(4) 场地的地形、地貌、地层、地质构造特征，岩土的类别、性质及分布情况；

(5) 岩土的物理力学性质指标及地基承载力的建议值；

(6) 地下水埋藏情况、类型、水位及其变化；

(7) 土和水对工程材料的腐蚀性；

(8) 可能影响工程稳定的不良地质作用的描述和对工程危害程度的评价；

(9) 场地稳定性和适宜性的评价；

(10) 岩土利用、整治和改造方案的分析论证；

(11) 工程施工和使用期间可能发生的岩土工程问题的预测,以及监控和预防措施的建议。

8.6.1.3 岩土工程勘察报告的格式

(1) 序言

① 勘察工作的依据、目的和任务,工程概况和设计要求、勘察沿革等。

② 勘察工作起止时间、勘察方法、完成的工作量、采用的技术标准、应用的测量图纸及其控制系统。

③ 勘察和原位测试的设备和方法。

④ 岩土物理力学性质指标试验采用的仪器设备、测试方法和质量评价。对于大、中型勘察项目的岩土试验,宜编写专门的“岩土试验报告”作为报告的附件。

⑤ 需要说明的其他有关问题。

(2) 地形地貌

勘察区域的地形地貌特征,各地貌单元的类型及其分布特征。重点对与工程有关的微地貌单元进行说明。

(3) 地层

地层的分布、产状、性质、地质时代、成因类型、成层特征等。

(4) 地质构造

场地的地质构造稳定性和与工程有关的地质构造的位置、规模、产状、性质、现象、相互关系,并分析其对工程的影响。对影响工程稳定性的地质构造,还应提出灾害防治措施的建议。

(5) 不良地质现象

不良地质现象的性质、分布与发育程度、形成原因,并提出灾害防治措施的建议。

(6) 地下水

地下水的类型、赋存条件、水位,补、排特征,含水层的渗透系数。地下水活动对不良地质现象的发育和基础施工的影响。地下水对工程材料的侵蚀性。

(7) 地震

划分场地土和工程场地类别,确定场地中对抗震有利、不利和危险地段,判定饱和砂土和粉土在地震作用下的液化情况。

(8) 岩土的物理力学性质

分析各岩土单元体的特性、状态、均匀程度、密实程度和风化程度等,提出物理力学性质指标的统计值。

(9) 岩土工程评价

① 根据场地岩土层性质及其对工程的影响,对各岩土单元体进行综合评价,提出工程设计所需的岩土技术参数；

② 结合工程特点、基础形式推荐持力层,分析施工中应注意的问题；

③ 根据场地条件,评价工程的稳定性；

④ 分析不良地质现象对工程的危害性，提出整治方案建议；

⑤ 根据工程要求、地基岩土性质和地质环境条件，提出地基处理方案的建议；

⑥ 分析工程活动对地质环境的作用和影响；

⑦ 设计与施工中应注意的问题及下阶段勘察应注意的事项。

8.6.2 岩土工程勘察报告的附件

岩土工程勘察报告的附件主要是指报告附图、附表和照片图册等。一般包括：

(1) 工程地质图

以地形图或地形地质图为底图，标明地貌单元、各类勘探点、剖面线的位置和编号，地层的时代、岩土性质和产状，构造的位置、产状和性质，不良地质现象的位置和性质，工程地质分区，图例，比例尺等。有时还附有综合地层柱状图表等，并附勘探点坐标、高程数据表。

(2) 工程地质剖面图

图上画出该剖面的岩土单元体的分布、地下水位、地质构造、标准贯入试验击数、静力触探曲线等。

(3) 钻孔柱状图

钻孔柱状图是表示该钻孔所穿过的地层的综合性图表。图中一般应表示出地层的地质年代、埋藏深度、厚度、顶标高、底标高、特征描述、取样和测试的位置、实测标准贯入击数，地下水水位标高和测量日期，以及有关的物理力学指标随钻孔深度的变化曲线等。

柱状图的比例尺一般为 1∶100～1∶500。

(4) 原位测试图表

标准贯入、静力触探、动力触探、十字板剪切试验、旁压试验、载荷试验、波速试验、水底地层剖面仪探测等原位测试成果的图表。

(5) 岩土试验图表

各岩土单元体的物理力学性质指标统计表，孔隙比与压力关系曲线、应力-应变关系曲线、颗粒级配曲线等。

(6) 特殊地质条件或为满足特殊需要而绘制的专门图表

软土、基岩或持力层顶板等高线图、风化岩的标准贯入击数等值线图、地下水等水位线图、不良地质现象分布图、特殊土的土工试验图表等。

(7) 岩芯照片图册

8.6.3 岩土工程勘察报告的阅读和使用

为了充分发挥勘察报告在设计和施工中的作用，必须重视对勘察报告的阅读和使用。阅读时应先熟悉勘察报告的重要内容，了解勘察结论和计算指标的可靠程度，判断报告中的建议对该项工程的适用性，做到正确使用勘察报告。

(1) 地基持力层的选择

对不存在可能威胁场地稳定性的不良地质现象的地段，地基基础设计应在满足地基承载力和沉降的前提下，尽量采用比较经济的天然地基上浅基础。地基持力层的选择应从地基、基础和上部结构的整体概念出发，综合考虑场地的土层分布情况和土层的物理力学性质，以及建筑物的体形、结构类型和荷载等情况。

通过阅读勘察报告，在熟悉场地上各土层的分布和性质(层次、状态、压缩性和抗剪强度、土层厚度、埋深及其均匀性程度等)的基础上,初步选择适合上部结构特点和要求的土层作为持力层,经过试算或方案比较后做出最后决定。

根据勘察资料的分析,合理地确定地基承载力是选择地基持力层的关键。地基承载力取决于许多因素,单纯依靠某种方法确定承载力未必十分合理。在满足地基承载力和建筑物沉降这两方面的前提下,地基承载力的取值可以通过多种测试手段,结合实践经验适当予以增减。

(2) 场地稳定性评价

场地条件复杂的地区,综合分析的首要任务是评价场地的稳定性,然后才是地基土(岩)的承载力和变形条件。

场地的地质构造(断层、褶皱等)、不良地质现象(泥石流、滑坡、崩塌、岩溶、塌陷等)、地层成层条件和地震都会影响场地的稳定性。在勘察中必须查明其分布规律、具体条件、危害程度。

在断层、向斜、背斜等构造地带和地震区修建建筑物,必须慎重对待。对于选址勘察中指明宜避开的危险地段,不宜进行建筑施工。但对于已经判明为相对稳定的构造断裂地带,还是可以选作建筑场地的。

在不良地质现象发育且对场地稳定性有直接危害或潜在威胁的地区,若必须在其中较为稳定的地段修建建筑物,必须事先采取有力措施,防患于未然,以免中途改变场地或花费极高的处理费用。

8.6.4 岩土工程勘察报告实例

某学校教学楼和教工宿舍地基勘察报告摘要如下:

根据勘察任务书,某学校拟建教学楼(4 号楼)及教工宿舍(5 号楼)工程的场地整平高程为 2.50 m,填土高约 2 m。4 号楼的底层面积为 8 m×36 m,拟采用钢筋混凝土框架结构,初步估算传至柱底的竖向荷载约 670 kN,可能采用浅基础或桩基础方案。5 号楼的底层面积为 6.24 m×20.04 m,开间 3.3 m,采用横墙承重的混合结构,墙底竖向荷载约 88 kN,拟用天然地基上的浅基础方案。

勘察工作按施工图设计阶段的要求进行。勘察工作自××××年×月×日开始,至×月×日完成。

(1) 场地描述

该学校位于××河流的一级阶地上,紧邻该河东侧土堤。5 号楼坐落于原有 2 号楼的西南面,该处 5 年前以水力冲填筑高,地面高程与整平高程一致,地势平坦。4 号楼坐落于原 3 号楼北面,天然地面标高约 0.5 m,地势低平。

(2) 地层分布

据钻探揭露,校区的地层自上而下分为:

① 冲填土,浅黄色细砂,主要矿物成分为石英,黏粒含量很少。层厚约 2 m。稍湿,中密。

② 粉土,呈褐黄色,含氧化铁及植物根,层厚为 0.92~1.00 m。硬塑至可塑,稍湿至很湿。

③ 淤泥,呈黑灰色,含大量的有机质,有臭味,夹有薄层粉砂或细砂,偶见贝壳,为三角洲冲积物,层厚 4.60~7.49 m,软塑,饱和。

④ 细砂,呈灰色,本层只见于钻孔,层厚 2.21 m,稍密,饱和。

⑤ 粉质黏土,呈棕红色,有紫红条纹和白色斑点,为基岩强风化形成的残积物。层厚 3.29~5.24 m。硬塑(上部 0.4~0.66 m 为可塑状态),稍湿。

⑥ 基岩红色页岩，属白垩系，表层强风化，本层钻进深度 2.10～2.40 m。冲填土、淤泥及粉质黏土的主要物理力学性质指标和地基承载力标准值见表 8.10。

表 8.10　某学校 4、5 号楼工程土的物理力学性质指标值

主要指标		天然含水量	土的天然重度 γ	孔隙比 e	液限 w_L	塑限 w_p	塑性指数 I_p	液性指数 I_L	压缩模量 E_s	变形模量 E_0	抗剪强度指标标准值（固结快剪试验）		地基承载力标准值 f_k
											黏聚力 c	内摩擦角 φ	
		%	kN/m³			%			MPa		kPa	°	kPa
①	冲填土	12	17.9	0.79									130
②	淤　泥	75.0	15.2	2.09	47.3	26.0	21.3	2.55	2.18	17.5	6	6	39.5
③	粉质黏土	20.8	19.1	0.71	29.4	18.2	11.2	0.23	11.4		28	24	289

注：① 淤泥层及粉质黏土层的承载力标准值按《建筑地基基础设计规范》表格确定，冲填土的承载力标准值根据静载荷试验确定；

② 淤泥层及粉质黏土层各取土样 7 件，表中为其测得的指标经统计分析后所得的算术平均值。

（3）地下水

本区潜水位高程为 −0.73 m，略受潮水涨落的影响，但变化不大。根据邻近该校的某厂同样地质条件下的测试资料，地下水无腐蚀性。淤泥层的渗透系数为 7.5×10^{-6} cm/s。

（4）工程地质条件评价

① 本场地地层的建筑条件评价

a. 冲填土（细砂）层，冲填已达 5 年，处于中密稍湿状态，按载荷试验（采用 1 m×1 m 载荷板）结果，本层具有一定的承载力。

b. 粉土层，虽处于硬塑至可塑状态，但厚度不大，又含有植物根等杂物，不宜直接支承三、四层以上的建筑物。

c. 淤泥层，含水量高，孔隙比大，抗剪强度低，属高压缩性土，不宜作为地基持力层。

d. 细砂层，只分布在局部地段。

e. 粉质黏土层，承载力较高。

② 5 号楼采用天然地基上浅基础是适宜的。建议尽量减少基础埋深，充分利用冲填土厚度，并应对软弱下卧层（淤泥层）进行验算。上部结构宜适当采取措施，以减少建筑物的不均匀沉降。

③ 在 4 号楼拟建位置上部主要为高压缩性土，层厚变化较大，地面又有填土荷载，如采用浅基础，须特别注意建筑物的不均匀沉降以及钢筋混凝土框架对不均匀沉降的敏感性等问题。如利用填土层（勘察时尚未施工）作为持力层，则须对填土层进行测试工作（如载荷试验等）。如采用桩基础，可选粉质黏土层作为桩基持力层，桩尖进入粉质黏土层的深度不宜小于 3 倍桩径，由于粉质黏土层的上层面起伏不平，各基础采用的桩长会有较大的差别，其中，拟建位置西端（主要在补加的钻孔 Z_{10} 以西）所需的桩长较大。

（5）附件

附表：土工试验成果总表（略）；

　　　原位测试成果总表（略）。

附图：① 钻孔平面布置图（图 8.20）

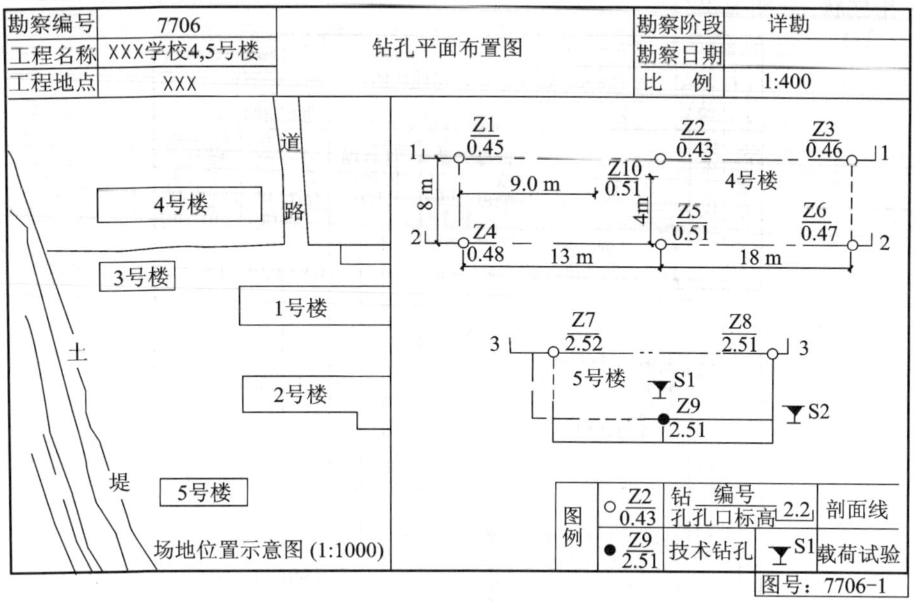

图 8.20　钻孔平面布置图

② 工程地质剖面图(图 8.21)

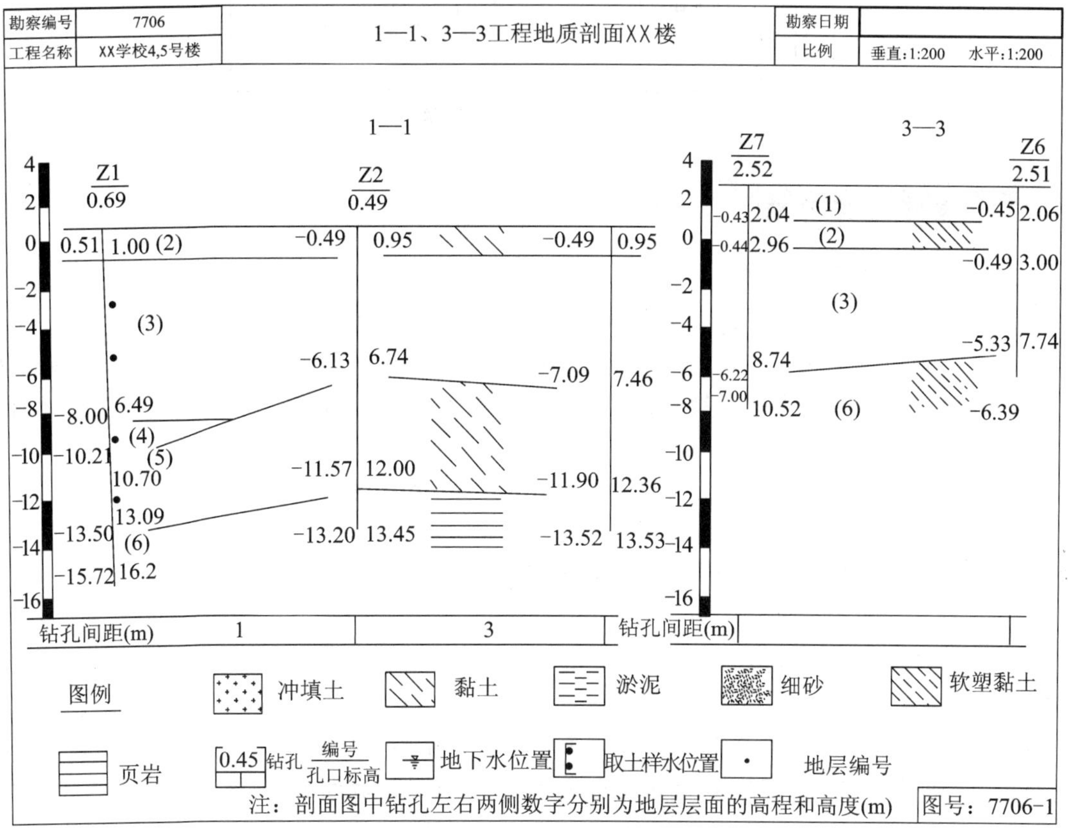

图 8.21　工程地质剖面图

试验与重型圆锥动力触探有何不同？

8.13 岩土工程勘察报告应包括哪些内容？

8.14 岩土工程勘察报告的附件应包括哪些内容？

8.15 某单位拟建一幢六层职工住宅，规划住宅楼长度为 80.00 m，宽度为 11.28 m。采用砖混结构，条形基础。该住宅楼场地为一级。试设计详细勘察的钻孔种类、数量、间距和深度。

8.16 某厂拟建一幢五层职工住宅，东西向长度为 37.64 m，南北向宽度为 8.94 m，采用砖混结构。建筑场地几十年前有一个大坑逐年填平。设计详细勘察工作量。

8.17 某高校科研楼东西向长度 50.10 m，南北向宽度 14.00 m，总高 15.00 m，为四层框架结构。场地地形不平，南高北低。在楼房四角与长边中点各布置一个钻孔。地基各土层的厚度如表 8.11 所示。试绘制工程地质剖面图，编制岩土工程勘察成果报告。

表 8.11 某科研楼土层及性质

主要指标	钻孔编号						e	w(%)	I_L	N	N_{10}
	1	2	3	4	5	6					
地面高程(m)	48.62	48.75	48.50	48.80	48.72	48.29					
①杂填土厚(m)	0.30	0.25	0.20	0.30	0.30	0.30				7	
②粉土厚(m)	0.60	0.80	1.20	0.90	1.00	0.40	0.8	20		1	23
③粉细砂厚(m)	2.50	2.30	1.70	2.10	2.30	2.50	0.69	10.7		3	59
④黏性土厚(m)	2.30	2.10	2.10	2.10	1.60	2.40	0.9	23.3		7	24
⑤粉质黏土厚(m)	2.70	>1.80	>2.00	>1.90	>2.10	2.70	0.8	23.7	0.62	8	27
⑥粉土厚(m)	>1.50					>1.40	0.7	22	0.75	9	34
地下水位(m)	44.78	45.05	44.95	45.10	44.85	44.89					

参考文献

1. 李广信. 高等土力学[M]. 北京：清华大学出版社，2004.

2. 李飞，王贵君. 土力学与基础工程[M]. 武汉：武汉理工大学出版社，2012.

3. 陈书申，陈晓平. 土力学与地基基础[M]. 武汉：武汉理工大学出版社，2012.

4. 廖红建，赵树德，等. 岩土工程测试[M]. 北京：机械工业出版社，2007.

5. 唐贤强，谢瑛，谢树彬，等. 地基工程原位测试技术[M]. 北京：中国铁道出版社，1996.

6.《工程地质手册》编委会. 工程地质手册[M]. 4 版. 北京：中国建筑工业出版社，2007.

7. 中华人民共和国建设部. 岩土工程勘察规范：GB 50021—2001[S]. 北京：中国建筑工业出版社，2009.

8. 中华人民共和国建设部. 建筑地基基础设计规范：GB 50007—2011[S]. 北京：中国建筑工业出版社，2012.

9. 中华人民共和国建设部. 建筑抗震设计规范：GB 50011—2010[S]. 北京：中国建筑工业出版社，2016.

10. 臧秀平. 工程地质[M]. 北京：高等教育出版社，2004.

11. 吴世明，等. 土动力学[M]. 北京：中国建筑工业出版社，2000.

12. 谢定义，姚仰平，党发宁. 高等土力学[M]. 北京：高等教育出版社，2008.

13. 谢定义. 土动力学[M]. 北京：高等教育出版社，2011.

14. 东南大学，浙江大学，湖南大学，等. 土力学[M]. 2 版. 北京：中国建筑工业出版社，2005.

15. 中华人民共和国建设部. 建筑地基处理设计规范(JGJ 79—2012)[S]. 北京：中国建筑工业出版社，2012.

16. 赵明华. 土力学与基础工程[M]. 4 版. 武汉：武汉理工大学出版社，2014.

17. 冯国栋. 土力学[M]. 北京：水利电力出版社，1986.

18. 陈仲颐，周景星，王洪谨. 土力学[M]. 北京：清华大学出版社，1994.

19. 陈仲颐，叶书麟. 基础工程学[M]. 北京：中国建筑工业出版社，1990.

20. 李广信，张丙印，于玉贞. 土力学[M]. 北京：清华大学出版社，2013.

③ 钻孔柱状图(图 8.22)

勘察编号	7706	钻孔柱状图	孔口高程	0.46 m
工程名称	XX学校4,5号楼		勘察编号	
钻孔编号	Z3		勘察日期	

地层编号	地质年代	地层描述	密度或稠度	湿度	柱状图 比例:1:100	厚度(m)	层底深度(m)	层底高程(m)	地下水位(m)
(2)		粉土,呈黄褐色,含氧化铁及植物根	硬塑到可塑	稍湿很湿		0.95	0.95	-0.49	-0.69
(3)	冲填土	淤泥,呈黑灰色,有臭味,含大量有机质,下部夹有粉砂或细砂层	软塑			6.51	7.46	-7.0	
(5)	残积土	粉质黏土,呈棕红色,有紫红条纹及白色斑点	硬塑密实			4.90	12.36	-11.9	
(6)	岩石	页岩,红色,上部2.2 m为强风化,以下为中风化					孔底 13.98	-13.5	

图 8.22 钻孔柱状图

思考与练习题

8.1 什么是地质作用和地质年代?

8.2 简述岩石成因类型及其主要特征。

8.3 土是如何形成的?什么是残积物、坡积物、洪积物以及冲积物?

8.4 为何要进行岩土工程勘察?中小型工程荷载不大,为何要进行勘察?岩土工程勘察的主要任务是什么?

8.5 建筑场地等级如何划分?符合什么条件为一级场地?

8.6 建筑地基等级如何划分?符合什么条件为二级地基?

8.7 岩土工程勘察等级如何划分?勘察等级为二级应符合什么条件?

8.8 钻孔间距如何确定?为什么?

8.9 钻孔深度的依据是什么?地基为一般黏性土的 6 层住宅详细勘察控制性钻孔深度为多少?

8.10 地基勘察分哪几个阶段?每个阶段的主要任务是什么?

8.11 地基勘察中常用的勘探方法有哪些?静力触探、动力触探、静载荷试验的适用条件及用途分别是什么?

8.12 动力触探与静力触探有何不同?试说明两类方法的优缺点与适用条件。标准贯入